大学1・2年生のための すぐわかる統計学

藤田岳彦・吉田直広 著

東京図書

はじめに

本書は，タイトルの通り，大学1・2年の学生が統計学をすぐわかるように工夫した問題集である．

本書の構成を述べる．まず，統計の前提となる確率論，その後，統計の基本となる推定，検定を述べた．各章，まず基本事項を述べ，それに基づいた問題を1ページずつ見やすくまとめ，解説と練習問題（巻末に答えも掲載）を収録した．各問の側注に注意事項（ポイント）も補足した．また，本書の最後の付録には，やや発展的な事項，問題を収録した．

類書がたくさんある中での本書の特徴は，類書にあまり述べられていないが初学者にとって重要な事項，問題をたくさん収録していることである．以下，箇条書きにして述べる．

- 確率変数，確率分布の定義，特徴を述べた．
  （実は，確率変数，確率分布の厳密な定義は，かなり難しいもので本来専門書にしか述べられていない．しかし，それでは，初学者には困ることになるので，出来るだけやさしく，具体例を用いて説明した．）
- 期待値，分散などを定義だけでなく，その意味も説明した．
- 確率密度関数の意味を，基本事項で説明し，問題にも取り入れ，具体的にわかるようにした．また，一般的にも重要な「密度」の意味にも触れた．（もちろん，全ての類書に確率密度関数の定義はあるが，意味を述べている本は少ない．）
- 確率分布の数表に慣れるため，数表を使って解答する問題を多く取り入れた．
- 統計の部分で，混同しがちな，確率変数としての標本と，実現値としてのデータをわかりやすく区別し，具体例として問題に収録した．
- 回帰分析の統計モデルの推定で，初心者がわからなくなる「何を推定するのか」という根本問題も説明した．
- 最後の付録で，初心者にとって難しい，二次元連続確率分布の和差積商の確率密度関数，また，同時確率密度関数の変数変換を図を用いてわかりやすく説明した．

このように，多くの類書がある中で，教育的な工夫を随所に取り入れ，初心者にとってわかりやすい本にした．また，東京図書の編集者，清水さんには，一読者としての観点を紹介され，それに色々答える形で本書のわかりやすさにつながった．もちろん，本書の編集を引き受けてもらっており，ここに感謝したい．

2020年8月　　　藤田岳彦，吉田直広

装幀　岡 孝治

Chapter 1〜6 の問題のうち，初学者では難しいものには星印を付けてある．これらの問題と，付録の発展問題は，自力で解こうとはせず，解答を見て勉強するつもりで読むとよい．

Chapter 1

確率と確率分布

基本事項

1. 標本空間と事象 (問題 1-1, 1-2)

確率について考えるときは，前提として何か試行を行っている場合が多い．例えば，サイコロを投げてみることや，ネズミの寿命の観察などである．試行の結果として起こりうるものすべての集まりを**標本空間**といい，Ω であらわすことが多い．その Ω の部分集合 $A \subset \Omega$ を試行の結果起こる**事象**といい，事象 A が起こる**確率**を $P(A)$ と書く．

例-1 正しいサイコロを1個投げるとき

標本空間：$\Omega = \{1, 2, 3, 4, 5, 6\}$

事象：$\{1, 2\}$ (1または2の目が出る)，

$\{1, 2, 3\}$ (1, 2, 3のいずれか一つの目が出る) など

確率：$P(\{1, 2\}) = \dfrac{1}{3}$，$P(\{1, 2, 3\}) = \dfrac{1}{2}$ □

例-2 ネズミの寿命の観察

標本空間：$\Omega = \{0, 1, 2, \ldots\}$ (単位：年)

事象：$\{0, 1, 2, 3\}$ (長くても3歳までしか生きない)，

$\{2, 3, 4, \ldots\}$ (2年以上生きる) など

確率：$P(\{0, 1, 2, 3\}) = ?$，$P(\{2, 3, 4, \ldots\}) = ?$

確率はわからないので，統計的に調べる必要がある． □

A と B が事象 ($A \subset \Omega$, $B \subset \Omega$) であるとき，

(1) $A \cap B$ は**積事象**と呼ばれ，A と B がともに起こるということを意味する．

(2) $A \cup B$ は**和事象**と呼ばれ，A と B の少なくとも一方が起こるという事象を表す．

(3) $A^c = \Omega \setminus A$ は A の**余事象**と呼ばれ，A が起こらないという事象を表す．

(4) $A \cap B = \emptyset$ (空集合) のとき A と B は**排反事象**であるといい，A と B が同時に起こることはないということを意味している．

17ページの基本事項**21**も参照せよ．

〈注〉集合の演算記号について，
- $A \subset \Omega$ は A が Ω の部分集合であること
- $A^c = \Omega \backslash A$ は A の補集合，つまり Ω の要素だが A の要素ではないものの集まり
- $A \cup B$ は A と B の和集合
- $A \cap B$ は A と B の共通部分

をそれぞれ表している．

2.　確率の公理（問題 1-3, 1-4）

試行の結果起こる事象の確率 P は次の3条件を満たさなければならない．

(1) 任意の事象 $A \subset \Omega$ に対して $0 \leq P(A) \leq 1$

(2) $P(\Omega) = 1$

(3) 事象 A と B が $A \cap B = \emptyset$（排反）なら，$P(A \cup B) = P(A) + P(B)$

〈注〉$\Omega \subset \Omega$ なので Ω も事象．（この意味で Ω を全事象と呼ぶこともある．）標本空間としての Ω は起こりうるすべての試行結果を表すものであり，また，事象としての Ω は，Ω に含まれるいずれかの結果が起こるという事象，を表していることを考えれば，$P(\Omega) = 1$ は，試行の結果，起こりうる試行結果のうちいずれかが起こることは確実である，ということを意味している．確率 P がこの性質を満たさないといけないという要請は自然である．

これらを使うと，次のことがすぐわかる．

- $P(\emptyset) = 0$
- $P(A^c) = 1 - P(A)$

（証明）$\emptyset = \emptyset \cup \emptyset$ であることと $\emptyset \cap \emptyset = \emptyset$ より，$P(\emptyset) = P(\emptyset \cup \emptyset) = P(\emptyset) + P(\emptyset)$ が成り立つ．したがって，$P(\emptyset) = 0$．また，$\Omega = A \cup A^c$ であり $A \cap A^c = \emptyset$ であることから，$1 = P(\Omega) = P(A \cup A^c) = P(A) + P(A^c)$ が成り立つ．したがって，$P(A^c) = 1 - P(A)$ □

3.　包含排除公式

排反でない事象の和事象の確率は次のように計算できる．

- $P(A \cup B) = P(A) + P(B) - P(A \cap B)$
- $$P(A \cup B \cup C) = P(A) + P(B) + P(C) - (P(A \cap B) + P(B \cap C) + P(C \cap A)) + P(A \cap B \cap C)$$

この公式や，確率の公理などを駆使することで，すでに確率がわかっている事象から出発して，別の事象の確率を計算することができる．

4. 事象の独立性

(1) 事象 A と B が独立であるとは，$P(A \cap B) = P(A)P(B)$ が成り立つことである．（**問題 1-5**）

(2) 3つ以上の事象についても，あらゆる事象の組み合わせに対して，積事象の確率が各事象の確率の積に等しいならば，それらの事象は**独立**であるという．たとえば，事象 A, B, C が独立であるとは

$$P(A \cap B) = P(A)P(B)$$

$$P(B \cap C) = P(B)P(C)$$

$$P(C \cap A) = P(C)P(A)$$

$$P(A \cap B \cap C) = P(A)P(B)P(C)$$

のすべてが成立すること．（**問題 1-6, 1-7**）

5. 条件付き確率（問題 1-8, 1-9）

$P(B) > 0$ とする．事象 B が起こったという条件の下で事象 A が起こるという条件付き確率 $P(A \mid B)$ を

$$P(A \mid B) = \frac{P(A \cap B)}{P(B)}$$

と定義する．これは，事象 B を全事象と見直したときに，事象 A が起こる確率と考えられる．

例 正しいサイコロを2回投げて，出た目の和が5であるという条件の下で，1回目に出た目が2である条件付き確率は，

$$P(1\text{回目の目が}2 \mid \text{和が}5) = \frac{P(1\text{回目の目が}2\text{かつ和が}5)}{P(\text{和が}5)}$$

$$= \frac{P(1\text{回目の目が}2\text{かつ}2\text{回目の目が}3)}{P(\text{和が}5)} = \frac{1/36}{4/36} = \frac{1}{4}$$

これは，$\{\text{和が}5\} = \{(1, 4), (2, 3), (3, 2), (4, 1)\}$ を全事象と見直したときに，その4つのうちの1つだけでできる事象 $\{(2, 3)\}$ が起こる確率とも考えられる．（(i, j) は，1回目，2回目の目がそれぞれ i, j であることを示す．）17ページの基本事項**22**も参照. □

事象 A と B が独立なら，$P(A\,|\,B)=\dfrac{P(A\cap B)}{P(B)}=\dfrac{P(A)P(B)}{P(B)}=P(A)$ となるので，B が起こるということが A が起こることに影響しないことがわかる．また，同様に $P(B\,|\,A)=P(B)$ が成り立つので，逆に A から B へも無影響であることもわかる．

6. ベイズの定理（練習問題 1-8，1-9）

事象 $A_1, A_2, \ldots, A_n\ (n\geq 2)$ が排反で，$\Omega=A_1\cup A_2\cup\cdots\cup A_n$ とすると，

$$\begin{aligned}P(A_1\,|\,B)&=\frac{P(A_1\cap B)}{P(B)}\\&=\frac{P(A_1\cap B)}{P(B\cap A_1)+P(B\cap A_2)+\cdots+P(B\cap A_n)}\\&=\frac{P(B\,|\,A_1)P(A_1)}{P(B\,|\,A_1)P(A_1)+P(B\,|\,A_2)P(A_2)+\cdots+P(B\,|\,A_n)P(A_n)}\end{aligned}$$

が成り立つ．これを**ベイズの定理**という．

(例) 箱 A には黒球が $2m-1$ 個と白球が 1 個，箱 B には黒球が m 個と白球が m 個，箱 C には黒球が 1 個と白球が $2m-1$ 個入っている．目隠しをされているときに，この 3 つの箱から 1 つをランダムに選び，さらにその箱から無作為に球を 1 個取り出したところ，その球は黒色であった．このとき，黒球を取り出したことがわかっているという条件のもとで選んだのが箱 A である条件付き確率は，

$$\begin{aligned}P(\text{箱が }A\,|\,\text{球が黒色})&=\frac{P(\text{黒}\,|\,A)P(A)}{P(\text{黒}\,|\,A)P(A)+P(\text{黒}\,|\,B)P(B)+P(\text{黒}\,|\,C)P(C)}\\&=\frac{\dfrac{2m-1}{2m}\times\dfrac{1}{3}}{\dfrac{2m-1}{2m}\times\dfrac{1}{3}+\dfrac{m}{2m}\times\dfrac{1}{3}+\dfrac{1}{2m}\times\dfrac{1}{3}}=\frac{2m-1}{3m}\end{aligned}$$

と計算できる．$P(A\,|\,\text{黒})$ という難しいものが，$P(\text{黒}\,|\,A)$ などの簡単なもので計算できる．□

7. 確率変数

試行結果そのものよりも，その試行結果から作られる新たな量に興味があることがよくある．例えば，2 つのサイコロの目の和や，10 匹のネズミの寿命の

平均など．これらは試行結果の関数だと考えられる．

標本空間Ωの任意の要素ωに実数$X(\omega)$を対応させる写像（関数のようなもの）Xを**確率変数**という．

例-1 正しいサイコロを1個投げる試行を考える．Xはサイコロの目を4で割った余りを表すとする．すると，Xは確率変数である．実際，標本空間は$\Omega=\{1, 2, 3, 4, 5, 6\}$で，$X$は$\Omega$の各要素に実数0, 1, 2, 3を

$$X(1)=1,\quad X(2)=2,\quad X(3)=3,\quad X(4)=0,\quad X(5)=1,\quad X(6)=2$$

と対応させる写像になっている．これは，サイコロの目が1のとき，それを4で割ると余りが1なので，$X(1)=1$，サイコロの目が2なら，4で割った余りは2なので，$X(2)=2$というように確認できる．このとき，Xが0, 1, 2, 3のそれぞれの値をとる確率は

$$P(X=0)=P(\{4\})=\frac{1}{6},$$

$$P(X=1)=P(\{1, 5\})=P(\{1\})+P(\{5\})=\frac{1}{3},$$

$$P(X=2)=P(\{2, 6\})=P(\{2\})+P(\{6\})=\frac{1}{3},$$

$$P(X=3)=P(\{3\})=\frac{1}{6}$$

と計算できる．これを表にまとめた

Xの値	0	1	2	3
確率	$\frac{1}{6}$	$\frac{1}{3}$	$\frac{1}{3}$	$\frac{1}{6}$

をXの**確率分布**という．

また，Yはサイコロの目を5で割った余りを表すとする．すると，これももちろん確率変数となる．実際，Yは$\Omega=\{1, 2, 3, 4, 5, 6\}$の各要素に実数0, 1, 2, 3, 4を

$$Y(1)=1,\quad Y(2)=2,\quad Y(3)=3,\quad Y(4)=4,\quad Y(5)=0,\quad Y(6)=1$$

と対応させる写像になっている．Yの確率分布は，

$$P(Y=0)=P(\{5\})=\frac{1}{6},\qquad P(Y=1)=P(\{1, 6\})=\frac{1}{3},$$

$$P(Y=2)=P(\{2\})=\frac{1}{6},\qquad P(Y=3)=P(\{3\})=\frac{1}{6},$$

$$P(Y=4)=P(\{4\})=\frac{1}{6}$$

より，

Y の値	0	1	2	3	4
確率	$\frac{1}{6}$	$\frac{1}{3}$	$\frac{1}{6}$	$\frac{1}{6}$	$\frac{1}{6}$

となる．

これらを図示すると，次のようになる．左が X の確率分布，右が Y の確率分布を表している．

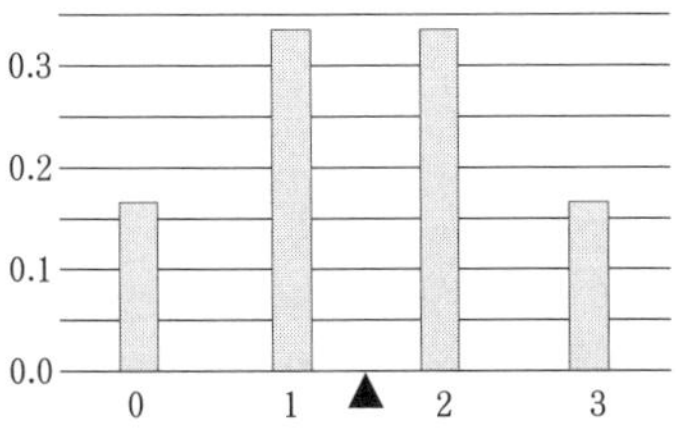

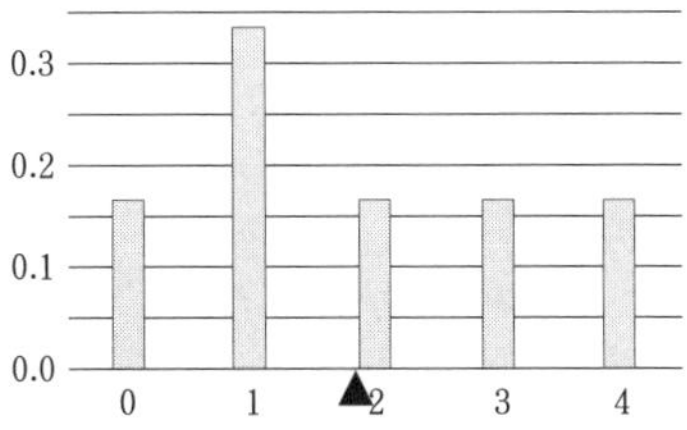

X や Y など確率変数について，とる値とその確率の積をすべて足しあわせたものを，**期待値**という．記号では $E[X]$, $E[Y]$ などと書く．計算してみると，

$$\begin{aligned}
E[X]&=0\cdot P(X=0)+1\cdot P(X=1)+2\cdot P(X=2)+3\cdot P(X=3)\\
&=0\cdot\frac{1}{6}+1\cdot\frac{1}{3}+2\cdot\frac{1}{3}+3\cdot\frac{1}{6}\\
&=\frac{3}{2}
\end{aligned}$$

$$\begin{aligned}
E[Y]&=0\cdot P(Y=0)+1\cdot P(Y=1)+2\cdot P(Y=2)+3\cdot P(Y=3)\\
&\quad+4\cdot P(Y=4)\\
&=0\cdot\frac{1}{6}+1\cdot\frac{1}{3}+2\cdot\frac{1}{6}+3\cdot\frac{1}{6}+4\cdot\frac{1}{6}\\
&=\frac{11}{6}
\end{aligned}$$

となる．これは，上のそれぞれの図で三角形▲がある位置の値である．これらは，確率分布の重心になっている．その意味は，上の分布の図において，二つのグラフを模型だと思い，それぞれの三角形がそれを下から支えていると見ると，その上で模型が釣り合って倒れないということである．この意味で，期待値は確率分布の**中心の代表値**のひとつと考えられている．

また，X の期待値の意味は，当たると X 円もらえるくじがあるときに，そのくじに参加するために支払うべき公平な料金のことだと思ってもよい．確率

$\frac{1}{6}$ で0円，$\frac{1}{3}$ で1円，$\frac{1}{3}$ で2円，$\frac{1}{6}$ で3円獲得できるくじの参加料が真ん中の $\frac{3}{2}$ 円であることは感覚的にわかる．また，Y についても，確率 $\frac{1}{6}$ で0円，$\frac{1}{3}$ で1円，$\frac{1}{6}$ で2円，$\frac{1}{6}$ で3円，$\frac{1}{6}$ で4円という賞金が出るとき，このくじの参加料をいくらに設定しようかと考えると，期待値と同じ計算で $\frac{11}{6}$ 円とするのが自然だと思うだろう．これは，くじの参加料は重心の意味での真ん中を採用するのが自然だという感覚があるということを示している． □

㊖-2 標本空間や確率変数が抽象的な例も見てみよう．このような例でも，定義に従って確率分布などを導出できる．標本空間を $\Omega=\{a, b, c, d\}$ とし，確率を

$$P(\{a\})=\frac{1}{2},\quad P(\{b\})=\frac{1}{3},\quad P(\{c\})=\frac{1}{12},\quad P(\{d\})=\frac{1}{12}$$

とする．このとき，Ω から実数全体 $\mathbb{R}$ への写像 $Z:\Omega\to\mathbb{R}$（この記号は Z が Ω から $\mathbb{R}$ への写像であることを表す）を

$$Z(a)=-1,\qquad Z(b)=2,\qquad Z(c)=-1,\qquad Z(d)=3$$

と定義する．確率変数の定義から，この Z は確率変数である．Z は $-1, 2, 3$ の3つの値をとるが，それぞれの値をとる確率は

$$P(Z=-1)=P(\{a, c\})=P(\{a\})+P(\{c\})=\frac{7}{12}$$
$$P(Z=2)=P(\{b\})=\frac{1}{3}$$
$$P(Z=3)=P(\{d\})=\frac{1}{12}$$

と計算できる．これを表にまとめた

Zの値	-1	2	3
確率	$\frac{7}{12}$	$\frac{1}{3}$	$\frac{1}{12}$

がこの Z の確率分布．また，Z の期待値は，とる値とその確率の積をすべて足しあわせて，

$$\begin{aligned}E[Z]&=-1\cdot P(Z=-1)+2\cdot P(Z=2)+3\cdot P(Z=3)\\&=-1\cdot\frac{7}{12}+2\cdot\frac{1}{3}+3\cdot\frac{1}{12}\\&=\frac{1}{3}\end{aligned}$$

と計算すればよい．また，Z の二乗 Z^2 も

$$Z^2(a)=1, \qquad Z^2(b)=4, \qquad Z^2(c)=1, \qquad Z^2(d)=9$$

という確率変数になり，Z^2 の期待値は定義より

$$E[Z^2]=1\cdot P(Z^2=1)+4\cdot P(Z^2=4)+9\cdot P(Z^2=9)$$

である．しかし，確率変数 Z を変換して作った Z^2 のような確率変数の場合，Z^2 の確率分布 $P(Z^2=k)$ を改めて調べなくても，期待値は実は元の Z の確率分布を使って

$$\begin{aligned} E[Z^2] &= (-1)^2\cdot P(Z=-1)+2^2\cdot P(Z=2)+3^2\cdot P(Z=3) \\ &= 1\cdot\frac{7}{12}+4\cdot\frac{1}{3}+9\cdot\frac{1}{12} \\ &= \frac{8}{3} \end{aligned}$$

というように計算できる．このような期待値の性質については，またあとで述べる．　□

8.　離散確率変数と離散確率分布（問題 1-13）

確率変数 X のとりうる値が，自然数や整数のように数直線の上でとびとびにしか現れないような場合，そのような確率変数を**離散確率変数**という．

X が離散確率変数であるとき，「$X=k$ となる確率」である

$$p_X(k)=P(X=k)=P(\{\omega\in\Omega \mid X(\omega)=k\})$$

を k の関数とみなしたものを X の**確率関数**（**確率質量関数**）と呼ぶ．確率関数を $P(X=k)>0$ となる k すべてについて書き下した表（数 k に $P(X=k)$ を対応させる写像）を，X の**離散確率分布**という．X のとりうる値が有限個しかない場合は，下の表のように書ける．

X 値	a_1	a_2	$\cdots$	a_n
確率	$p_X(a_1)$	$p_X(a_2)$	$\cdots$	$p_X(a_n)$

9.　同時確率関数と同時確率分布（問題 1-17）

X と Y がどちらも離散確率変数であるとき，

$$p_{X,Y}(k, l)=P(X=k, Y=l)$$

を X と Y の**同時確率関数**（**同時確率質量関数**）という．(k, l) に $p_{X,Y}(k, l)$ を対応させる写像を，X と Y の**同時確率分布**という．

また，X, Y が離散確率変数でその同時確率関数が $p_{X,Y}(k, l)$ であるとき，$p_X(k)=P(X=k)=\sum_l p_{X,Y}(k, l)=\sum_l P(X=k, Y=l)$ を X の**周辺確率関数**という．同様に $P(Y=l)=p_Y(l)=\sum_k p_{X,Y}(k, l)=\sum_k P(X=k, Y=l)$ を Y の周辺確率関数という．つまり，周辺確率関数は，同時確率関数から得られる，1つの変数についての確率関数のことである．

離散確率変数が3つ以上の場合の同時確率分布も，同様に定義される．

〈注〉$P(X=k, Y=l)$ の「,」は「かつ」をあらわしており，$\cap$ と同じ意味である．

10. 離散確率変数の独立性

(1) X と Y を離散確率変数とする．$P(X=k)>0$，$P(Y=l)>0$ であるようなすべての k と l に対して事象 $\{X=k\}$ と $\{Y=l\}$ が独立であるとき，つまり，そのようなすべての k, l について

$$P(X=k, Y=l)=P(X=k)P(Y=l)$$

が成立しているとき，確率変数 X と Y は**独立**であるという．

また，$P(X=k \mid Y=l)=\dfrac{P(X=k, Y=l)}{P(Y=l)}$ より，$P(X=k, Y=l)=P(X=k)P(Y=l)$ であることと，

$$P(X=k \mid Y=l)=P(X=k)$$

であることは同値である．したがって，X と Y が独立であることの定義は，すべての k, l について $P(X=k \mid Y=l)=P(X=k)$ であること，だと思ってもよい．

(2) 3つ以上の確率変数 $X_1, X_2, \ldots, X_n$ についても同様に，$P(X_i=k_i)>0$，$i=1, 2, \ldots, n$ であるようなすべての $k_1, k_2, \ldots, k_n$ に対して

$$P(X_1=k_1, X_2=k_2, \ldots, X_n=k_n)=P(X_1=k_1)P(X_2=k_2)\cdots P(X_n=k_n)$$

が成立しているとき，$X_1, X_2, \ldots, X_n$ は**独立**であるという．

(3) $h_1(x), h_2(x), \ldots, h_n(x)$ を n 個の任意の関数とする．$X_1, X_2, \ldots, X_n$ が

独立なら，$h_1(X_1), h_2(X_n), \ldots, h_n(X_n)$ も独立．たとえば，X と Y が独立なら，X^2 と Y^2 も独立．

〈注〉あとの問題の中で無限個の独立な確率変数が出てくるが，実はここでの独立性の定義では，無限個の場合は定義できていない．だが，本書の中ではあまり気にせず，有限個の場合と同様に計算すればよい．

11．連続確率変数と連続確率分布（問題 1-15）

X は $0 \leq X \leq 10$ であり，$P(X \leq a) = \dfrac{a}{10}$（$a$ は実数で，$0 \leq a \leq 10$）であるような確率変数とする．この X について $P(X=a)$ を求めてみると，すべての $0 < a \leq 10$ に対して

$$P(X=a) = \lim_{h \to +0} P(a-h < X \leq a) = \lim_{h \to +0} \{P(X \leq a) - P(X \leq a-h)\}$$

$$= \lim_{h \to +0} \left\{ \frac{a}{10} - \frac{a-h}{10} \right\} = \lim_{h \to +0} \frac{h}{10} = 0$$

となる．なので離散確率変数の確率分布のようなものは定義できない．一方で次のような表現ができる：

$$P(X \leq a) = \frac{a}{10} = \int_0^a \frac{1}{10} dx$$

確率変数 X で，$a \leq b$ である任意の実数 a, b に対して，確率 $P(a \leq X \leq b)$ がある関数 $f_X(x)$ によって $P(a \leq X \leq b) = \displaystyle\int_a^b f_X(x)dx$ と表されるとき，X は**連続確率変数**であるという．このとき，

$$P(X=a) = P(a \leq X \leq a) = \int_a^a f_X(x)dx = 0$$

に注意．したがって，もちろん離散確率変数は連続確率変数でないことがわかる．

上のような $f_X(x)$ を X の**確率密度関数**という（単に**密度関数**ともいう）．確率密度関数は

(1) $f_X(x) \geq 0$

(2) $\displaystyle\int_{-\infty}^{\infty} f_X(x)dx = 1$

を満たさなければならない．

連続確率変数 X があるとき，区間 $[a, b]$ に確率 $P(a \leq X \leq b)$ を対応させる写像を**連続確率分布**という．

hがとても小さな正の実数のとき，Xがある値aの付近$[a,\ a+h]$の値をとるという確率は，

$$P(a \leq X \leq a+h) = \int_a^{a+h} f_X(t)dt \fallingdotseq f_X(a)h$$

のように$f_X(x)$の$x=a$での値で決まるので，$f_X(x)$の値が大きいxの付近ほど，Xはその値をとりやすいと考えられる．

〈注〉「密度」とは1単位の○○当たりの××のことである．
たとえば，人口密度とは1単位の広さ当たりの人口のこと．これを求めるには，考えている地域の広さをa，そこの人口をbとすると$(\text{人口密度}) = \dfrac{b}{a}$と計算すればよい．これは$\dfrac{(\text{人口})}{(\text{広さ})} = \dfrac{b}{a} = \dfrac{b/a}{1}$というように，広さを1に直したときの人口を表していると考えられる．さらに，人口密度を使うと，その地域のある区域の人口は，(人口密度)×(区域の広さ)で近似的に計算できる．
同様に，確率密度とは数直線上の区間の長さ1単位当たりの確率のこと．確率変数Xが短い区間$[x,\ x+h]$に値をとる確率$P(x \leq X \leq x+h)$を区間の長さ1単位あたりになおすと，(確率密度)$f_X(x) \fallingdotseq \dfrac{P(x \leq X \leq x+h)}{h}$となる．なので，人口密度と同様に，区間の長さ$h$が十分小さければ，$X$が区間$[x,\ x+h]$に値をとる確率は$P(x \leq X \leq x+h) \fallingdotseq$(確率密度)×(区間の長さ)$= f_X(x)h$で近似的に計算できる．

12. 同時確率密度関数と同時確率分布

XとYがともに連続確率変数で，ある2変数関数$f_{X,Y}(x,\ y)$が存在して，$a \leq b,\ c \leq d$であるような任意の実数a, b, c, dに対して

$$P(a \leq X \leq b,\ c \leq Y \leq d) = \int_a^b \int_c^d f_{X,Y}(x,\ y)dydx$$

と表すことができるとき，この$f_{X,Y}(x,\ y)$をXとYの**同時確率密度関数**（**同時密度関数，同時密度**）という．そして，区間$[a,\ b] \times [c,\ d]$に確率$P(a \leq X \leq b,\ c \leq Y \leq d)$を対応させる写像を$X$と$Y$の**同時確率分布**という．

また，X, Yが同時密度関数$f_{X,Y}(x,\ y)$をもつ連続確率変数のとき，$f_X(x) = \displaystyle\int_{-\infty}^{\infty} f_{X,Y}(x,\ y)dy$を$X$の**周辺密度関数**（**周辺密度**）という．同様に，$f_Y(y) = \displaystyle\int_{-\infty}^{\infty} f_{X,Y}(x,\ y)dx$を$Y$の周辺密度関数（周辺密度）という．つまり，周辺密度関数は，同時確率密度関数から得られる，1つの変数についての密度関数のことである．

連続確率変数が3つ以上の場合の同時確率分布も，同様に定義される．

13.　連続確率変数の独立性

(1) 連続確率変数の組 X と Y が**独立**であるとは，任意の実数 a, b, c, d に対して $P(a \leq X \leq b,\ c \leq Y \leq d) = P(a \leq X \leq b)P(c \leq Y \leq d)$ が成り立つことである．

(2) X と Y が同時確率密度関数をもつとき，X と Y が独立であることは，$f_{X,Y}(x, y) = f_X(x)f_Y(y)$ となることと同じ．

(3) $h_1(x), h_2(x), \ldots, h_n(x)$ を n 個の任意の関数とする．$X_1, X_2, \ldots, X_n$ が独立なら，$h_1(X_1), h_2(X_n), \ldots, h_n(X_n)$ も独立．

14.　分布関数（練習問題 1-13, 1-15）

(1) X が確率変数だとする．関数 $F_X(x)$ を $F_X(x) = P(X \leq x)$ と定義する．これを X の**分布関数**という．

(2) X が 0, 1, 2, ... という値をとる離散確率変数ならば，0 以上の実数 t に対して

$$F_X(t) = P(X \leq t) = \sum_{i=0}^{k} P(X = i)$$

（k は，$k = [t]$（t を超えない最大の整数））

(3) X が確率密度関数 $f_X(x)$ をもつ連続確率変数ならば

$$F_X(x) = P(X \leq x) = \int_{-\infty}^{x} f_X(t)dt$$

また，このとき分布関数と密度関数について，

$$f_X(x) = \frac{d}{dx}\int_{-\infty}^{x} f_X(t)dt = \frac{d}{dx}P(X \leq x) = \frac{d}{dx}F_X(x)$$

が成り立つ．

(4) 二つの確率変数 X, Y について，$F_{X,Y}(x, y) = P(X \leq x, Y \leq y)$，$-\infty < x < \infty$，$-\infty < y < \infty$ という関数を定義する．$F_{X,Y}(x, y)$ は X と Y の同**時累積分布関数（同時分布関数）**と呼ばれる．

(5) X, Y が同時密度 $f_{X,Y}(x, y)$ をもつ連続確率変数のとき，

$$f_{X,Y}(x, y) = \frac{\partial^2}{\partial x \partial y} F_{X,Y}(x, y)$$

15. 期待値

(1) 離散確率変数 X の期待値（平均）は

$$E[X]=\sum_k kP(X=k)$$

で定義される．和の記号 $\sum_k$ の k は X の取りうる値すべてを動かす．たとえば，X が $1, 2, \ldots, 6$ という値をとるなら $E[X]=\sum_{k=1}^{6} kP(X=k)$，$X$ が $0, 1, 2, \ldots$ という値をとるなら $E[X]=\sum_{k=0}^{\infty} kP(X=k)$ など．（**問題 1-14**）

(2) X が確率密度関数 $f_X(x)$ をもつ連続確率変数のとき，X の期待値は

$$E[X]=\int_{-\infty}^{\infty} xf_X(x)dx$$

$$\left(\fallingdotseq \sum_x xf_X(x)\Delta x \fallingdotseq \sum_x xP(x \leq X \leq x+\Delta x)\right)$$

で定義される．（**問題 1-16**）

(3) X, Y がどちらも離散確率変数であるとき，積 XY の期待値 $E[XY]$ は

$$E[XY]=\sum_m \sum_n mnP(X=m, Y=n)$$

で定義される．（**問題 1-18**）

(4) X, Y がともに連続確率変数で同時密度関数 $f_{X,Y}(x, y)$ を持つとき，積 XY の期待値 $E[XY]$ は

$$E[XY]=\int_{-\infty}^{\infty}\int_{-\infty}^{\infty} xyf_{X,Y}(x, y)dxdy$$

で定義される．

16. 期待値の性質（問題 1-20, 1-21）

期待値について次の性質が成り立つ．

(1) $E[X+Y]=E[X]+E[Y]$

(2) a を定数とすると，$E[aX]=aE[X]$

(3) a を定数とすると，$E[a]=a$

(4) h を任意の関数とするとき，

X が離散確率変数なら，$E[h(X)]=\sum_k h(k)P(X=k)$

連続確率変数 Y に対しては，$f_Y(y)$ をその確率密度関数とすると，

$$E[h(Y)] = \int_{-\infty}^{\infty} h(y) f_Y(x) dy$$

特に，$E[X^2] = \sum_k k^2 P(X = k)$，$E[Y^2] = \int_{-\infty}^{\infty} y^2 f_Y(y) dy$

(5) X と Y が独立ならば $E[XY] = E[X]E[Y]$

17.　分散（問題 1-14, 1-16, 1-20, 1-21）

確率変数 X の**分散**は $V(X) = E[(X - E[X])^2]$ で定義される．

分散については次の性質が成り立つ．

(1) a, b を定数とすると，$V(aX + b) = a^2 V(X)$

(2) a を定数とすると，$V(a) = 0$

(3) $V(X) = E[X^2] - (E[X])^2$

(4) X と Y が独立ならば $V(X + Y) = V(X) + V(Y)$

18.　共分散と相関係数（問題 1-18, 1-19, 1-20, 練習問題 1-21）

確率変数 X と Y の**共分散**は，$Cov(X, Y) = E[(X - E[X])(Y - E[Y])]$ で定義される．また，分散と共分散を使って，**相関係数** は $\rho(X, Y) = \dfrac{Cov(X, Y)}{\sqrt{V(X)}\sqrt{V(Y)}}$ と定義される．

共分散については次の性質が成り立つ．

(1) $Cov(X, X) = V(X)$

(2) $Cov(X, Y) = E[XY] - E[X]E[Y]$

(3) $Cov(aX + b,\ cY + d) = ac\, Cov(X, Y)$

(4) $Cov(X + Y, Y) = Cov(X, Y) + V(Y)$

(5) X と Y が独立ならば $Cov(X, Y) = 0$

(6) （X と Y が独立でなくても）$V(X + Y) = V(X) + 2\,Cov(X, Y) + V(Y)$

19.　確率母関数（問題 1-14）

$0, 1, 2, \ldots$ に値をとる離散確率変数 X に対して，

$$g_X(t) = E[t^X] = \sum_{k=0}^{\infty} t^k P(X = k)$$

を X の**確率母関数**という．確率母関数の 1 階微分と 2 階微分は，

$$g'_X(t)=\sum_{k=1}^{\infty}kt^{k-1}P(X=k)=E[Xt^{X-1}],$$

$$g''_X(t)=\sum_{k=2}^{\infty}k(k-1)t^{k-2}P(X=k)=E[X(X-1)t^{X-2}]$$

であることに注意する．

確率母関数については，次の性質が成り立つ．

(1) $g_X(1)=1$

(2) $E[X]=g'_X(1)$

(3) $V(X)=g''_X(1)+g'_X(1)-(g'_X(1))^2$

(4) $g_X(t)=g_Y(t) \iff X$ と Y の分布が等しい

(5) X と Y が独立のとき，$g_{X+Y}(t)=g_X(t)g_Y(t)$

したがって，$X_1, X_2, \ldots, X_n$ が独立同分布のとき，

$$g_{X_1+X_2+\cdots+X_n}(t)=(g_{X_1}(t))^n$$

20. モーメント母関数（問題 1-16, 1-20）

確率変数 X に対して，$M_X(t)=E[e^{tX}]$ を X のモーメント母関数という．X が 0, 1, 2, ... という値をとる離散確率変数なら，

$$M_X(t)=E[e^{tX}]=\sum_{k=0}^{\infty}e^{tk}P(X=k)$$

であり，X が確率密度関数 $f_X(x)$ をもつ連続確率変数なら，

$$M_X(t)=E[e^{tX}]=\int_{-\infty}^{\infty}e^{tx}f_X(x)dx$$

である．モーメント母関数の 1 階微分と 2 階微分は，

$$M'_X(t)=E[Xe^{tX}], \qquad M''_X(t)=E[X^2e^{tX}]$$

であることに注意する．

モーメント母関数については，次の性質が成り立つ．

(1) $M_X(0)=1$

(2) $E[X]=M'_X(0)$

(3) $V(X)=M''_X(0)-(M'_X(0))^2$

(4) $E[X^n]=M_X^{(n)}(0)$

ただし，$M_X^{(n)}(t)$ は X のモーメント母関数の n 階導関数を表す．

(5) $M_X(t) = M_Y(t) \iff$ X と Y の分布が等しい

(6) X と Y が独立のとき，$M_{X+Y}(t) = M_X(t)M_Y(t)$．したがって，$X_1, X_2, \ldots, X_n$ が独立同分布のとき，$M_{X_1+X_2+\cdots+X_n}(t) = (M_{X_1}(t))^n$

21.［補足］確率変数と標本空間

標本空間は最初はわかりづらい概念だと思う．例えば次のように確率変数を使って理解してもよいと思う．

正しいサイコロを 1 回投げる試行を行う．確率変数 Y を，出た目が 3 で割り切れるなら 1 を，3 で割り切れないなら 0 を値にとる確率変数と定義する．このとき，Y についての事象の確率の計算は，例えば $P(Y=1)$ は

$$P(Y=1) = P(3 \text{ または } 6 \text{ の目が出る}) = \frac{1}{3}$$

というように計算できる．また，サイコロを投げて出た目を 4 で割った余りを Z という確率変数とする．このとき，Z についての事象の確率の計算は，例えば $P(Z=1)$ は

$$P(Z=1) = P(1 \text{ または } 4 \text{ の目が出る}) = \frac{1}{3}$$

というように計算できる．

これらの例を見ると，次のようなことに気づくだろう．まず，二つの確率変数 Y, Z の背後には，共通してサイコロを 1 回投げるという試行が存在している．そして，Y や Z についての事象の確率を計算するには，その事象を背後の試行について書きなおし，その試行結果の起こる確率を計算している．

つまり，確率変数を定義し，それらについて確率を計算するというときには，まずその背後の試行が定義してあり，その確率も定義されている必要があるということである．その試行の定義というのが，標本空間とその事象と確率である．なので，この本でも他の本でも，まず一番にそれらの説明を行うことが多い．後の章になると標本空間はあまり意識しなくてよくなっていく．なので，少なくともこの本を読むためには，標本空間は確率変数を定義するためにあるものだと思っておいてよい．

22.［補足］条件付き確率について

条件付き確率の定義は次のように理解してもよい．1 から 10 までの数字が書

かれているカードから2枚のカードを順に引くとき，1枚目が1で2枚目が2である確率を

$$P(1\text{枚目が}1\text{かつ}2\text{枚目が}2)$$

$$=P(1\text{枚目が}1)\times P(1\text{枚目が}1\text{のときに}2\text{枚目が}2)$$

$$=\frac{1}{10}\times\frac{1}{9}$$

と計算したことがあるだろう．このときの $P(1\text{枚目が}1\text{のときに}2\text{枚目が}2)$ が条件付き確率 $P(2\text{枚目が}2\mid 1\text{枚目が}1)$ である．したがって，上の式の通り，

$$P(2\text{枚目が}2\mid 1\text{枚目が}1)=\frac{P(1\text{枚目が}1\text{かつ}2\text{枚目が}2)}{P(1\text{枚目が}1)}$$

と定義されるのである．同様に，$A\cap B\cap C\cap\cdots$ は，まず A がおき，そのときさらに B がおき，またそのときさらに C がおき…，ということなので，

$$P(A\cap B\cap C\cap\cdots)=P(A)P(B|A)P(C\mid A\cap B)\cdots$$

という計算もできる．

23. ［補足］「確率分布が等しい」と「等しい確率変数」の違い

複数の確率変数について，それらの確率分布が等しいことと，それらが等しい確率変数であることの違いについて例で説明する．

正しいサイコロを2回投げる試行を考える．次の4つの確率変数を考える：

$$X=(1\text{回目の目}),\quad Y=(2\text{回目の目}),\quad Z=7-X,$$

$$W=(1\text{回目の目を}7\text{で割った余り})$$

これらは，すべて確率分布が等しい．しかし，この中で等しい確率変数は X と W だけである．

まず，すべて確率分布が等しいことは，すべての $k=1,2,\ldots,6$ について明らかに

$$P(X=k)=P(Y=k)=P(Z=k)=P(W=k)=\frac{1}{6}$$

であることからわかる（4つ全部の確率分布表を書いてみよ．また，W については，X が1から6の値をとるとき，まず（$6X$ を7で割った余り）がどのような値になるか考えてみるとよい．）

しかし，等しい確率変数は X と W しかない．2つの確率変数が等しいとは，

それらがいつでも同じ値をとるということである．たとえば，1回目に1が出て2回目に2が出れば，そのときは $X=1$，$Y=2$ なので，$X \neq Y$ となることがある．なので，X と Y は等しい確率変数ではない．また，1回目の目が何であろうと $X=Z$ となることはないのは明らかなので，X と Z も確率変数としては等しくない．しかし，すべての $k=1, 2, \ldots, 6$ について，1回目の目が k のとき $X=k$，$W=k$ となることがわかる（X の値を k としたときに W の値を計算してみよ）．したがって，X と W はいつでも値が等しい．よって，X と W は等しい確率変数である．また，実は，Z と $7-W$ という確率変数も等しいことがわかる．このことは，いつでも値が等しいことを確認してもよいし，X と W が等しいことから，$Z=7-X=7-W$ としても確かめられる．一方，Z と W は，確率分布は等しいが，等しい確率変数ではない．

このように，確率変数として等しいとはいつでも値が等しいということ．これは，言葉を変えると，標本空間のすべての点 $\omega \in \Omega$ について $X(\omega)=W(\omega)$ となること，つまり，$X(\omega)$ と $W(\omega)$ が同じ写像であること，ともいえる．

もちろん，確率変数として等しいならそれらは確率分布も等しい．しかし，逆は一般には成り立たないのは上の例で見た通り．

問題1-1　事象1

サイコロを1回投げる試行について，次の事象を適当な記号で表せ．

(1) 2の目が出る．　　　　(2) 出た目が3で割り切れる．

解説　言葉で書かれた事象を集合で書く練習．標本空間は起こりうるすべての試行結果を集めた集合．事象はその事象が起きているような試行結果をすべて集めた集合．例えば，結果が3通りだけの試行について，記号 a, b, c でその試行結果を表すとすると，

試行結果：a, b, c

標本空間：$\Omega=\{a, b, c\}$

事象：$\{a\}$ や $\{b, c\}$ など

解答

(1) 数字 i で，i の目が出るという試行結果を表すとすると，標本空間 Ω はすべての試行結果を集めた集合なので，$\Omega=\{1, 2, 3, 4, 5, 6\}$ であり，㋐各事象はこの $\{1, 2, 3, 4, 5, 6\}$ の部分集合として書ける．

したがって，2の目が出るという事象は，2の目が出る試行結果のみからなる集合㋑ $\{2\}$　…(答)

(2) 出た目が3で割り切れるということは，試行結果が3または6だということ．

したがって，その事象は $\{3, 6\}$　…(答)

ポイント

㋐　A が事象とは $A\subset\Omega$ であるということ．2ページの基本事項1参照．

㋑　$\{2\}\subset\{1, 2, 3, 4, 5, 6\}$ なので $\{2\}$ は事象．しかし，$2\not\subset\{1, 2, 3, 4, 5, 6\}$ なので2は事象でない．$2\in\{1, 2, 3, 4, 5, 6\}$ とのちがいに注意．

練習問題　1-1　　解答 p.209

サイコロを2回投げる試行について，次の事象を適当な記号で表せ．

(1) 2回とも1が出る．　　　　(2) 1回目に3が出る．

(3) 少なくとも1回6が出る．

問題1-2　事象2

A, B, C を3つの事象とする．この3つの事象について，次の事象を A, B, C を用いて表せ．

(1) A だけが起こる．　(2) 少なくとも2つの事象が起こる．

解 説　事象 A が起こる，というのは，事象 A に含まれる試行結果のいずれかが起こる，ということ．例えば，前ページの問題の設定で{出た目が3で割り切れる}という事象が起こるということは，サイコロ投げの試行結果が3か6のどちらかだということだった．逆に，何々が起こる，ということを表す事象は，そのような試行結果をすべて集めたもの．このページの問題では，かなり抽象的な設定で複雑な事象を集合の記号で表すという難しいことを練習するが，自分の考えた解答に含まれる試行結果がその事象を表すのに過不足ないかどうかよく考えるとよい．

解答

(1) A が起きて B, C は起きないということなので，その事象は㋐ A の要素から B と C の要素を取り除けばよく，

$A \cap B^c \cap C^c$　…(答)

(2) A, B が起こるか，または B, C が起こるか，または C, A が起こるということなので

$(A \cap B) \cup (B \cap C) \cup (C \cap A)$　…(答)

ポイント

㋐　たとえば，サイコロを1回投げる試行を考える．

$A = \{2$ で割り切れる$\}$
$= \{2, 4, 6\}$
$B = \{3$ で割り切れる$\}$
$= \{3, 6\}$
$C = \{4$ で割り切れる$\}$
$= \{4\}$

としてみる．この場合，A だけが起こるということは，出た目が2, 3, 4のうち2だけで割り切れるということ．A の要素2, 4, 6のうち4と6は3や4でも割り切れるのでとり除く．つまり，A の要素から B, C にも入っている要素をとり除く．
また，$A = \{2, 4, 6\}$ では $\{A, B, C$ のうち A だけが起こる$\}$ という事象は表せない．たとえば試行結果が4であるとき，事象 A と C が同時に起きていることがわかる．

練習問題　1-2　解答 p.209

上の問題と同様にして次の事象を表せ．

(1) ちょうど2つの事象が起こる．　(2) A は起きない．

問題1-3　事象の確率 1

$i=1, 2, \ldots, 6$ として，投げたときに i の目が出る確率が $\dfrac{i}{21}$ であるサイコロを 1 回投げる試行を行う．次の事象の確率を求めよ．

(1) 出た目が 3 で割り切れる．　(2) 出た目が 3 で割り切れない．

■ 解 説 ■　サイコロの出る目についての事象の確率を計算する練習．ただし，このサイコロは目によって出る確率が違うような変わったものなので，確率を単純に (場合の数)$\times\dfrac{1}{6}$ などと計算してはいけない．$P(\{a, b\})=P(\{a\})+P(\{b\})$ と計算し，$P(\{a\})$, $P(\{b\})$ の値をそれぞれ求めないといけない．

解答

(1) 出た目が 3 で割り切れる事象は㋐ $\{3, 6\}$ なので，求める確率は $P(\{3, 6\})$ であるが，

$\{3, 6\}=\{3\}\cup\{6\}$ と，$\{3\}\cap\{6\}=\emptyset$（排反事象）より，

$$P(\{3, 6\})=㋑\ P(\{3\}\cup\{6\})=P(\{3\})+P(\{6\})$$
$$=\frac{9}{21}=\frac{3}{7} \quad\cdots(答)$$

(2) 出た目が 3 で割り切れない事象は $\{1, 2, 4, 5\}$ なので，前問と同様に

$$P(\{1, 2, 4, 5\})$$
$$=P(\{1\})+P(\{2\})+P(\{4\})+P(\{5\})$$
$$=\frac{12}{21}=\frac{4}{7} \quad\cdots(答)$$

あるいは，$\{1, 2, 4, 5\}=\{3, 6\}^c$ なので，㋒余事象の確率の公式を使うと，前問の答えにより，

$$P(\{1, 2, 4, 5\})=P(\{3, 6\}^c)=1-P(\{3, 6\})$$
$$=\frac{4}{7}$$

とも計算できる．

ポイント

㋐　事象について 20 ページの**問題1-1** と同じ記号を使うことにする．

㋑　確率の公理 (3) を使った．3 ページの基本事項 **2** 参照．

㋒　$P(A^c)=1-P(A)$

練習問題　1-3　　解答 p.209

上の問題において，次の事象の確率を求めよ．

(1) 出た目が 2 または 3 の倍数．　(2) 出た目が 3 でも 4 でも割り切れる．

問題1-4　事象の確率2

コインを2回投げる試行を行う．ただし，このコインは，2回続けて表が出る確率が $\frac{1}{10}$，2回続けてうらが出る確率が $\frac{4}{10}$，表うらと出る確率が $\frac{2}{10}$，うら表と出る確率が $\frac{3}{10}$ である．このとき，次の事象の確率を求めよ．

(1) 1回目は表が出る．　　　　(2) 2回続けて同じ面が出る．

解説　事象の確率を計算する問題だが，試行が2回続けて行われるので，標本空間が複雑になっている．しかし，事象をうまく表現して，そこから確率を計算するというのは22ページの**問題1-3**と変わらない．

解答

(1) 記号(表, うら)で1回目は表，2回目は裏が出るという試行結果を表すなどとすると，標本空間は

$\Omega=\{(\text{表}, \text{表}), (\text{表}, \text{うら}), (\text{うら}, \text{表}), (\text{うら}, \text{うら})\}$

と書ける．そして，各事象の確率は

$P(\{(\text{表}, \text{表})\})=\frac{1}{10}$，　$P(\{(\text{表}, \text{うら})\})=\frac{2}{10}$

$P(\{(\text{うら}, \text{表})\})=\frac{3}{10}$，　$P(\{(\text{うら}, \text{うら})\})=\frac{4}{10}$

から計算できる．

㋐1回目は表という事象は{(表, 表), (表, うら)}なので，その確率は

ポイント

㋐　試行結果が(表, 表)でも(表, うら)でも，1回目は表が出るという事象は起きている．

$$P(\{(\text{表}, \text{表}), (\text{表}, \text{うら})\})$$
$$=P(\{(\text{表}, \text{表})\})+P(\{(\text{表}, \text{うら})\})$$
$$=\frac{1}{10}+\frac{2}{10}=\frac{3}{10}\quad\cdots(\text{答})$$

(2) 2回続けて同じ面が出るという事象は

{(表, 表), (うら, うら)} なので，

$$P(\{(\text{表}, \text{表}), (\text{うら}, \text{うら})\})$$
$$=P(\{(\text{表}, \text{表})\})+P(\{(\text{うら}, \text{うら})\})$$
$$=\frac{1}{10}+\frac{4}{10}=\frac{1}{2}\quad\cdots(\text{答})$$

練習問題　1-4

解答 p.209

上の問題において，次の事象の確率を求めよ．

(1) 少なくとも1回は表が出る．　　　　(2) 表が1回も出ない．

問題1-5　事象の独立性 1

正しいサイコロを2回投げる．3つの事象 A, B, C を

$$A=\{1\text{回目に出た目が}3\},\quad B=\{\text{目の和が}8\},\quad C=\{\text{目の和が}7\}$$

とする．このとき次の問いに答えよ．

(1) A と B は独立か．　　(2) A と C は独立か．

解 説　事象の独立性の定義を確かめる問題．事象 A と B が独立とは，$P(A\cap B)=P(A)P(B)$ となること．独立性についてはこの問題のように不思議なことも起こるので，直感だけでは間違うこともあり，定義通りに確かめることも大事．

解答

(1) まず，$P(A\cap B)=$ ㋐ $P(1\text{回目は}3\text{かつ}2\text{回目は}5)$

$=P(1\text{回目は}3)P(2\text{回目は}5)=\dfrac{1}{36}$

次に，$P(A)=\dfrac{1}{6}$ であり，また，すべての目の組み合わせ36通りのうち，和が8になるのは $(2, 6), (3, 5), (4, 4), (5, 3), (6, 2)$ の5 なので，

$P(B)=\dfrac{5}{36}$ よって $P(A)P(B)=\dfrac{5}{216}$

以上より $P(A\cap B)\neq P(A)P(B)$ なので，A と B は独立でない．　…(答)

(2) $P(A\cap C)=P(1\text{回目は}3\text{かつ}2\text{回目は}4)$

$=P(1\text{回目は}3)P(2\text{回目は}4)=\dfrac{1}{36}$

また，2回の目の和が7になるのは $(1, 6), (2, 5), (3, 4), (4, 3), (5, 2), (6, 1)$ の6通りなので，$P(C)=\dfrac{6}{36}=\dfrac{1}{6}$

よって　$P(A)P(C)=\dfrac{1}{36}$

したがって，$P(A)P(C)=\dfrac{1}{36}=P(A\cap C)$ なので，A と C は独立．　…(答)

ポイント

㋐　1回目と2回目のサイコロ投げは独立．

練習問題　1-5

解答 p.210

A と B は独立な事象の組とする．このとき，次の事象の組も独立であることを示せ．

(1) A と B^c　　(2) A^c と B^c

問題1-6　事象の独立性2

箱の中にボールが4つ入っていてそれぞれ1，2，3，4と番号がついている．この箱からボールを1つ取り出す試行を行う．どのボールを取り出す確率も等しく $\frac{1}{4}$ とする．取り出したボールの番号について，次のような事象を考える．

$A=\{1$ または $2\}$，　$B=\{1$ または $3\}$，　$C=\{1$ または $4\}$

(1) A と B は独立か．　(2) B と C は独立か．　(3) C と A は独立か．

(4) A, B, C は独立か．

解説　3つの事象の独立の定義を確認する問題．この問題では3つのうちどの2つをとってもそれらは独立だが，3つまとめると独立でない．また，練習問題は $P(A\cap B\cap C)=P(A)P(B)P(C)$ だけでは A, B, C が独立とは言えない例．

解答

(1) $P(A\cap B)=P(1$ を取り出す$)=\frac{1}{4}$

$P(A)P(B)=\frac{1}{2}\cdot\frac{1}{2}=\frac{1}{4}$ なので，

$P(A\cap B)=P(A)P(B)$ となり A と B は独立．…(答)

(2) (3) 上の (1) と同様に，独立．…(答)

(4) ㋐ A, B, C が独立であるためには，(1)，(2)，(3) の結果と $P(A\cap B\cap C)=P(A)P(B)P(C)$ が成り立たなければならない．しかし，

$P(A\cap B\cap C)=P(1$ を取り出す$)=\frac{1}{4}$，　$P(A)P(B)P(C)=\frac{1}{2}\cdot\frac{1}{2}\cdot\frac{1}{2}=\frac{1}{8}$

なので，$P(A\cap B\cap C)\neq P(A)P(B)P(C)$ となり，A, B, C は独立でない．…(答)

ポイント

㋐ 3つの事象 A, B, C が独立とは，

$P(A\cap B)=P(A)P(B)$，

$P(B\cap C)=P(B)P(C)$，

$P(C\cap A)=P(C)P(A)$，

$P(A\cap B\cap C)$
$=P(A)P(B)P(C)$

の4つが成り立つこと．

練習問題　1-6

解答 p.210

箱の中にボールが8つ入っていてそれぞれ1，2，3，4，5，6，7，8と番号がついている．この箱からボールを1つ取り出す試行を行う．どのボールを取り出す確率も等しく $\frac{1}{8}$ とする．取り出したボールの番号について次の事象を考える．

$A=\{1, 2, 3, 4\}$，　$B=\{1, 4, 5, 6\}$，　$C=\{1, 6, 7, 8\}$，

$D=\{1, 2, 5, 6\}$，　$E=\{1, 3, 6, 7\}$

(1) $P(A\cap B\cap C)=P(A)P(B)P(C)$ を示せ．

(2) A, B, C は独立か．　(3) A, D, E は独立か．

問題1-7　独立な事象の確率

サイコロを3回投げる．$A_i=\{i$ 回目に6が出る$\}$，$i=1,2,3$ という事象を定義する．また，A_1, A_2, A_3 は独立で，起こる確率はすべて等しく $P(A_i)=\dfrac{1}{6}$，$i=1,2,3$ とする．このとき，次の事象の確率を求めよ．

(1) 3回投げて1度も6が出ない．　　(2) 3回投げて1回だけ6が出る．

■ **解 説** ■　独立な事象の積事象（集合としては共通部分）の確率の計算は，各事象のかけ算になって簡単に計算できる：

A と B が独立なら $P(A\cap B)=P(A)P(B)$

解答

ポイント

(1) この事象は $A_1^c\cap A_2^c\cap A_3^c$ と同じ．よって，独立であることに注意すると，求める確率は

㋐ $P(A_1^c\cap A_2^c\cap A_3^c)=P(A_1^c)P(A_2^c)P(A_5^c)$

$=\left(\dfrac{5}{6}\right)^3=\dfrac{125}{216}$　　…(答)

㋐　A, B, C が独立なら $P(A\cap B\cap C)=P(A)P(B)P(C)$

(2) この事象を B とおくと，

$B=(A_1\cap A_2^c\cap A_3^c)\cup(A_1^c\cap A_2\cap A_3^c)\cup(A_1^c\cap A_2^c\cap A_3)$

であるが，㋑かっこでくくられている3つのまとまりは排反事象なので，全体の確率はその3つのまとまりの確率の和となる．また，この3つのまとまりの中身はそれぞれ独立事象の積であることに注意すると，たとえば1つ目の事象の確率は

$P(A_1\cap A_2^c\cap A_3^c)=P(A_1)P(A_2^c)P(A_3^c)=\dfrac{1}{6}\cdot\left(\dfrac{5}{6}\right)^2$

のように計算できる．他の2つも同様に計算するとすべて確率が等しいことがわかるので，求める確率は ㋒ $P(B)=3\cdot\left(\dfrac{1}{6}\right)\cdot\left(\dfrac{5}{6}\right)^2=\dfrac{75}{216}$　　…(答)

㋑　言葉でいうと，1回目だけ6が出る，2回目だけ6が出る，3回目だけ6が出る，という3つの事象は排反だ，という当たり前のこと．

㋒　この3倍の意味は，3回のうち6が出るのが何回目かという組み合わせの数が3通りだということ．

練習問題　1-7

解答 p.210

上の問題と同じ設定で，次の事象の確率を求めよ．

(1) 3回投げて2回6が出る．　　(2) 1回目で6が出る．

(3) 2回目で初めて6が出る．

問題1-8　条件付き確率 1

黒箱には，当たりくじ 200 枚とはずれくじ 100 枚が入っている．白箱には当たりくじ 700 枚だけで，はずれくじは入っていないとする．箱を等確率 $\frac{1}{2}$ で選び，くじを引くことにする．

(1) 黒箱を選んだときに，当たりくじを引く確率を求めよ．

(2) 白箱を選んだときに，当たりくじを引く確率を求めよ．

(3) 当たりくじを引いたことがわかっているときに，それを黒箱から引いた確率を求めよ．

解 説　日本語で書かれた文章の内容を条件付き確率をつかって書き表すことと，条件付き確率の意味合いを考えるための問題．条件付き確率を使うときは，条件に書かれている状況に置かれているということをよくイメージしないといけない．

解答

(1) 求めるものは P(当たる | 黒箱を選ぶ) である．㋐黒箱についてだけ考えればよい．黒箱からくじを引くとき，当たる確率は $\frac{200}{300}=\frac{2}{3}$．したがって，

P(当たる | 黒箱を選ぶ) $=\frac{2}{3}$　…(答)

(2) 白箱についてだけ考えればよい．当たりくじしか入っていない白箱からくじを引いて当たる確率は 1．したがって，

P(当たる | 白箱を選ぶ) $=1$　…(答)

(3) ㋐ベイズの定理より，

P(黒箱を選んだ | 当たる)

$$=\frac{P(\text{当たる}\mid\text{黒箱を選ぶ})P(\text{黒箱を選ぶ})}{P(\text{当たる}\mid\text{黒箱を選ぶ})P(\text{黒箱を選ぶ})+P(\text{当たる}\mid\text{白箱を選ぶ})P(\text{白箱を選ぶ})}$$

$$=\frac{\frac{2}{3}\cdot\frac{1}{2}}{\frac{2}{3}\cdot\frac{1}{2}+1\cdot\frac{1}{2}}=\frac{\frac{1}{3}}{\frac{5}{6}}=\frac{2}{5}$$

…(答)

ポイント

㋐　黒箱を選んだことがわかっている，ということに注意する．それは，いまは白箱については何も関係がなくなり，黒箱についてのみ考えればよいということである．

㋑　ベイズの定理（5 ページの基本事項6）

事象 A_1, A_2 が排反で，$\Omega=A_1\cup A_2$ とすると，

$$P(A_1|B)=\frac{P(B|A_1)P(A_1)}{P(B|A_1)P(A_1)+P(B|A_2)P(A_2)}$$

練習問題　1-8

解答 p.210

上の問題において，次を求めよ．

(1) まだどちらの箱も選んでいないときに，くじを引いて当たる確率

(2) 当たりくじを引いたことがわかっているときに，それを白箱から引いた確率

問題1-9　条件付き確率2

表とうらが同じ確率で出るコインを，2回投げる．ただし，1回目と2回目は独立とする．このとき，次を求めよ．

(1) 少なくとも1回表が出るときに，残りの1回はうらが出る条件付き確率

(2) 表とうらが1回ずつ出る確率

解説　事象 A が起こったことがわかっているときに事象 B が起こる条件付確率は $P(B|A)=\dfrac{P(B\cap A)}{P(A)}$．また，$P(B\cap A)=P(B|A)P(A)$ が成り立つ．

解答

(1) 標本空間はもちろん

Ω＝{(表, 表), (表, うら), (うら, 表), (うら, うら)}

であり，確率は

㋐ $P(\text{表,表})=P(\text{表,うら})=P(\text{うら,表})=P(\text{うら,うら})=\dfrac{1}{4}$ から計算する．

少なくとも1回表が出るという事象を A，少なくとも1回裏が出るという事象を B とすると，求める条件付き確率は

$$P(B|A)=\frac{P(B\cap A)}{P(A)}$$
$$=\frac{P(\text{表とうらが1回ずつ出る})}{P(\text{少なくとも1回表が出る})}$$
$$=\frac{P(\{(\text{表, うら}), (\text{うら, 表})\})}{P(\{(\text{表, 表}), (\text{表, うら}), (\text{うら, 表})\})}$$
$$=\frac{2/4}{3/4}=\frac{2}{3} \qquad \cdots(\text{答})$$

(2) この事象は $A\cap B$ なので，

㋑ $P(A\cap B)=P(B|A)P(A)=\dfrac{2}{3}\cdot\dfrac{3}{4}=\dfrac{1}{2}$　…(答)

ポイント

㋐ 本当は $P(\{(\text{表, 表})\})$ のように書くべきだが，繁雑になるので{ }は省略した．

㋑ もちろん，(1) の解答で計算してあるように
$P(\text{表とうらが1回ずつ出る})$
$=P(\{(\text{表, うら}), (\text{うら, 表})\})$
$=\dfrac{1}{2}$
だが，あえて条件付き確率を使って計算してみた．

練習問題　1-9

解答 p.211

ある病気にかかっている人がある検査を受けると95%の正確さで陽性と診断されるとする．しかしこの検査では病気にかかっていない人も1%の確率で陽性と診断されてしまうとする．実際には人口の0.2%がこの病気にかかっているとするとき，検査で陽性と出た人が本当に病気にかかっている確率を求めよ．

問題1-10★　条件付き確率3

　ある家庭には子供が二人いることがわかっている．子供が生まれる確率は，性別や生まれる曜日によって偏りはないとする．つまり，子供がどの性別で何曜日に生まれるとしても，その確率はすべて $\frac{1}{14}$ ということ．また，性別や生まれる曜日は，子供ごとに独立とする．

　このとき，この家庭の子供について，少なくとも一人は女の子であることがわかっているときに，二人とも女の子である条件付き確率を求めよ．

解 説　条件付き確率を定義にしたがって計算すればよい問題だが，日本語を確率や条件付き確率の記号で表現するのが，今までの問題よりも少し難しくなっている．㋐問題文をよく読むこと．特に練習問題の題意に注意せよ．

解答

求める確率を p とすると，

$$p = P(\text{二人とも女の子} \mid \text{少なくとも一人は女の子})$$

$$= \frac{P(\text{二人とも女の子かつ少なくとも一人は女の子})}{P(\text{少なくとも一人は女の子})}$$

$$= \frac{P(\text{二人とも女の子})}{P(\text{少なくとも一人は女の子})}$$

㋑ここで，$P(\text{二人とも女の子}) = \frac{1}{4}$，

$P(\text{少なくとも一人は女の子}) = \frac{3}{4}$ なので，

$$p = \frac{1/4}{3/4} = \frac{1}{3}$$ …(答)

ポイント

㋐　問題1-9 (1) と，見た目はかなり違うが，実質的にはほぼ同じ考え方の問題である．

㋑　子供が二人であることはわかっているので，一人目の子供と二人目の子供の性別の組み合わせは全部で，(女, 女), (女, 男), (男, 女), (男, 男) であり，これらはすべて確率が $\frac{1}{4}$．よって，

$P(\text{二人とも女の子}) = P(\text{女，女}) = \frac{1}{4}$，

$P(\text{少なくとも一人は女の子}) = P(\{(\text{女，女}), (\text{女，男}), (\text{男，女})\}) = \frac{3}{4}$

練習問題　1-10★

解答 p.211

　上の問題文の4行目までの家族について，次の問いに答えよ．

(1)　少なくとも一人は月曜日生まれの女の子であることがわかっているときに，二人とも女の子である確率を求めよ．

(2)　この家族の家をたずねたら，女の子が出てきた．このとき，子供は二人とも女の子である確率を求めよ．ただし，この家では，訪問客にはどちらかの子供が答えることになっており，それがどちらの子供であるかは確率が等しいとする．

問題1-11　確率変数1

正しいサイコロを2回投げ，1回目の目を X，2回目の目を Y とする．また，$Z=X^2$，$W=X+Y$ と定義する．このとき，

(1) Z の確率分布（表）をかけ．

(2) W の確率分布（表）をかけ．

■ 解 説 ■　離散確率変数 Z の確率分布（表）を求めるには，まず，それがどのような値をとるか調べる．そして，そのすべての値 k について $P(Z=k)$ を計算し，値 k とあわせて表にすればよい．

解答

(1) Z は 1, 4, 9, 16, 25, 36 という値をとる．それらの値をとる確率は，$k=1, 2, \ldots, 6$ について $P(Z=k^2)=\frac{1}{6}$ なので，確率分布（表）は

Z	1	4	9	16	25	36
確率	$\frac{1}{6}$	$\frac{1}{6}$	$\frac{1}{6}$	$\frac{1}{6}$	$\frac{1}{6}$	$\frac{1}{6}$

(2) W は $2, 3, 4, \ldots, 11, 12$ という値をとる．それぞれの値をとる確率を計算して㋐表にまとめると，確率分布は，

W	2	3	4	5	6	7	8	9	10	11	12
確率	$\frac{1}{36}$	$\frac{2}{36}$	$\frac{3}{36}$	$\frac{4}{36}$	$\frac{5}{36}$	$\frac{6}{36}$	$\frac{5}{36}$	$\frac{4}{36}$	$\frac{3}{36}$	$\frac{2}{36}$	$\frac{1}{36}$

ポイント

㋐　次の表は X, Y の各値に対しての $W=X+Y$ の値を表している．$P(W=l)$ を求めるには，表に l が何個あるか数え，その個数を36で割ればよい．

$X \setminus Y$	1	2	3	4	5	6
1	2	3	4	5	6	7
2	3	4	5	6	7	8
3	4	5	6	7	8	9
4	5	6	7	8	9	10
5	6	7	8	9	10	11
6	7	8	9	10	11	12

練習問題　1-11

解答 p.212

上の問題において，

(a) 次を求めよ．

(1) $E[X]$　　(2) $E[Z]$　　(3) $V(X)$　　(4) $E[W]$

(b) さらに，次の3つの確率変数を作る．$A=$（目の和が7なら1，それ以外で0）$B=$（目の和を3で割った余り）$C=$（目の和を4で割った余り）このとき，次を示せ．

(1) A と X は独立．　(2) B と X は独立．　(3) C と X は独立でない．

問題1-12　確率変数2

標本空間を $\Omega=\{a, b, c\}$ とし，確率を

$$P(\{a\})=\frac{1}{2},\qquad P(\{b\})=\frac{1}{3},\qquad P(\{c\})=\frac{1}{6}$$

とする．確率変数 X を

$$X(a)=-1,\qquad X(b)=2,\qquad X(c)=-1$$

と定義する．このとき，次を求めよ．

(1) X の確率分布（表）　　(2) $E[X]$　　(3) $V(X)$

解説　標本空間や確率変数の定義が抽象的なときでも，確率分布や期待値，分散は定義通り計算すれば求められる．

解答

(1) X のとる値は $-1, 2$ で，それぞれの値をとる確率は，

$$P(X=-1)=P(\{a, c\})=P(\{a\})+P(\{c\})$$
$$=\frac{1}{2}+\frac{1}{6}=\frac{2}{3}$$
$$P(X=2)=P(\{b\})=\frac{1}{3}$$

したがって，確率分布表は，

X	-1	2
確率	$\frac{2}{3}$	$\frac{1}{3}$

…(答)

(2) $E[X]=-1\cdot P(X=-1)+2\cdot P(X=2)$

$$=-1\cdot\frac{2}{3}+2\cdot\frac{1}{3}=0$$ …(答)

(3) $V(X)=E[(X-E[X])^2]=E[X^2]$

$$\underset{㋐}{=}(-1)^2P(X=-1)+2^2P(X=2)$$
$$=1\cdot\frac{2}{3}+4\cdot\frac{1}{3}=2$$ …(答)

ポイント

㋐　期待値の性質
$E[h(X)]=\sum_k h(k)P(X=k)$
を $h(k)=k^2$ として用いた．

練習問題　1-12

解答 p.213

上の問題において，さらに，確率変数 $Y=X^2$ を定義する．このとき，次を求めよ．

(1) Y の確率分布（表）　　(2) $E[Y]$　　(3) $V(Y)$

問題1-13　離散確率分布1

X は離散確率変数で，c を定数として，その確率関数（確率分布）が

$$P(X=i)=ci, \qquad i=1, 2, 3, 4$$

と与えられているとする．このとき，次を求めよ．

(1) 定数 c　　(2) $P(X \leq 3)$　　(3) $P(X=1 \mid X \leq 2)$

■解説■　この問題では，前問や前々問と違い，確率変数の決まり方（標本空間との対応）は与えられていない．そのかわり，その確率分布が与えられている．確率変数についての確率や期待値を計算するとき，確率分布が与えられていれば，もはやその確率変数がどのように定義されているのかわからなくてもよい．

定数 c は，全事象の確率が1になるように決められないといけない．$P(X \leq k)$ は $P(X \leq k)=\sum_{i \leq k} P(X=i)$ と計算する．

解答

(1) $\sum_{i=1}^{4} P(X=i)=\sum_{i=1}^{4} ci=10c$ だから，㋐$10c=1$ より，$c=\frac{1}{10}$　…(答)

(2) $P(X \leq 3)=P(X=1)+P(X=2)+P(X=3)$

$=c(1+2+3)=\frac{3}{5}$　…(答)

(3) $P(X=1 \mid X \leq 2)=\frac{P(X=1 \cap X \leq 2)}{P(X \leq 2)}$

㋑$=\frac{P(X=1)}{P(X \leq 2)}$

$=\frac{P(X=1)}{P(X=1)+P(X=2)}$

$=\frac{1/10}{1/10+2/10}$ ㋒$=\frac{1}{3}$　…(答)

ポイント

㋐　$\sum P(X=i)=1$ という関係を満たす．

㋑　$\{X=1 \cap X \leq 2\}=\{X=1\}$

㋒　条件が $X \leq 2$ なので，X が1か2であるときだけ考えればよい．

もともとの設定からわかるとおり，X は1よりも2を2倍の確率でとりやすい．したがって，X が1か2のときに1をとる確率は $\frac{1}{3}$，と考えてもよい．

練習問題　1-13

解答 p.214

上の問題で，次を求めよ．

(1) $F_X(x)=P(X \leq x)$　　(2) $P(X$ は素数$)$　　(3) $P(X^2=4)$

問題1-14　離散確率分布２

前問と同じく，X は離散確率変数で，その確率関数（確率分布）が

$$P(X=i)=\frac{i}{10},\qquad i=1,2,3,4$$

だとする．このとき，次を求めよ．

(1) $E[X]$　(2) $V(X)$　(3) $E\left[\frac{1}{X}\right]$　(4) $g_X(t)=E[t^X]$　(5) $E[X(X-1)]$

解 説　簡単な離散確率分布で，その期待値，分散，確率母関数などの計算を練習する問題．

$$E[X]=\sum iP(X=i),\quad V(X)=E[(X-E[X])^2]=E[X^2]-(E[X])^2$$

という定義通り計算すればよい．練習問題では，期待値や分散を計算するために確率母関数を使う練習をする．

解答

(1) $E[X]=\sum_{i=1}^{4} iP(X=i)=\sum_{i=1}^{4}\frac{i^2}{10}$

$=\frac{1}{10}(1+4+9+16)=3$ …(答)

(2) $V(X)=E[X^2]-(E[X])^2$ と計算する．

㋐ $E[X^2]=\sum_{i=1}^{4} i^2P(X=i)$ $=\sum_{i=1}^{4}\frac{i^3}{10}$

$=\frac{1}{10}(1+8+27+64)=10$

したがって，$V(X)=10-3^2=1$ …(答)

(3) $E\left[\frac{1}{X}\right]=\sum_{i=1}^{4}\frac{1}{i}P(X=i)=\sum_{i=1}^{4}\frac{1}{10}=\frac{2}{5}$ …(答)

(4) $g_X(t)=E[t^X]=\sum_{i=1}^{4} t^iP(X=i)=\sum_{i=1}^{4}\frac{it^i}{10}$

$=\frac{1}{10}(t+2t^2+3t^3+4t^4)$ …(答)

(5) ㋑ $E[X(X-1)]=g''_X(1)$

㋒ $=\frac{1}{10}(4+18+48)$ ㋓ $=7$ …(答)

ポイント

㋐
$E[h(X)]=\sum_i h(i)P(X=i)$

㋑ $g'_X(t)=E[Xt^{X-1}]$,
$g''_X(t)=E[X(X-1)t^{X-2}]$

㋒
$g''_X(t)=\frac{1}{10}(4+18t+48t^2)$
なので，
$g''_X(1)=\frac{1}{10}(4+18+48)$

㋓　もちろん，
$E[X(X-1)]$
$=\sum_{i=1}^{4} i(i-1)P(X=i)$
と計算してもよい．

練習問題　1-14

解答 p.214

X は離散確率変数で，その確率関数が

$$P(X=i)=\frac{2^i}{14},\qquad i=1,2,3$$

だとする．このとき，次を求めよ．

(1) $g_X(t)=E[t^X]$　(2) $E[X]$　(3) $E[X(X-1)]$　(4) $V(X)$

問題1-15　連続確率分布1

X は次の密度関数をもつ連続確率変数とする:

$$f_X(x)=\begin{cases} cx, & 2\leq x\leq 6 \text{ のとき} \\ 0, & \text{その他} \end{cases}$$

ただし，c は定数とする．このとき次を求めよ．

(1) 定数 c　　(2) $P(-3\leq X\leq 3)$　　(3) $P(X\leq a)=\dfrac{3}{8}$ となる a

■ **解 説** ■　簡単な連続確率分布で，それについて事象の確率や分布関数，条件付き確率などを計算する．定数 c は $\int_{-\infty}^{\infty} f_X(x)dx=1$ という関係を満たすように決められないといけない．$P(X\leq x)$ は $P(X\leq x)=\int_{-\infty}^{x} f_X(t)dt$ と計算する．

解答

(1) ㋐ $\int_{-\infty}^{\infty} f_X(x)dx=\int_2^6 cxdx$ $=\left[\dfrac{cx^2}{2}\right]_2^6=16c$

なので，$16c=1$ より $c=\dfrac{1}{16}$　…(答)

(2) $P(-3\leq X\leq 3)=\int_{-3}^{3} f_X(x)dx=\int_2^3 cxdx$

$=\left[\dfrac{cx^2}{2}\right]_2^3=\dfrac{5c}{2}=\dfrac{5}{32}$　…(答)

(3) ㋑ $2\leq a\leq 6$ とすると，

$P(X\leq a)=\int_{-\infty}^{a} f_X(x)dx=\int_2^a cxdx$

$=\dfrac{c}{2}(a^2-4)=\dfrac{1}{32}(a^2-4)$

$2\leq a\leq 6$ の範囲で $\dfrac{1}{32}(a^2-4)=\dfrac{3}{8}$ を満たす a は

$a=4$　…(答)

ポイント

㋐　$f_X(x)$ を cx に書き直すときは，$2\leq x\leq 6$ 以外では $f_X(x)=0$ であることに注意．

㋑　$a<2$ なら $P(X\leq a)=0$ であり，
$a>6$ なら $P(X\leq a)=1$ なので，
$P(X\leq a)=\dfrac{3}{8}$ となる a は
$2\leq a\leq 6$ の範囲にしかない．

練習問題　1-15

解答 p.214

上の問題において次を求めよ．

(1) $P(X\leq 4\,|\,X>3)$　　(2) $P(\sqrt{X}\leq 2)$　　(3) $F_X(x)=P(X\leq x)$

問題1-16　連続確率分布2

前問と同様に，X は次の密度関数をもつ連続確率変数とする：

$$f_X(x) = \begin{cases} \dfrac{x}{16}, & 2 \leq x \leq 6 \text{ のとき} \\ 0, & \text{その他} \end{cases}$$

このとき次を求めよ．

(1) $E[X]$　　(2) $V(X)$　　(3) $M_X(t) = E[e^{tX}]$

解 説　簡単な連続確率分布で，その期待値，分散，モーメント母関数などの計算をする．

$$E[X] = \int_{-\infty}^{\infty} x f_X(x)dx, \quad V(X) = E[(X - E[X])^2] = E[X^2] - (E[X])^2$$

と定義通り計算すればよい．練習問題では，期待値や分散を計算するために，モーメント母関数を使う方が簡単なこともある，ということを確認する．

解答

(1) $E[X] = \int_{-\infty}^{\infty} x f_X(x)dx = \int_2^6 \dfrac{x^2}{16}dx$

$= \dfrac{1}{16}\left[\dfrac{x^3}{3}\right]_2^6 = \dfrac{13}{3}$　…(答)

(2) $V(X) = E[X^2] - (E[X])^2$ と計算する．

$E[X^2] = \int_2^6 \dfrac{x^3}{16}dx = \dfrac{1}{16}\left[\dfrac{x^4}{4}\right]_2^6 = 20$

したがって，$V(X) = 20 - \left(\dfrac{13}{3}\right)^2 = \dfrac{11}{9}$　…(答)

(3) $M_X(t) = E[e^{tX}] = \int_{-\infty}^{\infty} e^{tx} f_X(x)dx = \dfrac{1}{16}\int_2^6 xe^{tx}dx$

ここで，㋐$y = tx$ と置換積分すると，

$$M_X(t) = \frac{1}{16}\int_2^6 xe^{tx}dx = \frac{1}{16t^2}\int_{2t}^{6t} ye^y dy = \frac{1}{16t^2}\Big[e^y(y-1)\Big]_{2t}^{6t}$$

$$= \frac{1}{16t^2}\{e^{6t}(6t-1) - e^{2t}(2t-1)\}$$　…(答)

ポイント

㋐　$y = tx$ とすると，x が2から6まで動くとき，y は $2t$ から $6t$ まで動く．

また，$x = \dfrac{y}{t}$ なので，

$dx = \dfrac{dx}{dy}dy = \dfrac{1}{t}dy$

練習問題　1-16　解答 p.214

X は次の密度関数をもつ連続確率変数とする：

$$f_X(x) = \begin{cases} e^{-x}, & x \geq 0 \text{ のとき} \\ 0, & x < 0 \text{ のとき} \end{cases}$$

このとき次を求めよ．

(1) $M_X(t) = E[e^{tX}]$, $t < 1$　　(2) $E[X]$　　(3) $V(X)$　　(4) $E[X^3]$

問題1-17　同時確率分布 1

X と Y は離散確率変数で，X, Y の同時確率関数が，c を定数として

$$P(X=i, Y=j)=c(i+j), \qquad i=1, 2, 3, \quad j=1, 2, 3$$

と与えられているとする．このとき，次を求めよ．

(1) 定数 c　　　　(2) $P(X=i)$

■ 解 説 ■　簡単な2次元の離散確率分布で，同時確率関数から周辺分布や条件付き確率などを計算する．定数 c は $\sum_i \sum_j P(X=i, Y=j)=1$ という関係を満たすように決められないといけない．$P(X=i)$ は $P(X=i)=\sum_j P(X=i, Y=j)$ と計算する．

解答

(1)　$\sum_i \sum_j P(X=i, Y=j)=\sum_{i=1}^{3} \sum_{j=1}^{3} c(i+j)$ である㋐が，㋑下の表を見ると，㋒この和は真ん中の9つの数字を足せばよく，

$\sum_{i=1}^{3} \sum_{j=1}^{3} c(i+j)=36c$　したがって，$c=\dfrac{1}{36}$　…(答)

X＼Y	1	2	3	$P(X=i)$
1	$2c$	$3c$	$4c$	$9c$
2	$3c$	$4c$	$5c$	$12c$
3	$4c$	$5c$	$6c$	$15c$
$P(Y=j)$	$9c$	$12c$	$15c$	1

(2) $i=1, 2, 3$ でなければ，X がそのような値をとることはないので，$P(X=i)=0$．

また，$i=1, 2, 3$ のとき，

$$P(X=i)=\sum_j P(X=i, Y=j)=\sum_{j=1}^{3} c(i+j)$$

$$=c(3i+6)=\frac{i+2}{12}$$ ㋓．したがって，

$$P(X=i)=\begin{cases} \dfrac{i+2}{12}, & i=1, 2, 3 \\ 0, & \text{その他} \end{cases}$$　…(答)

ポイント

㋐ $P(X=i, Y=j)=c(i+j)$ と書き換えられるのは $i=1, 2, 3$，$j=1, 2, 3$ のときだけ．その他では0．

㋑ この表の真ん中の9つの数は $P(X=i, Y=j)$ を表す．ただし，i は一番左の列，j は一番上の行の数字．表の一番右の列は，その左の3列の和で，$P(X=i)$ を表す．一番下の行は，その上の3行の和で，$P(Y=j)$ のこと．一番右下のマスは全確率なのでいつでも1で，真ん中の9マスの和であり，一番右の列の和でもあり，一番下の行の和でもある．

㋒ また，この和を求めることは，表の一番下の行や一番右の列の和 $9c+12c+15c$ を求めることと同じ．

㋓ これは，表の一番右の $P(X=i)$ の列の3つの数と同じ．

練習問題　1-17

解答 p.215

上の問題において次を求めよ．

(1) $P(X=1 \mid Y=2)$　　(2) $P(X=1 \mid Y \leq 2)$　　(3) $E[X]$

(4) $V(X)$　　(5) $E[Y]$，$V(Y)$

問題1-18　同時確率分布２

前問と同様に，X と Y は離散確率変数で，X, Y の同時確率関数が，

$$P(X=i, Y=j)=\frac{1}{36}(i+j), \qquad i=1, 2, 3, \quad j=1, 2, 3$$

と与えられているとする．このとき，次を求めよ．

(1) $E[XY]$　　　　　(2) $Cov(X, Y)$

解 説　簡単な２次元の離散確率分布で，同時確率関数から共分散と相関係数を計算する．

$$E[XY]=\sum_i\sum_j ijP(X=i, Y=j),$$

$$Cov(X, Y)=E[(X-E[X])(Y-E[Y])]=E[XY]-E[X]E[Y]$$

と定義通り計算すればよい．

解答

(1) $c=\frac{1}{36}$ とすると，前ページの表より，

$$\begin{aligned}E[XY]&=\sum_{i=1}^{3}\sum_{j=1}^{3} ijP(X=i, Y=j)\\&=1\cdot1\cdot2c+1\cdot2\cdot3c+1\cdot3\cdot4c\\&\quad+2\cdot1\cdot3c+2\cdot2\cdot4c+2\cdot3\cdot5c\\&\quad+3\cdot1\cdot4c+3\cdot2\cdot5c+3\cdot3\cdot6c\\&=168c=\frac{14}{3}\end{aligned}$$

…(答)

(2) 36ページの練習問題より，$E[X]=E[Y]=\frac{13}{6}$ なので，

$$Cov(X, Y)=E[XY]-E[X]E[Y]$$ ㋐

$$=\frac{14}{3}-\left(\frac{13}{6}\right)^2=-\frac{1}{36}$$

…(答)

ポイント

㋐ $Cov(X, Y)$
$=E[(X-E[X])(Y-E[Y])]$
$=E[XY-E[X]Y-XE[Y]$
$+E[X]E[Y]]$
$=E[XY]-E[X]E[Y]$

練習問題　1-18　　解答 p.215

上の問題において次を求めよ．

(1) $Cov(2X, 3Y)$　　(2) $Cov(X, X+Y)$　　(3) $\rho(X, Y)=\dfrac{Cov(X, Y)}{\sqrt{V(X)V(Y)}}$

問題1-19　共分散

X と Y は独立な確率変数とする．また，Z も確率変数とする．このとき，次の問いに答えよ．

(1) $Cov(X, Y)=0$ を示せ．

(2) a, b, c, d を定数とするとき，　$Cov(aX+b, cZ+d)=acCov(X, Z)$ を示せ．

(3) $Cov(X+Y, Z)=Cov(X, Z)+Cov(Y, Z)$ を示せ．

(4) $Cov(X+Y, Y)=V(Y)$ を示せ．

解 説　離散・連続に関係なく確率変数の共分散に成り立つ性質を確認する問題．統計では，連続確率変数の共分散でこれらの性質をよく使う．

解答

(1) X, Y が独立なので $E[XY]=E[X]E[Y]$ が成り立つ．したがって，

$Cov(X, Y)=E[XY]-E[X]E[Y]$
$=E[X]E[Y]-E[X]E[Y]=0$

(2) $Cov(aX+b, cZ+d)$
㋐ $=E[(aX+b-E[aX+b])(cZ+d-E[cZ+d])]$
$=E[a(X-E[X])\cdot c(Z-E[Z])]$
$=acE[(X-E[X])(Z-E[Z])]$
$=acCov(X, Z)$

(3) $Cov(X+Y, Z)$ ㋑ $=E[(X+Y)Z]-E[X+Y]E[Z]$
$=E[XZ]+E[YZ]-(E[X]E[Z]+E[Y]E[Z])$
$=E[XZ]-E[X]E[Z]+E[YZ]-E[Y]E[Z]$
㋒ $=Cov(X, Z)+Cov(Y, Z)$

(4) $Cov(Y, Y)=V(Y)$ と，独立性より $Cov(X, Y)=0$ であることに注意すると，前問より，

$Cov(X+Y, Y)=Cov(X, Y)+Cov(Y, Y)$
$=V(Y)$

ポイント

㋐　$E[aX+b]=aE[X]+b$ より，
$aX+b-E[aX+b]$
$=aX-aE[X]$
$=a(X-E[X])$
同様に，
$cZ+d-E[cZ+d]$
$=c(Z-E[Z])$

㋑　$E[(X+Y)Z]$
$=E[XZ+YZ]$
$=E[XZ]+E[YZ]$,
$E[X+Y]E[Z]$
$=(E[X]+E[Y])E[Z]$
$=E[X]E[Z]+E[Y]E[Z]$

㋒　この証明からわかるように，X と Y が独立でなくてもこの性質は成り立つ．

練習問題　1-19

解答 p.215

$X_1, X_2, \ldots, X_n, Y$ を確率変数とする．$Cov\left(\sum_{i=1}^{n} X_i, Y\right)=\sum_{i=1}^{n} Cov(X_i, Y)$ を示せ．

問題1-20　独立な確率変数の期待値・分散・モーメント母関数

$X_1, X_2, \ldots, X_n$ を独立同分布の確率変数とし，$E[X_1]=0$, $V(X_1)=1$, $E[X_1^4]=3$, $M_{X_1}(t)=h(t)$ とする．このとき，次を求めよ．

(1) $E[X_1+\cdots+X_n]$　　(2) $V(X_1+\cdots+X_n)$　　(3) $M_{X_1+\cdots+X_n}(t)$

(4) $Cov\left(\sum_{i=1}^{n} X_i, X_1\right)$

解 説　いくつかの確率変数が共通の確率分布に従い，しかも独立であるとき，それらは独立同分布の確率変数と呼ばれる．統計では，独立同分布の確率変数たちの和がよく出てくる．この問題では，その期待値や分散，モーメント母関数の計算方法を勉強する．

解答

(1) (独立性に関係なく，)㋐期待値の性質より

$E[X_1+\cdots+X_n]=E[X_1]+\cdots+E[X_n]=0$ …(答)

(2) $X_1, \ldots, X_n$ が独立なので，

㋑$V(X_1+\cdots+X_n)=V(X_1)+\cdots+V(X_n)=n$ …(答)

(3) $M_{X_1+\cdots+X_n}(t)=E[e^{t(X_1+\cdots+X_n)}]=E[e^{tX_1}\cdots e^{tX_n}]$

$X_1, \ldots, X_n$ が独立なので，

㋒$E[e^{tX_1}\cdots e^{tX_n}]=E[e^{tX_1}]\cdots E[e^{tX_n}]$

$E[e^{tX_1}]=M_{X_1}(t)=f(t)$ であり，$X_1, \ldots, X_n$ が同分布なので

$E[e^{tX_1}]=\cdots=E[e^{tX_n}]=f(t)$

したがって，$M_{X_1+\cdots+X_n}(t)=(f(t))^n$　…(答)

(4) 独立性より $i=2, 3, \ldots, n$ なら $Cov(X_i, X_1)=0$ であることに注意すると，38ページの練習問題1-19より，

$Cov\left(\sum_{i=1}^{n} X_i, X_1\right)=\sum_{i=1}^{n} Cov(X_i, X_1)$

$=Cov(X_1, X_1)=V(X_1)=1$　…(答)

ポイント

㋐ いつでも $E[X+Y]=E[X]+E[Y]$

㋑ X と Y が独立なら，$V(X+Y)=V(X)+V(Y)$

㋒ X と Y が独立なら，$E[XY]=E[X]E[Y]$

練習問題　1-20　解答 p.215

上の問題において，次を求めよ．

(1) $E[X_1^2+\cdots+X_n^2]$　　(2) $V(X_1^2+\cdots+X_n^2)$

問題1-21　期待値・分散・共分散の補足

$X_1, X_2, \ldots, X_n$ を独立同分布の確率変数とし，$E[X_1]=\mu$，$V(X_1)=\sigma^2$ とする．$\overline{X}=\dfrac{1}{n}\sum_{i=1}^{n}X_i$ とする．このとき，次の問いに答えよ．

(1) $E[\overline{X}]$ を求めよ．　　(2) $V(\overline{X})$ を求めよ．

■ **解 説** ■　$\overline{X}$ は標本平均とよばれ，統計を勉強するときに必要になる．この問題では，$\overline{X}$ の確率的な性質を勉強する．この性質は，後の統計の章で利用する．

解答

(1) $E[\overline{X}]=E\left[\dfrac{1}{n}\sum_{i=1}^{n}X_i\right]$ ㋐

$=\dfrac{1}{n}\sum_{i=1}^{n}E[X_i]$

$=\dfrac{1}{n}nE[X_1]=\mu$　…(答)

(2) $V(\overline{X})=V\left(\dfrac{1}{n}\sum_{i=1}^{n}X_i\right)$ ㋑

$=\dfrac{1}{n^2}V\left(\sum_{i=1}^{n}X_i\right)$

X_i たちが独立なのでそれらの和の分散は各分散の和となるから，

$V\left(\sum_{i=1}^{n}X_i\right)=\sum_{i=1}^{n}V(X_i)=nV(X_1)$

したがって，

$V(\overline{X})=\dfrac{1}{n^2}nV(X_1)=\dfrac{\sigma^2}{n}$　…(答)

ポイント

㋐　a が定数なら
$E[aX]=aE[X]$
であることと，
$E\left[\sum_{i=1}^{n}X_i\right]=\sum_{i=1}^{n}E[X_i]$
を使った．

㋑　a が定数のとき，
$V(aX)=a^2V(X)$

練習問題　1-21　解答 p.216

上の問題において，次を示せ．

$Cov(\overline{X}, X_i-\overline{X})=0,\quad i=1, 2, \ldots, n$

Chapter 2

離散確率分布

基本事項

1. この章で使う公式

(1) 二項定理：$\sum_{k=0}^{n} {}_n\mathrm{C}_k x^k y^{n-k} = (x+y)^n$

(2) (項数が有限の) 等比数列の和の公式：$\sum$ 等比数列 $= \dfrac{\text{初項}-\text{末項}\times\text{公比}}{1-\text{公比}}$

㊀ $\sum_{k=100}^{200} 3^k$ を計算するときは，初項が 3^{100}，末項が 3^{200}，公比が3なので，

$$\sum_{k=100}^{200} 3^k = \frac{3^{100}-3^{200}\times 3}{1-3} = \frac{3^{100}(3^{101}-1)}{2}$$ □

(3) 無限等比級数の公式：$\sum^{\infty}$ 等比数列 $= \dfrac{\text{初項}}{1-\text{公比}}$ （|公比|<1 のとき）

㊀ $\sum_{k=100}^{\infty} 3^{-2k+1}$ では，初項が 3^{-199} で，公比は $|3^{-2}| = 3^{-2} < 1$ なので，

$$\sum_{k=100}^{\infty} 3^{-2k+1} = \frac{3^{-199}}{1-3^{-2}} = \frac{3^{-199}}{8/9} = \frac{3^{-197}}{8}$$ □

(4) 指数関数：

$$e^x = \lim_{n\to\infty}\left(1+\frac{x}{n}\right)^n$$

e^x のテイラー展開は，

$$e^x = 1 + x + \frac{x^2}{2!} + \frac{x^3}{3!} + \frac{x^4}{4!} + \cdots = \sum_{n=0}^{\infty}\frac{x^n}{n!}$$

2. ベルヌーイ分布 Be(p)（問題 2-1）

p を $0<p<1$ である数とする．確率変数 X の分布がパラメータ p のベルヌーイ分布 Be(p) であるとは，X の確率分布が

X	0	1
確率	$1-p$	p

となっていることである．X の分布がパラメータ p のベルヌーイ分布であることを，$X \sim \mathrm{Be}(p)$ と書く．

この確率分布の意味は，確率 p で成功する試行を行うとき，X が

$$X=\begin{cases}1, & \text{成功したとき}\\ 0, & \text{失敗したとき}\end{cases}$$

というような確率変数であるということである．

$$E[X]=p, \qquad V(X)=p(1-p), \qquad g_X(t)=tp+1-p$$

3.　二項分布 $\mathrm{B}(n, p)$（問題 2-2，2-3，2-4）

n は自然数であるとし，p を $0<p<1$ である数とする．確率変数 X がパラメータ n, p の**二項分布** $\mathrm{B}(n, p)$ に従う（$X\sim\mathrm{B}(n, p)$）とは，X の確率分布が，

$$P(X=k)={}_n\mathrm{C}_k p^k(1-p)^{n-k}, \qquad k=0, 1, 2, \dots, n$$

であることを言う．

この確率変数は「成功確率 p の試行を n 回行ったときの成功回数」を表している．

(1) $E[X]=np, \qquad V(X)=np(1-p), \qquad g_X(t)=(tp+1-p)^n$

(2) $Z_1, Z_2, \dots, Z_n$ が独立に $\mathrm{Be}(p)$ に従う確率変数だとすると，

$$Z_1+Z_2+\cdots+Z_n\sim\mathrm{B}(n, p)$$

証明は 58 ページの問題 2–12 を参照．45 ページの基本事項 **6** の説明も参照せよ．

(3) $A\sim\mathrm{B}(n, p)$，$B\sim\mathrm{B}(m, p)$ とし，A と B は独立とする．このとき，

$$A+B\sim\mathrm{B}(n+m, p)$$

が成り立つ．これを二項分布の**再生性**という．証明は 58 ページの練習問題 2–12 を参照．45 ページの基本事項 **7** の説明も参照せよ．

4.　幾何分布 $\mathrm{Ge}(p)$（問題 2-5，2-6，2-7）

p を $0<p<1$ である数とする．確率変数 X の確率分布がパラメータ p の**幾何分布** $\mathrm{Ge}(p)$ である（$X\sim\mathrm{Ge}(p)$）とは，X の確率分布が，

$$P(X=k)=p(1-p)^k, \qquad k=0, 1, 2, \dots$$

のときのことである．

この確率変数は「成功確率 p の試行を何回も行うとき，最初に成功するまでに失敗した回数」を表している．

(1) $E[X]=\dfrac{1-p}{p}$, $V(X)=\dfrac{1-p}{p^2}$,

$|t|<\dfrac{1}{1-p}$ のとき $g_X(t)=\dfrac{p}{1-(1-p)t}$

(2) X が幾何分布に従い，$k\geq 0$，$m\geq 0$ のとき，

$$P(X\geq k+m\mid X\geq m)=P(X\geq k)$$

が成り立つ．これを幾何分布の**無記憶性**という．証明は52ページの練習問題2-6 (2) を参照．45ページの基本事項**8**の説明も参照せよ．

5. ポアソン分布 Po(λ)（問題2-8，2-9，2-10，2-11）

λ を $\lambda>0$ である数とする．確率変数 X がパラメータ λ の**ポアソン分布** Po(λ) に従う ($X\sim \mathrm{Po}(\lambda)$) とは，$X$ の確率分布が，

$$P(X=k)=\frac{\lambda^k}{k!}e^{-\lambda}, \qquad k=0, 1, 2, \ldots \qquad (\star)$$

であることを言う．

この確率変数は「成功確率の非常に小さい試行をたくさんの回数行ったときの成功回数」を近似している，と考えることができる．その理由は，試行回数 n が非常に大きいのだが，成功確率 $p(=\frac{\lambda}{n}$ とする) が非常に小さい二項分布 $\mathrm{B}\left(n, \frac{\lambda}{n}\right)$ を，ポアソン分布 Po(λ) ($\star$) で近似できることが知られているからである（**ポアソンの少数の法則**，55ページの練習問題2-9参照）．このとき，ポアソン分布のパラメータは二項分布のパラメータ n, $\frac{\lambda}{n}$ の積 $n\times\frac{\lambda}{n}=\lambda$ という関係になっている．

ある交差点での事故回数や1年間の東京都での火災件数，友達から1日にかかってくる電話件数などは，すべて試行回数（交差点を通る車の台数，東京都の戸数，友達の人数）は大だが1つひとつの発生確率は小と考えられるので，ポアソン分布で近似できる．

(1) $E[X]=\lambda$, $V(X)=\lambda$, $g_X(t)=e^{\lambda(t-1)}$

(2) $Z\sim \mathrm{Po}(\lambda)$, $W\sim \mathrm{Po}(\mu)$ とし，Z と W は独立とする．このとき，

$Z+W\sim \mathrm{Po}(\lambda+\mu)$ が成り立つ．これはポアソン分布の**再生性**である．

証明は58ページの練習問題2-12 (2) を参照せよ．45ページの事項**9**の説明も参照せよ．

6.［補足］ベルヌーイ分布と二項分布の関係

$Z_1, Z_2, \ldots, Z_n$ が独立に $\mathrm{Be}(p)$ に従う確率変数だとすると，

$$Z_1+Z_2+\cdots+Z_n \sim \mathrm{B}(n, p)$$

意味を考えると，この性質は当然のこと．各 Z_i を成功確率 p の試行の成功と失敗を表す確率変数と考える．i 回目の試行が成功したら $Z_i=1$，失敗したら $Z_i=0$ ということである．すると，当然各 Z_i は $\mathrm{Be}(p)$ に従う．ところで，これらの和 $Z_1+Z_2+\cdots+Z_n$ はその試行を n 回行ったときの成功回数を表している．二項分布の意味を考えればこの成功回数は二項分布 $\mathrm{B}(n, p)$ に従うはずである．よって，

$$Z_1+Z_2+\cdots+Z_n \sim \mathrm{B}(n, p)$$

がわかる．

7.［補足］二項分布の再生性

$X \sim \mathrm{B}(n, p)$，$Y \sim \mathrm{B}(m, p)$ で，X と Y は独立のとき，

$$X+Y \sim \mathrm{B}(n+m, p)$$　［二項分布の再生性］

意味を考えると，この性質は当然のこと．今日，成功確率 p の試行を独立に n 回行う．その成功回数を X とする．すると，$X \sim \mathrm{B}(n, p)$．明日は，同じ試行を m 回やはり独立に行う．その成功回数を Y とする．すると，$Y \sim \mathrm{B}(m, p)$ で，X と Y は独立．このとき，$X+Y$ は今日と明日の二日間でこの試行が何度成功するかを表している．それはこの試行を $n+m$ 回行って何度成功するかを数えていることと同じである．したがって $X+Y \sim \mathrm{B}(n+m, p)$ がわかる．

8.［補足］幾何分布の無記憶性

X が幾何分布に従い，$k \geq 0$，$m \geq 0$ のとき，

$$P(X \geq k+m \mid X \geq m) = P(X \geq k)$$　［幾何分布の無記憶性］

まず，この性質の意味を考えてみる．$\{X \geq m\}$ は，ある独立な試行を行っていて，最初に成功するまでに失敗した回数が m 回以上である，ということなので言い換えると，はじめてから m 回連続で失敗しているということである．なので，$P(X \geq k+m \mid X \geq m)$ は，いますでに m 回連続失敗

しているときに結局 $k+m$ 回は連続で失敗する確率である．しかし，すでに m 回連続で失敗しているということは，この試行が独立なので，これからの k 回の試行の結果に何も関係ない．つまり，いますでに m 回連続失敗しているときに結局 $k+m$ 回は連続で失敗することは，ただ単にこれから k 回連続で失敗するのと同じことである．いますでに m 回連続失敗しているときからはじめて最初に成功するまでの失敗回数を Y という確率変数とすると，いまから k 回連続で失敗する確率は $P(Y \geq k)$ である．なので，$P(X \geq k+m \mid X \geq m) = P(Y \geq k)$ が成り立つ．ところで，行っている試行は変わっていないから，X と Y は同じ幾何分布に従うので $P(X \geq k) = P(Y \geq k)$ である．したがって，$P(X \geq k+m \mid X \geq m) = P(X \geq k)$ が成り立つ．

9. ［補足］ポアソン分布の再生性

$Z \sim \mathrm{Po}(\lambda)$，$W \sim \mathrm{Po}(\mu)$ とし，Z と W は独立とするとき，

$Z+W \sim \mathrm{Po}(\lambda+\mu)$ ［ポアソン分布の再生性］

このポアソン分布の再生性を，ポアソンの少数の法則（試行回数が大きく成功確率が小さい二項分布はポアソン分布で近似できること）を用いて説明してみよう．

$Z \sim \mathrm{B}\left(n\lambda, \dfrac{1}{n}\right)$，$W \sim \mathrm{B}\left(n\mu, \dfrac{1}{n}\right)$ とし，Z と W は独立で，n が非常に大きいとする．このとき，ポアソンの少数の法則より近似的に $Z \sim \mathrm{Po}(\lambda)$，$W \sim \mathrm{Po}(\mu)$ となる．一方，二項分布の再生性より $Z+W \sim \mathrm{B}\left(n\lambda+n\mu, \dfrac{1}{n}\right)$ であり，$(n\lambda+n\mu) \times \dfrac{1}{n} = \lambda+\mu$ だから，再びポアソンの少数の法則を用いて近似的に $Z+W \sim \mathrm{Po}(\lambda+\mu)$ となる．つまり，$\mathrm{Po}(\lambda)$ と $\mathrm{Po}(\mu)$ にそれぞれ近似的に従う独立な確率変数 Z と W の和 $Z+W$ は，$\mathrm{Po}(\lambda+\mu)$ に近似的に従うことがわかる．すなわち，ポアソン分布でも再生性が成り立つことがわかる．ただし，より正確には $n\lambda$, $n\mu$ が整数になるように調整が必要である．

問題2-1　ベルヌーイ分布

$X \sim \mathrm{Be}\left(\frac{1}{6}\right)$とする．次を求めよ．

(1) $P(X=1)$　　(2) $P(X=0)$　　(3) $E[X]$

(4) $E[X^2]$　　(5) $V(X)$　　(6) $g_X(t)=E[t^X]$

解 説　ベルヌーイ分布に従う確率変数の期待値や分散，確率母関数の計算方法を勉強する問題．$X \sim \mathrm{Be}(p)$なら，その確率関数が

$$P(X=0)=1-p, \qquad P(X=1)=p$$

で与えられることを思い出して計算すればよい．

解答

(1) $\mathrm{Be}\left(\frac{1}{6}\right)$の定義より，$P(X=1)=\frac{1}{6}$　…(答)

(2) Xは0か1しか値をとらないので，

$$P(X=0)=1-P(X=1)=\frac{5}{6}$$　…(答)

(3) $E[X]=1 \cdot P(X=1)+0 \cdot P(X=0)$

$$=P(X=1)=\frac{1}{6}$$　…(答)

(4) $E[X^2]=1^2 \cdot P(X=1)+0^2 \cdot P(X=0)$

$$=P(X=1)=\frac{1}{6}$$　…(答)

(5) $V(X)=E[X^2]-(E[X])^2=\frac{1}{6}-\frac{1}{36}=\frac{5}{36}$

…(答)

(6) ㋐$E[t^X]=t^1 \cdot P(X=1)+t^0 \cdot P(X=0)$

$$=\frac{t}{6}+\frac{5}{6}$$　…(答)

ポイント

㋐　確率母関数の性質から，次のような計算もできる．

$E[X]=g'_X(1)=g'_X(t)|_{t=1}$
$=\frac{1}{6}$

$E[X(X-1)]=g''_X(1)=0$

$V(X)=E[X^2]-(E[X])^2$
$=E[X(X-1)]+E[X]$
$-(E[X])^2=0+\frac{1}{6}-\frac{1}{36}$
$=\frac{5}{36}$

練習問題　2-1

解答 p.216

(a) $X \sim \mathrm{Be}(p)$とする．

(1) $E[X]$　　(2) $E[X^2]$　　(3) $V(X)$　　(4) $g_X(t)=E[t^X]$

(b) $X_1, X_2, \ldots, X_n$は独立に$\mathrm{Be}(p)$に従うとする．また，$\hat{p}_n=\frac{1}{n}\sum_{i=1}^{n} X_i$とする．

このとき，次を求めよ．

(1) $X_1, X_2, \ldots, X_n$のうちm個が0だったときの$\hat{p}_n$の値

(2) $E[\hat{p}_n]$　　(3) $V(\hat{p}_n)$

問題2-2　二項分布 1

どの目も均等な確率で出るサイコロを3回投げたときに6の目が出た回数を X とする．次を求めよ．

(1) $P(X=0)$　　(2) $P(X=1)$

(3) $P(X=2)$　　(4) $P(X=3)$

解 説　この問題は高校で勉強したサイコロの出る目の確率の問題だが，実は二項分布の確率の計算問題の例になっている．6の目が出たら試行が成功だと思えば，試行を3回行ってその成功回数が X なので，$X \sim \mathrm{B}\left(3, \frac{1}{6}\right)$ である．

解答

(1) $\{X=0\}=\{$3回投げて1度も6が出ない$\}$ に注意すると，この確率は26ページの問題1–7 (1) で計算したとおり，

㋐ $P(X=0)=P($3回投げて1度も6が出ない$)$

$$=\left(\frac{5}{6}\right)^3={}_3C_0\cdot\left(\frac{5}{6}\right)^3=\frac{125}{216}\qquad\cdots(\text{答})$$

(2) $\{X=1\}=\{$3回投げて1回だけ6が出る$\}$ なので，この確率は26ページの問題1–7 (2) で計算したとおり，

㋐ $P(X=1)=P($3回投げて1回だけ6が出る$)$

$$=3\cdot\frac{1}{6}\cdot\left(\frac{5}{6}\right)^2={}_3C_1\cdot\frac{1}{6}\cdot\left(\frac{5}{6}\right)^2=\frac{75}{216}\qquad\cdots(\text{答})$$

(3) 26ページの練習問題1–7 (1) の結果を使えば，

㋐ $$P(X=2)=3\cdot\left(\frac{1}{6}\right)^2\cdot\frac{5}{6}={}_3C_2\cdot\left(\frac{1}{6}\right)^2\cdot\frac{5}{6}=\frac{15}{216}$$

$\cdots(\text{答})$

(4) ㋐ $P(X=3)=P($3回すべて6が出る$)$

$$=\left(\frac{1}{6}\right)^3={}_3C_3\cdot\left(\frac{1}{6}\right)^3=\frac{1}{216}\qquad\cdots(\text{答})$$

ポイント

㋐ $P(X=0)+P(X=1)+P(X=2)+P(X=3)=1$ となっているか検算せよ．

練習問題　2-2

解答 p.216

上の問題と同じ設定とする．次を計算せよ．

(1) $E[X]$　　(2) $E[X(X-1)]$　　(3) $V(X)$　　(4) $g_X(t)=E[t^X]$

問題2-3　二項分布2

$X \sim \mathrm{B}(n, p)$ とする．次の問いに答えよ．ただし，k は整数とする．

(1) $\displaystyle\sum_{k=0}^{n} P(X=k)=1$ を示せ．　　(2) $P(X \leq k)$ を求めよ．

■ **解 説** ■　一般的な二項分布に従う確率変数についての確率の計算方法を勉強する．$X \sim \mathrm{B}(n, p)$ のとき，

$$P(X=k)={}_n\mathrm{C}_k p^k(1-p)^{n-k}, \qquad k=0, 1, 2, \ldots, n$$

であることを思い出して，計算すればよい．

解答

(1) $\displaystyle\sum_{k=0}^{n} P(X=k)= \underset{㋐}{\sum_{k=0}^{n} {}_n\mathrm{C}_k p^k(1-p)^{n-k}}$

$\quad =(p+1-p)^n=1$

(2) X は $0, 1, 2, \ldots, n$ という値をとる．なので，k が負の数のとき，$\{X \leq k\}$ となることはないので，

$P(X \leq k)=0$

また，$k \geq n+1$ のとき，$\{X \leq k\}$ はいつでも成り立つので，$P(X \leq k)=1$

$k=0, 1, 2, \ldots, n$ のとき，

$\{X \leq k\}=\{X=0\} \cup \{X=1\} \cup \cdots \cup \{X=k\}$

したがって，

$$P(X \leq k)=\sum_{i=0}^{k} P(X=i)=\sum_{i=0}^{k} {}_n\mathrm{C}_i p^i(1-p)^{n-i}$$

以上より，

$$P(X \leq k)=\begin{cases} 0, & k<0 \text{ のとき} \\ \displaystyle\sum_{i=0}^{k} {}_n\mathrm{C}_i p^i(1-p)^{n-i}, & 0 \leq k \leq n \text{ のとき} \\ 1, & k>n \text{ のとき} \end{cases}$$

…(答)

ポイント

㋐　二項定理

$(x+y)^n=\displaystyle\sum_{k=0}^{n} {}_n\mathrm{C}_k x^k y^{n-k}$

練習問題　2-3

解答 p.216

X は上の問題と同じものとする．次の確率を求めよ．

(1) $P(\sqrt{X} \leq 10)$　　(2) $P(X^2 \leq 10)$

問題2-4★　二項分布3

$X \sim \mathrm{B}(n, p)$ とする．次を求めよ．

(1) $E[X]$　　(2) $E[X(X-1)]$　　(3) $V(X)$

■ 解 説 ■　一般的な二項分布の期待値と分散の計算方法を3通り勉強する．1つ目はこの問題の解答のように定義通りに計算する方法．2つ目のベルヌーイ分布に従う確率変数を使って計算する方法と，3つ目の確率母関数を使う方法は，練習問題にて．

解答

(1)
$$E[X] = \sum_{k=0}^{n} k \cdot {}_n\mathrm{C}_k p^k (1-p)^{n-k}$$
$$= \sum_{k=0}^{n} k \cdot \frac{n!}{k!(n-k)!} p^k (1-p)^{n-k} \quad ㋐$$
$$= \sum_{k=1}^{n} k \cdot \frac{n!}{k!(n-k)!} p^k (1-p)^{n-k} \quad ㋑$$
$$= np \sum_{k=1}^{n} \frac{(n-1)!}{(k-1)!(n-k)!} p^{k-1} (1-p)^{n-k}$$
$$= np \sum_{l=0}^{n-1} \frac{(n-1)!}{l!(n-1-l)!} p^{l} (1-p)^{n-1-l} \quad ㋒$$
$$= np(p+1-p)^{n-1} = np \quad ㋓$$
…(答)

(2)
$$E[X(X-1)] = \sum_{k=0}^{n} k(k-1) \cdot {}_n\mathrm{C}_k p^k (1-p)^{n-k} \quad ㋔$$
$$= \sum_{k=2}^{n} k(k-1) \cdot \frac{n!}{k!(n-k)!} p^k (1-p)^{n-k} \quad ㋕$$
$$= n(n-1)p^2 \sum_{k=2}^{n} \frac{(n-2)!}{(k-2)!(n-k)!} p^{k-2} (1-p)^{n-k}$$
$$= n(n-1)p^2 \sum_{m=0}^{n-2} \frac{(n-2)!}{m!(n-2-m)!} p^{m} (1-p)^{n-2-m} \quad ㋖$$
$$= n(n-1)p^2 (p+1-p)^{n-2} = n(n-1)p^2$$
…(答)

(3)
$$V(X) = E[X(X-1)] + E[X] - (E[X])^2$$
$$= n(n-1)p^2 + np - n^2p^2 = np(1-p)$$
…(答)

ポイント

㋐　$k=0$ のときは $k \cdot \dfrac{n!}{k!(n-k)!} p^k (1-p)^{n-k}$

㋑　シグマ記号の直後の k は，分数の分母との約分により消える．

㋒　$k=l+1$ と変数変換した．$k=1, 2, \ldots, n$ なら $l=0, 1, \ldots, n-1$

㋓　二項定理．

㋔　$k=0, 1$ のときはゼロ

㋕　シグマ記号の直後の $k(k-1)$ は，分数の分母との約分により消える．

㋖　$k=m+2$ と変数変換した．$k=2, 3, \ldots, n$ なら $m=0, 1, \ldots, , n-2$

練習問題　2-4★

解答 p.217

(a) $Z_1, Z_2, \ldots, Z_n$ を独立に $\mathrm{Be}(p)$ に従う確率変数とする．上の問題の X と $Z_1 + \cdots + Z_n$ の分布が等しいことを使って，$E[X]$ と $V(X)$ を計算せよ．

(b) $X \sim \mathrm{B}(n, p)$ とする．次を求めよ．

(1) $g_X(t) = E[t^X]$　　(2) $E[X] = g'_X(1)$　　(3) $E[X(X-1)] = g''_X(1)$

(4) $E[X(X-1)(X-2)] = g_X^{(3)}(1)$

問題2-5　幾何分布１

どの目が出る確率も均等なサイコロを何回も投げ，初めて6が出るまでに6以外の目が出た回数をSとする．このとき，次を求めよ．

(1) $P(S=0)$　(2) $P(S=1)$　(3) $P(S\leq 1)$　(4) $P(S\geq 2)$

■ **解 説** ■　この問題は簡単なサイコロの問題だが，実は幾何分布の確率の計算問題の例になっている．6の目が出たら試行が成功だと思えば，初めて試行が成功するまでの失敗回数がSということである．

解答

(1) $\{S=0\}$ は1回目で6が出ることと同じ．なので，その確率は

$$P(S=0)=P(\{1\text{回目で}6\text{が出る}\})$$
$$=\frac{1}{6}\fallingdotseq 0.1667=16.67\%\qquad\cdots(\text{答})$$

(2) $\{S=1\}$ とは，1回目は6が出ないが2回目で6が出ること．1回目と2回目のサイコロ投げは独立なので，その確率は

$$P(S=1)=\frac{5}{6}\cdot\frac{1}{6}\fallingdotseq 0.1389=13.89\%\qquad\cdots(\text{答})$$

(3) ㋐$\{S\leq 1\}=\{S=0\}\cup\{S=1\}$ で，これは排反事象の和事象なので，

$$P(S\leq 1)=P(S=0)+P(S=1)\fallingdotseq 30.56\%$$
…(答)

(4) $\{S\geq 2\}$ は初めて6が出るのが3回目以降ということで，それは最初の2回は6がでないということと同じ．したがって，その確率は

$$P(S\geq 2)=\left(\frac{5}{6}\right)^2\fallingdotseq 0.6944=69.44\%\qquad\cdots(\text{答})$$

また，㋑$\{S\geq 2\}=\{S\leq 1\}^c$ なので，$P(S\geq 2)=1-P(S\leq 1)$ と計算してもよい．

ポイント

㋐　Sは0, 1, 2, ... という値しかとらないので，$S\leq 1$は$S=0$または1と同じ．

㋑　Sは0, 1, 2, ... という値しかとらないので，Sが2以上ではないことは$S=0$または1と同じ．

練習問題　2-5

解答 p.217

上の問題と同じ設定で，次を求めよ．ただし，

$$\left(\frac{5}{6}\right)^3=0.5787,\quad\left(\frac{5}{6}\right)^{22}=0.018,\quad\left(\frac{5}{6}\right)^{28}=0.006$$

として計算せよ．

(1) $P(S=2)$　(2) $P(S=3)$　(3) $P(S\leq 3)$　(4) $P(S=22)$

(5) $P(S=28)$　(6) $P(S\leq 21)$　(7) $P(S\geq 28)$

問題2-6　幾何分布2

$S \sim \mathrm{Ge}(p)$ とする．次の問いに答えよ．ただし，k は整数とする．

(1) $\sum_{k=0}^{\infty} P(S=k)=1$ を示せ．

(2) $P(S \geq k)$ を求めよ．

■ **解 説** ■　一般的な幾何分布に従う確率変数についての確率の計算方法を勉強する．$S \sim \mathrm{Ge}(p)$ のとき，

$$P(S=k)=p(1-p)^k, \qquad k=0, 1, 2, \ldots$$

であることを思い出して，計算すればよい．

解答

(1) $\sum_{k=0}^{\infty} P(S=k)=\sum_{k=0}^{\infty} p(1-p)^k$

$$=p\sum_{k=0}^{\infty}(1-p)^k=\frac{p}{1-(1-p)}=1$$

㋐（波線部）

(2) k が負の整数のとき，$S \geq k$ はいつでも成り立つので，$P(S \geq k)=1$

$k=0, 1, 2, \ldots$ のとき，

$$P(S \geq k)=\sum_{i=k}^{\infty} P(S=i)$$

$$=\sum_{i=k}^{\infty}(1-p)^i p=\frac{(1-p)^k}{1-(1-p)}p$$

㋑（波線部）

$$=(1-p)^k$$

したがって，

$$P(S \geq k)=\begin{cases} (1-p)^k, & k=0, 1, 2, \ldots \text{のとき} \\ 1, & k=-1, -2, \ldots \text{のとき} \end{cases}$$

㋒（$(1-p)^k$ の波線部）

…(答)

ポイント

㋐　無限等比級数は，$\dfrac{\text{初項}}{1-\text{公比}}$

ここでは

(公比)$=1-p$,

(初項)$=1$

㋑　無限等比級数．ここでは

(公比)$=1-p$,

(初項)$=(1-p)^{k+1}$

㋒　$\{S \geq 1\}$ は1回目で成功しないこと，つまり1回目は失敗ということ．同様に $\{S \geq 2\}$ は開始から少なくとも2回連続失敗（ちょうど2回と間違わないように）していること … というように，$\{S \geq k\}$ は開始から少なくとも k 回連続で失敗していることと同値．したがって，その確率は $(1-p)^k$，と考えてもよい．

練習問題　2-6　解答 p.217

上の問題と同じ設定で，次を求めよ．

(1) $P(S \leq k)$　　(2) $P(S \geq k+m \mid S \geq m)$，$k \geq 0$，$m \geq 0$

問題2-7★　幾何分布3

$S\sim \mathrm{Ge}(p)$とする．次を求めよ．ただし，kは整数とする．

(1) $E[S]$　　(2) $E[S(S-1)]$

(3) $V(S)$

■ **解 説** ■　一般的な幾何分布の期待値や分散の計算方法を勉強する．無限等比級数の公式を駆使する必要がある．練習問題では確率母関数を使った計算方法も勉強する．

解答

(1) $E[S]=\sum_{k=0}^{\infty}kP(S=k)$

$=\sum_{k=0}^{\infty}kp(1-p)^k=\sum_{k=1}^{\infty}kp(1-p)^k$　㋐

$=p(1-p)\sum_{k=1}^{\infty}k(1-p)^{k-1}=\dfrac{p(1-p)}{p^2}$　㋑

$=\dfrac{1-p}{p}$　…(答)

(2) $E[S(S-1)]$

$=\sum_{k=0}^{\infty}k(k-1)p(1-p)^k=\sum_{k=2}^{\infty}k(k-1)p(1-p)^k$

$=p(1-p)^2\sum_{k=2}^{\infty}k(k-1)(1-p)^{k-2}=\dfrac{2p(1-p)^2}{p^3}$　㋒

$=\dfrac{2(1-p)^2}{p^2}$　…(答)

(3) $V(S)=E[X^2]-(E[X])^2$

$=E[X(X-1)]+E[X]-(E[X])^2$

$=\dfrac{2(1-p)^2}{p^2}+\dfrac{1-p}{p}-\dfrac{(1-p)^2}{p^2}$

$=\dfrac{1-p}{p^2}$　…(答)

ポイント

㋐　$k=0$のときは

$kp(1-p)^k=0$

㋑　$|x|<1$のとき，

$\sum_{k=1}^{\infty}kx^{k-1}$

$=\dfrac{d}{dx}\left(\sum_{k=1}^{\infty}x^k\right)$

$=\dfrac{d}{dx}\left(\sum_{k=0}^{\infty}x^k-1\right)$

$=\dfrac{d}{dx}\dfrac{1}{1-x}-0$

$=\dfrac{1}{(1-x)^2}$

$x=1-p$を代入

㋒　$|x|<1$のとき，

$\sum_{k=2}^{\infty}k(k-1)x^{k-2}$

$=\dfrac{d}{dx}\left(\sum_{k=2}^{\infty}kx^{k-1}\right)$

$=\dfrac{d}{dx}\left(\sum_{k=1}^{\infty}kx^{k-1}-1\right)$

$=\dfrac{d}{dx}\dfrac{1}{(1-x)^2}-0$

$=\dfrac{2}{(1-x)^3}$

これも，$x=1-p$を代入．

練習問題　2-7　解答 p.217

上の問題で，次を求めよ．

(1) $g_S(t)=E[t^S]$, $|t|<\dfrac{1}{1-p}$　(2) $E[S]=g_S'(1)$　(3) $E[S(S-1)]=g_S''(1)$

問題2-8　ポアソン分布 1

成功確率 $\frac{1}{1000}$ の実験を1000回行い，そのうち成功した回数を X とする．また，$Y \sim \mathrm{Po}(1)$ とする．このとき，次を求めよ．ただし，

$$e^{-1}=0.3678,\quad \left(\frac{999}{1000}\right)^{1000}=0.3677,\quad \left(\frac{999}{1000}\right)^{999}=0.3681,$$

$$ {}_{1000}C_2\cdot\left(\frac{999}{1000}\right)^{998}=184{,}000,\quad {}_{1000}C_3\cdot\left(\frac{999}{1000}\right)^{997}=61{,}280{,}000$$

として計算せよ．

(1) $P(X=0)$　　(2) $P(Y=0)$

(3) $P(X=1)$　　(4) $P(Y=1)$

解　説　44ページの基本事項**5**で説明したように，二項分布はポアソン分布で近似できる．この問題では，実際に確率がほとんど同じになることを確認してみる．Y の確率関数は，$\mathrm{Po}(1)$ の定義より，

$$P(Y=k)=\frac{e^{-1}}{k!},\qquad k=0,1,2,\ldots$$

であることを思い出して計算してみよ．

解答

(1) $P(X=0)=\underset{㋐}{{}_{1000}C_0}\cdot\left(\frac{999}{1000}\right)^{1000}=0.3677$ …(答)

(2) $P(Y=0)=\frac{e^{-1}}{\underset{㋑}{0!}}=0.3678$ …(答)

(3) $P(X=1)={}_{1000}C_1\cdot\frac{1}{1000}\cdot\left(\frac{999}{1000}\right)^{999}$

$=\left(\frac{999}{1000}\right)^{999}=0.3681$ …(答)

(4) $P(Y=1)=\frac{e^{-1}}{1!}=0.3678$ …(答)

ポイント

㋐ ${}_{1000}C_0=1$

㋑ $0!=1$

練習問題　2-8　解答 p.217

上の問題において，次を求めよ．

(1) $P(X=2)$　　(2) $P(Y=2)$

(3) $P(X=3)$　　(4) $P(Y=3)$　　(5) $P(Y\leq 3)$

問題2-9　ポアソン分布 2

$X \sim \mathrm{Po}(\lambda)$ とする．次の問いに答えよ．ただし，k は整数とする．

(1) $\displaystyle\sum_{k=0}^{\infty} P(X=k)=1$ を示せ．

(2) $P(X \leq k)$ を求めよ．

解説　一般的なポアソン分布に従う確率変数についての確率の計算方法を勉強する．$X \sim \mathrm{Po}(\lambda)$ のとき，

$$P(X=i)=e^{-\lambda}\frac{\lambda^i}{i!}, \qquad i=0, 1, 2, \ldots$$

であることを思い出して，計算すればよい．

解答

(1) $\displaystyle\sum_{k=0}^{\infty} P(X=k)= \underset{㋐}{\underline{e^{-\lambda}\sum_{k=0}^{\infty}\frac{\lambda^k}{k!}}}=e^{-\lambda}\cdot e^{\lambda}=1$

(2) k が負の整数のときは，$X \leq k$ となることはないので，$P(X \leq k)=0$

$k=0, 1, 2, \ldots$ のとき，

$$P(X \leq k)=\sum_{i=0}^{k} P(X=i)=\sum_{i=0}^{k} e^{-\lambda}\frac{\lambda^i}{i!}$$

したがって，

$$P(X \leq k)=\begin{cases}\displaystyle\sum_{i=0}^{k} e^{-\lambda}\frac{\lambda^i}{i!}, & k=0, 1, 2, \ldots \\ 0, & \text{その他}\end{cases} \quad \cdots(\text{答})$$

ポイント

㋐ $e^x=\displaystyle\sum_{n=0}^{\infty}\frac{x^n}{n!}$

練習問題　2-9★

解答 p.218

ポアソンの少数の法則を証明する．$\lambda>0$，$n=1, 2, \ldots$ とし，$X_n \sim B(n, \frac{\lambda}{n})$ とする．また，$X \sim \mathrm{Po}(\lambda)$ とする．このとき，すべての $k=0, 1, 2, \ldots$ について

$$\lim_{n\to\infty} P(X_n=k)=P(X=k)$$

を，以下の手順で証明せよ．

(1) $\displaystyle\lim_{n\to\infty}\frac{n!}{(n-k)!\,n^k}=1$ を示せ．　　(2) $\displaystyle\lim_{n\to\infty}\left(1-\frac{\lambda}{n}\right)^{-k}=1$ を示せ．

(3) $\displaystyle\lim_{n\to\infty} P(X_n=k)=P(X=k)$ を示せ．

問題2-10　ポアソン分布3

$X \sim \mathrm{Po}(\lambda)$ とする．次を求めよ．ただし，k は整数とする．

(1) $E[X]$　　(2) $E[X(X-1)]$

(3) $V(X)$

■ **解 説** ■　一般的なポアソン分布の期待値や分散の計算方法を勉強する．指数関数のテイラー展開を使えば計算できる．練習問題では期待値についての漸化式や，確率母関数を使った計算方法も勉強する．

解答

(1)
$$E[X]=\sum_{k=0}^{\infty}kP(X=k)$$
$$=\sum_{k=0}^{\infty}k\cdot e^{-\lambda}\frac{\lambda^k}{k!}=\sum_{k=1}^{\infty}k\cdot e^{-\lambda}\frac{\lambda^k}{k!}$$
㋐
$$=\lambda\sum_{k=1}^{\infty}e^{-\lambda}\frac{\lambda^{(k-1)}}{(k-1)!}=\lambda\sum_{l=0}^{\infty}e^{-\lambda}\frac{\lambda^l}{l!}$$
㋑
$$=\lambda\sum_{l=0}^{\infty}P(X=l)=\lambda$$
㋒　…(答)

(2)
$$E[X(X-1)]=\sum_{k=0}^{\infty}k(k-1)e^{-\lambda}\frac{\lambda^k}{k!}$$
$$=\sum_{k=2}^{\infty}k(k-1)e^{-\lambda}\frac{\lambda^k}{k!}=\lambda^2\sum_{k=2}^{\infty}e^{-\lambda}\frac{\lambda^{(k-2)}}{(k-2)!}$$
㋓
$$=\lambda^2\sum_{j=0}^{\infty}e^{-\lambda}\frac{\lambda^j}{j!}=\lambda^2\sum_{j=0}^{\infty}P(X=j)=\lambda^2$$
…(答)

(3)
$$V(X)=E[X(X-1)]+E[X]-(E[X])^2$$
$$=\lambda^2+\lambda-\lambda^2=\lambda$$
…(答)

ポイント

㋐ $k=0$ のとき，
$k\cdot e^{-\lambda}\frac{\lambda^k}{k!}$
$=0\cdot e^{-\lambda}\frac{\lambda^0}{0!}$
$=0\cdot e^{-\lambda}\cdot\frac{1}{1}=0$

㋑ $l=k-1$ とおいた．
$k=1, 2, 3, \ldots$
なら
$l=0, 1, 2, \ldots$

㋒ $\sum_{l=0}^{\infty}P(X=l)=1$

㋓ $j=k-2$ とおいた．
$k=2, 3, 4, \ldots$
なら
$j=0, 1, 2, \ldots$

練習問題　2-10★　解答 p.218

(a) 上の問題において，$n=1, 2, \ldots$ のとき $E[X^n]=\lambda E[(X+1)^{n-1}]$ であることを示し，$E[X^3]$ を求めよ．

(b) 上の問題において，次を求めよ．

(1) $g_X(t)=E[t^X]$　(2) $E[X]=g'_X(1)$　(3) $E[X(X-1)]=g''_X(1)$

(4) $E[X(X-1)(X-2)]=g_X^{(3)}(1)$

問題2-11　ポアソン分布4

ある先生の書く教科書には1ページあたり平均で3文字の誤植がある．また，1ページの誤植の数はポアソン分布に従うとする．このとき，次の問いに答えよ．ただし，$e^{-3}=0.05$ として計算せよ．

(1) 1ページの誤植の数が0個である確率を求めよ．

(2) 1ページの誤植の数が3個である確率を求めよ．

(3) 1ページの誤植の数が3個以下である確率を求めよ．

解 説　この問題のように，発生確率のとても小さな事柄の発生回数はポアソン分布に従う確率変数で表されることがある．このようなときは，ポアソン分布のパラメータがいくつかということを文章から判断しないといけない．この問題では，ポアソン分布のパラメータが期待値と等しいことからその値を決めることができる．

解答

(1) 1ページの誤植の文字数を X とすると，$E[X]=3$ となる．56ページの問題2-10 (1) より，㋐平均が3のポアソン分布は $\mathrm{Po}(3)$ なので，$X \sim \mathrm{Po}(3)$ とわかる．したがって，求める確率は，

$$P(X=0)=e^{-3}=0.05 \qquad \cdots(\text{答})$$

(2) $$P(X=3)=e^{-3}\frac{3^3}{3!}=0.225 \qquad \cdots(\text{答})$$

(3) 求める確率は，

$$P(X \leq 3)=\sum_{i=0}^{3} e^{-3}\frac{3^i}{i!}$$

$$=e^{-3}\left(1+3+\frac{3^2}{2!}+\frac{3^3}{3!}\right)=0.65 \qquad \cdots(\text{答})$$

ポイント

㋐　問題2-10 (1) より $X \sim \mathrm{Po}(\lambda)$ なら $E[X]=\lambda$ なので逆に，$E[X]=3$ なら $X \sim \mathrm{Po}(3)$ だとわかる．

練習問題　2-11

解答 p.218

上の問題と同じ設定とする．この先生が200ページの教科書を書いた．各ページの誤植の数は独立であるとき，ポアソン分布の再生性を使って，教科書全体の誤植の数が10個以下である確率を求めよ．

問題2-12　確率母関数

$X_1, X_2, \ldots, X_n$ は独立にベルヌーイ分布 Be(p) に従う確率変数とし，$Y=X_1+X_2+\cdots+X_n$ とする．このとき，確率母関数を使って X の分布を調べよ．

解 説　基本事項で説明した，二項分布に従う確率変数がベルヌーイ確率変数で分解できることを証明する問題．独立な確率変数の和の分布について調べるときは，確率母関数を使うと便利なことが多い．$X_1+X_2+\cdots+X_n$ の確率母関数が X の確率母関数と同じであることを示せば，これらの分布も等しいと結論できる．練習問題では同様の方法で，二項分布とポアソン分布の再生性を証明する．

解答

指数法則と $X_1, X_2, \ldots, X_n$ が独立であることから，

$$g_{X_1+X_2+\cdots+X_n}(t)=E[t^{X_1+X_2+\cdots+X_n}]$$
$$=E[t^{X_1}t^{X_2}\cdots t^{X_n}]=E[t^{X_1}]E[t^{X_2}]\cdots E[t^{X_n}]$$

$X_1, X_2, \ldots, X_n$ はすべて $Be(p)$ に従うので，

$$E[t^{X_1}]=E[t^{X_2}]=\cdots=E[t^{X_n}]=tp+1-p$$

であるから，

$$E[t^{X_1}]E[t^{X_2}]\cdots E[t^{X_n}]=(tp+1-p)^n$$

これは，50ページの問題2-4(b)で計算したように，㋐B(n, p)の確率母関数なので，

$Y=X_1+X_2+\cdots+X_n$ の分布は $B(n, p)$　　…(答)

ポイント

㋐ 15ページの基本事項 **19**(4) にあるように，確率母関数がわかれば分布がわかる．

練習問題　2-12

解答 p.218

次の問いに答えよ．

(1) $A\sim$ B(n, p)，$B\sim$ B(m, p) とし，A と B は独立とする．このとき，確率母関数を使って $A+B$ の分布を調べよ．

(2) $Z\sim$ Po(λ)，$W\sim$ Po(μ) とし，Z と W は独立とする．このとき，確率母関数を使って $Z+W$ の分布を調べよ．

Chapter 3

連続確率分布

基本事項

1. この章で使う公式

(1) 指数関数の積分：$\int_a^b e^{-\lambda x}dx=\left[-\frac{1}{\lambda}e^{-\lambda x}\right]_{x=a}^{x=b}=-\frac{1}{\lambda}e^{-\lambda b}+\frac{1}{\lambda}e^{-\lambda a}$

(2) $\lim_{x\to-\infty}e^x=0,\quad e^0=1,\quad \lim_{x\to\infty}e^x=\infty$

(3) ガウス積分：$t>0$ のとき，$\int_{-\infty}^{\infty}e^{-tx^2}dx=\sqrt{\frac{\pi}{t}}$

（証明）

$$\left(\int_{-\infty}^{\infty}e^{-tx^2}dx\right)^2=\int_{-\infty}^{\infty}e^{-tx^2}dx\int_{-\infty}^{\infty}e^{-ty^2}dy=\int_{-\infty}^{\infty}\int_{-\infty}^{\infty}e^{-t(x^2+y^2)}dxdy$$

ここで $x=r\cos\theta$，$y=r\sin\theta$ と極座標変換すると

$$\int_{-\infty}^{\infty}\int_{-\infty}^{\infty}e^{-t(x^2+y^2)}dxdy=\int_0^{2\pi}\int_0^{\infty}e^{-tr^2}\cdot rdrd\theta=2\pi\int_0^{\infty}re^{-tr^2}dr$$

$$=2\pi\left[-\frac{1}{2t}e^{-tr^2}\right]_0^{\infty}=\frac{\pi}{t}$$

$\int_{-\infty}^{\infty}e^{-tx^2}dx\geq 0$ なので，$\int_{-\infty}^{\infty}e^{-tx^2}dx=\sqrt{\frac{\pi}{t}}$ □

(4) 指数関数の積分公式：

$$\int e^x f(x)dx=e^x(f(x)-f'(x)+f''(x)-f^{(3)}(x)+\cdots)$$

$$\int e^{-x} f(x)dx=-e^{-x}(f(x)+f'(x)+f''(x)+f^{(3)}(x)+\cdots)$$

（証明）右辺の微分が左辺の被積分関数になっていることを確認すればよい．たとえば，

$$\frac{d}{dx}e^x(f(x)-f'(x)+f''(x)-f^{(3)}(x)+\cdots)$$

$$=\left(\frac{d}{dx}e^x\right)(f(x)-f'(x)+f''(x)-f^{(3)}(x)+\cdots)$$

$$+e^x\frac{d}{dx}(f(x)-f'(x)+f''(x)-f^{(3)}(x)+\cdots)$$

$$=e^x(f(x)-f'(x)+f''(x)-f^{(3)}(x)+\cdots)$$

$$+e^x(f'(x)-f''(x)+f^{(3)}(x)-f^{(4)}(x)+\cdots)$$

$$=e^x f(x)$$ □

㊞ $\int x^n e^{-x} dx$

$$= -e^{-x}(x^n + nx^{n-1} + n(n-1)x^{n-2} + \cdots + n(n-1)\cdots 2x + n! + 0 + 0 + \cdots)$$

$$= -e^{-x}(x^n + nx^{n-1} + n(n-1)x^{n-2} + \cdots + n(n-1)\cdots 2x + n!)$$

より，

$$\int_0^{\infty} x^n e^{-x} dx$$

$$= \Big[-e^{-x}(x^n + nx^{n-1} + n(n-1)x^{n-2} + \cdots + n(n-1)\cdots 2x + n!) \Big]_0^{\infty}$$

$$= n!$$

□

2.　一様分布（問題3-1，3-2，3-3，3-4）

a, b を $a < b$ であるような実数とする．確率変数 X の確率分布が区間 (a, b) 上の**一様分布**である $(X \sim \mathrm{U}(a, b))$ とは，X の密度関数 $f_X(x)$ が

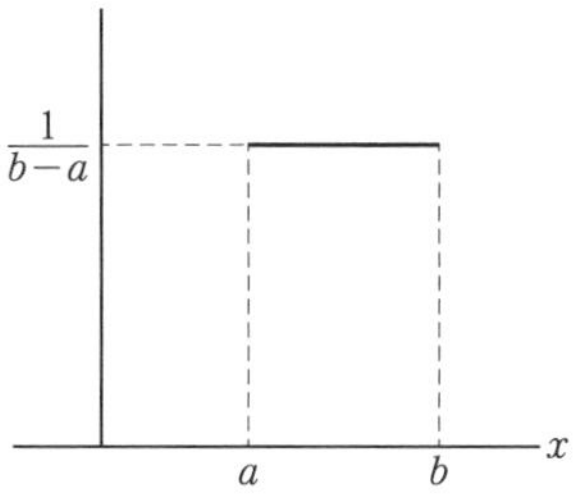

$$f_X(x) = \begin{cases} \dfrac{1}{b-a}, & a < x < b \text{ のとき} \\ 0, & \text{その他} \end{cases}$$

であること．

$$E[X] = \frac{a+b}{2}, \qquad V(X) = \frac{(b-a)^2}{12}, \qquad M_X(t) = \frac{e^{tb} - e^{ta}}{t(b-a)}$$

3.　指数分布（問題3-5，3-6，3-7，3-8，3-9）

λ を $\lambda > 0$ であるような実数とする．確率変数 X の確率分布がパラメータ λ の**指数分布**である $(X \sim \mathrm{Exp}(\lambda))$ とは，X の密度関数 $f_X(x)$ が

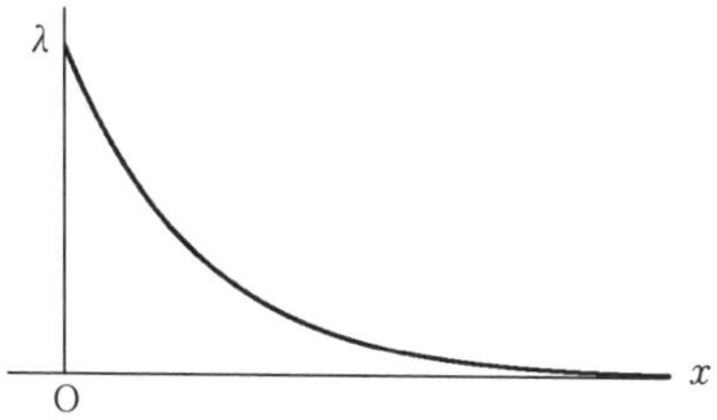

$$f_X(x) = \begin{cases} \lambda e^{-\lambda x}, & x > 0 \text{ のとき} \\ 0, & \text{その他} \end{cases}$$

であること．

(1) $E[X] = \dfrac{1}{\lambda}$, $\qquad V(X) = \dfrac{1}{\lambda^2}$, $\qquad t < \lambda$ のとき，$M_X(t) = \dfrac{\lambda}{\lambda - t}$

(2) $X \sim \mathrm{Exp}(\lambda)$ のとき，

$$P(X>s+t \mid X>s)=P(X>t), \quad s \geq 0,\ t \geq 0$$

という性質がある．これを指数分布の**無記憶性**という．67 ページの事項 **10** も参照せよ．

4. 正規分布（3-10，3-11，3-12，3-13）

(1) 確率密度関数が次のように表されるとき確率変数 X の確率分布を**標準正規分布**という（$X \sim \mathrm{N}(0, 1)$）．

$$f_X(x)=\frac{1}{\sqrt{2\pi}}e^{-\frac{x^2}{2}}, \quad -\infty<x<\infty$$

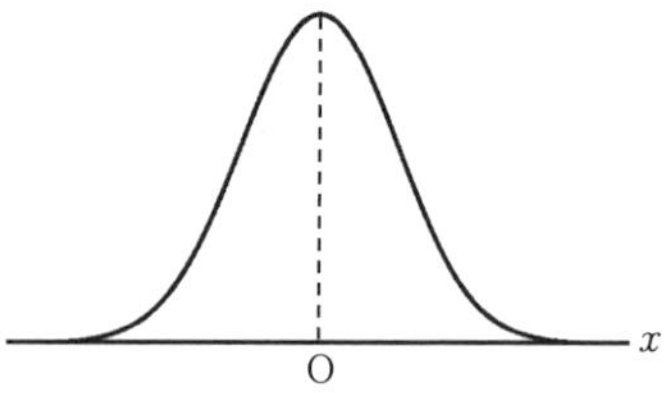

(i) $X \sim \mathrm{N}(0, 1)$ のとき，

$$E[X]=0, \qquad V(X)=1, \qquad M_X(t)=e^{\frac{t^2}{2}}$$

(ii) $X \sim \mathrm{N}(0, 1)$ のとき，$P(X \leq x)=P(X \geq -x)$

密度関数が偶関数でこの性質があるとき，分布が対称であるという．

(2) $X \sim \mathrm{N}(0, 1)$ とする．$\sigma>0$ のとき，$Y=\mu+\sigma X$ の分布を平均 μ，分散 σ^2 の**正規分布**という（$Y \sim \mathrm{N}(\mu, \sigma^2)$）．$Y$ の密度関数 $f_Y(y)$ は次のように求められる．$f_Y(y)=\dfrac{d}{dy}F_Y(y)$ なので，まず分布関数 $F_Y(y)$ を求める．

$$F_Y(y)=P(Y \leq y)=P(\mu+\sigma X \leq y)=P\left(X \leq \frac{y-\mu}{\sigma}\right)=F_X\left(\frac{y-\mu}{\sigma}\right)$$

このように，Y の分布関数は X の分布関数で書くことができる．これを y で微分する．$z=\dfrac{y-\mu}{\sigma}$ として合成関数の微分を行うと，

$\dfrac{dz}{dy}=\dfrac{d}{dy}\left(\dfrac{y-\mu}{\sigma}\right)=\dfrac{1}{\sigma}$ なので，

$$\frac{d}{dy}F_Y(y)=\frac{d}{dy}F_X\left(\frac{y-\mu}{\sigma}\right)=\frac{d}{dy}F_X(z)=\frac{dz}{dy}\frac{d}{dz}F_X(z)$$

$$=\frac{1}{\sigma}f_X(z)=\frac{1}{\sigma}f_X\left(\frac{y-\mu}{\sigma}\right)=\frac{1}{\sqrt{2\pi}\sigma}e^{-\frac{(y-\mu)^2}{2\sigma^2}}$$

したがって，

$$f_Y(y)=\frac{1}{\sqrt{2\pi}\sigma}e^{-\frac{(y-\mu)^2}{2\sigma^2}}, \qquad -\infty<y<\infty$$

(i) $Y \sim \mathrm{N}(\mu, \sigma^2)$ のとき,

$$E[Y] = \mu, \qquad V(Y) = \sigma^2, \qquad M_Y(t) = e^{\mu t + \frac{\sigma^2 t^2}{2}}$$

(ii) $X_1, X_2, \dots, X_n$ が独立に同じ正規分布 $\mathrm{N}(\mu, \sigma^2)$ に従う確率変数のとき,

$$\overline{X} = \frac{1}{n}\sum_{i=1}^{n} X_i \sim \mathrm{N}\left(\mu, \frac{\sigma^2}{n}\right)$$

81 ページの練習問題 3–13 を参照.

(3) 次のような性質がある.

(i) $a(\neq 0)$, b を定数とし, $X \sim \mathrm{N}(\mu, \sigma^2)$ のとき,

$$aX + b \sim \mathrm{N}(a\mu + b, a^2\sigma^2)$$

(ii) 正規分布の**再生性**：$X_1 \sim \mathrm{N}(\mu_1, \sigma_1^2)$, $X_2 \sim \mathrm{N}(\mu_2, \sigma_2^2)$ であり X_1 と X_2 は独立であるならば, $X_1 + X_2 \sim \mathrm{N}(\mu_1 + \mu_2, \sigma_1^2 + \sigma_2^2)$

(iii) $X_1, X_2, \dots, X_n$ が独立に $\mathrm{N}(\mu, \sigma^2)$ に従っているとき, $\overline{X} = \dfrac{1}{n}\sum_{i=1}^{n} X_i$ とおくと, $\overline{X}$ と $\sum_{i=1}^{n}(X_i - \overline{X})^2$ は独立.

〈注〉この性質はあとの, 86 ページの練習問題 3–18 や, 88 ページの問題 3–20 など, 統計で使う統計量と呼ばれる確率変数の分布を調べるために利用される. 証明は森, 藤田 [2] 定理 2.2 と例 2.1 pp.77–79 や藤田 [1] Tea Time pp.164–166 を見よ. 藤田 [1] の方が比較的易しい. また, $n = 2, 3$ のときは後の付録の問題 32 で確認する.

5. 大数の法則（問題 3–14）

$X_1, X_2, \dots$ は独立で同分布な確率変数（サイコロを振り続けるなどの同じ試行（実験）のくり返しを考えるとよい）で, 期待値 $m = E[X_1] = E[X_2] = \cdots$ と分散 $v = V(X_1) = V(X_2) = \cdots$ が $-\infty < m < \infty$, $0 < v < \infty$ を満たすとする. このとき,

$$\lim_{n \to \infty} \frac{X_1 + X_2 + \cdots + X_n}{n} = m$$

が成り立つ.

つまり, n が大きいと, $\dfrac{1}{n}\sum_{i=1}^{n} X_i$ の値は期待値 m に近くなるということ.

(例) 正しいサイコロを 100000 回振ったところ, それぞれの目が次のような回数で出た. 表の 1 行目は最初の 10 回でどの目が何回出たか数えたもので, 2 行目と 3 行目はそれぞれ最初の 1000 回と 100000 回全部で同様に数えたものである.

表の一番右の列は，X_i を i 回目のサイコロの目とし，$n=10, 1000, 100000$ についてそれぞれ出た目の和 $\sum_{i=1}^{n} X_i$ を計算したものである．このとき，

$$\frac{1}{10}\sum_{i=1}^{10} X_i=4, \qquad \frac{1}{1000}\sum_{i=1}^{1000} X_i=3.54, \qquad \frac{1}{100000}\sum_{i=1}^{100000} X_i=3.5044$$

というように $\frac{1}{n}\sum_{i=1}^{n} X_i$ が徐々に $m=E[X_1]=3.5$ に近づいていきそうなことがわかる．

$n \diagdown X$	1	2	3	4	5	6	$\sum_{i=1}^{n} X_i$
10	0	2	1	4	1	2	40
1000	172	157	149	174	177	171	3540
100000	16589	16546	16742	16739	16727	16657	350440

6. 中心極限定理（問題3-14）

$X_1, X_2, \ldots$ は独立で同分布な確率変数で，期待値 $m=E[X_1]=E[X_2]=\cdots$ と分散 $v=V(X_1)=V(X_2)=\cdots$ が $-\infty<m<\infty$，$0<v<\infty$ を満たすとする．このとき，任意の $-\infty<a<b<\infty$ について

$$\lim_{n\to\infty} P\left(a<\frac{X_1+X_2+\cdots+X_n-nm}{\sqrt{nv}}<b\right)=\int_a^b \frac{1}{\sqrt{2\pi}}e^{-\frac{x^2}{2}}dx$$

を満たす．

つまり，n がとても大きいとき，$\sum_{i=1}^{n} X_i$ からその期待値 $E\left[\sum_{i=1}^{n} X_i\right]=nm$ を引き，分散の正の平方根（標準偏差）$\sqrt{V\left(\sum_{i=1}^{n} X_i\right)}=\sqrt{nv}$ で割ったものの分布がだいたい標準正規分布 N(0, 1) だということである．

一般に，確率変数 X から期待値 $E[X]$ を引き，分散の平方根 $\sqrt{V(X)}$ で割り $\frac{X-E[X]}{\sqrt{V(X)}}$ とすることを**標準化**するという．標準化された確率変数は期待値が 0，分散が 1 になる．この言葉を使うと，中心極限定理は，n が大きいとき，$\sum_{i=1}^{n} X_i$ を標準化したものの分布がだいたい標準正規分布になる，と表現できる．

また，中心極限定理は

$$\frac{X_1+X_2+\cdots+X_n-nE[X_1]}{\sqrt{nV(X_1)}}=\frac{\frac{1}{n}\sum_{i=1}^{n} X_i-E[X_1]}{\sqrt{V(X_1)/n}}$$

より，n が大きいとき上の右辺の分布がだいたい標準正規分布であること，といってもよい．

もっとおおざっぱには，n が大きいとき，$\sum_{i=1}^{n} X_i$ の分布がだいたい $\mathrm{N}(nm, nv)$ だ，ともいえる．

7. χ^2 分布（問題 3-15，3-16，3-17，3-18）

$X_1, X_2, \ldots, X_n$ を標準正規分布 $N(0, 1)$ に従う独立な確率変数とする．確率変数 Y を $Y = X_1^2 + X_2^2 + \cdots + X_n^2$ と定義する．このとき，Y の従う確率分布を**自由度** n **の** χ^2 **分布**という．$Y \sim \chi^2(n)$ と書く．

$n = 1, 2$ の場合

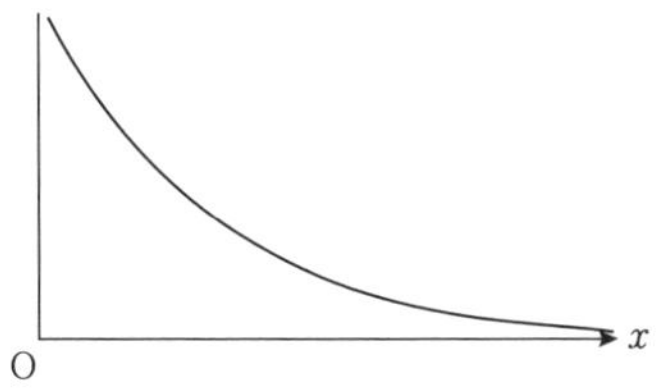

$n = 3, 4, 5, \ldots$ の場合

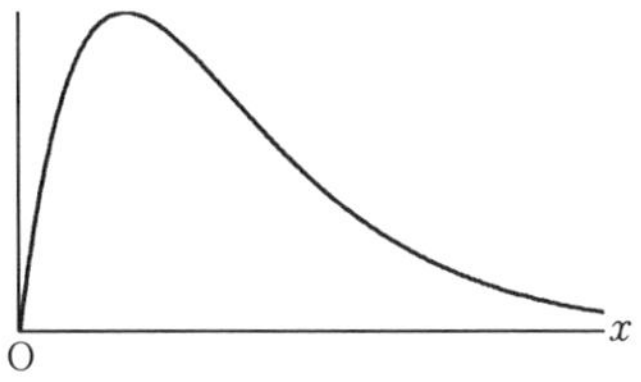

$Y \sim \chi^2(n)$ のとき，

(1) $E[Y] = n$,　　　$V(Y) = 2n$,

$t < \frac{1}{2}$ のとき，$M_Y(t) = (1-2t)^{-\frac{n}{2}}$

(2) χ^2 分布の**再生性**：$Y \sim \chi^2(n)$，$W \sim \chi^2(m)$ で Y と W が独立なら，

$Y + W \sim \chi^2(n+m)$

証明は，85 ページの練習問題 3–17 (2) を参照.

(3) $X_1, X_2, \ldots, X_n$ は独立に $\mathrm{N}(\mu, \sigma^2)$ に従う確率変数とする．また，$\overline{X} = \frac{1}{n}\sum_{i=1}^{n} X_i$ とする．このとき，

- $\frac{1}{\sigma^2}\sum_{i=1}^{n}(X_i - \mu)^2 \sim \chi^2(n)$
- $\frac{1}{\sigma^2}\sum_{i=1}^{n}(X_i - \overline{X})^2 \sim \chi^2(n-1)$

証明は，86 ページの問題 3–18 とその練習問題を参照.

8. t分布（問題3-19，3-20）

$A \sim \mathrm{N}(0, 1)$，$B \sim \chi^2(n)$ とし，これらは独立であるとする．このとき，$Y = \dfrac{A}{\sqrt{B/n}}$ の従う分布を自由度 n の t **分布**と呼ぶ．$Y \sim \mathrm{t}(n)$ と書く．

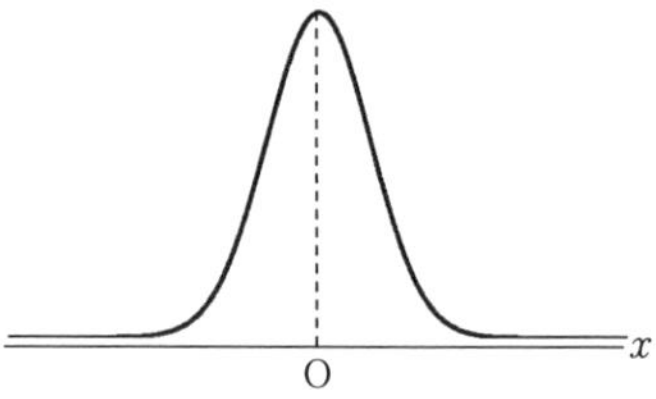

(1) $Y \sim \mathrm{t}(n)$ のとき，

$$P(Y \leq y) = P(Y \geq -y)$$

つまり，t 分布は分布が対称．

(2) $X_1, X_2, \ldots, X_n$ は独立に $\mathrm{N}(\mu, \sigma^2)$ に従う確率変数とする．また，

$\overline{X} = \dfrac{1}{n}\sum_{i=1}^{n} X_i$，$S^2 = \dfrac{1}{n-1}\sum_{i=1}^{n}(X_i - \overline{X})^2$ とする．このとき，

- $Z = \dfrac{\overline{X} - \mu}{\sqrt{\sigma^2/n}} \sim \mathrm{N}(0, 1)$
- $T = \dfrac{\overline{X} - \mu}{\sqrt{S^2/n}} \sim \mathrm{t}(n-1)$

証明は，88 ページの問題3–20とその練習問題を参照．

9. F分布（問題3-21）

$A \sim \chi^2(m)$，$B \sim \chi^2(n)$ とし，これらは独立であるとする．このとき，$Y = \dfrac{A/m}{B/n}$ の従う分布を自由度 (m, n) の F **分布**と呼ぶ．$Y \sim \mathrm{F}(m, n)$ と書く．

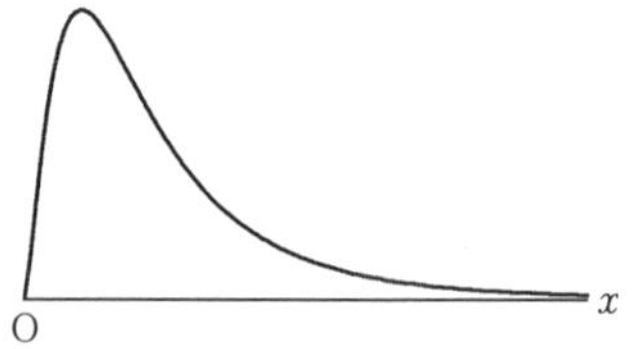

$X_1, \ldots, X_m$ は $\mathrm{N}(\mu, \sigma^2)$ に従い，$Y_1, \ldots, Y_n$ は $\mathrm{N}(\nu, \sigma^2)$ に従い，これらはすべて独立とする（分散は共通して σ^2 であることに注意）．また，

$\overline{X} = \dfrac{1}{m}\sum_{i=1}^{m} X_i$，$\overline{Y} = \dfrac{1}{n}\sum_{j=1}^{n} Y_j$ とする．このとき，

- $F = \dfrac{\dfrac{1}{m}\sum_{i=1}^{m}(X_i - \mu)^2}{\dfrac{1}{n}\sum_{j=1}^{n}(Y_j - \nu)^2} \sim \mathrm{F}(m, n)$
- $\dfrac{1}{F} \sim \mathrm{F}(n, m)$

- $G=\dfrac{\dfrac{1}{m-1}\sum_{i=1}^{m}(X_i-\overline{X})^2}{\dfrac{1}{n-1}\sum_{j=1}^{n}(Y_j-\overline{Y})^2}\sim \mathrm{F}(m-1, n-1)$
- $\dfrac{1}{G}\sim \mathrm{F}(n-1, m-1)$

証明は，89 ページの練習問題 3–21 を参照.

10. ［補足］指数分布と幾何分布とその無記憶性について

指数分布と幾何分布の関係について説明する.

$X\sim \mathrm{Ge}(p)$ とする．幾何分布の意味を考えると，X は，成功確率 p の試行を何度も行い，初めて成功するまでの失敗回数である．具体的に，X は，当たる確率 p のくじ（若者はガチャだと思え）を何度も引き，初めて当たるまでに引いたはずれくじの数だとする．なので，$X+1$ は初めて当たりを引いたときの回数である.

ところで，このくじは技術的な困難のせいで，1 時間に 1 回しか引けないとする．また，1 回目のくじは今から 1 時間待たないと引くことができないとする．そうすると，$X+1$ は初めてあたりを引いたときの回数であると同時に，初めて当たるまでの時間を表している．このとき，初めて当たるまでに m 時間より多くかかる確率は，

$$P(X+1>m)=P(X>m-1)=P(X\geq m)=(1-p)^m$$

と計算できる．つまり，もちろんのこと，初めて当たるまでに m 回以上はずれを引く確率と等しいということである.

このくじのシステムがパワーアップして，$\dfrac{1}{n}$ 時間に 1 回引けるようになった．例えば，1 秒間に 1 回引けるようになったなら，$n=3600$ である．ただし，短い時間でたくさん引けるようになった代わりに，当たる確率が $\dfrac{\lambda}{n}$ に変わった．このとき，初めて当たるまでに $\dfrac{k}{n}$ 時間より多くかかる確率を考える．1 回くじを引くのに $\dfrac{1}{n}$ 時間かかるわけだから，初めて当たるまでに $\dfrac{k}{n}$ 時間より多くかかる，ということは，初めて当たるまでに k 回以上はずれるということである．そこで，今の状況で初めて当たるまでにかかる時間を Y_n とおく．また，今のシステムのくじを何度も引き，初めて当たるまでにはずれを引く回数を $X_n\sim \mathrm{Ge}(\dfrac{\lambda}{n})$ とする．すると，初めて当たるまでに $\dfrac{k}{n}$ 時間より多くかかる

確率は，初めて当たるまでにk回以上はずれる確率と等しく，

$$P\left(Y_n > \frac{k}{n}\right) = P(X_n \geq k) = \left(1 - \frac{\lambda}{n}\right)^k \qquad (♠)$$

と計算できる．

それでは，同じ状況で，初めて当たるまでにt時間より多くかかる確率はいくらか計算する．少しおおざっぱだが，上の(♠)式で$t = \frac{k}{n}$とすると，

$$P(Y_n > t) = P(X_n \geq nt) = \left(1 - \frac{\lambda}{n}\right)^{nt} \qquad (♣)$$

となる．

くじのシステムがどんどんパワーアップして，nが無限大に近づいていったとしよう．もちろん，その分，当たる確率$\frac{\lambda}{n}$も小さくなる．このときにくじが初めて当たるまでにかかる時間をYとすると，t時間当たらず$Y > t$となる確率は$\lim_{n \to \infty} P(Y_n > t)$で計算できるが，上の(♣)式の右辺は，

$$\left(1 - \frac{\lambda}{n}\right)^{nt} = \left(\left(1 - \frac{\lambda}{n}\right)^n\right)^t \to (e^{-\lambda})^t = e^{-\lambda t} \qquad (n \to \infty)$$

となるので，

$$P(Y > t) = e^{-\lambda t}$$

である．これは，$Y \sim \mathrm{Exp}(\lambda)$であることを示している(75ページの問題3–7 (1)参照)．

極限をとる前のY_nとX_nが，指数分布と幾何分布の関係をよく表している．幾何分布は初めてくじが当たるまでにはずれた回数の分布で，指数分布は初めてくじが当たるまでにかかる時間（の極限）の分布である．

また，指数分布は幾何分布と同様に無記憶性

$$P(Y > s + t \mid Y > s) = P(Y > t), \qquad s \geq 0,\ t \geq 0$$

を持つが，上の例で考えると，くじは毎回独立に引いているので，時刻sまで当たらなかったときに時刻$s+t$まで当たらない確率は，時刻sまで当たらなかったことなど関係なく，いまからtだけの時間当たらない確率と等しいことは，直感的にわかる．指数分布と幾何分布が無記憶性を持つ理由は，それらが回数を表すか時間を表すかが違うだけで，ほとんど同じことである．

問題3-1　一様分布 1

$X \sim \mathrm{U}(0, 1)$ とする．次を求めよ．

(1) $P\left(X \leq \frac{1}{3}\right)$　　(2) $P\left(X > \frac{2}{3}\right)$　　(3) $P\left(\frac{1}{3} < X \leq \frac{1}{2}\right)$

解 説　連続確率変数の事象の確率は密度関数を積分することで計算できる．$X \sim \mathrm{U}(a, b)$ の密度関数は

$$f_X(x) = \frac{1}{b-a}, \qquad a < x < b$$

なので，いま a, b の値は何なのか注意し，これを適切な積分範囲で積分すればよい．

解答

(1) $0 < x < 1$ では $f_X(x) = 1$ で，その他の x では $f_X(x) = 0$ なので，

$$\underset{㋐}{P\left(X \leq \frac{1}{3}\right)} = \int_{-\infty}^{\frac{1}{3}} f_X(x)dx = \int_0^{\frac{1}{3}} 1dx = \frac{1}{3}$$

…(答)

(2) $$\underset{㋑}{P\left(X > \frac{2}{3}\right)} = \int_{\frac{2}{3}}^{\infty} f_X(x)dx = \int_{\frac{2}{3}}^{1} 1dx = 1 - \frac{2}{3} = \frac{1}{3}$$

…(答)

(3) $$\underset{㋒}{P\left(\frac{1}{3} < X \leq \frac{1}{2}\right)} = \int_{\frac{1}{3}}^{\frac{1}{2}} f_X(x)dx = \int_{\frac{1}{3}}^{\frac{1}{2}} 1dx = \frac{1}{2} - \frac{1}{3} = \frac{1}{6}$$

…(答)

ポイント

㋐　次の図は，問題の一様分布の密度関数をあらわしている．$P(X \leq \frac{1}{3})$ は図の斜線部分の面積になる．

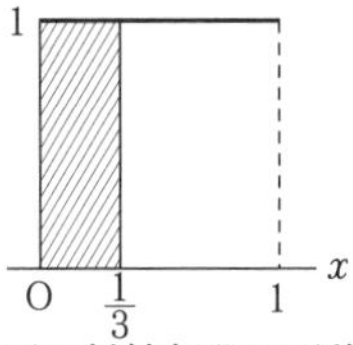

㋑　図の斜線部分の面積．

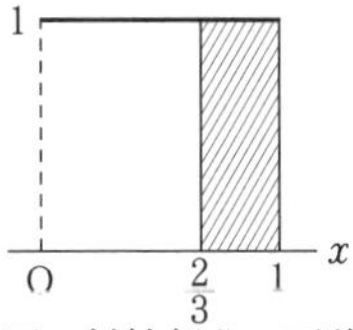

㋒　図の斜線部分の面積．

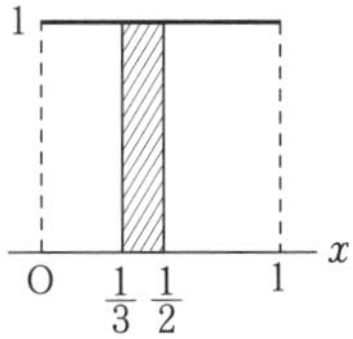

練習問題　3-1

解答 p.218

あるバス停は7時台にバスが7時20分と7時50分の二回来る．その次は8時20分に来る．ある人は通勤のとき，7時から8時までの間にランダムに到着する．つまり，この人がバス停に到着する時刻は7時から8時までの一様分布に従っている．このとき，次の確率を求めよ．

(1) この人がバスを待つ時間が10分未満である確率

(2) この人が15分以上バスを待つ確率

問題3-2　一様分布2

$X \sim \mathrm{U}(0, 1)$ とする．次を求めよ．

(1) $P\left(\frac{1}{4} < X \leq \frac{1}{4} + \frac{1}{1000}\right)$　(2) $f_X\left(\frac{1}{4}\right) \cdot \frac{1}{1000}$　(3) $F_X(x) = P(X \leq x)$

解 説　連続確率変数の密度関数には，$h > 0$ が小のとき，

$$P(a \leq X \leq a+h) = \int_a^{a+h} f_X(x)dx \fallingdotseq f_X(a)h$$

という意味がある．この問題では，それを一様分布のときに確認してみる．また，分布関数 $F_X(x) = P(X \leq x)$ を計算する練習もする．分布関数は $-\infty < x < \infty$ のすべての x について計算しないといけないことに注意せよ．

解答

(1) $P\left(\frac{1}{4} < X \leq \frac{1}{4} + \frac{1}{1000}\right)$

$$= \int_{\frac{1}{4}}^{\frac{1}{4}+\frac{1}{1000}} dx = \frac{1}{1000}$$ …(答)

(2) $f_X\left(\frac{1}{4}\right) = 1$ なので，

$$f_X\left(\frac{1}{4}\right) \cdot \frac{1}{1000} = \frac{1}{1000}$$ …(答)

(3) X のとる値は 0 から 1 までなので，まず，

$P(X \leq x) = 0$，$x < 0$

$P(X \leq x) = 1$，$x > 1$ がわかる．

$0 \leq x \leq 1$ のときは

$$P(X \leq x) = \int_{-\infty}^{x} f_X(t)dt = \int_0^x 1dt = x$$

したがって，

$$㋐\ F_X(x) = P(X \leq x) = \begin{cases} 0, & x < 0 \text{ のとき} \\ x, & 0 \leq x \leq 1 \text{ のとき} \\ 1, & x > 1 \text{ のとき} \end{cases}$$ …(答)

ポイント

㋐　分布関数のグラフは下図のようになる．

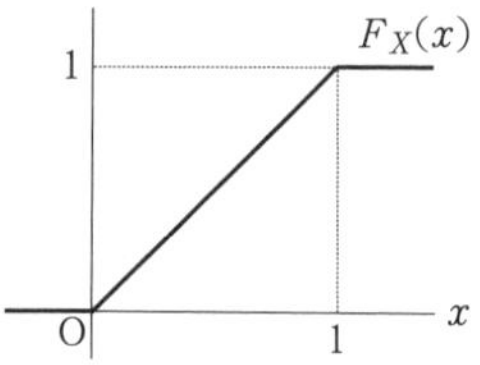

練習問題　3-2　解答 p.219

$X \sim \mathrm{U}(a, b)$ とし，また，$a < u < b$ とする．次を求めよ．

(1) $P\left(u < X \leq u + \frac{1}{1000}\right)$　(2) $f_X(u) \cdot \frac{1}{1000}$　(3) $F_X(x) = P(X \leq x)$

問題3-3　一様分布3

$X \sim \mathrm{U}(-1, 1)$ とする．次を求めよ．

(1) $E[X]$　(2) $E[X^2]$　(3) $V(X)$　(4) $V(X^2)$　(5) $M_X(t) = E[e^{tX}]$

解 説　$f_X(x)$ を $X \sim \mathrm{U}(a, b)$ の密度関数とすると，X の期待値の計算は，

$$E[X] = \int_{-\infty}^{\infty} x f_X(x)dx = \int_a^b \frac{x}{b-a}dx$$

となる．$f_X(x) = 0$ $(x < a$ または $x > b)$ だから，$f_X(x) = \dfrac{x}{b-a}$ と書き換えられるのは $a \leq x \leq b$ だけなので，積分範囲に注意せよ．

解答

(1) $E[X] = \underset{㋐}{\int_{-\infty}^{\infty} x f_X(x)dx} = \underset{㋑}{\int_{-1}^{1} \frac{x}{2}dx}$

$$= \left[\frac{x^2}{4}\right]_{-1}^{1} = 0$$ …(答)

(2) $E[X^2] = \int_{-\infty}^{\infty} x^2 f_X(x)dx = \int_{-1}^{1} \frac{x^2}{2}dx$

$$= \left[\frac{x^3}{6}\right]_{-1}^{1} = \frac{1}{3}$$ …(答)

(3) $V(X) = E[X^2] - (E[X])^2 = \frac{1}{3} - 0 = \frac{1}{3}$ …(答)

(4) $E[X^4] = \int_{-\infty}^{\infty} x^4 f_X(x)dx = \int_{-1}^{1} \frac{x^4}{2}dx$

$= \left[\frac{x^5}{10}\right]_{-1}^{1} = \frac{1}{5}$ なので，

$$V(X^2) = E[X^4] - (E[X^2])^2 = \frac{1}{5} - \frac{1}{9} = \frac{4}{45}$$ …(答)

(5) $E[e^{tX}] = \int_{-\infty}^{\infty} e^{tx} f_X(x)dx = \int_{-1}^{1} \frac{e^{tx}}{2}dx$

$$= \left[\frac{e^{tx}}{2t}\right]_{x=-1}^{x=1} = \frac{e^t - e^{-t}}{2t}$$ …(答)

ポイント

㋐　$x < -1$ または $x > 1$ のときは $f_X(x) = 0$ であることに注意．

㋑　$y(x) = \frac{x}{2}$ は奇関数（グラフが原点を中心に点対称）なので，原点について対称な区間で積分すると0になる．

練習問題　3-3　解答 p.219

上の問題において，次を求めよ．ただし，$n = 0, 1, 2, \ldots$ とする．

(1) $E[X^{2n}]$　(2) $V(X^{2n})$　(3) $E[X^{2n+1}]$　(4) $V(X^{2n+1})$

問題3-4　一様分布4

X と Y はともに $\mathrm{U}(-1, 1)$ に従っており，独立とする．次を求めよ．

(1) $E[XY]$　　(2) $E[X(X+Y)]$　　(3) $V(X+Y)$

解 説　X と Y が独立のとき，これらの和や積の期待値・分散は，

$$E[X+Y]=E[X]+E[Y],\quad E[XY]=E[X]E[Y],$$

$$V(X+Y)=V(X)+V(Y),\quad Cov(X, Y)=0$$

などを使って計算できる．この問題では X, Y がともに一様分布のときに，これらを使った計算を練習する．

解答

(1) まず，71ページの問題3–3 (1) より，

$$E[X]=E[Y]=0$$

X と Y が独立であることより，

$$E[XY]=E[X]E[Y]=0 \qquad \cdots(\text{答})$$

(2) ㋐ $\underset{\sim}{E[X(X+Y)]}=E[X^2+XY]$

$$=E[X^2]+E[XY]$$

$$=E[X^2]$$

71ページの問題3–3 (3) の解答で計算したように $E[X^2]=\dfrac{1}{3}$ なので，

$$E[X(X+Y)]=\frac{1}{3} \qquad \cdots(\text{答})$$

(3) X と Y が独立なので，

$$V(X+Y)=V(X)+V(Y)$$

71ページの問題3–3 (3) より $V(X)=V(Y)=\dfrac{1}{3}$ なので，

$$V(X+Y)=\frac{2}{3} \qquad \cdots(\text{答})$$

ポイント

㋐ X と $X+Y$ は独立でないので，

$E[X(X+Y)]$
$=E[X]E[X+Y]$
$=0\cdot 0$
$=0$

などとしてはいけない．

練習問題　3-4　解答 p.219

上の問題と同じ設定で，次を求めよ．

(1) $V(2X-3Y)$　　(2) $Cov(X+2Y, 3X-4Y)$

問題3-5　指数分布 1

$X \sim \mathrm{Exp}(1)$ とする．次を求めよ．ただし，

$$e^{-\frac{1}{2}}=0.6065,\quad e^{-1}=0.3679,\quad e^{-\left(1+\frac{1}{1000}\right)}=0.3675,$$
$$e^{-2}=0.1353,\quad e^{-\left(2+\frac{1}{1000}\right)}=0.1352,\quad e^{-3}=0.0498$$

として計算せよ．

(1) $P\left(X \leq \frac{1}{2}\right)$　(2) $P(X \leq 1)$　(3) $P(X \leq 3)$

(4) $P(X > 3)$　(5) $P(1 < X \leq 2)$

解説　指数分布に従う確率変数の事象の確率を計算する問題．

$X \sim \mathrm{Exp}(\lambda)$ の密度関数は

$$f_X(x)=\lambda e^{-\lambda x},\qquad x>0$$

であることを思い出し，λ の値が何なのかに注意し，適切な積分範囲で積分すればよい．ここでは指数関数の値の近似値を与えてあるので，それぞれの確率が具体的にどのくらいの値なのかイメージしてみるとよい．

解答

(1) ㋐ $P\left(X \leq \frac{1}{2}\right)=\int_{-\infty}^{\frac{1}{2}} f_X(x)dx=\int_0^{\frac{1}{2}} e^{-x}dx$

$$=\left[-e^{-x}\right]_0^{\frac{1}{2}}=1-e^{-\frac{1}{2}}=1-0.6065$$
$$=0.3935=39.35\% \quad \cdots(\text{答})$$

(2) $P(X \leq 1)=\int_{-\infty}^{1} f_X(x)dx=\int_0^{1} e^{-x}dx$

$$=\left[-e^{-x}\right]_0^{1}=1-e^{-1}$$
$$=1-0.3679=0.6321=63.21\% \quad \cdots(\text{答})$$

(3) $P(X \leq 3)=1-e^{-3}=1-0.0498$

$$=0.9502=95.02\% \quad \cdots(\text{答})$$

(4) ㋑ $P(X>3)=1-P(X \leq 3)=e^{-3}=0.0498$

$$=4.98\% \quad \cdots(\text{答})$$

(5) ㋒ $P(1<X \leq 2)=P(X \leq 2)-P(X \leq 1)$

$$=86.47\%-63.21\%=23.26\% \quad \cdots(\text{答})$$

ポイント

㋐　図の斜線部分の面積．

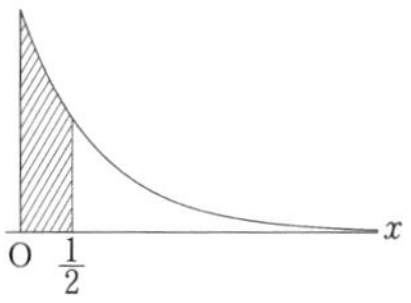

㋑　図の灰色部分の面積．

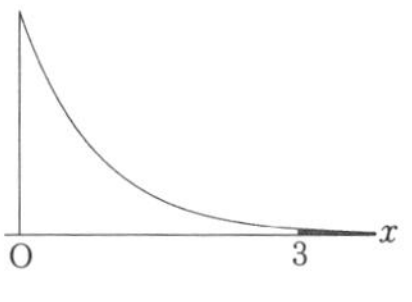

㋒　図の斜線部分の面積．

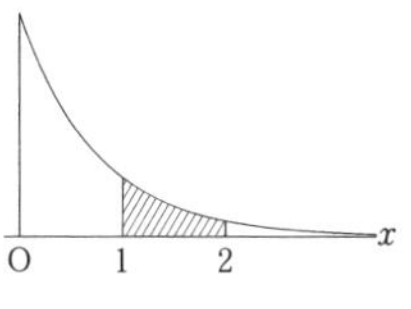

練習問題　3-5

解答 p.219

上の問題と同じ設定で，次を求めよ．

(1) $P(X \leq 2)$　(2) $P(-1 < X \leq 1)$　(3) $P(X \leq 1$ または $X > 3)$

問題3-6　指数分布 2

$X \sim \mathrm{Exp}(1)$ とする．次を求めよ．ただし，

$$e^{-1}=0.3679,\quad e^{-\left(1+\frac{1}{1000}\right)}=0.3675,\quad e^{-2}=0.1353,$$
$$e^{-\left(2+\frac{1}{1000}\right)}=0.1352,\quad e^{-3}=0.0498,\quad e^{-\left(3+\frac{1}{1000}\right)}=0.04978$$

として計算せよ．

(1) $P\left(1<X\leq 1+\dfrac{1}{1000}\right)$　　(2) $f_X(1)\cdot\dfrac{1}{1000}$

(3) $P\left(2<X\leq 2+\dfrac{1}{1000}\right)$　　(4) $f_X(2)\cdot\dfrac{1}{1000}$

解説　指数分布の密度関数について，$h>0$ が小のとき，

$$P(a\leq X\leq a+h)\fallingdotseq f_X(a)h$$

を確認してみる問題．a の値がいろいろ変わってもこの関係が成り立っていることがわかる．

解答

(1) $P\left(1<X<1+\dfrac{1}{1000}\right)=\displaystyle\int_1^{1+\frac{1}{1000}} f_X(x)dx$

$=\displaystyle\int_1^{1+\frac{1}{1000}} e^{-x}dx=\Big[-e^{-x}\Big]_1^{1+\frac{1}{1000}}$

$=e^{-1}-e^{-\left(1+\frac{1}{1000}\right)}=0.0004$　…(答)

(2) $\underbrace{f_X(1)\cdot\dfrac{1}{1000}}_{㋐}=\dfrac{e^{-1}}{1000}=0.0003679\fallingdotseq 0.0004$

…(答)

(3) $P\left(2<X<2+\dfrac{1}{1000}\right)=\displaystyle\int_2^{2+\frac{1}{1000}} f_X(x)dx$

$=\displaystyle\int_2^{2+\frac{1}{1000}} e^{-x}dx=\Big[-e^{-x}\Big]_2^{2+\frac{1}{1000}}$

$=e^{-2}-e^{-\left(2+\frac{1}{1000}\right)}=0.0001$　…(答)

(4) $\underbrace{f_X(2)\cdot\dfrac{1}{1000}}_{㋑}=\dfrac{e^{-2}}{1000}=0.0001353\fallingdotseq 0.0001$

…(答)

ポイント

㋐　(2) では図の長方形の面積を求めた．そのうち，図の曲線の下の部分が (1) である．これらはほとんど同じ値になる．

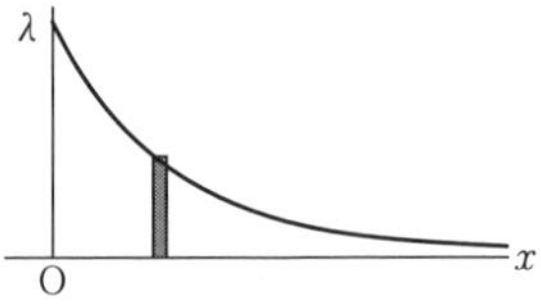

㋑　そのうち，図の曲線の下の部分が (3) である．(4) は図の長方形の面積．これらはほとんど同じ値．

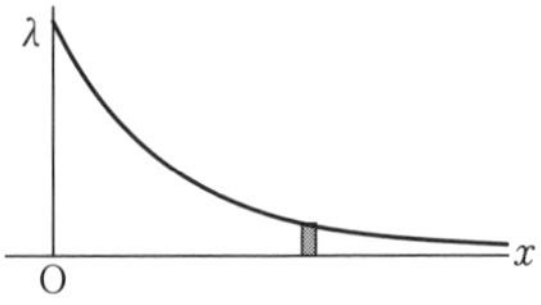

練習問題　3-6　　解答 p.219

上の問題と同じ設定で，次を求めよ．

(1) $P\left(3<X\leq 3+\dfrac{1}{1000}\right)$　　(2) $f_X(3)\cdot\dfrac{1}{1000}$

問題3-7　指数分布3

$X \sim \mathrm{Exp}(\lambda)$ とする．次を求めよ．

(1) $P(X>x)$　　(2) $P(X \leq x)$　　(3) $P(X>3 \mid X>1)$

解 説　パラメータが一般の値 λ の指数分布について，分布関数 $F_X(x)=P(X \leq x)$ を計算する練習．$-\infty<x<\infty$ のすべての x について計算しないといけないことに注意せよ．また，指数分布には

$$P(X>s+t \mid X>s)=P(X>t), \quad s \geq 0,\ t \geq 0$$

という性質がある（無記憶性）．この問題ではそれを証明してみる．条件付確率の定義 $P(A|B)=\dfrac{P(A\cap B)}{P(B)}$ を思い出し，$P(X>x)$ の計算結果を使えば証明できる．

解答

(1) $x<0$ なら $X>x$ はいつでも成り立つので

$$P(X>x)=1$$

$x \geq 0$ のとき，

$$P(X>x)=\int_x^{\infty} f_X(t)dt=\int_x^{\infty} \lambda e^{-\lambda t}dt$$
$$=\Big[-e^{-\lambda t}\Big]_x^{\infty}=e^{-\lambda x}$$

したがって，

$$_{㋐}P(X>x)=\begin{cases} e^{-\lambda x}, & x \geq 0 \text{ のとき} \\ 1, & x<0 \text{ のとき} \end{cases} \quad \cdots(\text{答})$$

(2) $$_{㋑}P(X \leq x)=1-P(X>x)$$
$$=\begin{cases} 1-e^{-\lambda x}, & x \geq 0 \text{ のとき} \\ 0, & x<0 \text{ のとき} \end{cases} \quad \cdots(\text{答})$$

(3) $$P(X>3 \mid X>1)=\frac{P(X>3 \cap X>1)}{P(X>1)}$$
$$=\frac{P(X>3)}{P(X>1)}=\frac{e^{-3\lambda}}{e^{-\lambda}}=e^{-2\lambda}=P(X>2) \quad \cdots(\text{答})$$

ポイント

㋐　この関数のグラフは次の図のようになる．

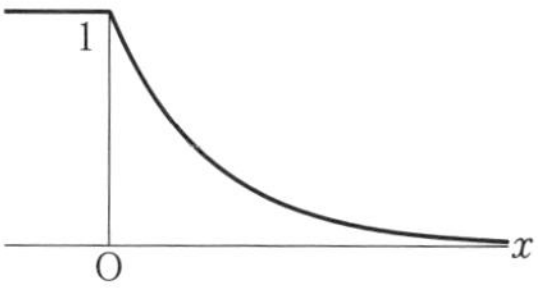

㋑　分布関数のグラフは次のようになる．

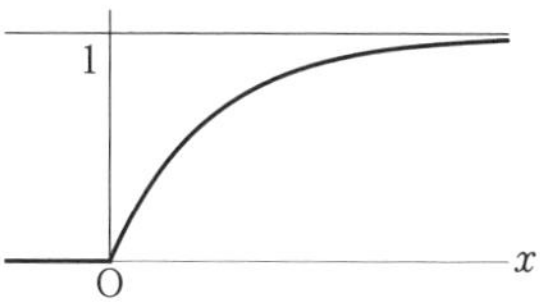

練習問題　3-7　　解答 p.219

上の問題において，次を求めよ．

(1) $P(1<X \leq 2)$　　(2) $P(X>s+t \mid X>t)$，$s \geq 0$，$t \geq 0$

問題3-8　指数分布4

$X \sim \mathrm{Exp}(\lambda)$ とする．次を求めよ．

(1) $E[X]$　(2) $V(X)$　(3) $M_X(t)=E[e^{tX}],\ t<\lambda$　(4) $E[X^3]$

解説　$f_X(x)$ を $X \sim \mathrm{Exp}(\lambda)$ の密度関数とすると，X の期待値の計算は，

$$E[X]=\int_{-\infty}^{\infty} x f_X(x)dx=\int_0^{\infty} x\cdot\lambda e^{-\lambda x}dx$$

となる．$f_X(x)=0,\ x<0$ なので，積分範囲に注意せよ．

解答

(1) $E[X]=\int_{-\infty}^{\infty} x f_X(x)dx=\int_0^{\infty} \lambda x e^{-\lambda x}dx$

$$=\underbrace{\int_0^{\infty} te^{-t}\frac{1}{\lambda}dt}_{㋐}=\underbrace{\frac{1}{\lambda}\Big[-e^{-t}(t+1)\Big]_0^{\infty}}_{㋑}=\frac{1}{\lambda}$$

…(答)

ただし，3番目の等号では $t=\lambda x$ とおいて置換積分した．

(2) $E[X^2]=\int_{-\infty}^{\infty} x^2 f_X(x)dx=\underbrace{\int_0^{\infty} \lambda x^2 e^{-\lambda x}dx}_{㋒}$

$$=\int_0^{\infty}\frac{t^2}{\lambda}e^{-t}\frac{1}{\lambda}dt=\underbrace{\frac{1}{\lambda^2}\Big[-e^{-t}(t^2+2t+2)\Big]_0^{\infty}}_{㋓}=\frac{2}{\lambda^2}$$

したがって

$$V(X)=E[X^2]-(E[X])^2=\frac{2}{\lambda^2}-\frac{1}{\lambda^2}=\frac{1}{\lambda^2}$$

…(答)

(3) $E[e^{tX}]=\int_0^{\infty}\lambda e^{tx}e^{-\lambda x}dx=\int_0^{\infty}\lambda e^{-(\lambda-t)x}dx$

$$=\left[-\frac{\lambda e^{-(\lambda-t)x}}{\lambda-t}\right]_0^{\infty}=\frac{\lambda}{\lambda-t}\quad(t<\lambda)$$

…(答)

(4) $E[X^3]=\frac{d^3}{dt^3}M_X(0)=\frac{d^3}{dt^3}M_X(t)\Big|_{t=0}$

$$=\frac{6\lambda}{(\lambda-t)^4}\Big|_{t=0}=\frac{6}{\lambda^3}$$

…(答)

ポイント

㋐　60ページの基本事項1の公式4より，

$\int te^{-t}dt$

$=-e^{-t}(t+1+0+0+\cdots)$

$=-e^{-t}(t+1)$

㋑　ロピタルの定理により，

$\lim_{t\to\infty}e^{-t}(t+1)=\lim_{t\to\infty}\frac{t+1}{e^t}$

$=\lim_{t\to\infty}\frac{1}{e^t}=0$

㋒　$\int t^2e^{-t}dt=$

$-e^{-t}(t^2+2t+2+0+0+\cdots)$

$=-e^{-t}(t^2+2t+2)$

㋓　これもロピタルの定理を用いるとよい，

練習問題　3-8　解答 p.220

上の問題と同じ設定とする．次を求めよ．

(1) $E[X^n]$（n は自然数）　(2) $E[e^{-X}]$　(3) $E[e^{\lambda X}]$

問題3-9　指数分布5

新車で買ったら平均で20万km走行可能だという車があるとする．この車が廃車になるまでの走行可能距離は指数分布に従うとする．このとき，次を求めよ．ただし，距離の単位は十万kmとする．また，

$$e^{-0.22}=0.8, \quad e^{-0.5}=0.6065, \quad e^{-0.7}=0.5, \quad e^{-1}=0.3679$$

として計算せよ．

(1) この車が20万km走るまでに廃車にならない確率

(2) この車がそれ以上走ることができる確率が50%であるような距離

■解 説■　指数分布は，何かの寿命の分布としてよく使われる．この問題では車が走行可能な距離が指数分布に従うと仮定したときに，色々な事象の確率を計算する．走行可能な距離はある意味，車の寿命のようなものである．ただの計算問題とこのような文章題の違いは，確率変数 X の単位は何かに注意しないといけないことと，文章で書いてある事象を数式で表現するためによく考えないといけないところである．

解答

(1) 題意は，走行可能距離を X(十万km)とすると，X は平均2(十万km)の指数分布に従うということ．㋐平均が2の指数分布はパラメータが $\frac{1}{2}$ なので，$X \sim \mathrm{Exp}\left(\frac{1}{2}\right)$ ということ．20万km走るまでに廃車にならないという事象は $\{X>2\}$ と表せる．$P(X>x)=e^{-\frac{x}{2}}$ なので，求める確率は

㋑$P(X>2)=e^{-\frac{2}{2}}=e^{-1}=0.3679=36.79\%$　…(答)

ポイント

㋐ $Y \sim \mathrm{Exp}(\lambda)$ のとき $E[Y]=\frac{1}{\lambda}$

㋑ 平均で20万km走れても，実際に20万km走ることができる確率は50%を大きく下回っている．

(2) この車が距離 d(十万km)以上走ることができる，という事象は $\{X \geq d\}$ と書ける．すると，求めるものは $P(X \geq d)=0.5$ となる d．

$P(X \geq d)=e^{-\frac{1}{2}d}$ なので，$e^{-\frac{1}{2}d}=0.5$ をみたす d を求めればよいが，問題文で与えられているように $e^{-0.7}=0.5$ なので，$e^{-\frac{1}{2}d}=e^{-0.7}$ を解けばよい．これを満たす d は $d=1.4$．したがって，求める距離は14万km　…(答)

練習問題　3-9

解答 p.220

上の問題と同じ設定で，次を求めよ．

(1) この車が10万kmを走るまで廃車になってしまう確率

(2) この車がそれ以上走ることができる確率が80%であるような距離

(3) この車がすでに50万km走ったとき，さらに10万km走る条件付き確率

問題3-10　正規分布 1

$Z \sim \mathrm{N}(0, 1)$ とする．巻末の数表も使い，次を求めよ．ただし，$z(\alpha)$ は $P(Z > w) = \alpha$ である w のこと（標準正規分布の $100(1-\alpha)$% 点）．

(1) $P(Z \leq 2)$　(2) $P(Z \leq -1.6)$　(3) $z(0.05)$

(4) $P(Z \leq a) = 99\%$ をみたす a　(5) $P(-1 \leq Z \leq 1)$　(6) $P(-2 \leq Z \leq 2)$

■ 解 説 ■　標準正規分布に従う確率変数についての確率を求める問題．密度関数の原始関数がわからないので，直接計算して計算するのが難しい．$P(Z \leq z)$ で z が 1.00 から 3.09 までの小数点以下 2 桁の数のものは 259 ページに数表で与えてある．表の見方は，例えば $P(Z \leq 2.33)$ を知りたければ，一番左の数字が 2.3 である行と，一番上の数字が 0.03 の列が交わっているところの数字 0.9901 を見ればよい．

解答

(1) 表より，㋐ $P(Z \leq 2) = 0.9772 = 97.72\%$　…(答)

(2) ㋑ $P(Z \leq -1.6) = P(Z \geq 1.6) = 1 - P(Z < 1.6)$
$= 1 - 0.9452 = 0.0548 = 5.48\%$　…(答)

(3) $z(0.05)$ は $P(Z > z(0.05)) = 0.05$ となる点なので，$P(Z \leq z(0.05)) = 1 - P(Z > z(0.05)) = 0.95$ を満たす．$P(Z \leq x) = 0.95$ をみたす x を表から求めると，$x = z(0.05)$ はだいたい 1.64 から 1.65　…(答)

(4) ㋒ 表の中で 0.99 に近いものを探す．それに対応するのは $a =$ 約 2.33　…(答)

(5) $P(-1 \leq Z \leq 1) = P(Z \leq 1) - P(Z < -1)$
$= P(Z \leq 1) - (1 - P(Z > -1))$
$= P(Z \leq 1) - (1 - P(Z < 1)) = 2P(Z \leq 1) - 1$
表より，㋓ $P(Z \leq 1) = 0.8413$.
したがって求める確率は
$2 \times 0.8413 - 1 = 0.6826 = 68.26\%$　…(答)

(6) ㋔ $P(-2 \leq Z \leq 2) = 2P(Z \leq 2) - 1$
$= 2 \times 0.9772 - 1 = 0.9544 = 95.44\%$　…(答)

ポイント

㋐　$P(Z \leq 2)$ は次の図の斜線部分の面積．

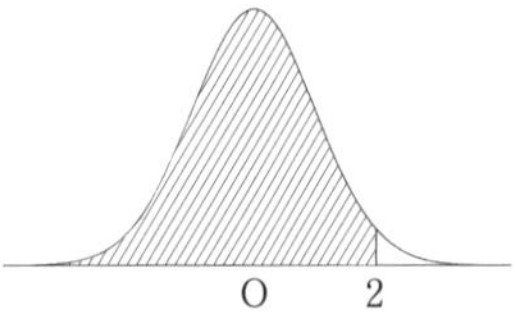

㋑　密度関数が偶関数なので，これらの確率は等しい．これを，分布が対称という．

㋒　これは $z(0.01)$ を表している．$z(0.01)$ は次の図の α のこと．

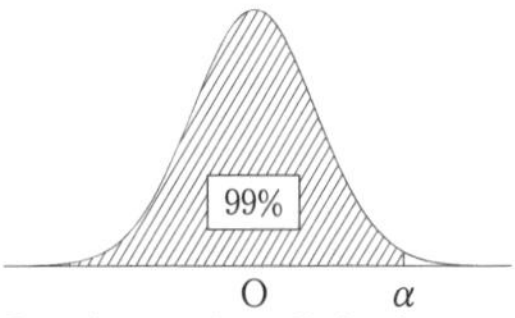

㋓　表で，左の数字が 1.0 で上の数字が 0.00 に対応するもの．

㋔　標準正規分布に従う確率変数は，絶対値が 2 を超える確率は 5% 未満．
練習問題によると，絶対値が 3 を超える確率は 0.3% 未満．

練習問題　3-10　解答 p.220

上の問題と同じ設定で，次を求めよ．

(1) $P(-b \leq Z \leq b) = 95\%$ を満たす b　(2) $P(-3 \leq Z \leq 3)$

問題3-11　正規分布2

$Z \sim \mathrm{N}(0, 1)$ とする．

$$e^{-\frac{1}{2}}=0.6065, \quad e^{-2}=0.1353, \quad e^{-\frac{9}{2}}=0.0111, \quad \frac{1}{\sqrt{2\pi}}=0.4$$

とし，また，巻末の数表も使い，次を求めよ．

(1) $P\left(1<Z\leq 1+\frac{1}{100}\right)$　(2) $f_Z(1)\cdot\frac{1}{100}$

(3) $P\left(2<Z\leq 2+\frac{1}{100}\right)$　(4) $f_Z(2)\cdot\frac{1}{100}$　(5) $f_Z(0)$

解 説　標準正規分布の密度関数について，$h>0$ が小のとき，

$$P(a\leq X\leq a+h) \fallingdotseq f_X(a)h$$

を確認してみる問題．$P(a\leq X\leq a+h)$ は数表を使って計算できる．

解答

(1) $P\left(1<Z\leq 1+\frac{1}{100}\right)=P(Z\leq 1.01)-P(Z\leq 1)$

数表より $P(Z\leq 1.01)=0.8438$,

$P(Z\leq 1)=0.8413$ なので,

㋐ $P\left(1<Z\leq 1+\frac{1}{100}\right)=0.0025$　…(答)

(2) ㋐ $f_Z(1)\cdot\frac{1}{100}=\frac{1}{\sqrt{2\pi}}e^{-\frac{1^2}{2}}\cdot\frac{1}{100}$

$=0.4\cdot 0.6065\cdot\frac{1}{100}=0.002426\fallingdotseq 0.0024$　…(答)

(3) $P\left(2<Z\leq 2+\frac{1}{100}\right)=P(Z\leq 2.01)-P(Z\leq 2)$

数表より $P(Z\leq 2.01)=0.9778$,

$P(Z\leq 2)=0.9772$ なので,

$P\left(2<Z\leq 2+\frac{1}{100}\right)=0.0006$　…(答)

(4) $f_Z(2)\cdot\frac{1}{100}=\frac{1}{\sqrt{2\pi}}e^{-\frac{2^2}{2}}\cdot\frac{1}{100}=0.4\cdot 0.1353\cdot\frac{1}{100}$

$=0.0005412\fallingdotseq 0.0005$　…(答)

(5) $f_Z(0)=\frac{1}{\sqrt{2\pi}}e^{-\frac{0^2}{2}}=\frac{1}{\sqrt{2\pi}}=0.4$　…(答)

ポイント

㋐ 問題の (1) と (2) の結果より，密度関数の性質 $P\left(1<Z\leq 1+\frac{1}{100}\right)\fallingdotseq f_Z(1)\cdot\frac{1}{100}$ が確認できる．

練習問題　3-11

解答 p.220

上の問題において，次を求めよ．

(1) $P\left(3<Z\leq 3+\frac{1}{100}\right)$　(2) $f_Z(3)\cdot\frac{1}{100}$

問題3-12　正規分布3

$X \sim \mathrm{N}(0,1)$とする．次の問いに答えよ．

(1) $E[X]$を求めよ．　(2) $E[X^{n+1}]=nE[X^{n-1}]$, $n=1, 2, \ldots$ を示せ．

(3) $V(X)$を求めよ．　(4) $E[X^{10}]$を求めよ．　(5) $E[X^{11}]$を求めよ．

解 説　$X \sim \mathrm{N}(0,1)$のとき，$E[X]$は定義通りに計算できるが，$E[X^2]$の計算が簡単でないので分散の計算は難しい．この問題では$E[X^n]$の漸化式を使った計算方法を紹介する．また，そのほかの計算方法についてもポイントでコメントする．

解答

(1) $E[X]=\int_{-\infty}^{\infty} x f_X(x)dx = \underset{㋐}{\int_{-\infty}^{\infty} \frac{1}{\sqrt{2\pi}} x e^{-\frac{x^2}{2}} dx}$

$= \frac{1}{\sqrt{2\pi}}\left[-e^{-\frac{x^2}{2}}\right]_{-\infty}^{\infty} = 0$　…(答)

(2) $E[X^{n+1}] = \frac{1}{\sqrt{2\pi}} \int_{-\infty}^{\infty} x^{n+1} e^{-\frac{x^2}{2}} dx$

$= \frac{1}{\sqrt{2\pi}} \int_{-\infty}^{\infty} x^n (-e^{-\frac{x^2}{2}})' dx$

$= \underset{㋑}{\frac{1}{\sqrt{2\pi}}\left[-x^n e^{-\frac{x^2}{2}}\right]_{-\infty}^{\infty}}$

$+ \frac{1}{\sqrt{2\pi}} \int_{-\infty}^{\infty} n x^{n-1} e^{-\frac{x^2}{2}} dx$

$= n \cdot \frac{1}{\sqrt{2\pi}} \int_{-\infty}^{\infty} x^{n-1} e^{-\frac{x^2}{2}} dx$

$= nE[X^{n-1}]$

(3) 前問を$n=1$で使うと，

$E[X^2]=1 \cdot E[X^0]=1$

したがって$V(X)=E[X^2]-(E[X])^2=1$　…(答)

㋒60ページの基本事項**1**の公式(3)のガウス積分を使っても計算できる．

(4) $E[X^{10}]=9 \cdot E[X^8]=\cdots=9 \cdot 7 \cdot 5 \cdot 3 \cdot 1 \cdot E[X^0]=$

$9 \cdot 7 \cdot 5 \cdot 3 \cdot 1$　…(答)

(5) $E[X^{11}]=10 \cdot E[X^9]=\cdots=10 \cdot 8 \cdot 6 \cdot 4 \cdot 2 \cdot E[X]=0$　…(答)

ポイント

㋐ $\frac{d}{dx}(-e^{-\frac{x^2}{2}})=xe^{-\frac{x^2}{2}}$

㋑ 部分積分を用いている．

x^nが∞に向かうよりも$e^{-\frac{x^2}{2}}$が0に行く方が速いので，

$x \to \pm\infty$のとき

$x^n e^{-\frac{x^2}{2}} \to 0$

㋒ ガウス積分の両辺を-1倍した

$-\int_{-\infty}^{\infty} e^{-tx^2} dx = -\sqrt{\frac{\pi}{t}}$

の両辺をtで微分すると，

$\int_{-\infty}^{\infty} x^2 e^{-tx^2} dx = \frac{1}{2}\sqrt{\frac{\pi}{t^3}}$

これを，$t=\frac{1}{2}$として使えば，

$E[X^2]$

$= \frac{1}{\sqrt{2\pi}} \int_{-\infty}^{\infty} x^2 e^{-\frac{x^2}{2}} dx$

$= \frac{1}{\sqrt{2\pi}} \frac{1}{2} \sqrt{2^3 \pi} = 1$

がわかる．

練習問題　3-12

解答 p.220

$X \sim \mathrm{N}(0,1)$，$Y \sim \mathrm{N}(\mu, \sigma^2)$とする．次を求めよ．

(1) $M_X(t)=E[e^{tX}]$　(2) $E[Y]$　(3) $E[Y^2]$

(4) $V(Y)$　(5) $M_Y(t)=E[e^{tY}]$

問題3-13　正規分布4

(1) $a(\neq 0)$, b を定数とし，$X \sim \mathrm{N}(\mu, \sigma^2)$ のとき，$aX+b \sim \mathrm{N}(a\mu+b, a^2\sigma^2)$ であることを示せ．

(2) $X_1 \sim \mathrm{N}(\mu_1, \sigma_1^2)$，$X_2 \sim \mathrm{N}(\mu_2, \sigma_2^2)$ で X_1 と X_2 は独立であるとき，$X_1+X_2 \sim \mathrm{N}(\mu_1+\mu_2, \sigma_1^2+\sigma_2^2)$ を示せ．

解 説　63ページの基本事項**4** (3) にあげた正規分布の持つ性質を証明する．モーメント母関数を使えば簡単に証明できる．練習問題ではこれらの性質を使って，$X_1, X_2, \ldots, X_n$ が独立に正規分布に従うときに $\overline{X} = \frac{1}{n}\sum_{i=1}^{n} X_i$ の確率分布を求める．この $\overline{X}$ は統計で頻繁に登場する．

解答

(1) $aX+b$ のモーメント母関数を計算してみる．

$$\begin{aligned} M_{aX+b}(t) &= E[e^{t(aX+b)}] \\ &= e^{bt}E[e^{(at)X}] \\ &= e^{bt}M_X(at) = e^{bt}e^{\mu(at)+\frac{\sigma^2(at)^2}{2}} \quad ㋐ \\ &= e^{(a\mu+b)t+\frac{(a^2\sigma^2)t^2}{2}} \end{aligned}$$

これは ㋑ $\mathrm{N}(a\mu+b, a^2\sigma^2)$ のモーメント母関数なので，

$$aX+b \sim N(a\mu+b, a^2\sigma^2)$$

(2) X_1+X_2 のモーメント母関数を計算すると，

$$\begin{aligned} X_{X_1+X_2}(t) &= E[e^{t(X_1+X_2)}] \\ &= E[e^{tX_1}]E[e^{tX_2}] = M_{X_1}(t)M_{X_2}(t) \\ &= e^{\mu_1 t+\frac{\sigma_1^2 t^2}{2}} e^{\mu_2 t+\frac{\sigma_2^2 t^2}{2}} \\ &= e^{(\mu_1+\mu_2)t+\frac{(\sigma_1^2+\sigma_2^2)t^2}{2}} \end{aligned}$$

これは $\mathrm{N}(\mu_1+\mu_2, \sigma_1^2+\sigma_2^2)$ のモーメント母関数なので，

$$X_1+X_2 \sim \mathrm{N}(\mu_1+\mu_2, \sigma_1^2+\sigma_2^2)$$

ポイント

㋐　$M_{X}(s) = e^{\mu s+\frac{\sigma^2 s^2}{2}}$
に $s = at$ を代入すれば，
$M_X(at) = e^{\mu(at)+\frac{\sigma^2(at)^2}{2}}$

㋑　$N(\alpha, \beta^2)$ のモーメント母関数が
$e^{\alpha t+\frac{\beta^2 t^2}{2}}$
だから，
$\alpha = a\mu+b$，$\beta^2 = a^2\sigma^2$
とした
$e^{(a\mu+b)t+\frac{(a^2\sigma^2)t^2}{2}}$
は $N(a\mu+b, a^2\sigma^2)$ のモーメント母関数．

練習問題　3-13　解答 p.220

$X_1, X_2, \ldots, X_n$ は独立に $\mathrm{N}(\mu, \sigma^2)$ に従うとする．このとき，$\overline{X} = \frac{1}{n}\sum_{i=1}^{n} X_i$ の確率分布を求めよ．

問題3-14　大数の法則・中心極限定理

$X_1, X_2, \ldots$ は独立に $\mathrm{Be}(p)$ に従っているとする．また，$\hat{p}_n = \dfrac{1}{n}\sum_{i=1}^{n} X_i$ とする．このとき，次を示せ．

(1) $\lim_{n\to\infty} \hat{p}_n = p$　　(2) $n \to \infty$ のとき，$\dfrac{\hat{p}_n - p}{\sqrt{p(1-p)/n}} \sim \mathrm{N}(0, 1)$

(3) $n \to \infty$ のとき，$\dfrac{\hat{p}_n - p}{\sqrt{\hat{p}_n(1-\hat{p}_n)/n}} \sim \mathrm{N}(0, 1)$

解説　$X_1, X_2, \ldots$ が独立同分布確率変数のとき，n が大きいなら，大数の法則より $\dfrac{1}{n}\sum_{i=1}^{n} X_i$ は近似的に $E[X_1]$ に等しい．また，中心極限定理より

$$\frac{\frac{1}{n}\sum_{i=1}^{n} X_i - E[X_1]}{\sqrt{V(X_1)/n}}$$

は近似的に $\mathrm{N}(0, 1)$ に従う．

解答

(1) 大数の法則より，

$$\lim_{n\to\infty} \hat{p}_n = \lim_{n\to\infty} \frac{1}{n}\sum_{i=1}^{n} X_i = E[X_1] = p$$

(2) $E[X_1] = p,\ V(X_1) = p(1-p)$ であることにより，

$$\frac{\hat{p}_n - p}{\sqrt{p(1-p)/n}} = \frac{\frac{1}{n}\sum_{i=1}^{n} X_i - E[X_1]}{\sqrt{V(X_1)/n}}$$

なので，中心極限定理を適用すると，

$$n \to \infty \text{ のとき } \frac{\hat{p}_n - p}{\sqrt{p(1-p)/n}} \sim \mathrm{N}(0, 1)$$

(3) $$\frac{\hat{p}_n - p}{\sqrt{p(1-p)/n}} = \frac{\hat{p}_n - p}{\sqrt{\hat{p}_n(1-\hat{p}_n)/n}} \cdot \frac{\sqrt{\hat{p}_n(1-\hat{p}_n)/n}}{\sqrt{p(1-p)/n}}$$

であるが，(1) より，$n \to \infty$ のとき $\hat{p}_n \to p$ なので，

$$\frac{\sqrt{\hat{p}_n(1-\hat{p}_n)/n}}{\sqrt{p(1-p)/n}} = \frac{\sqrt{\hat{p}_n(1-\hat{p}_n)}}{\sqrt{p(1-p)}} \to 1 \quad (n \to \infty)$$

(2) の結果と合わせると，㋐㋑$n \to \infty$ のとき s $\dfrac{\hat{p}_n - p}{\sqrt{\hat{p}_n(1-\hat{p}_n)/n}} \sim \mathrm{N}(0, 1)$

ポイント

㋐　統計の章では，この p は未知の値だとされ，それを統計的に調べることを勉強する．そのときに，このように分母の p を $\hat{p}$ に変更できることが役に立つ．

㋑　普通の数の数列の収束ではなく，確率分布についての収束なので，よくわからないかもしれない．実際，この収束をきちんと証明するには，「分布収束」というもっと難しいことを勉強しないといけない．いまは，なんとなく収束先は標準正規分布になりそうだと思うことができれば，それでよい．

練習問題　3-14　解答 p.221

$X_1, X_2, \ldots$ を独立に $\mathrm{N}(\mu, \sigma^2)$ に従う確率変数とする．このとき，次を求めよ．

(1) $\lim_{n\to\infty} \dfrac{1}{n}\sum_{i=1}^{n} X_i$　　(2) $\lim_{n\to\infty} \dfrac{X_1^2 + \cdots + X_n^2}{e^{X_1} + \cdots + e^{X_n}}$

(3) $\lim_{n\to\infty} \dfrac{e^{X_1} + \cdots + e^{X_n} - a_n}{b_n} \sim \mathrm{N}(0, 1)$ となる a_n，b_n

問題3-15　χ^2 分布 1

$X \sim \chi^2(3)$ とする．巻末の数表も使って，次を求めよ．ただし，$\chi^2(n, \alpha)$ は $Y \sim \chi^2(n)$ のとき $P(Y > y) = \alpha$ をみたす y のこと．

(1) $\chi^2(3, 0.025)$　　(2) $P(0.3518 < X \leq 11.3449)$

(3) $\chi^2(m, 0.05) - \chi^2(m, 0.95) \geq 10$ をみたす最小の m

解　説　260 ページの χ^2 分布の数表の使い方を勉強する．表のなかで，一番左の列は χ^2 分布の自由度 n，一番上行の数字は確率を表している．表の見方は，例えば $W \sim \chi^2(6)$ のとき，$P(W > w) = 0.95$ をみたす w が知りたければ，一番左の数字が 6(自由度) である行と，一番上の数字が 0.95(確率) の列が交わっているところの数字 1.6354 を見ればよい．

解答

(1) 巻末のカイ 2 乗分布の表を見る．求めるものは $P(X > x) = 0.025$ なる x なので，それは表の自由度 3 の行の確率が 0.025 のマスのもの．したがって，㋐㋑ $\chi^2(3, 0.025) = 9.3484$ …(答)

(2) $P(0.3518 < X \leq 11.3449)$

$= P(X > 0.3518) - P(X > 11.3449)$

と計算する．表の自由度 3 の行を見ると，

㋒ $P(X > 0.3518) = 0.95$

$P(X > 11.3449) = 0.01$

がわかるので，求める確率は

$P(0.3518 < X \leq 11.3449) = 0.95 - 0.01 = 0.94 =$ 94% …(答)

(3) ㋓ 表の中で確率が 0.05 の列と 0.95 の列を見て，その差が初めて 10 以上になる自由度を探せばよい．それは，$m = 6$ のとき． …(答)

ポイント

㋐　要するに，表の自由度 n の行の，確率 α の列の値が $\chi^2(n, \alpha)$

ただし，本によって $\chi^2(n, \alpha)$ の定義や，表の作り方が違うので，注意せよ．

㋑　$\chi^2(n, 0.025)$ のイメージ

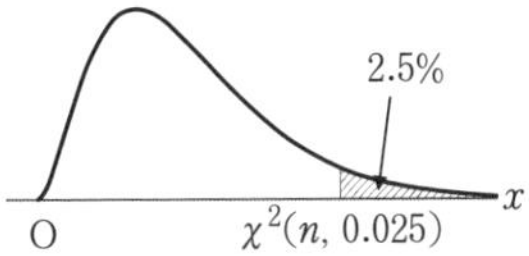

㋒　まず，表から

$\chi^2(3, 0.95) = 0.3518$

がわかる．

$P(X > \chi^2(3, \alpha)) = \alpha$

なので，$\chi^2(3, 0.95) = 0.3518$ なら，

$P(X > 0.3518) = 0.95$

㋓　分布のグラフにおいて，左端と右端を 5% ずつ削って残る，真ん中部分の確率 90% 分の区間のこと．

練習問題　3-15

解答 p.221

$A \sim \chi^2(10)$ とする．次を求めよ．

(1) $\chi^2(7, 0.005)$　　(2) $P(2.5582 < A \leq 25.1882)$

問題3-16　χ^2 分布2

$X \sim \chi^2(3)$, $Z_i \sim \mathrm{N}(0, 1)$, $i=1, 2, 3$ とし，Z_1, Z_2, Z_3 は独立とする．次を求めよ．

(1) $E[Z_1^2+Z_2^2+Z_3^2]$　(2) $E[X]$　(3) $V(Z_1^2+Z_2^2+Z_3^2)$　(4) $V(X)$

■ **解 説** ■　χ^2 分布の期待値と分散を求める問題．ここでは，標準正規分布に従ういくつかの独立な確率変数の二乗の和が χ^2 分布に従うことを利用して期待値と分散を計算する．分布が等しければ期待値や分散も等しいことに注意せよ．

解答

(1) すべての i について，

㋐ $E[Z_i^2]=V(Z_i)+(E[Z_i])^2=1+0=1$

だから，

$E[Z_1^2+Z_2^2+Z_3^2]=E[Z_1^2]+E[Z_2^2]+E[Z_3^2]=3$

…(答)

(2) X は $\chi^2(3)$ に従うので，$Z_1^2+Z_2^2+Z_3^2$ と確率分布が等しい．確率分布が等しいと期待値も等しいので，

$E[X]=E[Z_1^2+Z_2^2+Z_3^2]=3$　…(答)

(3) すべての i について $V(Z_i^2)=E[Z_i^4]-(E[Z_i^2])^2$ で，㋑ $E[Z_i^4]=3E[Z_i^2]=3$ なので，

$V(Z_i^2)=3-1^2=2$

Z_1, Z_2, Z_3 は独立なので Z_1^2, Z_2^2, Z_3^2 も独立で，

㋒ $V(Z_1^2+Z_2^2+Z_3^2)=V(Z_1^2)+V(Z_2^2)+V(Z_3^2)$

$=3V(Z_1^2)=6$　…(答)

(4) X と $Z_1^2+Z_2^2+Z_3^2$ は分布が等しいので，分散も等しい．したがって，

$V(X)=V(Z_1^2+Z_2^2+Z_3^2)=6$　…(答)

ポイント

㋐
$V(Z)=E[Z^2]-(E[Z])^2$
より，移項すると，
$E[Z^2]=V(Z)+(E[Z])^2$

㋑　80ページの問題3-12 (2)より，
$E[Z_i^{n+1}]=nE[Z_i^{n-1}]$

㋒　X と Y が独立なら，
$V(X+Y)=V(X)+V(Y)$

練習問題　3-16

解答 p.221

$Y \sim \chi^2(n)$ (n は任意の自然数) とする．次を求めよ．

(1) $E[Y]$　(2) $V(Y)$

問題3-17★　χ^2分布3

$X \sim \chi^2(3)$，$Z_i \sim \mathrm{N}(0, 1)$，$i=1, 2, 3$とし，$Z_1, Z_2, Z_3$は独立とする．次を求めよ．ただし，$t<\frac{1}{2}$とする．

(1) $M_{Z_1^2}(t)=E[e^{tZ_1^2}]$　　(2) $M_{Z_1^2+Z_2^2+Z_3^2}(t)$　　(3) $M_X(t)$

解説　χ^2分布のモーメント母関数を計算する問題．期待値と分散の計算と同じように，標準正規分布に従ういくつかの独立な確率変数の二乗の和がχ^2分布に従うことを利用して計算する．

解答

(1) $$E[e^{tZ_1^2}]=\frac{1}{\sqrt{2\pi}}\int_{-\infty}^{\infty}e^{tx^2}e^{-\frac{x^2}{2}}dx$$
$$=\frac{1}{\sqrt{2\pi}}\int_{-\infty}^{\infty}e^{-(\frac{1}{2}-t)x^2}dx$$

$\frac{1}{2}-t>0$なので，60ページの基本事項1のガウス積分の公式(3)より，

$$\frac{1}{\sqrt{2\pi}}\int_{-\infty}^{\infty}e^{-(\frac{1}{2}-t)x^2}dx=\frac{1}{\sqrt{2\pi}}\cdot\sqrt{\frac{\pi}{\frac{1}{2}-t}}$$
$$=\sqrt{\frac{1}{1-2t}}=(1-2t)^{-\frac{1}{2}}$$
…(答)

(2) $E[e^{tZ_1^2}]=E[e^{tZ_2^2}]=E[e^{tZ_3^2}]$に注意すると，

$$M_{Z_1^2+Z_2^2+Z_3^2}(t)=_{㋐}E[e^{t(Z_1^2+Z_2^2+Z_3^2)}]$$
$$=E[e^{tZ_1^2}]E[e^{tZ_2^2}]E[e^{tZ_3^2}]=(1-2t)^{-\frac{3}{2}}$$　…(答)

(3) Xと$Z_1^2+Z_2^2+Z_3^2$は分布が等しく$\chi^2(3)$である．したがって，両者のモーメント母関数は等しい．よって，

$$M_X(t)=M_{Z_1^2+Z_2^2+Z_3^2}(t)=(1-2t)^{-\frac{3}{2}}$$　…(答)

ポイント

㋐　X, Y, Zが独立なら，$E[XYZ]=E[X]E[Y]E[Z]$

練習問題　3-17★　解答 p.221

$Y \sim \chi^2(n)$，$W \sim \chi^2(m)$でYとWは独立とする．次を求めよ．

(1) $M_Y(t)$，$t<\frac{1}{2}$　　(2) $Y+W$の分布

問題3-18　χ^2分布4

$X_1, X_2, \ldots, X_n$ は独立に N(μ, σ^2) に従う確率変数とし，$\overline{X}=\frac{1}{n}\sum_{i=1}^{n}X_i$，$\tilde{\sigma}^2=\frac{1}{n}\sum_{i=1}^{n}(X_i-\mu)^2$ とする．

(1) $\frac{n\tilde{\sigma}^2}{\sigma^2}=\frac{1}{\sigma^2}\sum_{i=1}^{n}(X_i-\mu)^2$ の分布を求めよ．

(2) $\sum_{i=1}^{n}(X_i-\overline{X})^2=\sum_{i=1}^{n}(X_i-\mu)^2-n(\overline{X}-\mu)^2$ を示せ．

■ **解 説** ■　問題の $\tilde{\sigma}^2$ や練習問題の S^2 は統計で正規分布の分散を推定する際に使われる．この問題ではその確率分布が χ^2 分布であることを確認する．この問題と練習問題で勉強したことは，統計で何度も使うことになる．

解答

(1) $\frac{n\tilde{\sigma}^2}{\sigma^2}=\frac{1}{\sigma^2}\sum_{i=1}^{n}(X_i-\mu)^2=\sum_{i=1}^{n}\left(\frac{X_i-\mu}{\sigma}\right)^2$

$\frac{X_i-\mu}{\sigma}$，$i=1, 2, \ldots, n$ は独立に $N(0, 1)$ に従う確率変数なので，

$$\frac{n\tilde{\sigma}^2}{\sigma^2}=\sum_{i=1}^{n}\left(\frac{X_i-\mu}{\sigma}\right)^2\sim\chi^2(n)\qquad\cdots(\text{答})$$

㋐

(2)
$$\begin{aligned}\sum_{i=1}^{n}(X_i-\overline{X})^2&=\sum_{i=1}^{n}(X_i-\mu-(\overline{X}-\mu))^2\\&=\sum_{i=1}^{n}(X_i-\mu)^2+n(\overline{X}-\mu)^2-2(\overline{X}-\mu)\sum_{i=1}^{n}(X_i-\mu)\\&=\sum_{i=1}^{n}(X_i-\mu)^2+n(\overline{X}-\mu)^2-2(\overline{X}-\mu)(n\overline{X}-n\mu)\\&=\sum_{i=1}^{n}(X_i-\mu)^2+n(\overline{X}-\mu)^2-2n(\overline{X}-\mu)^2\\&=\sum_{i=1}^{n}(X_i-\mu)^2-n(\overline{X}-\mu)^2\end{aligned}$$

ポイント

㋐ $Z_i=\frac{X_i-\mu}{\sigma}$，$i=1, 2, \ldots, n$ とおくと，すべての i についてて $Z_i\sim$ N$(0, 1)$ であり，$\frac{n\tilde{\sigma}^2}{\sigma^2}=\sum_{i=1}^{n}Z_i^2\sim\chi^2(n)$

練習問題　3-18★　　解答 p.221

上の問題と同じ設定とする．$S^2=\frac{1}{n-1}\sum_{i=1}^{n}(X_i-\overline{X})^2$ とおく．このとき，$\frac{(n-1)S^2}{\sigma^2}+\left(\frac{\overline{X}-\mu}{\sqrt{\sigma^2/n}}\right)^2=\sum_{i=1}^{n}\left(\frac{X_i-\mu}{\sigma}\right)^2$ を示し，その両辺のモーメント母関数を計算することで，$\frac{(n-1)S^2}{\sigma^2}=\frac{1}{\sigma^2}\sum_{i=1}^{n}(X_i-\overline{X})^2\sim\chi^2(n-1)$ を示せ．

問題3-19　t分布1

$X \sim \mathrm{t}(5)$ とする．巻末の数表も使って，次を求めよ．ただし，$t(n, \alpha)$ は $\mathrm{t}(n)$ 分布の $100(1-\alpha)\%$ 点のこと．たとえば，$t(5, \alpha)$ は $P(X > x) = \alpha$ をみたす x のこと．

(1) $t(5, 0.01)$　　(2) $t(10, 0.975)$　　(3) $P(-b \leq X \leq b) = 99\%$ となる b

解説　261ページのt分布の数表の使い方を勉強する．表のなかで，一番左の列はt分布の自由度 n，一番上行の数字は確率を表している．表の見方は，例えば $T \sim \chi^2(6)$ のとき，$P(T > t) = 0.05$ をみたす t が知りたければ，一番左の数字が6(自由度)である行と，一番上の数字が0.05(確率)の列が交わっているところの数字1.9432を見ればよい．また，t分布は分布が対称なので，$P(T < -t) = P(T > t)$ であることに注意せよ．

解答

(1) 巻末のt分布の表を見る．求めるものは $P(X > x) = 0.01$ なる x なので，それは表の自由度5の行の確率が0.01のマスのもの．

したがって，㋐ $t(5, 0.01) = 3.3649$ …(答)

(2) t分布は分布が対称なので，$Y \sim t(10)$ とすると，$P(Y < y) = P(Y > -y)$ となる．それにより，

$P(Y > -t(10, 0.975)) = P(Y \leq t(10, 0.975))$

$= 1 - P(Y > t(10, 0.975)) = 1 - 0.975 = 0.025$

がわかるが，$P(Y > -t(10, 0.975)) = 0.025$ は㋑ $-t(10, 0.975) = t(10, 0.025)$ を意味する．

したがって，

$t(10, 0.975) = -t(10, 0.025) = -2.2281$ …(答)

(3) $P(-b \leq X \leq b) = 99\%$ より，

$P(X > b) + P(X < -b) = 1\%$.

分布の対称性より $P(X < -b) = P(X > b)$ だから，

$2P(X > b) = 1\%$，すなわち，$P(X > b) = 0.5\%$.

したがって，㋒ $b = t(5, 0.005) = 4.0321$ …(答)

ポイント

㋐ 要するに，表の自由度 n の行の，確率 α の列の値が $t(n, \alpha)$.
ただし，本によって $t(n, \alpha)$ の定義や，表の作り方が違うので，注意せよ．

㋑ $t(n, 0.025)$ と $t(n, 0.975)$ のイメージ

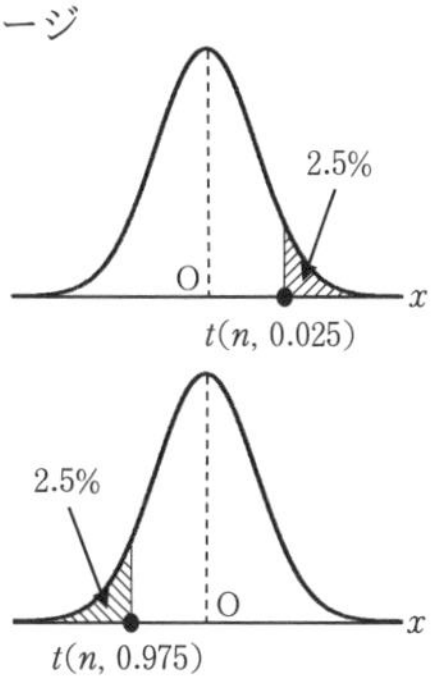

㋒ $Z \sim N(0, 1)$ なら，78ページの練習問題3-10 (2) より，
$P(-3 \leq Z \leq 3) = 99.74\%$
であった．それと，本問の
$P(-4.0321 \leq X \leq 4.0321) = 99\%$
を比べてみよ．よく考えると，$t(5)$ の方が $N(0, 1)$ よりも，0から遠く離れた大きな正の値や小さな負の値をとりやすいということがわかる．

練習問題　3-19　解答 p.222

上の問題と同じ設定とする．このとき，次を求めよ．

(1) $P(X \leq c) = 1\%$ を満たす c　　(2) $P(X > z(0.0051))$

問題3-20　t分布2

$X_1, X_2, \ldots, X_n$ は独立に $N(\mu, \sigma^2)$ に従う確率変数とする．また，$\overline{X}=\dfrac{1}{n}\sum_{i=1}^{n}X_i$ とおく．このとき，次の問いに答えよ．

(1) $\dfrac{X_1-\mu}{\sigma}$ の確率分布を求めよ．　(2) $Z=\dfrac{\overline{X}-\mu}{\sqrt{\sigma^2/n}}$ の確率分布を求めよ．

(3) $S^2=\dfrac{1}{n-1}\sum_{i=1}^{n}(X_i-\overline{X})^2,\quad T=\dfrac{\overline{X}-\mu}{\sqrt{S^2/n}}$ とするとき，

$$T=\frac{\dfrac{\overline{X}-\mu}{\sqrt{\sigma^2/n}}}{\sqrt{\dfrac{(n-1)S^2}{\sigma^2}\cdot\dfrac{1}{n-1}}}$$

を示せ．

解 説　確率変数 Y について，Y から期待値 $E[Y]$ を引き，$\sqrt{V(Y)}$ で割ったもの $\dfrac{Y-E[Y]}{\sqrt{V(Y)}}$ を Y の**標準化**という．Y を，期待値が0，分散が1になるように変形することである．正規分布に従う確率変数の標準化は標準正規分布に従う．この問題の Z は $\overline{X}$ の標準化であり，標準正規分布に従う．この Z は統計の推定や検定で頻出である．また，T は，Z において σ^2 を S^2 に置き換えたものであり，これはt分布に従う．これも統計でよく使われる．

解答

(1) ㋐X_1 が正規分布 $N(\mu, \sigma^2)$ に従うので，63ページの基本事項**4** (3) (i) より，$\dfrac{X_1-\mu}{\sigma}\sim N(0, 1)$ …(答)

(2) 81ページの練習問題3-13より，$\overline{X}\sim \mathrm{N}\left(\mu, \dfrac{\sigma^2}{n}\right)$ なので，

$$Z=\frac{\overline{X}-\mu}{\sqrt{\sigma^2/n}}\sim \mathrm{N}(0, 1)$$

(3) $$T=\frac{\overline{X}-\mu}{\sqrt{S^2/n}}=\frac{\dfrac{\overline{X}-\mu}{\sqrt{\sigma^2/n}}}{\dfrac{\sqrt{S^2/n}}{\sqrt{\sigma^2/n}}}=\frac{\dfrac{\overline{X}-\mu}{\sqrt{\sigma^2/n}}}{\sqrt{\dfrac{S^2}{\sigma^2}}}=\frac{\dfrac{\overline{X}-\mu}{\sqrt{\sigma^2/n}}}{\sqrt{\dfrac{(n-1)S^2}{\sigma^2}\cdot\dfrac{1}{n-1}}}$$

ポイント

㋐　正規分布に従うことだけわかれば，そのパラメータは期待値と分散なので，それを計算してもよい．

$$E\left[\frac{X_1-\mu}{\sigma}\right]=0$$

$$V\left(\frac{X_1-\mu}{\sigma}\right)=\frac{1}{\sigma^2}V(X_1)=1$$

なので，$\dfrac{X_1-\mu}{\sigma}\sim \mathrm{N}(0, 1)$ としてもよい．

練習問題　3-20　解答 p.222

上の問題の(3)の T について，その確率分布を求めよ．

問題3-21　F分布

$X \sim \mathrm{F}(2, 6)$，$Y \sim \mathrm{F}(8, 3)$ とする．また，$Z \sim \mathrm{N}(0, 1)$，$W \sim \chi^2(n)$ で Z と W は独立とする．このとき，次を求めよ．ただし，$F(m, n, \alpha)$ は $\mathrm{F}(m, n)$ の $100(1-\alpha)\%$ 点で，$F \sim \mathrm{F}(m, n)$ のとき $P(F > f) = \alpha$ をみたす値 f のこと．

(1) $F(2, 6, 0.05)$　　(2) $F(8, 3, 0.01)$

(3) $T = \dfrac{Z}{\sqrt{W/n}}$ の分布　　(4) T^2 の分布

解説　$X \sim \chi^2(m)$，$Y \sim \chi^2(n)$ でこれらが独立であるときの，$F = \dfrac{X/m}{Y/n}$ の分布が $\mathrm{F}(m, n)$ である．F 分布についても 262 ページに $P(F > a) = 0.05, 0.025$ をみたす a，263 ページに $P(F > b) = 0.01, 0.005$ をみたす b の数表がある．この表では，一番上の行が一つ目の自由度の値で，一番左の列が二つ目の自由度の値を表している．確率の値によって使う表を変えないといけない．

解答

(1) $\mathrm{F}(m, n)$ の 95% 点の表において自由度が (2，6) に対応するところを見ると，

㋐㋑ $F(2, 6, 0.05) = 5.14$　…(答)

(2) $\mathrm{F}(m, n)$ の 99% 点の表において自由度が (8，3) に対応するところを見ると，

㋐㋑ $F(8, 3, 0.01) = 27.49$　…(答)

(3) t 分布の定義より，$T = \dfrac{Z}{\sqrt{W/n}} \sim \mathrm{t}(n)$　…(答)

(4) $T^2 = \dfrac{Z^2/1}{W/n}$ において $Z^2 \sim \chi^2(1)$，$W \sim \chi^2(n)$ でこれらは独立なので，F 分布の定義より，

$T^2 \sim \mathrm{F}(1, n)$　…(答)

ポイント

㋐　表の一番上の行が一つ目の自由度の値で，一番左の列が二つ目の自由度の値．

㋑　$F(m, n, 0.05)$ と $F(m, n, 0.01)$ のイメージ．

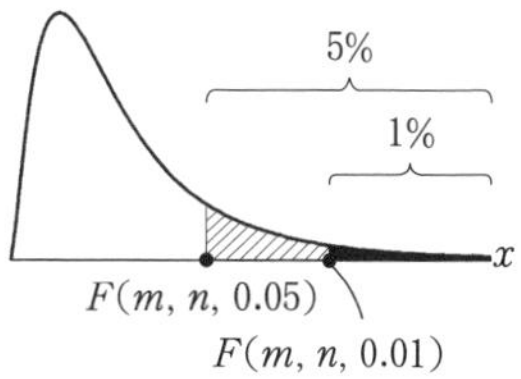

練習問題　3-21　　解答 p.222

(a) 次を求めよ．　(1) $F(5, 5, 0.05)$　(2) $F(10, 1, 0.01)$

(b) $X_1, \ldots, X_m$ は $\mathrm{N}(\mu, \sigma^2)$ に従い，$Y_1, \ldots, Y_n$ は $\mathrm{N}(\nu, \sigma^2)$ に従い，これらはすべて独立とする．分散はともに共通して σ^2 であることに注意せよ．また，$\overline{X} = \dfrac{1}{m}\sum_{i=1}^{m} X_i$, $\overline{Y} = \dfrac{1}{n}\sum_{j=1}^{n} Y_j$ とする．このとき，次の確率変数の分布を求めよ．

(1) $F = \dfrac{\frac{1}{m}\sum_{i=1}^{m}(X_i - \mu)^2}{\frac{1}{n}\sum_{j=1}^{n}(Y_j - \nu)^2}$　(2) $\dfrac{1}{F}$　(3) $G = \dfrac{\frac{1}{m-1}\sum_{i=1}^{m}(X_i - \overline{X})^2}{\frac{1}{n-1}\sum_{j=1}^{n}(Y_j - \overline{Y})^2}$　(4) $\dfrac{1}{G}$

Chapter 4

推定

基本事項

1. 推定

推定とは，母集団の分布の未知のパラメータを，母集団から一部分を集めた標本 $\{X_1, X_2, \ldots, X_n\}$ を使って推測することである．**標本** $X_1, X_2, \ldots, X_n$ は独立に母集団の分布に従う確率変数だと考えられる（**標本確率変数**）．標本の**実現値**を**データ**という．母集団とデータについての詳しい説明は96 ページの基本事項 **11** を参照．

2. 母パラメータ

母集団分布の平均や分散のようなパラメータを**母パラメータ**という．特に，母集団分布の平均を**母平均**，母集団分布の分散を**母分散**と呼ぶ．また，母集団分布がベルヌーイ分布 $\mathrm{Be}(p)$ のとき，パラメータ p は比率を表しているので，**母比率**と呼ばれる．

3. 推定量，推定値と点推定

母集団からの標本 $X_1, X_2, \ldots, X_n$ で作られる関数 $T_n(X_1, X_2, \ldots, X_n)$ を**統計量**と呼ぶ．

特に，母パラメータ θ を推定する目的で使われる統計量 $T_n(X_1, X_2, \ldots, X_n)$ を θ の**推定量**という．

θ の推定量 $T_n(X_1, X_2, \ldots, X_n)$ にデータの値 $X_1 = x_1, X_2 = x_2, \ldots, X_n = x_n$ を代入した値 $T_n(x_1, x_2, \ldots, x_n)$ を θ の**推定値**と呼ぶ．

母パラメータ θ の値を推定値 $T_n(x_1, x_2, \ldots, x_n)$ を与えることで推定することを**点推定**という．

4. 母平均と母分散の点推定（問題4-1，4-3）

$X_1, X_2, \ldots, X_n$ は，ある母集団から独立にとった標本とする．一般に，母集団の分布の母平均を推定するためには，次の推定量（標本平均）

$$\overline{X} = \frac{1}{n}\sum_{i=1}^{n} X_i$$

がよく使われる．$\overline{X}$ の実現値を $\overline{x}=\frac{1}{n}\sum_{i=1}^{n}x_i$ で表す．

また，母分散を推定するためには，母平均 μ がわかっているか，わかっていないかで場合分けして，推定量は

- 母平均 μ が既知のとき：$\tilde{\sigma}^2=\frac{1}{n}\sum_{i=1}^{n}(X_i-\mu)^2$
- 母平均 μ が未知のとき：$S^2=\frac{1}{n-1}\sum_{i=1}^{n}(X_i-\overline{X})^2$　（不偏標本分散）

がよく使われる．S^2 の実現値を $s^2=\frac{1}{n-1}\sum_{i=1}^{n}(x_i-\overline{x})^2$ で表す．

5.　不偏性と有効性（問題4-2，4-4）

推定量の期待値が，推定したいパラメータと一致するとき，すなわち，$E[T_n(X_1, X_2, \ldots, X_n)]=\theta$ のとき，$T_n(X_1, X_2, \ldots, X_n)$ を θ の**不偏推定量**という．

$T_n(X_1, X_2, \ldots, X_n)$ と $S_n(X_1, X_2, \ldots, X_n)$ がともに不偏推定量で，

$$V(T_n(X_1, X_2, \ldots, X_n))\leq V(S_n(X_1, X_2, \ldots, X_n))$$

であるとき，$T_n(X_1, X_2, \ldots, X_n)$ は $S_n(X_1, X_2, \ldots, X_n)$ よりも**有効**であるという．不偏推定量のなかで分散が最小のものを**有効推定量**という．不偏性と有効性の補足説明は99ページの基本事項**12**を参照．

6.　区間推定

母集団の分布があるパラメータ θ によって決定されるとき，それを推定したい．この母集団の標本 $X_1, X_2, \ldots, X_n$ からデータ $x_1, x_2, \ldots, x_n$ が得られたとする．このデータで作られる二つの関数 $Y_1(x_1, x_2, \ldots, x_n)$ と $Y_2(x_1, x_2, \ldots, x_n)$ が，変数に標本 $X_1, X_2, \ldots, X_n$ を代入したとき

$$P(Y_1(X_1, X_2, \ldots, X_n)\leq\theta\leq Y_2(X_1, X_2 \ldots, X_n))=1-\alpha$$

という性質をもつとき，これらの関数の値を両端とする区間

$$[Y_1(x_1, x_2, \ldots, x_n),\ Y_2(x_1, x_2, \ldots, x_n)]$$

を**信頼度**（**信頼係数**）$1-\alpha$ の θ の**信頼区間**，あるいは，θ の $100(1-\alpha)\%$ 信頼区間という．

〈注〉上にあるような標本を代入した $Y_1(X_1, X_2, \ldots, X_n)$，$Y_2(X_1, X_2 \ldots, X_n)$ を両端とす

る確率的な区間 $[Y_1(X_1, X_2, \ldots, X_n), Y_2(X_1, X_2 \ldots, X_n)]$ を $100(1-\alpha)\%$ 信頼区間の定義とする本もある．尾畑 [7] や久保川 [8] 参照．

この定義を使えば，たとえば θ の 95% 信頼区間の意味は，仮に $X_1, \ldots, X_n$ の実現値 $x_1, \ldots, x_n$ が 10000 組得られ，それぞれを使って区間 $[Y_1(X_1, \ldots, X_n), Y_2(X_1, \ldots, X_n)]$ の実現値 $[Y_1(x_1, \ldots, x_n), Y_2(x_1, \ldots, x_n)]$ を 10000 個算出したとすると，そのうちだいたい 9500 個が θ を含むものになっているようなもの，と説明できる．基本事項の信頼区間の定義は，このように計算した 10000 個の信頼区間のうちの一つだけを指していると考えればよい．

7. 正規母集団の母平均の区間推定（問題4-5，4-6，4-7）

(1) 母集団分布が $\mathrm{N}(\mu, \sigma^2)$ だとする．ただし，母分散 σ^2 は既知であるとする．

このときの母平均 μ の $100(1-\alpha)\%$ 信頼区間は

$$\left[\bar{x} - z\left(\frac{\alpha}{2}\right)\sqrt{\frac{\sigma^2}{n}},\quad \bar{x} + z\left(\frac{\alpha}{2}\right)\sqrt{\frac{\sigma^2}{n}}\right]$$

がよく用いられる．

(2) 母集団分布が $\mathrm{N}(\mu, \sigma^2)$ だとする．ただし，母分散 σ^2 は未知であるとする．

このときの母平均 μ の $100(1-\alpha)\%$ 信頼区間は

$$\left[\bar{x} - t\left(n-1, \frac{\alpha}{2}\right)\sqrt{\frac{s^2}{n}},\quad \bar{x} + t\left(n-1, \frac{\alpha}{2}\right)\sqrt{\frac{s^2}{n}}\right]$$

がよく用いられる．

〈注〉記号 $z\left(\frac{\alpha}{2}\right)$, $t\left(n-1, \frac{\alpha}{2}\right)$ の意味は，問題 3-10，3-19 の問題文を参照．

8. 正規母集団の母分散の区間推定（問題4-8，4-9，4-10）

(1) 母集団分布が $\mathrm{N}(\mu, \sigma^2)$ だとする．ただし，母平均 μ は既知であるとする．

このときの母分散 σ^2 の $100(1-\alpha)\%$ 信頼区間は

$$\left[\frac{n\tilde{\sigma}^2}{\chi^2\left(n, \frac{\alpha}{2}\right)},\quad \frac{n\tilde{\sigma}^2}{\chi^2\left(n, 1-\frac{\alpha}{2}\right)}\right]$$

がよく用いられる．

(2) 母集団分布が $\mathrm{N}(\mu, \sigma^2)$ だとする．ただし，母平均 μ は未知であるとする．

このときの母分散 σ^2 の $100(1-\alpha)\%$ 信頼区間は

$$\left[\frac{(n-1)s^2}{\chi^2\left(n-1, \frac{\alpha}{2}\right)},\quad \frac{(n-1)s^2}{\chi^2\left(n-1, 1-\frac{\alpha}{2}\right)}\right]$$

がよく用いられる．

〈注〉記号 $\chi^2\left(n, \dfrac{\alpha}{2}\right)$ 等の意味は，問題 3-15 の問題文を参照．

9. ベルヌーイ分布の母比率の推定（問題 4-11，4-12）

母集団分布が $\mathrm{Be}(p)$ だとする．ただし，p は未知の値である．これは，例えば次のような状況である．

例-1 結果が成功か失敗だけの試行．標本は，何回か試行を行うこと．p を推定することは，成功確率を推定すること．□

例-2 日本人全体が，ある政策について賛成か反対かで二分されているとき．標本は，何人かの日本人への賛成か反対かのアンケート．p を推定することは，日本人の中でこの政策に賛成の人の割合を推定すること．□

標本はたくさん得ることができるとする．つまり，$X_1, X_2, \ldots, X_n$ が独立に $\mathrm{Be}(p)$ に従っていて，n が大きいとき．

(1) 比率 p の推定量は $\hat{p} = \overline{X} = \dfrac{1}{n}\sum_{i=1}^{n} X_i = \dfrac{\text{成功回数}}{\text{試行回数}}$ がよく使われる．

〈注〉この推定量が基本事項 4 の母平均の推定量と同じである理由は，母比率 p は母集団の分布 $\mathrm{Be}(p)$ の平均なので，母比率 p を推定することは母集団の平均を推定することと同じだからである．

(2) p の $100(1-\alpha)\%$ 信頼区間には

$$\left[\hat{p} - z\left(\frac{\alpha}{2}\right)\sqrt{\frac{\hat{p}(1-\hat{p})}{n}},\ \ \hat{p} + z\left(\frac{\alpha}{2}\right)\sqrt{\frac{\hat{p}(1-\hat{p})}{n}}\right]$$

がよく用いられる．

10. 最尤推定（問題 4-13，4-14，4-15，4-16，4-17，4-18）

最尤法《さいゆうほう》とは，尤度《ゆうど》関数を最大にするように，パラメータを推定する方法である．

まず，離散確率分布の尤度関数について説明する．標本 $X_1, X_2, \ldots, X_n$ はパラメータ θ で決まる離散確率分布に従うとする．したがって，確率関数 $P(X_i = k)$ はパラメータ θ の関数と考えられる．例えば，X_i が幾何分布 $\mathrm{Ge}(p)$ に従うとき，各 k について $P(X_i = k) = (1-p)^k p$ であるが，これは分布のパラメータ p の関数だとみなせる．いま，標本の実現値が $X_1 = x_1, X_2 = x_2, \ldots, X_n = x_n$

と得られたとする．このとき，θ の関数

$$L(\theta)=\prod_{i=1}^{n}P(X_i=x_i)$$

を**尤度関数**という．つまり，尤度関数は，いまのデータの値が得られる確率を表している．

次に，連続確率分布の尤度関数について説明する．標本 $X_1, X_2, \ldots, X_n$ はパラメータ θ で決まる連続確率分布に従うとする．なので，密度関数 $f_{X_i}(x)$ は θ の関数だと考えられる．いま，標本の実現値が $X_1=x_1, X_2=x_2, \ldots, X_n=x_n$ と得られたとする．このとき，θ の関数

$$L(\theta)=\prod_{i=1}^{n}f_{X_i}(x_i)$$

を**尤度関数**という．

標本の実現値 $X_1=x_1, X_2=x_2, \ldots, X_n=x_n$ が得られたとき，尤度関数 $L(\theta)$ を最大にするようにパラメータ θ の推定値 $\widehat{\theta}(x_1, x_2, \ldots, x_n)$ を決定する方法を，**最尤法**という．最尤法で推定された推定値 $\widehat{\theta}$ を**最尤推定値**という．

最尤推定値 $\widehat{\theta}$ を求めるには尤度関数 $L(\theta)$ を最大にする θ を決めればよいが，それは尤度関数の対数値 $\log L(\theta)$ を最大にする θ と等しい．$\log L(\theta)$ を**対数尤度関数**という．

パラメータ θ が実数のような連続的な値なら，最尤推定値を求めるには，多くの場合，

$$\frac{\partial}{\partial\theta}\log L(\theta)=0$$

を解けばよい．

〈注〉本書の問題では扱わないが，パラメータ θ が整数や自然数のようなとびとびの値しかとらないようなときは，このような計算方法は使えない．階差数列や比をとる方法などを使う必要がある．

最尤推定値 $\widehat{\theta}(x_1, x_2, \ldots, x_n)$ に標本 $X_1, X_2, \ldots, X_n$ を代入した $\widehat{\theta}(X_1, X_2, \ldots, X_n)$ を**最尤推定量**という．

11. ［補足］標本が確率変数だとされる理由と母集団の分布について

なぜ標本は確率変数と想定されるのかを説明する．

次のように 0 と 1 のどちらかの数字が書かれたカードが 10 枚あるとする．

0	1	0	0	0	1	0	0	0	0

このとき，1のカードの枚数の割合を求めよ，という問題が出されたとする．これに答えるためには，10枚のうち1のカードが何枚あるか数え，その枚数を10で割ればよい．今の場合，割合は0.2と簡単にわかる．このとき，もちろん，それぞれのカードに書かれている数字はすでに決まっているので，確率変数ではない．この問題に確率は関係ない．

それでは，0と1のどちらかの数字が書かれたカードが10億枚あるときに，1のカードは全体の何割か求めよ，と問題が出たらどうするか．もちろん，全部のカードを調べて0と1がそれぞれ何枚あるか数えることはできない．自然な発想は，10億枚のカード(これが母集団)のうちの一部，例えば100枚だけカードをランダムに集め，そのカードに書かれている数字を調べ，その100枚の中で1のカードが何割あるか計算し，それを使って全体の10億枚のうちの1のカードの割合を推測するという方法である．このときに集めた100枚のカードに書かれている数字（調査前）が「標本(標本確率変数)」であり，実際にその数字を調べて集めたものが「データ」だというのが本書での用語の使い方である．

10億枚のカードに書かれている数字は，各カードにどちらの数字が書かれているかはすでに決まっているので，10億枚のカードの集まりである母集団に確率は関係ない．しかし，標本の100枚のカードは10億枚からランダムに選んでいる．なので，この100枚のカードがどのような数字になるかは確率的である．つまり，標本は確率変数である．そして，100枚のカードのそれぞれが1である確率や0である確率は，母集団にそれぞれの数字のカードが何枚ずつあるかで決まる．つまり，標本の確率分布は母集団の特徴で決まるということである．「母集団の分布」と呼ばれているのはこの，母集団の特徴で決まる，標本の確率分布のことである．ゆえに，標本は母集団の分布に従う確率変数(母集団の特徴で決まる確率分布に従う確率変数)だと考えられる．

〈注〉日常用語の感覚だと，標本というと，書かれている数字ではなく，集めた100枚のカードそのものを指していて，標本を調べて得られる数字がデータであるような気がしてしまう人もいるかもしれない．例えば，蝶の標本は蝶そのものを指していて，そこから触覚の長さや羽の大きさを調べて得られるものがデータだというように．その意味の標本と統計学の標本は別の用語なので間違えないように．統計学の標本は母集団の一部という意味で，いまの例だと，10億枚のカードに書かれている数字全部(母集団)から一部分を集めた100個の数字が標本である．その集め方にランダム性があるから標本は確率変数だと想定されるのである．少しややこしいかもしれないが，標本は確率変数でありデータは定数だというようにわかりやすく区別するため，本書では上のような用語の使い方をする．データを100個集めようと計画した段階においてこれから得られるであろう数字を確率変数で表したもの，や，100枚のカードを選んだがまだ裏返しの状態のものが標本で，実際にカードを得て表に返して数字がわかった状態がデータだと思うとよい．

他の本では用語の使い方が違うこともあるので注意せよ．例えば，森，藤田[2]や山本[5]ではデータと標本が同一視され，すべてデータと呼ばれている．また，河田 他[10]では確率変数の実現値（本書でいうデータ）を指して標本と呼んでいる．

母集団の確率分布というものを具体的に見てみるために，もう少し簡単な別の問題を考えてみる．以下のように，0か1が書かれたカードが10枚ある（これが母集団）．

0	1	0	0	0	1	0	0	0	0

ただし，カードの数字が0か1だけなのは知っているが，このカードは裏向きになっていて，実際は1が何枚あるかわからないとする．いま，好きなだけ何度もカードを引いて書いてある数字を調べられるとする．ただし，一回につき1枚しか引けず，そのカードは裏返しにして毎回元に戻さなければならない．このとき，1のカードの枚数の割合を調べよ．この問題に答えるために，カードを引いて数字を調べ元に戻すことを20回行ったとする．その調べたカードに書かれている数字がどのようなものになるかを表す確率変数が「標本」である．それを1回目から順に $X_1, X_2, \ldots, X_{20}$ とすると，これらは独立にベルヌーイ分布 $\mathrm{Be}(0.2)$ に従うことがわかる．なぜなら，母集団の10枚のカードの集まりの特徴から考えて，その中から1を引く確率は0.2で，残りの0.8の確率で0を引くからである．この，母集団の特徴から決まる標本の確率分布 $\mathrm{Be}(0.2)$ が，この場合の「母集団の分布」である．また，分析者にとって正しい割合0.2は未知なので，これを未知数 p とおき，分析者にとっての母集団の分布は $\mathrm{Be}(p)$ となる．このパラメータ p がどのような値になるかを調べるのが，推定の目的である．

別の例も述べておく．いま，母集団は日本人全員の身長を集めたものとし，この母集団の分布を正規分布と仮定する，という例がよくある．この意味は，日本人の身長を本当に全員分調べ，そのデータでヒストグラムを書いたとすれば，そのヒストグラムが正規分布の密度関数のグラフとほとんど同じであると仮定する，ということである．真実かどうか確かめようのない仮定である．このとき，データを集めるために日本人をランダムに30人集め，身長を調べたと

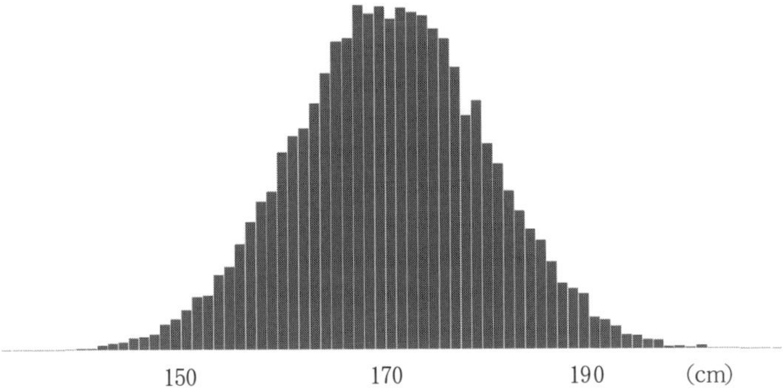

する．集める 30 人の身長がどのような値かを表す確率変数を $Y_1, Y_2, \ldots, Y_{30}$ とすると，これらは近似的に正規分布に従う確率変数だとわかる．なぜなら，ある 1 人の日本人の身長をランダムに選んでくるとき，ヒストグラムのビン（ヒストグラムの棒のこと）の高さが高いところの身長の値が選ばれやすく，ビンの低いところの身長の値は選ばれにくい．このヒストグラムがある正規分布の密度関数とほとんど同じ形をしているとすると，選ばれる身長は，その正規分布の密度関数の値が大きいところの値になりやすく，密度関数の値が小さいところの身長にはなりづらい，ということになる．このような身長の選ばれ方は，この身長の標本がその正規分布に従っているということと，同じことである．

ただし，あらゆる母集団がこのように具体的にイメージできるものとは限らない．例えば，ある実験の成功確率を，何度か実験を行ってみて推定するという問題があるとする．このとき，母集団が何かというのは，言葉で表すのはかなり難しく，抽象的な言い方しかできない．たとえば，せいぜい，今後の実験の成功か失敗かの結果をすべて集めたもの，くらいにしか表現できない．しかし，このときの標本 $X_1, X_2, \ldots$ は各回の実験が成功か失敗かを表す確率変数であり，ベルヌーイ分布に従うのは明らかである．それだけわかっていれば，推定に不都合はない．このように，母集団は具体的に何かわからなくても，実用上は問題ないことが多いと思われる．

12.［補足］不偏性と有効性について

なぜ不偏性や有効性などを考えるのかを説明する．

0か1が書かれたカードが10枚ある．

0	1	0	0	0	1	0	0	0	0

98ページと同様に，このカードは裏向きになっていて，実際は1が何枚あるかわからない．いま，好きなだけカードを引いて書いてある数字を調べられるとする．ただし，一回につき1枚しか引けず，そのカードは裏返しにして毎回元に戻さなければならない．このとき，1のカードの枚数の割合を調べよ．

この問題に対し，カードを引いて数字を調べ元に戻すことを何度か行うことにする．調べたカードにどのような数字が書かれているかを表す確率変数を，1回目から順に $X_1, X_2, \ldots$ と書くことにする．これらは独立に Be(0.2) に従う．

カードを引いて数字を調べる調査を何回行うべきか考える．

いま，調査を5回行ってみるとする．求めたい，1のカードの割合の推定量は5枚のカードの平均 $\overline{X}_5 = \frac{1}{5}(X_1 + \cdots + X_5)$ である．

また，調査を400回行った人もいるとする．1のカードの割合の推定量は $\overline{X}_{400} = \frac{1}{400}\sum_{i=1}^{400} X_i$ である．

このとき，$\overline{X}_5$ と $\overline{X}_{400}$ はともに，1のカードの割合0.2の不偏推定量である．なぜなら，すべての i について $X_i \sim \mathrm{Be}(0.2)$ より $E[X_i] = 0.2$ なので，

$$E[\overline{X}_5] = \frac{1}{5}(E[X_1] + \cdots + E[X_5]) = \frac{1}{5} \times 5 \times 0.2 = 0.2$$

$$E[\overline{X}_{400}] = \frac{1}{400}(E[X_1] + \cdots + E[X_{400}]) = \frac{1}{400} \times 400 \times 0.2 = 0.2$$

だから．どちらも不偏性という性質を持っているが，直感的に言って，$\overline{X}_{400}$ の方が優れているような気がする．そこで，この二つの確率分布はどうなっているのか，実際にグラフを書いてみる．$\overline{X}_5$ の分布は，$X_1 + \cdots + X_5$ が二項分布 B(5, 0.2) に従うことを使うと，次の表のようになる．

$\overline{X}_5$	0	0.2	0.4	0.6	0.8	1
確率	0.3277	0.4096	0.2048	0.0512	0.0064	0.0003

その値をヒストグラムのように書いたものが次の図の左側である．$\overline{X}_{400}$ の分布は，中心極限定理を使うと，だいたい N(0.2, 0.00004) である．この分布の密度関数は次の図の右側のようになる．

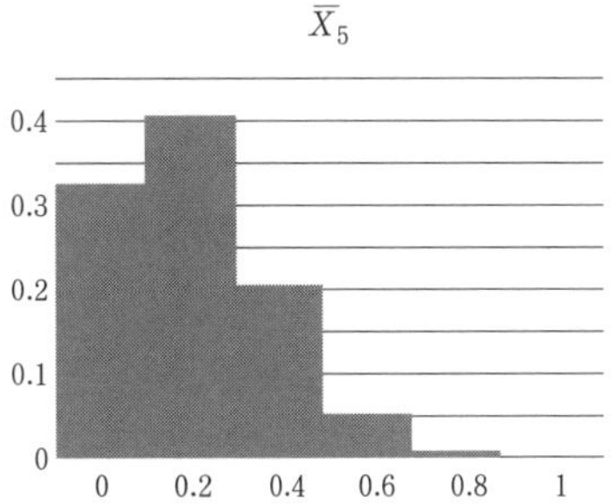

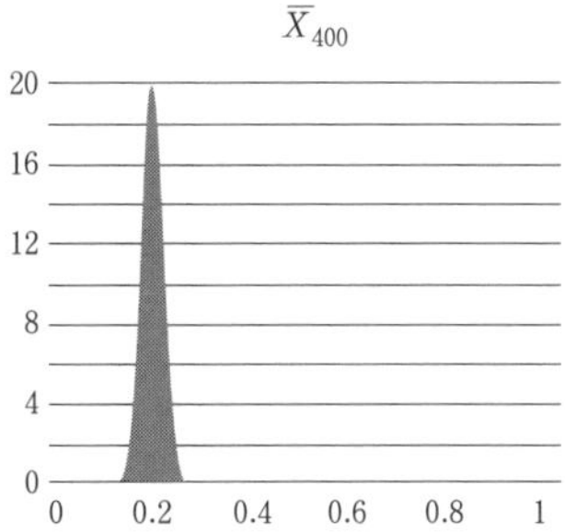

この図を見ると，$\overline{X}_5$ と $\overline{X}_{400}$ がそれぞれどのような値をとる確率変数なのかよくわかる．$\overline{X}_5$ は，0，0.2，0.4，0.6 をとる確率がどれもそれなりにある．一方，$\overline{X}_{400}$ は 0.2 あたりの値しかとりそうにない．これは，推定量としては明らかに $\overline{X}_{400}$ のほうが「良い」ことを意味している．

このように $\overline{X}_{400}$ の方が優れた推定量になる理由は，$\overline{X}_5$ と比べて分散が小さいからである．分散の大小は，確率変数が期待値から離れた値をとる傾向の大小であったことを思い出すと，いま，$\overline{X}_5$ と $\overline{X}_{400}$ はどちらも期待値が 0.2 であるが，分散は $\overline{X}_{400}$ のほうがかなり小さい．すると，$\overline{X}_{400}$ の方が 0.2 より離れた値をとりづらい確率変数ということになり，0.2 という値を推定するという目的に都合が良い．したがって，推定量が不偏性を持つなら，より分散の小さいものの方が望ましいことがわかる．また，普遍性がなければ，いくら分散が小さくてもしょうがない．普遍性を持ち，より有効な推定量が優れている，と考えることができる．これが，不偏性と有効性を考える理由である．

問題4-1　平均の推定

$X_1, X_2, \ldots, X_{10}$ は分布が $\mathrm{N}(\mu, 1)$ の母集団から独立にとった標本である．

(1) データ $X_1=x_1, \ldots, X_{10}=x_{10}$ が下の表の (a) のように得られたとき，μ の推定値を求めよ．

(2) データの値が下の表の (b) のとき，μ の推定値を求めよ．

	x_1	x_2	x_3	x_4	x_5	x_6	x_7	x_8	x_9	x_{10}
(a)	8.9	12.2	9.8	10.3	10.8	8.8	9.0	10.1	10.4	9.8
(b)	9.9	11.0	12.9	10.0	10.8	11.3	11.6	10.2	10.2	10.1

■解 説■　データが与えられたとき，平均の推定値を計算する方法を勉強する問題．推定量に各データの値を代入して推定値を求めよ．また，推定量と推定値の違いをイメージせよ．さらに，データの値によって推定値は変わるということも確認せよ．また，実はこれらのデータの値は，母集団の分布を正規分布 $\mathrm{N}(10, 1)$ としてコンピュータを用いて作成してある．本当の平均の値は $\mu=10$ であるということを意識して，計算結果をよく吟味せよ．

解答

(1) 平均の推定量は $\dfrac{1}{10}\sum_{i=1}^{10} X_i$ なので，データの値 $X_1=x_1, X_2=x_2, \ldots, X_{10}=x_{10}$ が得られたとき，平均の推定値はその値を代入して，$\dfrac{1}{10}\sum_{i=1}^{10} x_i$ と計算すればよい．したがって，データの値 $x_1, x_2, \ldots, x_{10}$ が表の (a) の値のとき，平均の推定値は

$$\frac{1}{10}\sum_{i=1}^{10} x_i = 10.1 \qquad \cdots(\text{答})$$
㋐

(2) 同様に，データの値 $x_1, x_2, \ldots, x_{10}$ が表の (b) の値のとき，平均の推定値は

$$\frac{1}{10}\sum_{i=1}^{10} x_i = 10.8 \qquad \cdots(\text{答})$$
㋑

ポイント

㋐ 表の (a) の行の数字が $X_1, \ldots, X_{10}$ の実現値 $x_1, \ldots, x_{10}$ を表している．

㋑ 表の (b) の行の数字が今の場合の $X_1, \ldots, X_{10}$ の実現値 $x_1, \ldots, x_{10}$ だということ．

練習問題　4-1

解答 p.223

$X_1, X_2, \ldots, X_{10}$ は母集団 $\mathrm{N}(\mu, \sigma^2)$ から独立にとった標本である．$\overline{X}=\dfrac{1}{n}\sum_{i=1}^{10} X_i$ とする．このとき，データの値が下の表の (a)，(b) のそれぞれのときに，$\overline{X}$ の実現値を計算せよ．ちなみに，実は，(a) は母集団の分布を $\mathrm{N}(3, 1)$，(b) は $\mathrm{N}(0, 16)$ として作成してある．

	x_1	x_2	x_3	x_4	x_5	x_6	x_7	x_8	x_9	x_{10}
(a)	3.3	2.3	2.6	2.3	2.4	1.5	3.3	3.4	3.0	2.9
(b)	−1.3	1.6	−0.6	−5.1	−3.6	0.9	6.9	−6.4	−4.0	−3.4

問題4-2 平均の推定量の不偏性と有効性

母集団分布は$N(\mu, \sigma^2)$だとする．$X_1, X_2, \ldots, X_n$をこの母集団からの標本とする．このとき次の問いに答えよ．

(1) X_1がμの不偏推定量であることを示せ．

(2) $\overline{X}=\frac{1}{n}\sum_{i=1}^{n} X_i$が$\mu$の不偏推定量であることを示せ．

(3) $\overline{X}$の方がX_1より有効であることを示せ．

解 説 推定量Tがあるパラメータμの不偏推定量であるとは，$E[T]=\mu$であること．推定量TとSがともにパラメータμの不偏推定量($E[T]=E[S]=\mu$)であるとき，Tの方がSより有効であるとは，$V(T) \leq V(S)$であること．

解答

(1) X_1が平均μの不偏推定量であることを示すためには$E[X_1]=\mu$を示せばよいが，それはX_1の定義より明らか．

(2) $E[\overline{X}]=\sum_{i=1}^{n}\frac{1}{n}E[X_i]=\frac{1}{n}\sum_{i=1}^{n}\mu=\mu$なので$\overline{X}$は$\mu$の不偏推定量．

(3) 上の二つの問題の結果よりX_1と$\overline{X}$はともにμの不偏推定量であり，$V(X_1)=\sigma^2$と，

$V(\overline{X})=\frac{1}{n^2}\sum_{i=1}^{n}V(X_i)=\frac{1}{n^2}\sum_{i=1}^{n}\sigma^2=\frac{1}{n}\sigma^2$である

ことより，$V(\overline{X})<V(X_1)$なので，㋐$\overline{X}$の方がX_1よりも有効．

ポイント

㋐ X_1だけよりも，$\overline{X}$の方が平均の「良い」推定量だということは，だれでも直感的にわかる．これが有効性のイメージだともいえる．

練習問題 4-2

解答 p.223

(a) 母集団分布は$N(\mu, \sigma^2)$だとする．X_1, X_2, X_3をこの母集団からの標本とする．このとき，次のことを示せ．

(1) $\frac{1}{2}(X_1+X_2)$はμの不偏推定量

(2) $\frac{1}{3}(X_1+X_2+X_3)$はμの不偏推定量

(3) $\frac{1}{3}(X_1+X_2+X_3)$の方が$\frac{1}{2}(X_1+X_2)$より有効

(b) 母集団分布は一様分布$U(0, b)$だとする．$U_1, U_2, \ldots, U_{10}$をこの母集団からのデータとする．$\overline{U}=\frac{1}{10}\sum_{i=1}^{10}U_i$とする．このとき，$2\overline{U}=\frac{1}{5}\sum_{i=1}^{10}U_i$は$b$の不偏推定量であることを示せ．

問題4-3　分散の推定

次の (1), (2) のそれぞれにおいて，その表は母集団からとったデータ $x_1, x_2, \ldots, x_{10}$ である．σ^2 の推定値を (1), (2) についてそれぞれ求めよ．

(1) 母集団の分布は $\mathrm{N}(10, \sigma^2)$

x_1	x_2	x_3	x_4	x_5	x_6	x_7	x_8	x_9	x_{10}
8.9	12.2	9.8	10.3	10.8	8.8	9.0	10.1	10.4	9.8

(2) 母集団の分布は $\mathrm{N}(\mu, \sigma^2)$, μ は未知

x_1	x_2	x_3	x_4	x_5	x_6	x_7	x_8	x_9	x_{10}
9.9	11.0	12.9	10.0	10.8	11.3	11.6	10.2	10.2	10.1

解 説　分散の推定量は

- 平均 μ が既知：$\tilde{\sigma}^2 = \dfrac{1}{n}\sum_{i=1}^{n}(X_i - \mu)^2$
- 平均 μ が未知：$S^2 = \dfrac{1}{n-1}\sum_{i=1}^{n}(X_i - \overline{X})^2$

である．考えている状況が平均が既知なのか未知なのか判断し，適切に使い分けよ．また，データの値が与えられているとき，推定値は推定量にデータの値を代入して計算する．また，実はこのデータの値はどちらも分散を $\sigma^2 = 1$ として作成してある．これを意識して計算結果を吟味せよ．

解答

(1) 母集団の平均が 10 だとわかっているので，分散の推定量は $\tilde{\sigma}^2 = \dfrac{1}{10}\sum_{i=1}^{10}(X_i - 10)$ を使う．これの実現値を計算すると，

$$\frac{1}{10}\sum_{i=1}^{10}(x_i - 10)^2 = 0.947 \qquad \cdots(\text{答})$$

(2) 母集団の平均が未知なので，分散の推定量は $S^2 = \dfrac{1}{9}\sum_{i=1}^{10}(X_i - \overline{X})$ を使う．$\overline{X}$ の実現値は $\overline{x} = \dfrac{1}{10}\sum_{i=1}^{10} x_i =$ ㋐ 10.8 なので，分散の推定値を計算すると，

$$\frac{1}{9}\sum_{i=1}^{10}(x_i - \overline{x})^2 = \frac{1}{9}\sum_{i=1}^{10}(x_i - 10.8)^2 = \frac{8}{9} \qquad \cdots(\text{答})$$

ポイント

㋐　102 ページの問題 4–1 (2) で計算した．

練習問題　4-3　　解答 p.223

次の (1), (2) のそれぞれにおいて，その表は母集団からとったデータ $x_1, x_2, \ldots, x_{10}$ である．σ^2 の推定値を (1), (2) についてそれぞれ求めよ．

(1) 母集団の分布は $\mathrm{N}(1, \sigma^2)$

x_1	x_2	x_3	x_4	x_5	x_6	x_7	x_8	x_9	x_{10}
1.2	0.7	0.7	1.2	−0.2	0.4	−1.5	−2.3	3.4	1.2

(2) 母集団の分布は $\mathrm{N}(\mu, \sigma^2)$, μ は未知

x_1	x_2	x_3	x_4	x_5	x_6	x_7	x_8	x_9	x_{10}
5.0	5.1	5.7	5.1	5.7	3.9	5.3	4.4	6.3	3.5

問題4-4　分散の推定量の不偏性

$X_1, X_2, \ldots, X_n$ を $\mathrm{N}(\mu, \sigma^2)$ 母集団からの n 個の標本とする．また，$\overline{X}=\frac{1}{n}\sum_{i=1}^{n}X_i$ とする．このとき次の問いに答えよ．

(1) $\tilde{\sigma}^2=\frac{1}{n}\sum_{i=1}^{n}(X_i-\mu)^2$ が σ^2 の不偏推定量であることを示せ．

(2) $S^2=\frac{1}{n-1}\sum_{i=1}^{n}(X_i-\overline{X})^2$ が σ^2 の不偏推定量であることを示せ．

解 説　$\tilde{\sigma}^2$ と S^2 が σ^2 の不偏推定量であることを示すには，$E[\tilde{\sigma}^2]=\sigma^2$ と $E[S^2]=\sigma^2$ を確認すればよい．また，練習問題では，これら以外にも σ^2 の不偏推定量はあることを確認する．

解答

(1) $E[\tilde{\sigma}^2]=\frac{1}{n}\sum_{i=1}^{n}E[(X_i-\mu)^2]=\frac{1}{n}\sum_{i=1}^{n}V(X_i)=\sigma^2$

となるので，$\tilde{\sigma}^2$ は σ^2 の不偏推定量．

(2) $\overline{X}\sim\mathrm{N}\left(\mu, \frac{\sigma^2}{n}\right)$ より

$$E[(\overline{X}-\mu)^2]=V(\overline{X})=\frac{\sigma^2}{n}$$

であることに注意すると，

$$E\left[\sum_{i=1}^{n}(X_i-\overline{X})^2\right]$$

㋐

$$=\sum_{i=1}^{n}E[(X_i-\mu)^2]-nE[(\overline{X}-\mu)^2]$$

$$=n\sigma^2-n\cdot\frac{\sigma^2}{n}=(n-1)\sigma^2$$

したがって，

$$E[S^2]=\frac{1}{n-1}E\left[\sum_{i=1}^{n}(X_i-\overline{X})^2\right]=\sigma^2$$

が成り立つので S^2 は σ^2 の不偏推定量．

ポイント

㋐　86ページの問題3-18(2)より，

$$\sum_{i=1}^{n}(X_i-\overline{X})^2=\sum_{i=1}^{n}(X_i-\mu)^2-n(\overline{X}-\mu)^2$$

練習問題　4-4　解答 p.223

上の問題と同じ設定とする．次の確率変数が σ^2 の不偏推定量であることを示せ．

(1) $\frac{1}{2}(X_1+X_2-2\mu)^2$　　(2) $\frac{1}{2}(X_1-X_2)^2$

問題4-5　正規母集団の平均の区間推定 1

$X_1, X_2, \ldots, X_n$ は $\mathrm{N}(\mu, \sigma^2)$ 母集団からの n 個の標本とする（ただし，σ^2 は既知とする）．また，$\overline{X}=\dfrac{1}{n}\sum_{i=1}^{n}X_i$ とする．このとき，

$$P\left(\overline{X}-z(0.025)\sqrt{\frac{\sigma^2}{n}}\leq\mu\leq\overline{X}+z(0.025)\sqrt{\frac{\sigma^2}{n}}\right)=0.95$$

を示せ．

■ 解 説 ■　データ $x_1, x_2, \ldots, x_n$ で作られる二つの関数 $Y_1(x_1, \ldots, x_n)=\overline{x}-z(0.025)\sqrt{\dfrac{\sigma^2}{n}}$，$Y_2(x_1, \ldots, x_n)=\overline{x}+z(0.025)\sqrt{\dfrac{\sigma^2}{n}}$ を両端とする区間

$$\Big[Y_1(x_1, \ldots, x_n), Y_2(x_1, \ldots, x_n)\Big]=\left[\overline{x}-z(0.025)\sqrt{\frac{\sigma^2}{n}},\ \overline{x}+z(0.025)\sqrt{\frac{\sigma^2}{n}}\right]$$

が μ の 95% 信頼区間であるとは，$P(Y_1(X_1, \ldots, X_n)\leq\mu\leq Y_2(X_1, \ldots, X_n))=P\left(\overline{X}-z(0.025)\sqrt{\dfrac{\sigma^2}{n}}\leq\mu\leq\overline{X}+z(0.025)\sqrt{\dfrac{\sigma^2}{n}}\right)=0.95$ となることである．この問題ではこれを確認する．

解答

㋐ $\overline{X}\sim\mathrm{N}(\mu, \sigma^2/n)$ なので，㋑ 標準化すると

$$\frac{\overline{X}-\mu}{\sqrt{\sigma^2/n}}\sim\mathrm{N}(0, 1)$$

したがって，

$$P\left(\overline{X}-z(0.025)\sqrt{\frac{\sigma^2}{n}}\leq\mu\leq\overline{X}+z(0.025)\sqrt{\frac{\sigma^2}{n}}\right)$$
$$=P\left(-z(0.025)\leq\frac{\overline{X}-\mu}{\sqrt{\sigma^2/n}}\leq z(0.025)\right)$$
$$=1-P\left(\frac{\overline{X}-\mu}{\sqrt{\sigma^2/n}}<-z(0.025)\right)-P\left(\frac{\overline{X}-\mu}{\sqrt{\sigma^2/n}}>z(0.025)\right)$$
$$=1-0.025-0.025=0.95$$

ポイント

㋐ 81 ページの練習問題 3-13 より．

㋑ 88 ページの問題 3-20.

練習問題　4-5　　解答 p.224

上の問題と同じ設定で，ただし，σ^2 は未知とし，$S^2=\dfrac{1}{n-1}\sum_{i=1}^{n}(X_i-\overline{X})^2$ とする．このとき，

$$P\left(\overline{X}-t(n-1, 0.025)\sqrt{\frac{S^2}{n}}\leq\mu\leq\overline{X}+t(n-1, 0.025)\sqrt{\frac{S^2}{n}}\right)=0.95$$

を示せ．

問題4-6　正規母集団の平均の区間推定2

$X_1, X_2, \ldots, X_9$ は $\mathrm{N}(\mu, 1)$ 母集団からの9個の標本とし，$X_1, X_2, \ldots, X_9$ の実現値 $x_1, x_2, \ldots, x_9$ が次の表のように得られたとする．このとき，94ページの基本事項 **7**(1) にある形の μ の99%信頼区間を求めよ．

x_1	x_2	x_3	x_4	x_5	x_6	x_7	x_8	x_9
−0.6	−0.1	1.8	0.2	−0.2	2.1	2.4	2.0	0.5

■ 解 説 ■　母集団の分布が正規分布で，分散がわかっているときに，平均の信頼区間を計算する方法を勉強する問題．実はこの問題のデータの値は，母集団の分布を正規分布 $\mathrm{N}(1, 1)$ として作成してある．

解答

$\overline{x} = \dfrac{1}{9}\sum_{i=1}^{9} x_i$ とする．

このとき，㋐ μ の99%信頼区間は

$$\left[\overline{x} - z(0.005)\sqrt{\frac{1}{9}},\ \overline{x} + z(0.005)\sqrt{\frac{1}{9}}\right]$$

今の場合，$\overline{x} = 0.9$ であり，$z(0.005) \fallingdotseq 2.58$ なので，求める区間は

$$\left[0.9 - 2.58 \cdot \frac{1}{3},\ 0.9 + 2.58 \cdot \frac{1}{3}\right] = [0.04,\ 1.76] \quad \cdots(\text{答})$$

ポイント

㋐　分散が既知の $\mathrm{N}(\mu, \sigma^2)$ 母集団の平均 μ の $100(1-\alpha)$% 信頼区間は

$$\left[\overline{x} - z\left(\frac{\alpha}{2}\right)\sqrt{\frac{\sigma^2}{n}},\ \overline{x} + z\left(\frac{\alpha}{2}\right)\sqrt{\frac{\sigma^2}{n}}\right]$$

練習問題　4-6

解答 p.224

上の問題において，標本 $X_1, X_2, \ldots, X_9$ の実現値 $x_1, x_2, \ldots, x_9$ が

x_1	x_2	x_3	x_4	x_5	x_6	x_7	x_8	x_9
2.5	2.1	0.7	1.0	3.1	1.9	0.4	2.4	0.9

と得られたときに，94ページの基本事項 **7**(1) にある形の μ の95%信頼区間を求めよ．

問題4-7　正規母集団の平均の区間推定3

母集団の分布が $\mathrm{N}(\mu, \sigma^2)$ で，σ^2 は未知の値とする．$X_1, X_2, \ldots, X_9$ はその母集団からの9個の標本で，その実現値 $x_1, x_2, \ldots, x_9$ が次の表のように得られたとする．このとき，94ページの基本事項**7** (2) にある形の μ の99% 信頼区間を求めよ．

x_1	x_2	x_3	x_4	x_5	x_6	x_7	x_8	x_9
−0.6	−0.1	1.8	0.2	−0.2	2.1	2.4	2.0	0.5

解 説　母集団の分布が正規分布だが，分散が未知のときに，平均の信頼区間の実現値を計算する方法を勉強する問題．この問題のデータは前問と同じで，実は $\mu=1$ である．これを意識して計算結果を見て，区間推定のイメージを持てるとよい．また，同じデータだが前問とは違う方法で区間推定を行っていることになる．両者をくらべてみよ．

解答

$\overline{x}=\dfrac{1}{9}\displaystyle\sum_{i=1}^{9}x_i$ とする．また，分散の推定量の実現値を $s^2=\dfrac{1}{8}\displaystyle\sum_{i=1}^{9}(x_i-\overline{x})^2$ とする．母集団分布の分散が未知なので，μ の99% 信頼区間の実現値は

$$\left[\overline{x}-t(8, 0.005)\sqrt{\frac{s^2}{9}},\ \overline{x}+t(8, 0.005)\sqrt{\frac{s^2}{9}}\right]$$

今の場合，

$\overline{x}=0.9,\ s^2=1.3525,\ t(8, 0.005)=3.3554$

なので，求める区間は

$$\left[0.9-3.3554\times\sqrt{\frac{1.3525}{9}},\ 0.9+3.3554\times\sqrt{\frac{1.3525}{9}}\right]$$

$\fallingdotseq[-0.4007,\ 2.2007]$ ㋐　…(答)

ポイント

㋐　前ページの問題の解答と見比べてみる．

区間幅について考えると，$z(0.005)<t(8, 0.005)$ であることと，$s^2>1$ であることが原因で，本問の方が，信頼区間の区間幅が広くなっていることがわかる．したがって，逆に考えると，たまたま s^2 が1よりもかなり小さくなるようなデータが与えられたときは，分散が未知の場合の99% 信頼区間の方が区間幅が小さくなることもありそうである．

しかし，そのときに μ が区間に含まれるかどうかは，そのデータから計算される $\overline{x}$ にもよるので，何とも言えない．

練習問題　4-7

解答 p.224

母集団の分布が $\mathrm{N}(\mu, \sigma^2)$ で，σ^2 は未知の値とする．$X_1, X_2, \ldots, X_9$ はその母集団からの標本で，その実現値 $x_1, x_2, \ldots, x_9$ が次の表のように得られたとする．このとき，94ページの基本事項**7** (2) にある形の μ の95% 信頼区間の実現値を求めよ．

x_1	x_2	x_3	x_4	x_5	x_6	x_7	x_8	x_9
2.5	2.1	0.7	1.0	3.1	1.9	0.4	2.4	0.9

問題4-8　正規母集団の分散の区間推定 1

$X_1, X_2, \ldots, X_n$ は $\mathrm{N}(\mu, \sigma^2)$ に従う標本とし，$\tilde{\sigma}^2=\dfrac{1}{n}\displaystyle\sum_{i=1}^{n}(X_i-\mu)^2$ とする．ただし，μ は既知とする．このとき，

$$P\left(\frac{n\tilde{\sigma}^2}{\chi^2(n,\,0.025)} \leq \sigma^2 \leq \frac{n\tilde{\sigma}^2}{\chi^2(n,\,0.975)}\right)=0.95$$

を示せ．

■ 解　説 ■　データ $x_1, x_2, \ldots, x_n$ で作られる二つの関数 $Y_1(x_1, \ldots, x_n)=\dfrac{n\tilde{\sigma}^2}{\chi^2(n,\,0.025)}$，$Y_2(x_1, \ldots, x_n)=\dfrac{n\tilde{\sigma}^2}{\chi^2(n,\,0.975)}$ を両端とする区間

$$\Big[Y_1(x_1, \ldots, x_n),\ Y_2(x_1, \ldots, x_n)\Big]=\left[\frac{n\tilde{\sigma}^2}{\chi^2(n,\,0.025)},\ \frac{n\tilde{\sigma}^2}{\chi^2(n,\,0.975)}\right]$$

が σ^2 の 95% 信頼区間であるとは，

$$P(Y_1(X_1, \ldots, X_n) \leq \sigma^2 \leq Y_2(X_1, \ldots, X_n)) = P\left(\frac{n\tilde{\sigma}^2}{\chi^2(n,\,0.025)} \leq \sigma^2 \leq \frac{n\tilde{\sigma}^2}{\chi^2(n,\,0.975)}\right)=0.95$$

となることである．この問題ではこれを確認する．

解答

$\dfrac{n\tilde{\sigma}^2}{\sigma^2} \sim \chi^2(n)$ なので，㋐

$$P\left(\frac{n\tilde{\sigma}^2}{\chi^2(n,\,0.025)} \leq \sigma^2 \leq \frac{n\tilde{\sigma}^2}{\chi^2(n,\,0.975)}\right)$$

$$=P\left(\chi^2(n,\,0.975) \leq \frac{n\tilde{\sigma}^2}{\sigma^2} \leq \chi^2(n,\,0.025)\right)$$

$$=P\left(\frac{n\tilde{\sigma}^2}{\sigma^2} \geq \chi^2(n,\,0.975)\right)-P\left(\frac{n\tilde{\sigma}^2}{\sigma^2} \geq \chi^2(n,\,0.025)\right)$$

$$=0.975-0.025=0.95$$

ポイント

㋐　86ページの問題3–18より．

練習問題　4-8

解答 p.224

上の問題と同じ設定とし，ただし，μ は未知とする．さらに，$\overline{X}=\sqrt{\dfrac{1}{n}\displaystyle\sum_{i=1}^{n}X_i}$，$S^2=\dfrac{1}{n-1}\displaystyle\sum_{i=1}^{n}(X_i-\overline{X})^2$ とするとき，

$$P\left(\frac{(n-1)S^2}{\chi^2(n-1,\,0.005)} \leq \sigma^2 \leq \frac{(n-1)S^2}{\chi^2(n-1,\,0.995)}\right)=0.95$$

を示せ．

問題4-9　正規母集団の分散の区間推定２

$X_1, X_2, \ldots, X_{10}$ は $N(1, \sigma^2)$ 母集団からの10個の標本とする．さらに，その実現値 $x_1, x_2, \ldots, x_{10}$ が次の表のように得られたとする．このとき，σ^2 の95% 信頼区間を求めよ．

x_1	x_2	x_3	x_4	x_5	x_6	x_7	x_8	x_9	x_{10}
0.5	1.5	1.6	−0.3	0.2	0.3	1.8	1.4	0.1	2.9

解　説　母集団の分布が正規分布で，平均がわかっているときに，分散の信頼区間を計算する方法を勉強する問題．基本事項**8** (1) を用いて計算せよ．

また，実はこのデータは $\sigma^2 = 1$ である母集団分布から作成している．

解答

分散の推定量の実現値を $\tilde{\sigma}^2 = \underset{㋐}{\underline{\dfrac{1}{10}\sum_{i=1}^{10}(x_i - 1)^2}}$ とする．

σ^2 の95% 信頼区間の実現値は

$$\left[\frac{10\tilde{\sigma}^2}{\chi^2(10,\ 0.025)},\ \frac{10\tilde{\sigma}^2}{\chi^2(10,\ 0.975)}\right]$$

$$= \left[\frac{\sum_{i=1}^{10}(x_i - 1)^2}{\chi^2(10,\ 0.025)},\ \frac{\sum_{i=1}^{10}(x_i - 1)^2}{\chi^2(10,\ 0.975)}\right]$$

今の場合，

$$\sum_{i=1}^{10}(x_i - 1)^2 = 8.9,$$

$$\chi^2(10,\ 0.025) = 20.4832,\quad \chi^2(10,\ 0.975) = 3.2470$$

なので，求める区間は

$$\left[\frac{8.9}{20.4832},\ \frac{8.9}{3.2470}\right] \fallingdotseq [0.4345,\ 2.7410] \qquad \cdots(\text{答})$$

ポイント

㋐　平均は既知で，値は1

練習問題　4-9　　解答 p.224

$X_1, X_2, \ldots, X_{10}$ は $N(1, \sigma^2)$ 母集団からの10個の標本とする．さらに，その実現値 $x_1, x_2, \ldots, x_{10}$ が次の表のように得られたとする．このとき，σ^2 の99% 信頼区間を求めよ．

x_1	x_2	x_3	x_4	x_5	x_6	x_7	x_8	x_9	x_{10}
1.1	0.3	1.0	1.8	0.2	1.7	2.2	−0.4	2.3	2.8

問題4-10　正規母集団の分散の区間推定３

$X_1, X_2, \ldots, X_{10}$ は $\mathrm{N}(\mu, \sigma^2)$ 母集団からの 10 個の標本とする．ただし，μ は未知の値である．さらに，その実現値 $x_1, x_2, \ldots, x_{10}$ が次の表のように得られたとする．このとき，σ^2 の 95% 信頼区間を求めよ．

x_1	x_2	x_3	x_4	x_5	x_6	x_7	x_8	x_9	x_{10}
0.5	1.5	1.6	−0.3	0.2	0.3	1.8	1.4	0.1	2.9

■ 解 説 ■　母集団の分布が正規分布だが，平均が未知のときに，分散の信頼区間の実現値を計算する方法を勉強する問題．基本事項 **8** (2) を用いて計算せよ．

また，このデータは前問と同じもので，$\sigma^2=1$ である母集団分布から作成している．計算結果を前問と比べてみよ．

解答

ポイント

$\overline{x}=\dfrac{1}{10}\displaystyle\sum_{i=1}^{10}x_i$ とする．また，分散の推定量の実現値を

㋐ $s^2=\dfrac{1}{9}\displaystyle\sum_{i=1}^{10}(x_i-\overline{x})^2$ とする．

㋐ 平均は未知．

σ^2 の 95% 信頼区間の実現値は

$$\left[\frac{9s^2}{\chi^2(9,\ 0.025)},\ \frac{9s^2}{\chi^2(9,\ 0.975)}\right]$$

$$=\left[\frac{\displaystyle\sum_{i=1}^{10}(x_i-\overline{x})^2}{\chi^2(9,\ 0.025)},\ \frac{\displaystyle\sum_{i=1}^{10}(x_i-\overline{x})^2}{\chi^2(9,\ 0.975)}\right]$$

今の場合，

$\displaystyle\sum_{i=1}^{10}(x_i-\overline{x})^2=8.9$,

$\chi^2(9,\ 0.025)=19.0228$,　$\chi^2(9,\ 0.975)=2.7004$

なので，求める区間は

㋑ $\left[\dfrac{8.9}{19.0228},\ \dfrac{8.9}{2.7004}\right]\fallingdotseq[0.4678,\ 3.2958]$　…(答)

㋑ 前問と比較する．
信頼区間の両端の分数について，分子はたまたまどちらの問題も等しくなっている．分母は自由度が小さい分，本問の方が小さくなる．それにより，信頼区間の区間幅は本問の方が広い．

練習問題　4-10　　　解答 p.224

$X_1, X_2, \ldots, X_{10}$ は $\mathrm{N}(\mu, \sigma^2)$ 母集団からの 10 個の標本とする．ただし，μ は未知の値である．さらに，その実現値 $x_1, x_2, \ldots, x_{10}$ が次の表のように得られたとする．このとき，σ^2 の 99% 信頼区間を求めよ．

x_1	x_2	x_3	x_4	x_5	x_6	x_7	x_8	x_9	x_{10}
1.1	0.3	1.0	1.8	0.2	1.7	2.2	−0.4	2.3	2.8

問題4-11　比率の点推定

$X_1, X_2, \ldots, X_{10}$ は Be(p) 母集団からの標本とする．その実現値 $x_1, x_2, \ldots, x_{10}$ は

x_1	x_2	x_3	x_4	x_5	x_6	x_7	x_8	x_9	x_{10}
0	1	1	0	1	0	0	1	0	0

だったとする．また，$\hat{p}=\frac{1}{10}\sum_{i=1}^{10}X_i$ とする．このとき，次の問いに答えよ．

(1) $\hat{p}$ が p の不偏推定量であることを示せ．

(2) $\hat{p}$ の実現値を求めよ．

■ **解 説** ■　ベルヌーイ分布 Be(p) が母集団分布である場合の，比率のパラメータの点推定について，推定量の不偏性と，推定値の計算方法を勉強する問題．不偏性はいつもの通り，$E[\hat{p}]=p$ を示せばよい．推定値もいつもの通り推定量にデータの値を代入すればよいが，データの値が1か0のみなので，1の数を数え，データの数で割っても同じことである．

解答

(1) すべての i について $X_i \sim \mathrm{Be}(p)$

ゆえに $E[X_i]=p$ なので，

$$E[\hat{p}]=\frac{1}{10}\sum_{i=1}^{10}E[X_i]=\frac{1}{10}\sum_{i=1}^{10}p=p$$

したがって，$\hat{p}$ は p の不偏推定量．

(2) $\hat{p}=\frac{1}{10}\sum_{i=1}^{10}X_i$ の実現値は $\frac{1}{10}\sum_{i=1}^{10}x_i$ なので，

$$\frac{1}{10}\sum_{i=1}^{10}x_i=\frac{4}{10}=_{㋐}0.4$$ …(答)

ポイント

㋐　10個のデータの中に1が4個で残りは0なので，推定値は $\frac{4}{10}$，としてもよい．

練習問題　4-11　解答 p.224

$X_1, X_2, \ldots, X_{10000}$ は分布が Be(p) の母集団からの標本とする．$X_1, X_2, \ldots, X_{10000}$ の実現値 $x_1, x_2, \ldots, x_{10000}$ のうち，値が1であるものがちょうど2000個であるとき，$\hat{p}$ の実現値を求めよ．

問題4-12　比率の区間推定

$X_1, X_2, \ldots, X_n$ は $\mathrm{Be}(p)$ からの標本とし，$\hat{p}=\dfrac{1}{n}\sum_{i=1}^{n}X_i$ とする．

(1) 標本の数 n がとても大きいとき，

$$P\left(\hat{p}-z\left(\frac{\alpha}{2}\right)\sqrt{\frac{\hat{p}(1-\hat{p})}{n}}\leq p\leq \hat{p}+z\left(\frac{\alpha}{2}\right)\sqrt{\frac{\hat{p}(1-\hat{p})}{n}}\right)\fallingdotseq 1-\alpha$$

を示せ．

(2) $n=10$ とし，標本 $X_1, X_2, \ldots, X_{10}$ の実現値 $x_1, x_2, \ldots, x_{10}$ が

x_1	x_2	x_3	x_4	x_5	x_6	x_7	x_8	x_9	x_{10}
0	1	1	0	1	0	0	1	0	0

であるとき，(1)の p の 99% 信頼区間を求めよ．

解 説　母集団分布がベルヌーイ分布のときに，そのパラメータである比率 p の信頼区間の計算方法を勉強する問題．

ただし，この問題の信頼区間はデータの数 n が大きいときでないと正しくないが，本問の設定の $n=10$ は大きくない．より適切なのは，練習問題の設定のような場合．

解答

(1) n が大きいとき，近似的に

$$\frac{\hat{p}-p}{\sqrt{\hat{p}(1-\hat{p})/n}}\sim \mathrm{N}(0, 1)$$ なので，㋐

$$P\left(\hat{p}-z\left(\frac{\alpha}{2}\right)\sqrt{\frac{\hat{p}(1-\hat{p})}{n}}\leq p\leq \hat{p}+z\left(\frac{\alpha}{2}\right)\sqrt{\frac{\hat{p}(1-\hat{p})}{n}}\right)$$

$$=P\left(-z\left(\frac{\alpha}{2}\right)\sqrt{\frac{\hat{p}(1-\hat{p})}{n}}\leq \hat{p}-p\leq z\left(\frac{\alpha}{2}\right)\sqrt{\frac{\hat{p}(1-\hat{p})}{n}}\right)$$

$$=P\left(-z\left(\frac{\alpha}{2}\right)\leq \frac{\hat{p}-p}{\sqrt{\frac{\hat{p}(1-\hat{p})}{n}}}\leq z\left(\frac{\alpha}{2}\right)\right)\fallingdotseq 1-\alpha$$

(2) このとき，$\hat{p}=0.4$ で，数表より $z(0.005)\fallingdotseq 2.57$ なので，p の 99% 信頼区間は，

$$\left[0.4-2.57\sqrt{\frac{0.4\cdot 0.6}{10}},\ 0.4+2.57\sqrt{\frac{0.4\cdot 0.6}{10}}\right]\fallingdotseq[0.0019, 0.7981]$$ …(答)

ポイント

㋐　82ページの問題3-14 (3)より．

練習問題　4-12

解答 p.224

$X_1, X_2, \ldots, X_{10000}$ は分布が $\mathrm{Be}(p)$ の母集団からの標本とする．$X_1, X_2, \ldots, X_{10000}$ の実現値 $x_1, x_2, \ldots, x_{10000}$ のうち，値が1であるものがちょうど2000個であるとき，p の 95% 信頼区間の実現値を求めよ．

問題4-13　最尤法 1

あるコインを10回投げたら下のような面の出方になった．ただし，$x_1, x_2, \ldots, x_{10}$ はその回に出た面をあらわすとする．このコインの表が出る確率は $\frac{1}{2}$ とは思えない㋐．そこで，その確率を最尤法で推定することにした．表が出る確率の最尤推定値を求めよ．

x_1	x_2	x_3	x_4	x_5	x_6	x_7	x_8	x_9	x_{10}
表	表	表	表	表	表	うら	表	表	表

■ 解 説 ■　最尤推定値を計算するには，対数尤度を最大化すればよい．まず，このデータが得られる確率を計算して，尤度関数 $L(p)$ を求める．

$$L(p) = P(X_1 = x_1)P(X_2 = x_2)\cdots P(X_n = x_n)$$

次に，尤度関数の対数である対数尤度 $\log L(p) = \sum_{i=1}^{n} \log P(X_i = x_i)$ を最大化するが，今の問題の場合，$0 < p < 1$ は実数なので，対数尤度の微分がゼロとなる $\hat{p}$ を探せばよい：$\log L(\hat{p}) = 0$

解答

表が出る確率を p とする．したがって，うらが出る確率は $1-p$.

このとき，尤度関数は，

$$L(p) = P(X_1 = 表)\cdots P(X_6 = 表)P(X_7 = うら)$$
$$P(X_8 = 表)\cdots P(X_{10} = 表)$$
$$= p^9(1-p) \quad ㋑$$

したがって，対数尤度は，

$$\log L(p) = 9\log p + \log(1-p)$$

最尤推定値 $\hat{p}$ はこの $\log L(p)$ を最大にするような p なので，$\frac{d}{dp}\log L(\hat{p}) = 0$ ㋒ を解くと，

$$\frac{9}{\hat{p}} - \frac{1}{1-\hat{p}} = 0 \quad すなわち \quad \hat{p} = \frac{9}{10} \qquad \cdots(答)$$

ポイント

㋐　もし表の出る確率が1/2なら，このデータが得られることはなかなか無い．本当にその確率は正しいのか疑いたくもなる．自然な発想として，本当の表の出る確率は，このデータが得られるのも納得できるような値なのではないか，と思うだろう．そこで，表の出る確率をいろいろと変えて，このデータの得やすさを考えるのである．

㋑　これは確率だが，それを p の関数とみなしたものが，尤度関数 $L(p)$

㋒　$\frac{d}{dp}\log L(\hat{p})$ は

$L(p)$ の導関数 $\frac{d}{dp}\log L(p)$

に $p = \hat{p}$ を代入したもの．

この場合は

$\frac{d}{dp}\log L(p) = \frac{9}{p} - \frac{1}{1-p}$

に $p = \hat{p}$ を代入して，

$\frac{d}{dp}\log L(\hat{p}) = \frac{9}{\hat{p}} - \frac{1}{1-\hat{p}}$

練習問題　4-13　　解答 p.225

(1) 上の問題のコインと同じものを10000回投げたら，そのうち8000回表が出た．このとき，表が出る確率を最尤法で推定せよ．

(2) 母集団の分布が $\mathrm{Be}(p)$ だとする．$X_1, X_2, \ldots, X_n$ はそこから独立に選ばれた標本である．いま，標本の値が $X_1 = x_1$, $X_2 = x_2$, $\ldots$, $X_n = x_n$ と得られた．このとき，p の最尤推定値を求めよ．また，p の最尤推定量も求め，その期待値を計算せよ．

問題4-14 最尤法2

$X_1, X_2, \ldots, X_5$ が分布 $\mathrm{B}(5, p)$ の母集団からの標本とする．その実現値が次の表のように得られたとき，p の最尤推定値を求めよ．（実はデータは $p=0.3$ で作っている）

x_1	x_2	x_3	x_4	x_5
1	3	0	2	1

解説 離散確率分布においては尤度関数は，データの値が $X_1=x_1$, $X_2=x_2$, …, $X_n=x_n$ のとき，

$$L(p)=\prod_{i=1}^{n} P(X_i=x_i)$$

最尤推定値を求めるには，この対数値である対数尤度を最大化すればよい．推定するパラメータが実数のように連続的な値をとるときは，対数尤度の微分がゼロとなるような $p=\hat{p}$ を探せばよいことが多い：$\dfrac{d}{dp}\log L(\hat{p})=0$

解答

ポイント

㋐ $\tilde{\mathrm{C}}={}_5\mathrm{C}_1\cdot{}_5\mathrm{C}_3\cdot{}_5\mathrm{C}_0\cdot{}_5\mathrm{C}_2\cdot{}_5\mathrm{C}_1$ とおいた．

尤度関数は，

$$\begin{aligned}
&L(p)\\
&=P(X_1=1)P(X_2=3)P(X_3=0)P(X_4=2)P(X_5=1)\\
&={}_5\mathrm{C}_1 p(1-p)^4\cdot{}_5\mathrm{C}_3 p^3(1-p)^2\cdot{}_5\mathrm{C}_0(1-p)^5\cdot{}_5\mathrm{C}_2 p^2(1-p)^3\cdot{}_5\mathrm{C}_1 p(1-p)^4\\
&=\underset{㋐}{\tilde{\mathrm{C}}\cdot p^7(1-p)^{18}}
\end{aligned}$$

したがって，対数尤度は，

$$\log L(p)=\log\tilde{\mathrm{C}}+7\log p+18\log(1-p)$$

この微分がゼロとなる p を $\hat{p}$ とすると，

$$\frac{d}{dp}\log L(\hat{p})=0$$

$$\frac{7}{\hat{p}}-\frac{18}{1-\hat{p}}=0$$

よって，最尤推定値は，$\hat{p}=\dfrac{7}{25}=0.28$ …（答）

練習問題 4-14

解答 p.225

(1) $X_1, X_2, \ldots, X_5$ は分布が幾何分布 $\mathrm{Ge}(p)$ の母集団からの標本だとする．その実現値が下の表の (a) のように得られたとき，p の最尤推定値を求めよ．（実はデータは $p=0.2$ で作っている）

(2) $X_1, X_2, \ldots, X_5$ は分布がポアソン分布 $\mathrm{Po}(\lambda)$ の母集団からの標本だとする．その実現値が下の表の (b) のように得られたとき，λ の最尤推定値を求めよ．（実はデータは $\lambda=3$ で作っている）

(a)

x_1	x_2	x_3	x_4	x_5
7	5	2	1	8

(b)

x_1	x_2	x_3	x_4	x_5
4	2	5	3	3

問題4-15　最尤法3

$X_1, X_2, \ldots, X_n$が分布B(5, p)の母集団からの標本とする．pの最尤推定量を求めよ．

■ 解 説 ■　最尤推定量は最尤推定値に$X_1, \ldots, X_n$を代入したものである．なので，まず，データの値が$X_1 = x_1, X_2 = x_2, \ldots, X_n = x_n$と得られたとし，$x_1, x_2, \ldots, x_n$を変数とする一般的な最尤推定値を求める．そして，最尤推定値の$x_1, x_2, \ldots, x_n$に$X_1, X_2, \ldots, X_n$を代入すれば，最尤推定量が得られる．

解答

尤度関数は，

$$L(p) = \prod_{i=1}^{n} P(X_i = x_i) = \prod_{i=1}^{n} {}_5\mathrm{C}_{x_i} p^{x_i}(1-p)^{5-x_i}$$

$$= \left(\prod_{i=1}^{n} {}_5\mathrm{C}_{x_i}\right) p^{\sum_{i=1}^{n} x_i}(1-p)^{5n-\sum_{i=1}^{n} x_i}$$

対数尤度は

$$\log L(p)$$

$$= \log\left(\prod_{i=1}^{n} {}_5\mathrm{C}_{x_i}\right) + \log p \cdot \sum_{i=1}^{n} x_i + \log(1-p) \cdot \left(5n - \sum_{i=1}^{n} x_i\right)$$

この微分がゼロとなるpを$\hat{p}$とすると，

$$\frac{d}{dp}\log L(\hat{p}) = 0$$

$$\frac{\sum_{i=1}^{n} x_i}{\hat{p}} - \frac{5n - \sum_{i=1}^{n} x_i}{1-\hat{p}} = 0$$

よって，最尤推定値は，

$$\hat{p} = \frac{1}{5n}\sum_{i=1}^{n} x_i$$

最尤推定量は，最尤推定値の$x_1, x_2, \ldots, x_n$に$X_1, X_2, \ldots, X_n$を代入して得られるので，

pの最尤推定量 $= \dfrac{1}{5n}\sum_{i=1}^{n} X_i$ ㋐　…(答)

ポイント

㋐ 二項分布の意味から考えて，すべてのデータ$X_1, \ldots, X_n$を得るためには，成功確率pの試行を$5n$回行っている．また，$5n$回の全試行のうち，成功した回数は$\sum_{i=1}^{n} X_i$回である．なので，この最尤推定量は，とても自然なものである．

練習問題　4-15

解答 p.225

$X_1, X_2, \ldots, X_n$が次のそれぞれの分布の母集団からの標本であるとする．このとき，それぞれ書かれているパラメータの最尤推定量を求めよ．

(1) 分布：幾何分布Ge(p)，　パラメータ：p

(2) 分布：ポアソン分布Po(λ)，パラメータ：λ

問題4-16　最尤法4

$X_1, X_2, \ldots, X_7$ が分布 $\mathrm{Exp}(\lambda)$ の母集団からの標本とする．その実現値が次の表のように得られたとき，λ の最尤推定値を求めよ．（実はデータは $\lambda=0.1$ で作っている）

x_1	x_2	x_3	x_4	x_5	x_6	x_7
1.2	6.9	5.8	14.4	15.1	8.1	26.1

解 説　連続確率分布においては尤度関数は，実現値が $X_1=x_1$, $X_2=x_2$, …, $X_n=x_n$ のとき，$i=1, 2, \ldots, n$ について $f_{X_i}(x)$ を X_i の密度関数とすると，

$$L(\lambda)=\prod_{i=1}^{n} f_{X_i}(x_i)$$

最尤推定値を求めるには，この対数値である対数尤度を最大化すればよい．推定するパラメータが実数のように連続的な値をとるときは，対数尤度の微分がゼロとなるような $p=\hat{p}$ を探せばよいことが多い：$\dfrac{d}{dp}\log L(\hat{p})=0$

解答

尤度関数は，

$$\begin{aligned}&L(\lambda)\\&=f_{X_1}(1.2)\cdot f_{X_2}(6.9)\cdot f_{X_3}(5.8)\cdot f_{X_4}(14.4)\cdot f_{X_5}(15.1)\cdot f_{X_6}(8.1)\cdot f_{X_7}(26.1)\\&=\lambda e^{-1.2\lambda}\cdot \lambda e^{-6.9\lambda}\cdot \lambda e^{-5.8\lambda}\cdot \lambda e^{-14.4\lambda}\cdot \lambda\lambda e^{-15.1\lambda}\cdot \lambda e^{-8.1\lambda}\cdot \lambda e^{-26.1\lambda}\\&=\lambda^7 e^{-77.6\lambda}\end{aligned}$$

対数尤度は $\log L(\lambda)=7\log\lambda-77.6\lambda$

この微分がゼロとなる λ を $\hat{\lambda}$ とすると，

$$\frac{d}{d\lambda}\log L(\hat{\lambda})=0 \quad すなわち \quad \frac{7}{\hat{\lambda}}-77.6=0$$

よって，最尤推定値は，$\hat{\lambda}=\dfrac{7}{77.6}\fallingdotseq 0.0902$　…(答)

練習問題　4-16　　解答 p.226

(1) $X_1, X_2, \ldots, X_5$ は分布が正規分布 $\mathrm{N}(\mu, 4)$ の母集団からの標本だとする．その実現値が下の表の (a) のように得られたとき，μ の最尤推定値を求めよ．（実はデータは $\mu=1$ で作っている）

(2) $X_1, X_2, \ldots, X_5$ は分布が正規分布 $\mathrm{N}(1, \sigma^2)$ の母集団からの標本だとする．その実現値が下の表の (b) のように得られたとき，σ^2 の最尤推定値を求めよ．（実はデータは $\sigma^2=4$ で作っている）

(a)

x_1	x_2	x_3	x_4	x_5
0.1	0.4	1.7	0.8	1.3

(b)

x_1	x_2	x_3	x_4	x_5
1.6	4.4	1.2	0.2	−1.0

問題4-17　最尤法5

$X_1, X_2, \ldots, X_n$ が分布 $\mathrm{Exp}(\lambda)$ の母集団からの標本とする．λ の最尤推定量を求めよ．

■ **解 説** ■　最尤推定量は最尤推定値に $X_1, \ldots, X_n$ を代入したものである．なので，まず，実現値が $X_1 = x_1$, $X_2 = x_2$, …, $X_n = x_n$ と得られたとし，$x_1, x_2, \ldots, x_n$ を変数とする一般的な最尤推定値を求める．そして，最尤推定値の $x_1, x_2, \ldots, x_n$ に $X_1, X_2, \ldots, X_n$ を代入すれば，最尤推定量が得られる．

解答

尤度関数は，

$$L(\lambda)=\prod_{i=1}^{n} f_{X_i}(x_i)=\prod_{i=1}^{n}\lambda e^{-\lambda x_i}=\lambda^n e^{-\lambda\sum_{i=1}^{n}x_i}$$

対数尤度は

$$\log L(\lambda)=n\log\lambda-\lambda\sum_{i=1}^{n}x_i$$

この微分がゼロとなる λ を $\hat{\lambda}$ とすると，

$$\frac{d}{d\lambda}\log L(\hat{\lambda})=0$$

$$\frac{n}{\hat{\lambda}}-\sum_{i=1}^{n}x_i=0$$

よって，最尤推定値は，

$$\hat{\lambda}=\frac{n}{\sum_{i=1}^{n}x_i}$$

最尤推定量は，最尤推定値の $x_1, x_2, \ldots, x_n$ に $X_1, X_2, \ldots, X_n$ を代入して得られるので，

λ の最尤推定量 $=\dfrac{n}{\sum_{i=1}^{n}X_i}$ ㋐　…(答)

ポイント

㋐　$\mathrm{Exp}(\lambda)$ の期待値は $\dfrac{1}{\lambda}$ なので，λ の最尤推定量が期待値の推定量の逆数でも不思議でない．

練習問題　4-17　解答 p.226

$X_1, X_2, \ldots, X_n$ が次のそれぞれの分布の母集団からの標本であるとする．このとき，それぞれ書かれているパラメータの最尤推定量を求めよ．

(1)　分布：正規分布 $\mathrm{N}(\mu, 4)$，　パラメータ：μ

(2)　分布：正規分布 $\mathrm{N}(1, \sigma^2)$，パラメータ：σ^2

問題4-18　最尤法6

X_1, X_2, X_3 が分布 $\mathrm{N}(\mu, \sigma^2)$ の母集団からの標本とする．データの値が次の表のように得られたとき，μ と σ^2 の最尤推定値を求めよ．（実はデータは $\mu=5$, $\sigma^2=1$ で作っている）

x_1	x_2	x_3
7.1	4.1	4.1

■ **解説** ■　二つのパラメータ μ, σ^2 を同時に最尤推定するときは，対数尤度関数 $\log L(\mu, \sigma^2)$ を μ と σ^2 の両方について最大化する．推定するパラメータが実数のように連続的な値をとるときは，それぞれのパラメータによる対数尤度の微分がゼロとなる，という次の連立方程式をみたす $\hat{\mu}$ と $\hat{\sigma}^2$ を探せばよいことが多い：

$$\frac{\partial}{\partial\mu}\log L(\hat{\mu}, \hat{\sigma}^2)=0, \qquad \frac{\partial}{\partial\sigma^2}\log L(\hat{\mu}, \hat{\sigma}^2)=0$$

解答

尤度関数は，

$$L(\mu, \sigma^2)=f_{X_1}(7.1)\cdot f_{X_2}(4.1)\cdot f_{X_3}(4.1)$$

$$=\frac{1}{\sqrt{2\pi\sigma^2}}e^{-\frac{(7.1-\mu)^2}{2\sigma^2}}\cdot\frac{1}{\sqrt{2\pi\sigma^2}}e^{-\frac{(4.1-\mu)^2}{2\sigma^2}}\cdot\frac{1}{\sqrt{2\pi\sigma^2}}e^{-\frac{(4.1-\mu)^2}{2\sigma^2}}$$

$$=\frac{1}{(2\pi\sigma^2)^{3/2}}e^{-\frac{1}{2\sigma^2}\{(7.1-\mu)^2+(4.1-\mu)^2+(4.1-\mu)^2\}}$$

対数尤度は

$$\log L(\mu, \sigma^2)=-\frac{3}{2}\log(2\pi)-\frac{3}{2}\log\sigma^2-\frac{1}{2\sigma^2}\{(7.1-\mu)^2+(4.1-\mu)^2+(4.1-\mu)^2\}$$

これの，μ と σ^2 についての偏微分がゼロとなる (μ, σ^2) を $(\hat{\mu}, \hat{\sigma}^2)$ とする，つまり $\frac{\partial}{\partial\mu}\log L(\hat{\mu}, \hat{\sigma}^2)=0$,　$\frac{\partial}{\partial\sigma^2}\log L(\hat{\mu}, \hat{\sigma}^2)=0$ を満たす $\hat{\mu}$ と $\hat{\sigma}^2$ を探す．

$$\begin{cases}\dfrac{1}{\hat{\sigma}^2}\{(7.1-\hat{\mu})+(4.1-\hat{\mu})+(4.1-\hat{\mu})\}=0\\ -\dfrac{3}{2\hat{\sigma}^2}+\dfrac{1}{2\hat{\sigma}^4}\{(7.1-\hat{\mu})^2+(4.1-\hat{\mu})^2+(4.1-\hat{\mu})^2\}=0\end{cases}$$

$$15.3-3\hat{\mu}=0, \qquad -3+\frac{1}{\hat{\sigma}^2}\{(7.1-\hat{\mu})^2+(4.1-\hat{\mu})^2+(4.1-\hat{\mu})^2\}=0$$

よって，左の式の結果 $\hat{\mu}=5.1$ を右の式に代入すれば，

$$\hat{\sigma}^2=\frac{1}{3}\{(7.1-5.1)^2+(4.1-5.1)^2+(4.1-5.1)^2\}=2$$

より，最尤推定値は，$\hat{\mu}=5.1$,　$\hat{\sigma}^2=2$　…(答)

練習問題　4-18

解答 p.227

$X_1, X_2, \ldots, X_n$ は分布が $\mathrm{N}(\mu, \sigma^2)$ の母集団からのデータであるとする．このとき，μ と σ^2 の最尤推定量を求めよ．

Chapter 5

検定

基本事項

1. 検定

母集団分布のパラメータについて，ある仮説があるとする．その仮説が正しいかどうか，データに基づいて統計的に調べることを**検定**という．検定は**仮説検定**とも呼ばれる．

検定の手続きや考え方，用語の意味などは127ページの基本事項**8**で説明する．

本書で扱う仮説検定では，検定によって否定したい仮説を**帰無仮説**と呼び，正しいことを示したい仮説を**対立仮説**と呼ぶ．

仮説検定のために使う統計量を**検定統計量**という．検定は，検定統計量の実現値がある範囲に含まれるような値をとれば帰無仮説は正しくないと結論する，というように行う．その値の範囲のことを**棄却域**と呼ぶ．検定統計量が棄却域に含まれる値をとる確率を**有意水準**という．有意水準のイメージは，こんなに小さな確率でしか起こりえないことが現実世界で実現するはずがないと思えるような小さな確率，というようなもの．

2. 正規母集団の母平均の検定

母集団の分布が$\mathrm{N}(\mu, \sigma^2)$のときに，母平均$\mu$について仮説検定する方法を述べる．

$X_1, X_2, \ldots, X_n$は標本を表し，$\overline{X}=\dfrac{1}{n}\sum_{i=1}^{n}X_i$,　$\tilde{\sigma}^2=\dfrac{1}{n}\sum_{i=1}^{n}(X_i-\mu)^2$,

$S^2=\dfrac{1}{n-1}\sum_{i=1}^{n}(X_i-\overline{X})^2$とする．

〈注〉この章の基本事項で使う記号は，この章の問題でも説明なしで使うことにする．

(1) 母平均μの検定（母分散σ^2が既知のとき）

- 帰無仮説H_0：$\mu=\mu_0$
- 検定統計量：$T=\dfrac{\overline{X}-\mu_0}{\sqrt{\sigma^2/n}}$
- 帰無仮説H_0のもとで，$T\sim\mathrm{N}(0, 1)$

- 棄却域：有意水準を α とするとき，対立仮説 H_1 ごとに，

$$H_1: \mu \fallingdotseq \mu_0 \implies |T| > z\left(\frac{\alpha}{2}\right)$$

$$H_1: \mu > \mu_0 \implies T > z(\alpha)$$

$$H_1: \mu < \mu_0 \implies T < -z(\alpha)$$

〈注〉棄却域が帰無仮説のもとの検定統計量の分布の両端部分であるようなとき，その検定を**両側検定**という．そうでなく，棄却域が帰無仮説のもとの検定統計量の分布の右端部分や左端部分だけであるような場合，その検定を**片側検定**という．例えば，上の3つの棄却域のうち，1つ目の $|T| > z\left(\frac{\alpha}{2}\right)$ は帰無仮説のもとで T がとりうる値の両端の部分を指定しているので両側検定で，残りの下2つの棄却域は T のとりうる値の右側か左側しか指定していないので片側検定．本によっては，対立仮説で指定するパラメータの範囲が，$\mu \fallingdotseq \mu_0$ のように，帰無仮説で仮定されているパラメータの値 $\mu = \mu_0$ の両側であるような検定が両側検定で，右側か左側のどちらか片方であるような検定が片側検定だ，と説明されているものもあるが，どちらでもよい．

(2) 母平均 μ の検定（母分散 σ^2 が未知のとき）

- 帰無仮説 $H_0 : \mu = \mu_0$
- 検定統計量：$T = \dfrac{\overline{X} - \mu_0}{\sqrt{S^2/n}}$
- 帰無仮説のもとで，$T \sim \mathrm{t}(n-1)$
- 棄却域：有意水準を α とするとき，対立仮説 H_1 ごとに，

$$H_1: \mu \fallingdotseq \mu_0 \implies |T| > t\left(n-1, \frac{\alpha}{2}\right)$$

$$H_1: \mu > \mu_0 \implies T > t(n-1, \alpha)$$

$$H_1: \mu < \mu_0 \implies T < -t(n-1, \alpha)$$

3.　正規母集団の母分散の検定

母集団の分布が $\mathrm{N}(\mu, \sigma^2)$ のときに，母分散 σ^2 について仮説検定する方法を述べる．

$X_1, X_2, \ldots, X_n$ は標本を表し，$\overline{X} = \dfrac{1}{n}\sum_{i=1}^{n} X_i$，　$\tilde{\sigma}^2 = \dfrac{1}{n}\sum_{i=1}^{n}(X_i - \mu)^2$，$S^2 = \dfrac{1}{n-1}\sum_{i=1}^{n}(X_i - \overline{X})^2$ とする．

(1) 母分散 σ^2 の検定（母平均 μ が既知のとき）

- 帰無仮説 $H_0 : \sigma^2 = \sigma_0^2$

- 検定統計量：$T=\dfrac{n\widetilde{\sigma}^2}{\sigma_0^2}=\dfrac{\sum_{i=1}^{n}(X_i-\mu)^2}{\sigma_0^2}$
- 帰無仮説のもとで，$T\sim\chi^2(n)$
- 棄却域：有意水準を α とするとき，対立仮説 H_1 ごとに，

  $H_1:\sigma^2\neq\sigma_0^2\Longrightarrow T<\chi^2\left(n,1-\dfrac{\alpha}{2}\right)$ または $T>\chi^2\left(n,\dfrac{\alpha}{2}\right)$

  $H_1:\sigma^2>\sigma_0^2\Longrightarrow T>\chi^2(n,\alpha)$

  $H_1:\sigma^2<\sigma_0^2\Longrightarrow T<\chi^2(n,1-\alpha)$

(2) 母分散 σ^2 の検定（母平均 μ が未知のとき）

- 帰無仮説 $H_0:\sigma^2=\sigma_0^2$
- 検定統計量：$T=\dfrac{(n-1)S^2}{\sigma_0^2}=\dfrac{\sum_{i=1}^{n}(X_i-\overline{X})^2}{\sigma_0^2}$
- 帰無仮説のもとで，$T\sim\chi^2(n-1)$
- 棄却域：有意水準を α とするとき，対立仮説 H_1 ごとに，

  $H_1:\sigma^2\neq\sigma_0^2\Longrightarrow T<\chi^2\left(n-1,1-\dfrac{\alpha}{2}\right)$ または $T>\chi^2\left(n-1,\dfrac{\alpha}{2}\right)$

  $H_1:\sigma^2>\sigma_0^2\Longrightarrow T>\chi^2(n-1,\alpha)$

  $H_1:\sigma^2<\sigma_0^2\Longrightarrow T<\chi^2(n-1,1-\alpha)$

棄却域については，133ページの基本事項 **11** も参照せよ．

4. 母比率の検定

標本数 n がとても大きいとき，母集団が2つのグループに $p:1-p$ の割合で分かれている場合の母比率 p について検定する方法を述べる．

$\hat{p}=\overline{X}=\dfrac{1}{n}\sum_{i=1}^{n}X_i$ とする．

- 帰無仮説 $H_0:p=p_0$
- 検定統計量：$T=\dfrac{\hat{p}-p_0}{\sqrt{p_0(1-p_0)/n}}$
- 帰無仮説のもとで近似的に，$T\sim \mathrm{N}(0,1)$
- 棄却域：有意水準を α とするとき，対立仮説 H_1 ごとに，

  $H_1:p\neq p_0\Longrightarrow |T|>z\left(\dfrac{\alpha}{2}\right)$

  $H_1:p>p_0\Longrightarrow T>z(\alpha)$

  $H_1:p<p_0\Longrightarrow T<-z(\alpha)$

5. 正規母集団の母平均の差の検定

分布が正規分布である二つの母集団で，母平均に違いがあるという仮説を検定する方法を述べる．

㊎ 工場Aで作られるタイヤの走行可能距離（単位：十万km）は，$N(\mu_1, 0.25)$ に従う．一方，同じ型のタイヤは工場Bでも作られているが，そちらは走行可能距離が $N(\mu_2, 0.4)$ に従う．これらのタイヤはどちらの工場でも同じ値段で取引されている．工場Bの製品の方が出来のバラツキが大きいので，平均走行可能距離が工場Aのタイヤよりも長くないと，工場Bと取引するメリットがない．工場A，Bからそれぞれデータを得られたとするとき，$\mu_1 < \mu_2$ といえるかどうかを調べたい． □

二つの母集団は分布がそれぞれ $N(\mu_1, \sigma_1^2)$，$N(\mu_2, \sigma_2^2)$ であるとする．

一つ目の母集団から m 個の標本 $X_1, \ldots, X_m$，二つ目の母集団から n 個の標本 $Y_1, \ldots, Y_n$ が得られたとする．

$\overline{X} = \dfrac{1}{m}\sum_{i=1}^{m} X_i$，　$\overline{Y} = \dfrac{1}{n}\sum_{j=1}^{n} Y_j$ とする．

帰無仮説を $H_0 : \mu_1 = \mu_2$ とする．

(1) σ_1^2 と σ_2^2 が既知のとき

- 検定統計量：$T = \dfrac{\overline{X} - \overline{Y}}{\sqrt{\sigma_1^2/m + \sigma_2^2/n}}$
- 帰無仮説のもとで $T \sim N(0, 1)$
- 棄却域は，有意水準を α とすると，対立仮説ごとに次のようになる．T を使って対立仮説を表現するように考えればよい．

$H_1 : \mu_1 \neq \mu_2 \Longrightarrow |T| > z\left(\dfrac{\alpha}{2}\right)$

$H_1 : \mu_1 > \mu_2 \Longrightarrow T > z(\alpha)$

$H_1 : \mu_1 < \mu_2 \Longrightarrow T < -z(\alpha)$

(2) σ_1^2, σ_2^2 は未知だが，$\sigma_1^2 = \sigma_2^2$ はわかっているとき

$S_1^2 = \dfrac{1}{m-1}\sum_{i=1}^{m}(X_i - \overline{X})^2$，　$S_2^2 = \dfrac{1}{n-1}\sum_{j=1}^{n}(Y_j - \overline{Y})^2$ とおく．

- 検定統計量：$T = \dfrac{\overline{X} - \overline{Y}}{\sqrt{\left(\dfrac{1}{m} + \dfrac{1}{n}\right) \cdot \dfrac{(m-1)S_1^2 + (n-1)S_2^2}{m+n-2}}}$

- 帰無仮説のもとで $T \sim \mathrm{t}(m+n-2)$
- 棄却域は，有意水準を α とすると，対立仮説ごとに次のようになる．T を使って対立仮説を表現するように考えればよい．

  $H_1: \mu_1 \neq \mu_2 \Longrightarrow |T| > t\left(m+n-2,\ \dfrac{\alpha}{2}\right)$

  $H_1: \mu_1 > \mu_2 \Longrightarrow T > t(m+n-2,\ \alpha)$

  $H_1: \mu_1 < \mu_2 \Longrightarrow T < -t(m+n-2,\ \alpha)$

6. 正規母集団の母分散の比の検定

分布が正規分布である二つの母集団で，母分散に違いがあるという仮説を検定する方法を述べる．

二つの母集団は分布がそれぞれ $\mathrm{N}(\mu_1, \sigma_1^2)$，$\mathrm{N}(\mu_2, \sigma_2^2)$ であるとする．

一つ目の母集団から m 個の標本 $X_1, \ldots, X_m$，二つ目の母集団から n 個の標本 $Y_1, \ldots, Y_n$ が得られたとする．

$\overline{X} = \dfrac{1}{m}\sum_{i=1}^{m} X_i$，　$\overline{Y} = \dfrac{1}{n}\sum_{j=1}^{n} Y_j$ とし，$S_1^2 = \dfrac{1}{m-1}\sum_{i=1}^{m}(X_i - \overline{X})^2$，

$S_2^2 = \dfrac{1}{n-1}\sum_{j=1}^{n}(Y_j - \overline{Y})^2$ とおく．

帰無仮説を $H_0: \sigma_1^2 = \sigma_2^2$ とする．

- 検定統計量：$T = \dfrac{S_1^2}{S_2^2}$
- 帰無仮説のもとで $T \sim \mathrm{F}(m-1, n-1)$，$\dfrac{1}{T} \sim \mathrm{F}(n-1, m-1)$

  89 ページの練習問題 3–21 を参照．
- 棄却域は，有意水準を α とすると，対立仮説ごとに次のようになる．T を使って対立仮説を表現するように考えればよい．

  $H_1: \sigma_1^2 \neq \sigma_2^2 \Longrightarrow T > F\left(m-1, n-1,\ \dfrac{\alpha}{2}\right)$ または $\dfrac{1}{T} > F\left(n,\ m,\ \dfrac{\alpha}{2}\right)$

  $H_1: \sigma_1^2 > \sigma_2^2 \Longrightarrow T > F(m-1, n-1,\ \alpha)$

  $H_1: \sigma_1^2 < \sigma_2^2 \Longrightarrow \dfrac{1}{T} > F(n-1, m-1,\ \alpha)$

〈注〉 棄却域がややこしくなっているのは，F 分布の数表を 4 つだけで済ませたいからである．
棄却域を，

$H_1: \sigma_1^2 \neq \sigma_2^2 \Longrightarrow T > F(m-1, n-1,\ \frac{\alpha}{2})$ または $T > F(m, n, 1-\frac{\alpha}{2})$

$H_1: \sigma_1^2 > \sigma_2^2 \Longrightarrow T > F(m-1, n-1,\ \alpha)$

$H_1: \sigma_1^2 < \sigma_2^2 \Longrightarrow T > F(m-1, n-1, 1-\alpha)$

とすると，有意水準を 0.05 と 0.01 だけ考えようと思っても，8 種類の F 分布の数表が必

要になる($\alpha=0.005, 0.01, 0.025, 0.05, 0.95, 0.975, 0.99, 0.995$).
自分で数表を作れたり，F 分布の $100(1-\alpha)$% 点の計算をできるなら，もっとわかりやすい棄却域を使ってもよい.

7. 母比率の差の検定

分布がベルヌーイ分布である二つの母集団で，母比率に違いがあるという仮説を検定する方法を述べる.

二つの母集団は分布がそれぞれ $\mathrm{Be}(p_1)$, $\mathrm{Be}(p_2)$ であるとする.

一つ目の母集団から m 個の標本 $X_1, \ldots, X_m$ が得られ，その中には 1 が m_1 個あるとする.

二つ目の母集団から n 個の標本 $Y_1, \ldots, Y_n$ が得られ，その中には 1 が n_1 個あるとする.

$\widehat{p}_1=\dfrac{m_1}{m}$, $\widehat{p}_2=\dfrac{n_1}{n}$ とする．したがって，$m_1=m\widehat{p}_1$, $n_1=n\widehat{p}_2$ と書けることに注意.

$p^*=\dfrac{m_1+n_1}{m+n}=\dfrac{m\widehat{p}_1+n\widehat{p}_2}{m+n}$ とする.

帰無仮説を $H_0: p_1=p_2$ とする.

- 検定統計量：$T=\dfrac{\widehat{p}_1-\widehat{p}_2}{\sqrt{(1/n+1/m)p^*(1-p^*)}}$
- 帰無仮説のもとで近似的に $T\sim \mathrm{N}(0, 1)$
- 棄却域は，有意水準を α とすると，対立仮説ごとに次のようになる.

  $H_1: p_1 \fallingdotseq p_2 \Longrightarrow |T|>z\left(\dfrac{\alpha}{2}\right)$

  $H_1: p_1>p_2 \Longrightarrow T>z(\alpha)$

  $H_1: p_1<p_2 \Longrightarrow T<-z(\alpha)$

8. 検定の手続き

簡単な例を使って，検定の手順を説明する.

ある人が日本人成人男性の平均身長は 175 cm だと主張するのだが，受け入れ難いので，そうではないことを示したい．それを，データを集めて判断する．母集団の分布は $\mathrm{N}(\mu, 20)$，μ は未知とする.

(1) まず，検定によって否定したいことを書く．否定したいことを**帰無仮説**という.

いまは平均身長が 175 cm であることを否定したいので，帰無仮説は

$H_0 : \mu = 175$

(2) 次に，検定によって示したいことを表現する．示したい仮説を**対立仮説**という．

もし，日本人の平均身長が175 cmでないことだけを知りたいなら，対立仮説は

$H_1 : \mu \neq 175$

と書ける．

意図をくみ取ると，日本人の平均身長が175 cmより低いことを示したいとも考えられるので，その場合，対立仮説は

$H_1 : \mu < 175$

と書ける．

(3) 次に，**検定統計量**と呼ばれる確率変数を用意する．

この検定統計量の実現値をデータから計算したとき，それが異常値だと思われるようなら，帰無仮説が正しいと仮定したことが間違いと考える，というのが検定の考え方である．異常値とは，帰無仮説が正しいと仮定した場合に，検定統計量の分布から考えて，それがあまりとることのないような値(たとえば密度関数の値が非常に小さいようなもの)のことである．なので，検定統計量は，帰無仮説が正しいと仮定した場合に確率分布が求められるものでないといけない．

今の場合，標本を $X_1, X_2, \ldots, X_n$ とすると，122ページの基本事項**2** (1)にあるように，検定統計量は $T = \dfrac{\overline{X} - \mu_0}{\sqrt{20/n}} = \dfrac{\overline{X} - 175}{\sqrt{20/n}}$ がよく使われる．

もし帰無仮説が正しいなら，すべての i について $X_i \sim \mathrm{N}(175, 20)$ だということになり，$\overline{X}$ の確率分布は，

$$\overline{X} \sim \mathrm{N}\left(175, \frac{20}{n}\right)$$

となる．したがって，帰無仮説が正しいなら，検定統計量 T の確率分布は，

$$T = \frac{\overline{X} - 175}{\sqrt{20/n}} \sim \mathrm{N}(0, 1)$$

のはずである．

(4) 次に，検定統計量がどのような値をとったら異常かを設定する．そのために，**有意水準** α と**棄却域**を設定する．

棄却域とは，ある値の範囲で，検定統計量がその範囲の値をとるということは帰無仮説が誤っている可能性が高いのではないか，と考えられるようなものである．棄却域をどのくらいの広さでとるかというのは分析者次第で，その基準を表しているのが有意水準αという確率である．分析者が有意水準をαと決める，ということは，分析者が棄却域の広さを，帰無仮説が正しいときに検定統計量Tがその棄却域の値をとる確率がαになるような広さにすると決める，ということである．135ページの問題5–1と140ページの問題5–6も参照せよ．

平均身長の例でいうと，もし帰無仮説$H_0 : \mu = 175$が正しければ，$\overline{X} \sim \mathrm{N}\left(175, \dfrac{20}{n}\right)$なので，きっと$\overline{X}$は175に近い値をとるだろう，と考えられる（もちろん，175から離れた値をとることもあるが）．すると，Tの分子の$\overline{X} - 175$はきっと0に近い値になるだろう，なので，Tの値もきっと0に近い値になるだろう，と考えられる．

しかし，仮にTの値が異常に大きかったとする．帰無仮説が正しければ$T \sim \mathrm{N}(0, 1)$なので，異常に大きな値とは例えば$T = 4$などである（Tが3より大きい値になる確率は，標準正規分布の数表より，$P(T > 3) = 0.13\%$しかない）．$T = 4$ということは，$\overline{X} = 175 + 4\sqrt{\dfrac{20}{n}}$であり，データの平均$\overline{X}$が，帰無仮説で仮定した仮の平均175より大きいことになる．そのようなデータが得られてしまうということは，本当は母集団の分布の平均は，175より大きいのではないだろうか，となる．それで，帰無仮説$H_0 : \mu = 175$よりも対立仮説$H_1 : \mu \neq 175$の方が正しいのではないか，と考え，帰無仮説はきっと間違っている，と考えるのが検定の考え方である．

また，同様に，$T = -4$のようにTの値が0よりも異常に小さくなるときは，本当は母集団の分布の平均は，175より小さいのではないだろうか，と考えられ，帰無仮説$H_0 : \mu = 175$よりも対立仮説$H_1 : \mu \neq 175$の方が正しいのではないか，となる．したがって，対立仮説が$H_1 : \mu \neq 175$の場合は，棄却域はTが0より異常に大きいか小さい範囲である．つまり，絶対値$|T|$が異常に大きいような範囲である．

では，$|T|$がどれくらい大きいなら異常か，ということになるが，それは分析者が決めることである．たとえば，帰無仮説が正しいなら$|T|$は約

99% の確率で $z(0.005) \fallingdotseq 2.58$ 未満の値をとるはずである（$P(|T|<2.58) \fallingdotseq P(|T|<z(0.005))=99\%$）．そこで，$|T|$ が 2.58 以上の値をとったら，めったにないほど $|T|$ が異常に大きな値をとっていると考えられる．これが，有意水準が 1% で棄却域が $|T| \geq z(0.005) \fallingdotseq 2.58$ ということである．また，別の人は $|T|$ が 1.96 くらいの値をとる時点ですでに異常だと考えるかもしれない．$P(|T|>1.96)=P(|T|>z(0.025))=0.05$ なので，この人は有意水準を 5% にして棄却域を $|T|>z(0.025)=1.96$ と設定したということである．有意水準は分析者が感覚で決めるものであり，何か正しい値が決まっているわけではない．5%，10%，1% が一般的である．

また，対立仮説が $H_1: \mu<175$ なら，$T=-4$ は前と同じように帰無仮説よりも対立仮説の方が正しいのではないか，ということを示唆するが，$T=4$ となったとしてもそれは対立仮説 $H_1: \mu<175$ が正しそうだということは意味しない．なので，そのときは棄却域は T の値が 0 より異常に小さいという範囲である．対立仮説によって棄却域は変わる．

(5) あとは，検定統計量 T の実現値を計算して，その値が棄却域に入るかどうか調べ，帰無仮説の棄却，受容を判断すればよい．

T の実現値が棄却域に入っているなら，対立仮説の方が正しそうだとみなす．これを，帰無仮説を**棄却する**，という．注意が必要なのは，対立仮説が正しいとみなすだけであって，実際に対立仮説が正しいかどうかは，究極的にはわからない，ということである．（例えば，135 ページの問題 5–1 を解くときに，その問題文の方法で相手をウソつきだと決めつけることをどう思うか，考えてみるとよい．）

T の実現値が棄却域に入っていないときは，対立仮説は正しいとは言えない．このことは，帰無仮説を**受容する**，といわれる．この場合は，帰無仮説を正しいと主張できるわけでもないし，対立仮説が間違っているとも言えない．つまり，なにもわからない．（例えば，135 ページの問題 5–1 を解くときに，もし 4 枚とも A のカードを引いたときには何を主張できるか考えてみよ．）

〈注〉片側検定の場合に帰無仮説を正しいとは主張できないというのは，例えば平均身長の検定の例

帰無仮説 $H_0: \mu=175$

対立仮説 $H_1: \mu < 175$

で，帰無仮説を受容したときに，「平均身長が 175 cm 未満であることが否定されただけだから，176 cm の可能性もあるので，帰無仮説の 175 cm は正しいとは限らない」ということとは違うので，誤解のないように．

9. 第1種の誤り，第2種の誤り，検出力（練習問題5-1，問題5-4）

(1) 帰無仮説が正しいのに，間違って帰無仮説を棄却してしまうことを，第1種の誤りという．第1種の誤りを起こす確率は，有意水準に等しい．
前項の例で説明してみる．帰無仮説 $H_0: \mu = 175$，対立仮説 $H_1: \mu < 175$ のときを考える．有意水準を 5% とする．よって，棄却域は $T < -z(0.05) \fallingdotseq -1.65$ である．ここで，実は帰無仮説 $H_0: \mu = 175$ が正しいとする．なので，$T \sim \mathrm{N}(0, 1)$ となる．このとき $P(T > -1.65) = 0.95$ だが，たまたま運悪く 5% を引いてしまい，$T \leq -1.65$ となってしまうこともちろんある．このときは，間違って帰無仮説を棄却してしまう．そうなることが第1種の誤りで，その確率は $P(T \leq -1.65) \fallingdotseq P(T < -z(0.05)) = 5\% =$ (有意水準) である．

(2) 一方，帰無仮説が間違っているのに，帰無仮説を棄却しそこなってしまうことを，第2種の誤りという．第2種の誤りを起こす確率は，真のパラメータの関数としてあらわされる．
前項の例で考えてみる．帰無仮説 $H_0: \mu = 175$，対立仮説 $H_1: \mu < 175$ とし，実は対立仮説が正しいとする．有意水準を 5% とする．棄却域は $T \leq -z(0.05) \fallingdotseq -1.65$．帰無仮説が間違っているので，$T \not\sim \mathrm{N}(0, 1)$ であり，本当の平均 μ を使って，$T + \dfrac{175 - \mu}{\sqrt{20/n}} = \dfrac{\overline{X} - \mu}{\sqrt{20/n}} \sim \mathrm{N}(0, 1)$ となることに注意．このときに，たまたま $T > -z(0.05) \fallingdotseq -1.65$ となることもちろんある．そのときは，誤って帰無仮説を受容してしまうが，それが第2種の誤りである．そうなる確率は，

$$P(T > -1.65) = P\left(\frac{\overline{X} - 175}{\sqrt{20/n}} > -1.65\right) = P\left(\frac{\overline{X} - \mu}{\sqrt{20/n}} > \frac{175 - \mu}{\sqrt{20/n}} - 1.65\right)$$

$$= P\left(Z > \frac{175 - \mu}{\sqrt{20/n}} - 1.65\right)$$

ただし，$Z \sim \mathrm{N}(0, 1)$ とした．$P\left(Z > \dfrac{175 - \mu}{\sqrt{20/n}} - 1.65\right)$ は μ によって値が

変わる，μ の関数だとみなせる．

(3) そうでなく，帰無仮説が間違っているときに，ちゃんと帰無仮説を棄却できる確率を**検出力**という．検出力$=1-P$(第2種の誤りを起こす) である．前項の例で考えてみる．帰無仮説 H_0：$\mu=175$，対立仮説 H_1：$\mu<175$ とし，対立仮説が正しいとする．有意水準を5%とする．棄却域は $T \leq -z(0.05) \fallingdotseq -1.65$．これは上の第2種の誤りの確率と同じ状況で，$T \not\sim \mathrm{N}(0, 1)$ であり，$T+\dfrac{175-\mu}{\sqrt{20/n}}=\dfrac{\overline{X}-\mu}{\sqrt{20/n}} \sim \mathrm{N}(0, 1)$ である．このとき，ちゃんと帰無仮説を棄却できるのは $T \leq -z(0.05) \fallingdotseq -1.65$ となるときで，その確率は，

$$P(T \leq -1.65)=1-P(T>-1.65)=1-(\text{第2種の誤りの確率})$$

となる．

10. より強力な検定方式

母集団の分布が正規分布 $\mathrm{N}(\mu, \sigma^2)$ で分散 σ^2 は既知とする．帰無仮説 H_0：$\mu=\mu_0$，対立仮説 H_1：$\mu<\mu_0$ の検定をするとき，検定統計量 $T=\dfrac{\overline{X}-\mu_0}{\sqrt{\sigma^2/n}}$ を使って検定すると説明したが，検定統計量は他のものでもよいのではないか，という疑問もある．もちろん，他の検定統計量を使ってもかまわない．たとえば，検定統計量を $S=\dfrac{X_1-\mu_0}{\sigma}$ としてみる．要するに，1つ目のデータだけを見て，それが μ_0 に近かったら帰無仮説を受容し，そうでなければ棄却する，という検定方法をとろうとしているということである．この検定方法に何も問題はない．

では，どちらを使えばよいのか考えないといけないが，このとき，直感的にわかると思うが，T を使う方がよい．それを検定の言葉で表現すると，T を使ったときの検出力の方が S を使ったときよりも大きい，ということになる．139ページの問題5–5参照．検出力は大きい方が望ましいので，S よりも T を使って検定すべきだと考えられる．

帰無仮説，対立仮説，有意水準 α が同じであるとき，他と比べて検出力がより大きい検定方式は**強力**だという．上の例では，S を使った検定より，T を使った検定の方が強力だ，という具合である．検定の方法は無数にあるが，この章の基本事項では比較的強力であることが知られており，よく使われる検定

の方法だけを紹介している．

11. ［補足］母分散の検定の棄却域

基本事項**3** (1) で述べた母分散の検定の棄却域について注意する．

母集団の分布は$\mathrm{N}(\mu, \sigma^2)$で，母平均は既知とする．帰無仮説は$\sigma^2=\sigma_0^2$，対立仮説は$\sigma^2>\sigma_0^2$とする．検定統計量は$T=\dfrac{n\tilde{\sigma}^2}{\sigma_0^2}=\dfrac{\sum_{i=1}^{n}(X_i-\mu)^2}{\sigma_0^2}$とする．

このとき，棄却域はTの値がnよりかなり大きいような範囲になる．その理由を説明する．

もし，帰無仮説が正しければ，Tは$\chi^2(n)$に従うはずである．説明していないが，実は，$n\geqq 2$のとき，$\chi^2(n)$のもっともとりやすい値は$n-2$である（右の図を参照）．つまり，帰無仮説が正しいとTは$n-2$あたりの値をとりやすいはずである．そのとき，

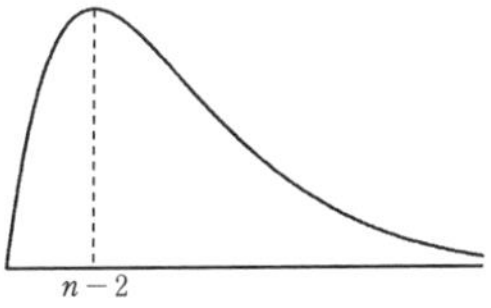

$$T=\frac{\sum_{i=1}^{n}(x_i-\mu)^2}{\sigma_0^2}\fallingdotseq n-2 \text{ より，}\quad \frac{1}{n}\sum_{i=1}^{n}(x_i-\mu)^2\fallingdotseq\frac{n-2}{n}\sigma_0^2\fallingdotseq\sigma_0^2$$

これは，データが（データの分散）≒（帰無仮説の分散）を示唆しているということである．

Tの値がnより大きいときは，

$$T=\frac{\sum_{i=1}^{n}(x_i-\mu)^2}{\sigma_0^2}\gg n \text{ より，}\quad \frac{1}{n}\sum_{i=1}^{n}(x_i-\mu)^2\gg\sigma_0^2$$

となる．これは，（データの分散）≫（帰無仮説の分散）ということで，本当の分散は帰無仮説の分散よりも大きいのではないか，ということをデータが示唆していることになる．したがって，Tの値が異常に大きければ帰無仮説を棄却する．

他の対立仮説 $\sigma^2<\sigma_0^2$ や $\sigma^2\neq\sigma_0^2$ の棄却域についても同様に考えればよい．

12. ［補足］P値

いま，検定統計量の実現値が$T=t_0$と得られたとする．帰無仮説が正しいという仮定の下，検定統計量Tが，仮にまだ実現値を計算していないとすると

きに，この t_0 よりも帰無仮説が正しくないことを表すような値になる確率を $T=t_0$ に対する **P 値**という．

例えば,帰無仮説のもとで $T \sim \mathrm{N}(0, 1)$, 有意水準が α で棄却域が $T > z(\alpha)$ であるとする．さらに，$T=t_0$ が右図のような値だとする．このとき，もしも T が t_0 よりも大きな値をとっていたとしたら帰無仮説はより正しくなさそうなので，P 値は右図の色付き部分に対応する確率である：(P 値) $= P(T > t_0)$

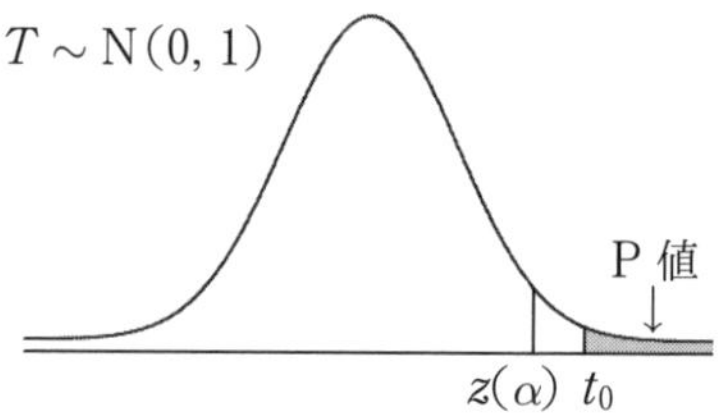

図より明らかに $T > z(\alpha)$ (つまり，帰無仮説を棄却) と (P 値) $< \alpha$ は同値である．このように，P 値は，それが有意水準より小さければ帰無仮説を棄却する，というように使う．

問題5-1　簡単な検定

100 枚のカードがあり，そのカードの持ち主は，そのうち 96 枚には A と書かれており，4 枚には B と書かれていると言っている．カードの持ち主がウソをついており，B はもっと多いことを示したい．そのために，4 回引かせてもらい，2 回以上 B を引いたらウソだとみなす，ということにした．ただし，カードは 1 回引いたら，その都度持ち主に返す．

これは仮説検定である．この検定について，次は何か答えよ．

(1) 帰無仮説　(2) 検定統計量 T　(3) 帰無仮説のもとでの T の分布
(4) 対立仮説　(5) 棄却域と有意水準 α

■ 解 説 ■　この問題文では，そうは見えないかも知れないが，実は検定を計画している．この簡単な文章の中で，帰無仮説，検定統計量，対立仮説，有意水準，第 1 種の誤りの確率，第 2 種の誤りの確率，検出力が何に相当するのか考えることで，これらのイメージをつかむための問題である．検定はこういうものだと思えればよい．

解答

(1) H_0：A は 96 枚　…(答)

(2) いろいろ考えられるが，例えば，各 $i=1, 2, 3, 4$ について，i 回目に引いたカードが A なら $X_i=0$，B なら $X_i=1$ という確率変数 X_1, X_2, X_3, X_4 を使って，$T=X_1+X_2+X_3+X_4$　…(答)

(3)「帰無仮説のもとでの」とは，帰無仮説が正しいとした場合の，ということである．そのときは，カードの束には A が 96 枚と B が 4 枚だけなので，$P(X_i=0)=0.96$, $P(X_i=1)=0.04$, $i=1, 2, 3, 4$
よって，㋐ $T=X_1+X_2+X_3+X_4$ の分布は，

T	0	1	2
確率	${}_4C_0 0.96^4$ $\fallingdotseq 0.8493$	${}_4C_1 0.96^4 \cdot 0.04$ $\fallingdotseq 0.1416$	${}_4C_2 0.96^2 \cdot 0.04^2$ $\fallingdotseq 0.0088$

T	3	4
確率	${}_4C_3 0.96 \cdot 0.04^3$ $\fallingdotseq 0.0002$	${}_4C_4 0.04^4$ $\fallingdotseq 3\times 10^{-6}$

…(答)

(4) H_1：A は 95 枚以下　…(答)

(5) 4 枚中 B が 2 枚あればウソだとみなすので，棄却域は，$T \geq 2$　…(答)
いまの場合，㋑ 有意水準 α は，帰無仮説のもとで $T \geq 2$ となる確率．上の T の分布から，$P(T \geq 2) \fallingdotseq 0.009 = 0.9\%$　…(答)

ポイント

㋐ T の分布は二項分布 $B(4, 0.04)$

㋑ カードを 4 回引かせてもらい，2 回以上 B を引いたらウソだとみなす，と分析者が決めたことで，有意水準と棄却域を決定している．
有意水準は，帰無仮説のもとで検定統計量についてこれだけ小さい確率のことが起これば，帰無仮説を棄却する，という確率である．この問題では，100 枚のカードの中で B は 4 枚しかないと言われているのに，引いた 4 枚のカードの中で 2 枚以上 B があるというまれな事象が起これば，カードの持ち主はウソつきだと，分析者が考えている．なので，その事象が起こる確率が有意水準である．

練習問題　5-1

解答 p.227

上の問題を続ける．次は何か答えよ．

(1) 第 1 種の誤りの確率　(2) 第 2 種の誤りの確率　(3) 検出力

問題5-2　正規母集団の平均の検定 1

N(μ, 0.9) 母集団の 10 個の標本から次のようなデータ（実現値）が得られた．このとき，122 ページの基本事項**2** (1) の検定方法で，帰無仮説を $H_0 : \mu = 4.5$ とし，

(1) 対立仮説 $H_1 : \mu < 4.5$ を有意水準 1% で検定せよ．

(2) 対立仮説 $H_1 : \mu \neq 4.5$ を有意水準 5% で検定せよ．

x_1	x_2	x_3	x_4	x_5	x_6	x_7	x_8	x_9	x_{10}
4.7	4.4	3.8	1.8	3.7	3.0	3.5	3.7	5.8	4.6

解 説　母集団が正規分布で分散が既知の場合の，平均の検定の手順を確認する問題．ここでは，検定統計量と有意水準は与えられているので，特に，棄却域を適切に設定できるかどうかを意識せよ．

また，実はデータは母集団の分布を N(4, 0.9) として作ってある．

解答

(1) 検定統計量は $T = \dfrac{\overline{X} - 4.5}{\sqrt{0.9/10}}$ である．

㋐棄却域は，$T < -z(0.01) \fallingdotseq -2.33$ つまり，T が -2.33 より小さくなれば，帰無仮説を棄却する．

いま，$\overline{X}$ の実現値は $\overline{x} = 3.9$ なので，検定統計量の実現値は，$T = -2$

T の実現値が $-z(0.01) \fallingdotseq -2.33$ より小さくないので，帰無仮説を受容する．　…(答)

(2) 検定統計量とその実現値は，前問と同じ．

㋑棄却域は，$|T| > z(0.025) = 1.96$

$|T| = 2$ であり，$z(0.025) = 1.96$ より大きいので，帰無仮説を棄却する．　…(答)

ポイント

㋐ $H_1 : \mu < \mu_0$ なら，有意水準が α のとき，棄却域は，$T < -z(\alpha)$

㋑ $H_1 : \mu \neq \mu_0$ なら，有意水準が α のとき，棄却域は，$|T| > z(\alpha/2)$

練習問題　5-2

解答 p.228

N(μ, 4) 母集団の 100 個の標本からデータが得られ，データの平均の実現値は $\overline{x} = 5$ であった．このとき，122 ページの基本事項**2** (1) の検定方法で，次の検定をせよ．

(1) 帰無仮説 $H_0 : \mu = 4$，対立仮説 $H_1 : \mu > 4$ を有意水準 1% で検定せよ．

(2) 帰無仮説 $H_0 : \mu = 6$，対立仮説 $H_1 : \mu \neq 6$ を有意水準 1% で検定せよ．

問題5-3　正規母集団の平均の検定 2

$N(\mu, \sigma^2)$ 母集団の10個の標本から次のようなデータ（実現値）が得られた．ただし，分散 σ^2 は未知の値である．このとき，123ページの基本事項**2**(2)の検定方法で，帰無仮説を $H_0: \mu=5$ とし，

(1) 対立仮説 $H_1: \mu<4.5$ を有意水準1%で検定せよ．

(2) 対立仮説 $H_1: \mu \fallingdotseq 4.5$ を有意水準5%で検定せよ．

x_1	x_2	x_3	x_4	x_5	x_6	x_7	x_8	x_9	x_{10}
4.7	4.4	3.8	1.8	3.7	3.0	3.5	3.7	5.8	4.6

解 説　母集団が正規分布で分散が未知の場合の，平均の検定の手順を確認する問題．棄却域を適切に設定せよ．

また，データは前問と同じ．

解答

(1) 検定統計量は，$T=\dfrac{\overline{X}-4.5}{\sqrt{S^2/10}}$ である．

㋐棄却域は，$T<-t(9,\ 0.01)=-2.8241$

いま，$\overline{X}$ と S^2 の実現値は $\overline{x}=3.9$，$s^2 \fallingdotseq 1.1622$ なので，検定統計量の実現値は，$T \fallingdotseq -1.7600$

T が $-t(9,\ 0.01)=-2.8241$ より小さくないので，帰無仮説を受容する．　…(答)

(2) 検定統計量とその実現値は，前問と同じ．

㋑棄却域は，$|T|>t(9,\ 0.025)=2.2622$

$|T| \fallingdotseq 1.7600$ であり，$t(9,\ 0.025)=2.2622$ より大きくないので，帰無仮説を受容する．　…(答)

ポイント

㋐ $H_1: \mu<\mu_0$ なら，有意水準が α のとき，棄却域は，$T<-t(n-1,\ \alpha)$

㋑ $H_1: \mu \fallingdotseq \mu_0$ なら，有意水準が α のとき，棄却域は，$|T|>t(n-1,\ \alpha/2)$

練習問題　5-3

解答 p.228

母集団の分布が $N(\mu, \sigma^2)$ だとする．ただし，分散 σ^2 は未知の値である．この母集団から9個のデータが得られ，$\overline{X}$ と S^2 の実現値は $\overline{x}=5$，$s^2=1$ であった．このとき，123ページの基本事項**2**(2)の検定方法で，次の検定をせよ．

(1) 帰無仮説 $H_0: \mu=4$，対立仮説 $H_1: \mu>4$ を有意水準1%で検定せよ．

(2) 帰無仮説 $H_0: \mu=6$，対立仮説 $H_1: \mu \fallingdotseq 6$ を有意水準1%で検定せよ．

問題5-4　第１種の誤り，第２種の誤り，検出力

ある貝の取引で，国内産表示のものが外国産ではないかと疑っている．国内産の貝の大きさは N(6, 0.9) に従い，外国産は N(5.19, 0.9) に従うことがわかっている．いま，取引されている貝を 10 個調べて，122 ページの基本事項 **2**(1) の検定方法で，帰無仮説：取引されているのは国内産，対立仮説：外国産のものが出回っている，を有意水準 5% で検定する．このとき，次を求めよ．

(1) 第１種の誤りの確率　　　　　(2) 第２種の誤りの確率

解　説　第１種の誤りとは，帰無仮説が正しいのに，誤ってそれを棄却してしまうこと．今の場合，帰無仮説が正しいとは，市場の貝は国産で，大きさは N(6, 0.9) に従っているということ．第２種の誤りとは，帰無仮説が間違っているのに，それを棄却し損ねてしまうこと．今の場合，帰無仮説が間違っているとは，市場の貝は外国産で，大きさは N(5.19, 0.9) にしたがっているということ．検出力とは，帰無仮説が間違っているときに，それをきちんと棄却できる確率のこと．

帰無仮説が正しい場合と間違っている場合で，データの従う確率分布が変わることに注意せよ．

解答

(1) 有意水準は 5% とする．帰無仮説が正しいときに，たまたま帰無仮説を棄却してしまう，ということは，

$T=\dfrac{\overline{X}-6}{\sqrt{0.9/10}}\sim \mathrm{N}(0,1)$ のときに，

㋐ $T<-z(0.05)$ となる確率なので，

$P(T<-z(0.05))=0.05=5\%$　　　…(答)

(2) 対立仮説が正しいときに，たまたま帰無仮説を受容してしまう，ということは，$\dfrac{\overline{X}-5.19}{\sqrt{0.9/10}}\sim \mathrm{N}(0,1)$ のときに，

㋑ $T=\dfrac{\overline{X}-6}{\sqrt{0.9/10}}\geq -z(0.05)$ となる確率なので，

㋒ $P(T\geq -z(0.05))=P\left(\dfrac{\overline{X}-6}{\sqrt{0.9/10}}\geq -z(0.05)\right)$

$=P\left(\dfrac{\overline{X}-5.19}{\sqrt{0.9/10}}\geq \dfrac{0.81}{\sqrt{0.9/10}}-z(0.05)\right)$

$=P\left(\dfrac{\overline{X}-5.19}{\sqrt{0.9/10}}\geq 1.06\right)=0.1446=$ ㋒ 14.46%　　　…(答)

ポイント

㋐ (第１種の誤りの確率) ＝(有意水準)

㋑ $\dfrac{\overline{X}-6}{\sqrt{0.9/10}}\not\sim \mathrm{N}(0,1)$ なので，$P\left(\dfrac{\overline{X}-6}{\sqrt{0.9/10}}\geq -z(0.05)\right)=0.95$ とは限らないことに注意．

㋒ この検定の方法では，誤って帰無仮説を棄却する確率は 5% と小さいが，誤って帰無仮説を受容する確率が 14% 以上もあるということ．

練習問題　5-4　　　　解答 p.228

上の問題において，検出力を求めよ．

問題5-5　より強力な検定

$\mathrm{N}(\mu, \sigma^2)$ 母集団から n 個の標本 $X_1, X_2, \ldots, X_n$ が得られたとする．帰無仮説 $H_0 : \mu = \mu_0$，対立仮説 $H_1 : \mu < \mu_0$ を有意水準5%で検定する．検定統計量として次の二つを考える．

$$S = \frac{X_1 - \mu_0}{\sigma}, \qquad T = \frac{\overline{X} - \mu_0}{\sqrt{\sigma^2/n}}$$

また，S を使ったときの検出力を p，T を使ったときの検出力を q とする．

(1) p を求めよ．　　　(2) q を求めよ．

■ 解 説 ■　検定統計量は，基本事項で紹介したものでなくてもよい．この問題では，帰無仮説や，対立仮説，有意水準が同じであるとき，検定統計量が変わると検出力も変わることを確認する．㋐有意水準が同じなら，検出力は大きい方がよい．できる限り検出力が大きい検定方法をとるべきである．検出力を求めるには，帰無仮説が間違っていると仮定し，検定統計量が棄却域に入る確率を計算すればよい．

解答

(1) ㋑棄却域は $S < -z(0.05)$ である．帰無仮説が間違っているとする．正しい母集団分布が $\mathrm{N}(\mu, \sigma^2)$ なので，㋒$X_1 \sim \mathrm{N}(\mu, \sigma^2)$ である．検出力 p は，この状況で $S < -z(0.05)$ となる確率なので，

$$\begin{aligned} p &= P(S \leq -z(0.05)) = P\left(\frac{X_1 - \mu_0}{\sigma} \leq -z(0.05)\right) \\ &= P\left(\frac{X_1 - \mu}{\sigma} \leq \frac{\mu_0 - \mu}{\sigma} - z(0.05)\right) \\ &= P\left(Z \leq \frac{\mu_0 - \mu}{\sigma} - z(0.05)\right) \end{aligned} \quad \cdots(答)$$

ただし，$Z \sim \mathrm{N}(0, 1)$ とした．

棄却域は $T < -z(0.05)$ である．帰無仮説が間違っているということは，$\overline{X} \sim \mathrm{N}\left(\mu, \dfrac{\sigma^2}{n}\right)$ である．検出力 q はこの状況で $T < -z(0.05)$ となる確率なので，

$$q = P(T \leq -z(0.05)) = P\left(\frac{\overline{X} - \mu_0}{\sqrt{\sigma^2/n}} \leq -z(0.05)\right)$$

$$= P\left(\frac{\overline{X} - \mu}{\sqrt{\sigma^2/n}} \leq \frac{\mu_0 - \mu}{\sqrt{\sigma^2/n}} - z(0.05)\right) = P\left(Z \leq \frac{\sqrt{n}(\mu_0 - \mu)}{\sigma} - z(0.05)\right) \quad \cdots(答)$$

ただし，$Z \sim \mathrm{N}(0, 1)$ とした．

ポイント

㋐ 有意水準が同じで検出力が大きいということは，帰無仮説が正しいのに間違って棄却する可能性は同程度で，帰無仮説が間違っているときにそれを棄却する能力は高いということだから．

㋑ なぜなら，帰無仮説が正しいなら，$S \sim \mathrm{N}(0, 1)$ だから．

㋒ $X_1 \sim \mathrm{N}(\mu_0, \sigma^2)$ としないように注意せよ．これだと帰無仮説が正しいことになる．

練習問題　5-5

解答 p.228

上の問題において，$p < q$ を示せ．

問題5-6　検定の計画

日本人成人男性の平均身長が175 cmだという説を否定したい．そこで，100人の日本人をランダムに選び，身長を測ったところ，そのデータの平均が$\overline{x}=173$ cmだった．日本人の身長は，標準偏差が7 cmの正規分布に従うことはわかっているとする．このとき，日本人の平均身長が175 cmより低いという仮説を検定せよ．

解 説　今までは，帰無仮説，対立仮説，有意水準などが与えられたときに，検定を行う手順を勉強してきた．この問題では，それらが与えられておらず，自分で検定の計画を立てる練習を行う．この状況の方が現実的だというだけでなく，この問題について考えてみることで，検定というものの理解がより深まることが期待できる．

解答

（解答例）まず，本当の日本人の平均身長をμ cmと書き，母集団の分布を$\mathrm{N}(\mu, 49)$と書くことにする．つぎに，示したいことは何か考えて，帰無仮説H_0と対立仮説H_1を設定する．

$H_0 : \mu=175, \quad H_1 : \mu<175$

検定統計量は，母集団の分布が分散既知の正規分布なので，㋐そのときによく使われる$T=\dfrac{\overline{X}-175}{\sqrt{49/100}}$を使うことにする．

次に，棄却域と有意水準を決める．今の場合，上の検定統計量Tの値が0より小さくなったときに，μが175より小さいのではないかとデータが示唆していることになるので，棄却域は，Tが0よりある程度小さいなら帰無仮説を棄却するように決める．その程度がどれくらいかを示すのが有意水準だが，これは自分の感覚で自由に決める．ここでは，1%とする．Tが1%の確率でしかありえないほど0より小さい値をとれば，帰無仮説を棄却することにする．したがって，帰無仮説のもと$T \sim \mathrm{N}(0, 1)$なので，棄却域は$T<-z(0.01)=-2.33$

Tの実現値を計算して，帰無仮説を受容するのか棄却するのか決める．Tの実現値は$T=\dfrac{173-175}{\sqrt{49/100}} \fallingdotseq -2.8571$．㋑これは$-z(0.01)=-2.33$より小さいので，帰無仮説を棄却する．

ポイント

㋐　どのような検定統計量を使うかは自分で考えよ．

㋑　いろいろな有意水準についての検定結果を列挙することも多い．また，有意水準0.1，0.05，0.01のうち，帰無仮説を棄却できる最小のものを表示しておくこともある．

練習問題　5-6　解答 p.228

墜落したUFOから宇宙人の体を9体入手した．その9体の平均身長は$\overline{x}=93$ cmで，身長（cm）の分散は$s^2=25$だった．いままで，この種類の宇宙人の平均身長は90cmだと思われていた．この種類の宇宙人の身長は正規分布に従うとする．従来の説は間違っているという仮説を検定せよ．

問題5-7　正規母集団の分散の検定 1

$N(10, \sigma^2)$ 母集団の 10 個の標本から次のようなデータ（実現値）が得られた．このとき，123 ページの基本事項**3** (1) の検定方法で，帰無仮説を $H_0 : \sigma^2 = 12$ とし，

(1) 対立仮説 $H_1 : \sigma^2 \neq 12$ を有意水準 5% で検定せよ．

(2) 対立仮説 $H_1 : \sigma^2 < 12$ を有意水準 5% で検定せよ．

x_1	x_2	x_3	x_4	x_5	x_6	x_7	x_8	x_9	x_{10}
13.6	10.9	8.1	10.0	10.9	8.0	9.7	11.5	8.9	11.4

解 説　母集団が正規分布で平均が既知の場合の，分散の検定の手順を確認する問題．ここでは，検定統計量と有意水準は与えられているので，特に，棄却域を適切に設定できるかどうかを意識せよ．

表のデータは $N(10, 9)$ 母集団とした．

解答

(1) 検定統計量は，$T = \dfrac{10\tilde{\sigma}^2}{12}$ である．

㋐棄却域は，

$T < \chi^2(10, 0.975) = 3.2470$ または

$T > \chi^2(10, 0.025) = 20.4832$

いま，$\tilde{\sigma}^2$ の実現値は $\tilde{\sigma}^2 = 4.51$ なので，検定統計量の実現値は，$T = \dfrac{10 \times 4.51}{12} \fallingdotseq 3.7583$

$3.2470 \leq T \leq 20.4832$ で T の値が棄却域に入らないので，帰無仮説を受容する．　…(答)

(2) 検定統計量とその実現値は，前問と同じ．

㋑棄却域は，$T < \chi^2(10, 0.95) = 3.9403$

$T \fallingdotseq 3.7583$ から，T が $\chi^2(10, 0.95) = 3.9403$ より小さいので，帰無仮説を棄却する．　…(答)

ポイント

㋐ $H_1 : \sigma^2 \neq \sigma_0^2$ なら，有意水準が α のとき，棄却域は，$T < \chi^2\left(n, 1 - \dfrac{\alpha}{2}\right)$ または $T > \chi^2\left(n, \dfrac{\alpha}{2}\right)$

㋑ $H_1 : \sigma^2 < \sigma_0^2$ なら，有意水準が α のとき，棄却域は，$T < \chi^2(n, 1 - \alpha)$

練習問題　5-7

解答 p.229

平均が既知の $N(\mu, \sigma^2)$ 母集団の 20 個の標本からデータをとり $\tilde{\sigma}^2$ を計算したところ，$\tilde{\sigma}^2 = 10$ だった．このとき，123 ページの基本事項**3** (1) の検定方法で，

(1) 帰無仮説 $H_0 : \sigma^2 = 9$，対立仮説 $H_1 : \sigma^2 > 9$ を有意水準 5% で検定せよ．

(2) 帰無仮説 $H_0 : \sigma^2 = 120$，対立仮説 $H_1 : \sigma^2 < 120$ を有意水準 1% で検定せよ．

問題5-8　正規母集団の分散の検定２

$N(\mu, \sigma^2)$ 母集団の10個の標本から次のようなデータ（実現値）が得られた．ただし，μ は未知の値とする．このとき，124ページの基本事項**3** (2) の検定方法で，帰無仮説を $H_0 : \sigma^2 = 12$ とし，

(1) 対立仮説 $H_1 : \sigma^2 \fallingdotseq 12$ を有意水準5%で検定せよ．

(2) 対立仮説 $H_1 : \sigma^2 < 12$ を有意水準5%で検定せよ．

x_1	x_2	x_3	x_4	x_5	x_6	x_7	x_8	x_9	x_{10}
13.6	10.9	8.1	10.0	10.9	8.0	9.7	11.5	8.9	11.4

解 説　母集団が正規分布で平均が未知の場合の，分散の検定の手順を確認する問題．棄却域を適切に設定せよ．

また，データは前問と同じで，実は母集団の分布を $N(10, 9)$ として作ってある．

解答

(1) 検定統計量は，$T = \dfrac{9S^2}{12}$ である．

㋐棄却域は，$T < \chi^2(9, 0.975) = 2.7004$ または $T > \chi^2(9, 0.025) = 19.0228$

いま，S^2 の実現値は $s^2 \fallingdotseq 4.6111$ なので，検定統計量の実現値は，$T \fallingdotseq \dfrac{9 \times 4.6111}{12} \fallingdotseq 3.4583$

$2.7004 \leqq T \leqq 19.0228$ で T の値が棄却域に入らないので，帰無仮説を受容する．　…(答)

(2) 検定統計量とその実現値は，前問と同じ．

㋑棄却域は，$T < \chi^2(9, 0.95) = 3.3251$

$T \fallingdotseq 3.4583$ から，T が $\chi^2(9, 0.95) = 3.3251$ より小さくないので，帰無仮説を受容する．　…(答)

ポイント

㋐　$H_1 : \sigma^2 \fallingdotseq \sigma_0^2$ なら，有意水準が α のとき，棄却域は，$T < \chi^2\left(n-1, 1-\dfrac{\alpha}{2}\right)$ または $T > \chi^2\left(n-1, \dfrac{\alpha}{2}\right)$

㋑　$H_1 : \sigma^2 < \sigma_0^2$ なら，有意水準が α のとき，棄却域は，$T < \chi^2(n-1, 1-\alpha)$

練習問題　5-8

解答 p.229

平均未知の $N(\mu, \sigma^2)$ 母集団の8つの標本からデータをとり標本分散 s^2 を計算したところ，$s^2 = 16$ だった．このとき，124ページの基本事項**3** (2) の検定方法で，

(1) 帰無仮説 $H_0 : \sigma^2 = 8$，対立仮説 $H_1 : \sigma^2 > 8$ を有意水準5%で検定せよ．

(2) 帰無仮説 $H_0 : \sigma^2 = 80$，対立仮説 $H_1 : \sigma^2 < 80$ を有意水準1%で検定せよ．

問題5-9　比率の検定

$\mathrm{Be}(p)$ 母集団の n 個の標本からデータ $x_1, x_2, \ldots, x_{30}$ の値が，次の表のように得られた．このとき，124 ページの基本事項**4** の検定方法で，帰無仮説を $H_0: p=0.5$ とし，

(1) 対立仮説 $H_1: p \fallingdotseq 0.5$ を有意水準 1% で検定せよ．

(2) 対立仮説 $H_1: p<0.5$ を有意水準 5% で検定せよ．

0	0	0	0	0	1	1	0	1	0	0	0	0	0	0
0	0	0	0	1	1	1	0	1	0	0	0	1	1	0

解 説　母集団がベルヌーイ分布である場合に，比率の検定の手順を確認する問題．ここでは，検定統計量と有意水準は与えられているので，特に，棄却域を適切に設定できるかどうかを意識せよ．

また，データは，実は母集団の分布を $\mathrm{Be}(0.4)$ として作ってある．

解答

(1) 検定統計量は，$T=\dfrac{\widehat{p}-0.5}{\sqrt{0.5(1-0.5)/30}}$ である．

㋐棄却域は，$|T|>z(0.005) \fallingdotseq 2.58$

いま，$\widehat{p}$ の実現値は $\widehat{p}=0.3$ なので，検定統計量の実現値は，$T \fallingdotseq -2.1909$

$|T| \fallingdotseq 2.1909$ であり，$z(0.005) \fallingdotseq 2.58$ より大きくないので，帰無仮説を受容する．　…(答)

(2) 検定統計量とその実現値は，前問と同じ．

㋑棄却域は，$T<-z(0.05) \fallingdotseq -1.65$

$T \fallingdotseq -2.1909$ から，T が $-z(0.05) \fallingdotseq -1.65$ より小さいので，帰無仮説を棄却する．　…(答)

ポイント

㋐ $H_1: p \fallingdotseq p_0$ なら，有意水準が α のとき，棄却域は，$|T|>z\left(\dfrac{\alpha}{2}\right)$

㋑ $H_1: p<p_0$ なら，有意水準が α のとき，棄却域は，$T<-z(\alpha)$

練習問題　5-9

解答 p.229

$\mathrm{Be}(p)$ 母集団の 10000 個の標本からデータを集めたところ，$\widehat{p}=0.38$ だった．このとき，124 ページの基本事項**4** の検定方法で，

(1) 帰無仮説 $H_0: p=0.366$,　対立仮説 $H_1: p>0.366$ を有意水準 0.1% で検定せよ．

(2) 帰無仮説 $H_0: p=0.4$,　対立仮説 $H_1: p<0.4$ を有意水準 0.1% で検定せよ．

問題5-10　正規母集団の平均の差の検定 1

$X_1, X_2, \ldots, X_m$ は独立に $\mathrm{N}(\mu_1, \sigma_1^2)$ に従い，$Y_1, Y_2, \ldots, Y_n$ は独立に $\mathrm{N}(\mu_2, \sigma_2^2)$ に従うとする．また，$X_1, X_2, \ldots, X_m$ と $Y_1, Y_2, \ldots, Y_n$ も独立とする．$\overline{X}=\dfrac{1}{m}\sum_{i=1}^{m}X_i$，$\overline{Y}=\dfrac{1}{n}\sum_{j=1}^{n}Y_j$ とするとき，次を示せ．

(1) $\dfrac{\overline{X}-\overline{Y}-(\mu_1-\mu_2)}{\sqrt{\sigma_1^2/m+\sigma_2^2/n}} \sim \mathrm{N}(0, 1)$

(2) $\dfrac{(m-1)S_1^2+(n-1)S_2^2}{\sigma^2} \sim \chi^2(m+n-2)$

解 説　125ページの基本事項**5**の平均の差の検定について，帰無仮説のもとでの検定統計量の確率分布を確認する問題．その確認方法は，母集団が一つだけの平均の検定の検定統計量の分布を確認する方法と，そんなには変わらない．

解答

(1) $\overline{X} \sim \mathrm{N}\left(\mu_1, \dfrac{\sigma_1^2}{m}\right)$，$\overline{Y} \sim \mathrm{N}\left(\mu_2, \dfrac{\sigma_2^2}{n}\right)$

で独立なので，正規分布の再生性により，

㋐ $\overline{X}-\overline{Y} \sim \mathrm{N}\left(\mu_1-\mu_2, \dfrac{\sigma_1^2}{m}+\dfrac{\sigma_2^2}{n}\right)$

したがって ㋑ 標準化すれば

$$\frac{\overline{X}-\overline{Y}-(\mu_1-\mu_2)}{\sqrt{\sigma_1^2/m+\sigma_2^2/n}} \sim \mathrm{N}(0, 1)$$

ポイント

㋐　$-\overline{Y} \sim \mathrm{N}\left(-\mu_2, \dfrac{\sigma_2^2}{n}\right)$

より，

$\overline{X}+(-\overline{Y}) \sim$

$\mathrm{N}\left(\mu_1+(-\mu_2), \dfrac{\sigma_1^2}{m}+\dfrac{\sigma_2^2}{n}\right)$

㋑　平均を引き，標準偏差で割ること．

(2) $\dfrac{(m-1)S_1^2}{\sigma^2} \sim \chi^2(m-1)$，$\dfrac{(n-1)S_2^2}{\sigma^2} \sim \chi^2(n-1)$　であり，これらが独立であることから，65ページの基礎事項7 (2) の χ^2 分布の再生性より，これらの和の分布が，$\dfrac{(m-1)S_1^2+(n-1)S_2^2}{\sigma^2} \sim \chi^2(m+n-2)$　であることがわかる．

練習問題　5-10

解答 p.229

上の問題と同じ設定で，$S_1^2=\dfrac{1}{m-1}\sum_{i=1}^{m}(X_i-\overline{X})^2$，$S_2^2=\dfrac{1}{n-1}\sum_{j=1}^{n}(Y_j-\overline{Y})^2$ とする．さらに，$\sigma_1^2=\sigma_2^2$ とする．このとき，$\overline{X}$，S_1^2，$\overline{Y}$，S_2^2 が独立であることを所与として，次を示せ．

$$\frac{\overline{X}-\overline{Y}-(\mu_1-\mu_2)}{\sqrt{\left(\dfrac{1}{m}+\dfrac{1}{n}\right)\cdot\dfrac{(m-1)S_1^2+(n-1)S_2^2}{m+n-2}}} \sim \mathrm{t}(m+n-2)$$

問題5-11　正規母集団の平均の差の検定２

分布が$N(\mu_1, 9)$の母集団１からデータ$x_1, x_2, \ldots, x_{10}$を，分布が$N(\mu_2, 16)$の母集団２からデータ$y_1, y_2, \ldots, y_{10}$を，次の表の値のように得た．125ページの基本事項**5**(1)の検定方法で，帰無仮説を$H_0 : \mu_1 = \mu_2$とし，

(1) 対立仮説$H_1 : \mu_1 \neq \mu_2$を有意水準5%で検定せよ．

(2) 対立仮説$H_1 : \mu_1 < \mu_2$を有意水準5%で検定せよ．

x	7.5	8.8	2.7	9.8	4.6	2.5	8.8	2.1	−2.3	8.8
y	3.8	10.4	7.4	10.4	13.9	5.2	9.0	−1.3	7.8	11.9

■ 解説 ■　二つの母集団があり，それらの分布が分散既知の正規分布である場合に，それらの平均に違いがあるかどうか検定する手順を確認する問題．ここでは，検定統計量と有意水準は指定されているので，特に，棄却域を適切に設定できるかどうかを意識せよ．

データは母集団１の分布を$N(5, 9)$，母集団２の分布を$N(6, 16)$として作った．

解答

(1) 検定統計量は，$T = \dfrac{\overline{X} - \overline{Y}}{\sqrt{9/10 + 16/10}}$である．

棄却域は，$|T| > z(0.025) = 1.96$ ㋐

いま，$\overline{X}$の実現値は$\overline{X} = 5.3$で，$\overline{Y}$の実現値は$\overline{Y} = 7.9$なので，検定統計量の実現値は，$T \fallingdotseq -1.6444$．

$|T| \fallingdotseq 1.6444$は，$z(0.025) = 1.96$より大きくないので，帰無仮説を受容する．…(答)

(2) 検定統計量とその実現値は，前問と同じ．

棄却域は，$T < -z(0.05) \fallingdotseq -1.64$または$-1.65$ ㋑

$T \fallingdotseq -1.6444$は$-z(0.05) \fallingdotseq -1.64$または$-1.65$より小さいかどうかわからない．そこで，$-z(0.05)$をより詳しく調べると，$-z(0.05) \fallingdotseq -1.6449$

$T \fallingdotseq -1.6444$は$-z(0.05) \fallingdotseq -1.6449$より小さくないので，帰無仮説を受容する．

…(答)

ポイント

㋐ $H_1 : \mu_1 \neq \mu_2$なら，有意水準がαのとき，棄却域は，$|T| > z\left(\dfrac{\alpha}{2}\right)$

㋑ $H_1 : \mu_1 < \mu_2$なら，有意水準がαのとき，棄却域は，$T < -z(\alpha)$

練習問題　5-11

解答 p.230

分布が$N(\mu_1, 25)$の母集団１からデータ$x_1, x_2, \ldots, x_{200}$を，分布が$N(\mu_2, 49)$の母集団２からデータ$y_1, y_2, \ldots, y_{100}$を得て，それらの平均は，$\overline{x} = 2$，$\overline{y} = 0$となった．このとき，125ページの基本事項**5** (1)の検定方法で，帰無仮説を$H_0 : \mu_1 = \mu_2$とし，

(1) 対立仮説$H_1 : \mu_1 \neq \mu_2$を有意水準1%で検定せよ．

(2) 対立仮説$H_1 : \mu_1 > \mu_2$を有意水準1%で検定せよ．

問題5-12　正規母集団の平均の差の検定3

分布が$\mathrm{N}(\mu_1, \sigma^2)$の母集団1からデータ$x_1, x_2, \ldots, x_{10}$を，分布が$\mathrm{N}(\mu_2, \sigma^2)$の母集団2からデータ$y_1, y_2, \ldots, y_{10}$を，次の表の値のように得た．分散はどちらも$\sigma^2$であることに注意せよ．このとき，125ページの基本事項**5**(2)の検定方法で，帰無仮説を$H_0 : \mu_1 = \mu_2$とし，

(1) 対立仮説$H_1 : \mu_1 < \mu_2$を有意水準5%で検定せよ．

(2) 対立仮説$H_1 : \mu_1 \fallingdotseq \mu_2$を有意水準5%で検定せよ．

x	7.9	2.6	3.0	7.6	1.7	5.0	7.3	1.7	0.8	8.4
y	6.8	8.3	11.1	9.0	0.6	10.3	0.1	17.4	9.1	8.3

■ **解説** ■　二つの母集団があり，分布がどちらも正規分布で，それらの分散は未知だが等しいことだけはわかっている場合に，平均に違いがあるかどうか検定する手順を確認する問題．棄却域を適切に設定せよ．

データは母集団1の分布を$\mathrm{N}(5, 9)$，母集団2の分布を$\mathrm{N}(7, 9)$として作った．

解答

(1) 検定統計量は，$T = \dfrac{\overline{X} - \overline{Y}}{\sqrt{\left(\dfrac{1}{10} + \dfrac{1}{10}\right) \cdot \dfrac{9S_1^2 + 9S_2^2}{18}}}$で，

㋐棄却域は，$T < -t(18, 0.05) = -1.7396$

いま，$\overline{X}, \overline{Y}, S_1^2, S_2^2$の実現値は$\overline{x} = 4.6$, $\overline{y} = 8.1$, $s_1^2 = 8.84$, $s_2^2 = 24.91$なので，検定統計量の実現値は，$T \fallingdotseq -1.9052$

Tが$-t(18, 0.05) = -1.7396$より小さいので，帰無仮説を棄却する．　…(答)

(2) 検定統計量とその実現値は前問と同じ．

㋑棄却域は，$|T| > t(18, 0.025) = 2.1009$

$|T| \fallingdotseq 1.9052$は$t(18, 0.025) = 2.1009$より大きくないので，帰無仮説を受容する．　…(答)

ポイント

㋐ $H_1 : \mu_1 < \mu_2$なら，有意水準がαのとき，棄却域は，$T < -t(m+n-2, \alpha)$

㋑ $H_1 : \mu_1 \fallingdotseq \mu_2$なら，有意水準が$\alpha$のとき，棄却域は，$|T| > t\left(m+n-2, \dfrac{\alpha}{2}\right)$

練習問題　5-12

解答 p.230

分布が$\mathrm{N}(\mu_1, \sigma^2)$の母集団1からデータ$x_1, x_2, \ldots, x_{10}$を，分布が$\mathrm{N}(\mu_2, \sigma^2)$の母集団2からデータ$y_1, y_2, \ldots, y_{20}$を得て，それらの平均と分散を計算すると，$\overline{x} = 5$, $\overline{y} = 2$, $s_1^2 = 12$, $s_2^2 = 14$となった．分散はどちらもσ^2であることに注意せよ．このとき，125ページの基本事項**5** (2)の検定方法で，帰無仮説を$H_0 : \mu_1 = \mu_2$とし，

(1) 対立仮説$H_1 : \mu_1 \fallingdotseq \mu_2$を有意水準1%で検定せよ．

(2) 対立仮説$H_1 : \mu_1 > \mu_2$を有意水準1%で検定せよ．

問題5-13　正規母集団の分散の比の検定

分布が $\mathrm{N}(\mu_1, \sigma_1^2)$ の母集団 1 からデータ $x_1, x_2, \ldots, x_{10}$ を，分布が $\mathrm{N}(\mu_2, \sigma_2^2)$ の母集団 2 からデータ $y_1, y_2, \ldots, y_9$ を，次の表の値のように得た．このとき，126 ページの基本事項 **6** の検定方法で，帰無仮説を $H_0 : \sigma_1^2 = \sigma_2^2$ とし，

(1) 対立仮説 $H_1 : \sigma_1^2 \neq \sigma_2^2$ を有意水準 5% で検定せよ．

(2) 対立仮説 $H_1 : \sigma_1^2 < \sigma_2^2$ を有意水準 1% で検定せよ．

x	−1.2	1.6	0.7	2.2	0.1	5.7	2.2	1.0	−0.1	5.3
y	−5.7	7.0	10.5	9.9	7.2	9.0	4.2	3.4	10.9	

■ 解 説 ■　二つの母集団があり，分布がどちらも正規分布である場合に，分散に違いがあるかどうか検定する手順を確認する問題．棄却域を適切に設定せよ．

データは母集団 1 の分布を $\mathrm{N}(2, 4)$，母集団 2 の分布を $\mathrm{N}(3, 9)$ として作った．

解答

(1) 検定統計量は，$T = \dfrac{S_1^2}{S_2^2}$ である．

棄却域は，$T > F(9, 8, 0.025) = 4.36$ または

㋐ $\dfrac{1}{T} > F(8, 9, 0.025) = 4.10$

いま，S_1^2 の実現値は $s_1^2 = 5.0161$，S_2^2 の実現値は $s_2^2 = 27.1450$ なので，検定統計量の実現値は，

$T \fallingdotseq 0.1848$，$\dfrac{1}{T} \fallingdotseq 5.4116$

$T \fallingdotseq 0.1848$ は $F(9, 8, 0.025) = 4.36$ より大きくないが，$\dfrac{1}{T} \fallingdotseq 5.4116$ は $F(8, 9, 0.025) = 4.10$ より大きいので，帰無仮説を棄却する．…(答)

(2) 検定統計量とその実現値は前問と同じ．

棄却域は，㋑ $\dfrac{1}{T} > F(8, 9, 0.01) = 5.47$

$\dfrac{1}{T} \fallingdotseq 5.4116$ は $F(8, 9, 0.01) = 5.47$ より大きくないので，帰無仮説を受容する．…(答)

ポイント

㋐ $H_1 : \sigma_1^2 \neq \sigma_2^2$ なら，有意水準が α のとき，棄却域は，$T > F\left(m-1, n-1, \dfrac{\alpha}{2}\right)$ または $\dfrac{1}{T} > F\left(n, m, \dfrac{\alpha}{2}\right)$

㋑ $H_1 : \sigma_1^2 < \sigma_2^2$ なら，有意水準が α のとき，棄却域は，$\dfrac{1}{T} > F(n-1, m-1, \alpha)$

練習問題　5-13

解答 p.230

分布が $\mathrm{N}(\mu_1, \sigma_1^2)$ の母集団 1 からデータ $x_1, x_2, \ldots, x_{10}$ を，分布が $\mathrm{N}(\mu_2, \sigma_2^2)$ の母集団 2 からデータ $y_1, y_2, \ldots, y_{10}$ を得て，それらの分散を計算すると，$s_1^2 = 16$，$s_2^2 = 4$ であった．このとき，126 ページの基本事項 **6** の検定方法で，帰無仮説を $H_0 : \sigma_1^2 = \sigma_2^2$ とし，

(1) 対立仮説 $H_1 : \sigma_1^2 > \sigma_2^2$ を有意水準 5% で検定せよ．

(2) 対立仮説 $H_1 : \sigma_1^2 \neq \sigma_2^2$ を有意水準 1% で検定せよ．

問題5-14　比率の差の検定1

$X_1, X_2, \ldots, X_m$ は独立に $\mathrm{Be}(p_1)$ に従い，$Y_1, Y_2, \ldots, Y_n$ は独立に $\mathrm{Be}(p_2)$ に従うとし，また，$X_1, X_2, \ldots, X_m$ と $Y_1, Y_2, \ldots, Y_n$ も独立とする．また，$\hat{p}_1 = \frac{1}{m}\sum_{i=1}^{m} X_i$，$\hat{p}_2 = \frac{1}{n}\sum_{j=1}^{n} Y_j$ とする．いま，m と n が十分大きいとき，次のことが近似的に成り立つことを示せ．

(1) $\dfrac{\hat{p}_1 - \hat{p}_2 - (p_1 - p_2)}{\sqrt{(\frac{p_1(1-p_1)}{m} + \frac{p_2(1-p_2)}{n})}} \sim \mathrm{N}(0, 1)$

(2) p_1 と p_2 が等しく $p = p_1 = p_2$ のとき，$\dfrac{\hat{p}_1 - \hat{p}_2}{\sqrt{(\frac{1}{m} + \frac{1}{n})p(1-p)}} \sim \mathrm{N}(0, 1)$

解 説　127ページの基本事項**7**の比率の差の検定について，帰無仮説のもとでの検定統計量の確率分布を確認する問題．その確認方法は，母集団が一つだけの比率の検定の検定統計量の分布を確認する方法と，そんなには変わらない．

解答

(1) 中心極限定理により，近似的に

$$\hat{p}_1 \sim \mathrm{N}\left(p_1, \frac{p_1(1-p_1)}{m}\right),\quad \hat{p}_2 \sim \mathrm{N}\left(p_2, \frac{p_2(1-p_2)}{n}\right)$$

これらは独立なので，

$$\hat{p}_1 - \hat{p}_2 \sim \mathrm{N}\left(p_1 - p_2, \frac{p_1(1-p_1)}{m} + \frac{p_2(1-p_2)}{n}\right)$$

㋐

したがって，標準化すれば

$$\frac{\hat{p}_1 - \hat{p}_2 - (p_1 - p_2)}{\sqrt{\left(\frac{p_1(1-p_1)}{m} + \frac{p_2(1-p_2)}{n}\right)}} \sim \mathrm{N}(0, 1)$$

(2) 前問で $p = p_1 = p_2$ とすれば，

$$\frac{\hat{p}_1 - \hat{p}_2 - (p - p)}{\sqrt{(\frac{p(1-p)}{m} + \frac{p(1-p)}{n})}} = \frac{\hat{p}_1 - \hat{p}_2}{\sqrt{(\frac{1}{m} + \frac{1}{n})p(1-p)}} \sim \mathrm{N}(0, 1)$$

ポイント

㋐　正規分布の再生性

練習問題　5-14　　解答 p.230

上の問題設定に加え，$p^* = \dfrac{m\hat{p}_1 + n\hat{p}_2}{m+n} = \dfrac{1}{m+n}\left(\sum_{i=1}^{m} X_i + \sum_{j=1}^{n} Y_j\right)$ とする．いま，$p_1 = p_2$ とするとき，近似的に次のことが成り立つことを示せ．

$$\frac{\hat{p}_1 - \hat{p}_2}{\sqrt{(\frac{1}{m} + \frac{1}{n})p^*(1-p^*)}} \sim \mathrm{N}(0, 1)$$

問題5-15　比率の差の検定2

分布が$\mathrm{Be}(p_1)$の母集団1からデータ$x_1, x_2, \ldots, x_{19}$を，分布が$\mathrm{Be}(p_2)$の母集団2からデータ$y_1, y_2, \ldots, y_{17}$を，次の表の値のように得た．このとき，127ページの基本事項**7**の検定方法で，帰無仮説を$H_0 : p_1 = p_2$とし，

(1) 対立仮説$H_1 : p_1 \neq p_2$を有意水準5%で検定せよ．

(2) 対立仮説$H_1 : p_1 < p_2$を有意水準1%で検定せよ．

x	0	0	0	0	0	0	1	1	0	0	0	1	0	0	0	0	0	0	0
y	0	1	0	1	1	0	1	1	0	0	0	1	1	1	0	1	0		

■ 解 説 ■　二つの母集団があり，それらの分布がともにベルヌーイ分布である場合に，それらのパラメータである比率に違いがあるかどうか検定する手順を確認する問題．ここでは，検定統計量と有意水準は指定されているので，特に，棄却域を適切に設定できるかどうかを意識せよ．

データは母集団1の分布を$\mathrm{Be}(0.2)$，母集団2の分布を$\mathrm{Be}(0.6)$として作った．

解答

(1) ㋐検定統計量は，

$$T = \frac{\hat{p}_1 - \hat{p}_2}{\sqrt{(1/19 + 1/17)p^*(1-p^*)}} = \frac{\hat{p}_1 - \hat{p}_2}{\sqrt{8/323}} \text{ である．}$$

㋑棄却域は，$|T| > z(0.025) = 1.96$

いま，$\hat{p}_1$の実現値は$\hat{p}_1 = \dfrac{3}{19}$，$\hat{p}_2$の実現値は$\hat{p}_2 = \dfrac{9}{17}$なので，$\hat{p}_1 - \hat{p}_2 = -\dfrac{120}{323}$ 検定統計量の実現値は，$T = -\dfrac{120/323}{\sqrt{8/323}} = -\dfrac{60}{\sqrt{646}} \fallingdotseq -2.3607$

$|T| \fallingdotseq 2.3607$は$z(0.025) = 1.96$より大きいので，帰無仮説を棄却する．…(答)

(2) 検定統計量とその実現値は前問と同じ．

㋒棄却域は，$T < -z(0.01) \fallingdotseq -2.33$

$T \fallingdotseq -2.3607$は$-z(0.01) \fallingdotseq -2.33$より小さいので，帰無仮説を棄却する．…(答)

ポイント

㋐ m_1を$X_1, \ldots, X_{19}$のうちの1の個数，n_1を$Y_1, \ldots, Y_{17}$のうちの1の個数とすると，

$$p^* = \frac{m_1 + n_1}{m + n} = \frac{3+9}{19+17} = \frac{1}{3}$$

㋑ $H_1 : p_1 \neq p_2$なら，有意水準がαのとき，棄却域は，$|T| > z\left(\dfrac{\alpha}{2}\right)$

㋒ $H_1 : p_1 < p_2$なら，有意水準がαのとき，棄却域は，$T < -z(\alpha)$

練習問題　5-15

解答 p.230

二人のプレイヤーがダーツで対決している．いまは，どちらの方が的の中心に当てるのがうまいか競っている．プレイヤー1は120回中70回成功した．プレイヤー2は100回中40回的の中心に当たった．各プレイヤーの各回の挑戦結果はすべて独立だとして，プレイヤー1の方がダーツを的の中心に当てるのはうまいという仮説を，127ページの基本事項**7**の検定方法を使い，有意水準1%で検定せよ．

Chapter 6

回帰分析

基本事項

この章では，単回帰分析の基本的な知識を紹介する．単回帰分析を初めて勉強する人は，あとの 158 ページの基本事項 **13** 以降を先に読むことをおすすめする．

〈注〉この基本事項で使う記号は，後の問題でもそのまま使うことにする．

1. 単回帰モデル

母集団に，x, y, c を変数，β_0，β_1 をパラメータとする次の**単回帰モデル**を仮定する：

$$y = \beta_0 + \beta_1 x + c$$

すると母集団全体は次のように書ける：

$$y_i = \beta_0 + \beta_1 x_i + c_i, \qquad i = 1, 2, \ldots$$

y_i は**被説明変数**と呼ばれる．また，x_i は**説明変数**と呼ばれる．

c_i は**誤差項**を表している．

(例) 身長と体重には相関関係があるのではないかと思われる．そこで，関係性を単回帰分析によって調べる．日本人全体の身長と体重の数値を母集団とする．身長と体重の間に次の単回帰モデルを仮定する：

$$(\text{体重}) = \beta_0 + \beta_1(\text{身長}) + c$$

よって，母集団の日本人の身長と体重の組み合わせ全体は次のようにかける：

$$(i\,\text{さんの体重}) = \beta_0 + \beta_1(i\,\text{さんの身長}) + c_i, \quad i = 1, 2, \ldots, (\text{日本の人口})$$

ここで，$c_i = (i\,\text{さんの体重}) - \beta_0 - \beta_1(i\,\text{さんの身長})$ は（確率変数でない）実数であることに注意．

係数の β_0，β_1 や誤差項 c_i は，次のような意味をもつ．いま，仮に，日本人全体の身長と体重のデータを下の図のように書き表したとする．このとき，図の $y = \beta_0 + \beta_1 x$ は，このデータに「もっとも当てはまりの良い」直線である．β_0，β_1 の意味はこの直線の y 軸の切片と傾きである．また，c_i は直線と各データの点との y 軸と平行な縦方向の距離である．

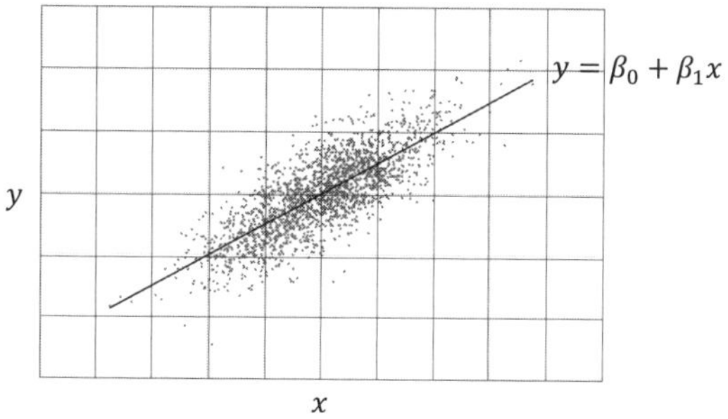

単回帰分析の目的の一つに，この直線を求めることがある．しかし，この直線は日本人全体の身長と体重を全て調べないとわからない．そこで，何人かの標本からのデータでこの直線を近似することを考える．その近似された直線が回帰直線である． □

2.　標本

母集団から抽出したn組の標本を$(x_1, Y_1), \ldots, (x_n, Y_n)$とする．$x_1, \ldots, x_n$は定数であり，$Y_1, \ldots, Y_n$は確率変数である．また，このとき，標本の誤差項を$\varepsilon_i$，$i=1, 2, \ldots, n$と書くことにすると，標本は，

$$Y_i = \beta_0 + \beta_1 x_i + \varepsilon_i, \qquad i=1, 2, \ldots, n$$

と書ける．標本の誤差項ε_i，$i=1, 2, \ldots, n$は確率変数である．

標本の誤差項について，次を仮定する．

- ε_i，$i=1, 2, \ldots, n$は，独立同分布確率変数で，すべてのiについて$E[\varepsilon_i]=0$，$V(\varepsilon_i)=\sigma^2$なるものとする．
- ε_i，$i=1, 2, \ldots, n$の確率分布とx_i，$i=1, 2, \ldots, n$は無関係．

3.　理論値と残差

$\widetilde{\beta}_0$，$\widetilde{\beta}_1$を，β_0，β_1の任意の推定値とする．このとき，

$$\widetilde{y}_i = \widetilde{\beta}_0 + \widetilde{\beta}_1 x_i, \qquad i=1, 2, \ldots, n$$

をY_i，$i=1, 2, \ldots, n$の**理論値**と言い，理論値$\widetilde{y}_i$と観測値$Y_i=y_i$の差

$$e_i = y_i - \widetilde{y}_i = y_i - \widetilde{\beta}_0 - \widetilde{\beta}_1 x_i, \qquad i=1, 2, \ldots, n$$

を，残差という．

4. 最小二乗推定

$\widetilde{\beta}_0$, $\widetilde{\beta}_1$ を β_0, β_1 の任意の推定値とする．データの値が $(x_i, Y_i)=(x_i, y_i)$, $i=1, 2, \ldots, n$ のとき，残差を二乗してすべて足したもの

$$S(\widetilde{\beta}_0, \widetilde{\beta}_1)=\sum_{i=1}^{n} e_i^2=\sum_{i=1}^{n}(y_i-\widetilde{\beta}_0-\widetilde{\beta}_1 x_i)^2$$

を**残差平方和**という．β_0, β_1 の推定値のうちで残差平方和が最小になるものを $\widehat{\beta}_0$, $\widehat{\beta}_1$ と書き，β_0, β_1 の**最小二乗推定値**と呼ぶ．

データ $(x_1, Y_1), \ldots, (x_n, Y_n)$ の値が $(x_1, y_1) \ldots, (x_n, y_n)$ であるとする．また，$\overline{x}=\dfrac{1}{n}\sum_{i=1}^{n} x_i$, $\overline{y}=\dfrac{1}{n}\sum_{i=1}^{n} y_i$ とする．このとき，最小二乗推定値は

$$\widehat{\beta}_0=\overline{y}-\widehat{\beta}_1\overline{x}, \qquad \widehat{\beta}_1=\frac{\sum_{i=1}^{n}(y_i-\overline{y})(x_i-\overline{x})}{\sum_{i=1}^{n}(x_i-\overline{x})^2}$$

となる．

最小二乗推定値に対応する理論値を $\widehat{y}_i$, $i=1, 2, \ldots, n$, 残差を $\widehat{e}_i$, $i=1, 2, \ldots, n$ と書く：

$$\widehat{y}_i=\widehat{\beta}_0+\widehat{\beta}_1 x_i, \qquad i=1, 2, \ldots, n$$

$$\widehat{e}_i=y_i-\widehat{y}_i=y_i-\widehat{\beta}_0-\widehat{\beta}_1 x_i, \qquad i=1, 2, \ldots, n$$

最小二乗推定値に $y_i=Y_i$, $i=1, 2, \ldots, n$ を代入したものを β_0, β_1 の**最小二乗推定量**という：$\overline{Y}=\dfrac{1}{n}\sum_{i=1}^{n} Y_i$ とすると，

$$\widehat{\beta}_0=\overline{Y}-\widehat{\beta}_1\overline{x}, \qquad \widehat{\beta}_1=\frac{\sum_{i=1}^{n}(Y_i-\overline{Y})(x_i-\overline{x})}{\sum_{i=1}^{n}(x_i-\overline{x})^2}$$

まぎらわしいが，最小二乗推定値と最小二乗推定量は同じ記号 $\widehat{\beta}_0$, $\widehat{\beta}_1$ で表す．

最小二乗推定量に対応する理論値や残差は，最小二乗推定値に対応するものに $y_i=Y_i$, $i=1, 2, \ldots, n$ を代入したものと定義される：$\widehat{\beta}_0$, $\widehat{\beta}_1$ を最小二乗推定量として，

$$\widehat{Y}_i=\widehat{\beta}_0+\widehat{\beta}_1 x_i, \qquad i=1, 2, \ldots, n$$

$$\widehat{e}_i=Y_i-\widehat{Y}_i=Y_i-\widehat{\beta}_0-\widehat{\beta}_1 x_i, \qquad i=1, 2, \ldots, n$$

5.　回帰直線

$\widehat{\beta}_0$，$\widehat{\beta}_1$ が β_0，β_1 の最小二乗推定値のとき，直線

$$y=\widehat{\beta}_0+\widehat{\beta}_1 x$$

を回帰直線という．

6.　最小二乗推定量 $\widehat{\beta}_0$, $\widehat{\beta}_1$ の統計的性質

$\widehat{\beta}_0$，$\widehat{\beta}_1$ が β_0，β_1 の最小二乗推定量のとき，

$$E[\widehat{\beta}_0]=\beta_0, \qquad E[\widehat{\beta}_1]=\beta_1,$$

$$V(\widehat{\beta}_0)=\frac{\sigma^2\sum_{i=1}^{n}x_i^2}{n\sum_{i=1}^{n}(x_i-\overline{x})^2}=\frac{\sum_{i=1}^{n}x_i^2}{n}V(\widehat{\beta}_1), \quad V(\widehat{\beta}_1)=\frac{\sigma^2}{\sum_{i=1}^{n}(x_i-\overline{x})^2},$$

$$Cov(\widehat{\beta}_0, \widehat{\beta}_1)=-\frac{\sigma^2\overline{x}}{\sum_{i=1}^{n}(x_i-\overline{x})^2}=-V(\widehat{\beta}_1)\overline{x}$$

7.　誤差項の分散 σ^2 の推定量

$\widehat{e}_i$，$i=1, 2, \ldots, n$ を最小二乗推定量に対応する残差とする．

$$s_e^2=\frac{1}{n-2}\sum_{i=1}^{n}\widehat{e}_i^2$$

とすると，s_e^2 は σ^2 の不偏推定量：$E[s_e^2]=\sigma^2$.

8.　決定係数

$$R^2=1-\frac{\sum_{i=1}^{n}\widehat{e}_i^2}{\sum_{i=1}^{n}(Y_i-\overline{Y})^2}$$

を決定係数という．これが1に近いほど回帰直線はデータによく当てはまっていると考えられる．

9.　β_0，β_1 の検定統計量

ε_i，$i=1, 2, \ldots, n$ の共通の分布が $N(0, \sigma^2)$ だという仮定を追加する．

すると，

$$\frac{\widehat{\beta}_0-\beta_0}{\sqrt{V(\widehat{\beta}_0)}}\sim\mathrm{N}(0,\,1),\qquad \frac{\widehat{\beta}_1-\beta_1}{\sqrt{V\widehat{\beta}_1)}}\sim\mathrm{N}(0,\,1)$$

となる．

また，このとき，σ^2 の推定量 s_e^2 について，

$$\frac{(n-2)s_e^2}{\sigma^2}\sim\chi^2(n-2)$$

となることが知られている．

$V(\widehat{\beta}_0), V(\widehat{\beta}_1)$ において σ^2 を推定量 s_e^2 に置き換えたものを

$$s_{\widehat{\beta}_0}^2=\frac{s_e^2\sum_{i=1}^{n}x_i^2}{n\sum_{i=1}^{n}(x_i-\overline{x})^2},\qquad s_{\widehat{\beta}_1}^2=\frac{s_e^2}{\sum_{i=1}^{n}(x_i-\overline{x})^2}$$

とする．このとき，

$$\frac{\widehat{\beta}_0-\beta_0}{\sqrt{s_{\widehat{\beta}_0}^2}}\sim\mathrm{t}(n-2),\qquad \frac{\widehat{\beta}_1-\beta_1}{\sqrt{s_{\widehat{\beta}_1}^2}}\sim\mathrm{t}(n-2)$$

となることが知られている．これにより，

- 帰無仮説 $\beta_0=a$ を，検定統計量 $T=\dfrac{\widehat{\beta}_0-a}{\sqrt{s_{\widehat{\beta}_0}^2}}$ で，
- 帰無仮説 $\beta_1=b$ を，検定統計量 $T=\dfrac{\widehat{\beta}_1-b}{\sqrt{s_{\widehat{\beta}_1}^2}}$ で，

検定することができる．

10. 係数の信頼区間

ε_i, $i=1, 2, \ldots, n$ の共通の分布が $\mathrm{N}(0,\,\sigma^2)$ のとき，β_1 の $100(1-\alpha)\%$ 信頼区間は，

$$\left[\widehat{\beta}_1-t\left(n-2,\,\frac{\alpha}{2}\right)\sqrt{s_{\widehat{\beta}_1}^2},\ \ \widehat{\beta}_1+t\left(n-2,\,\frac{\alpha}{2}\right)\sqrt{s_{\widehat{\beta}_1}^2}\right]$$

11. 点予測

説明変数の値が x_0 であるときの被説明変数 Y_0 の予測値は，

$$\widehat{y}_0=\widehat{\beta}_0+\widehat{\beta}_1x_0$$

のように，回帰直線に $x=x_0$ を代入した値．

予測値において，$\widehat{\beta}_0$, $\widehat{\beta}_1$ は最小二乗推定値だったが，それを最小二乗推定量にとりかえたもの

$$\widehat{Y}_0=\widehat{\beta}_0+\widehat{\beta}_1 x_0$$

を Y_0 の**予測量**という．つまり，

$$Y_0=\beta_0+\beta_1 x_0+\varepsilon_0$$

の予測量は

$$\widehat{Y}_0=\widehat{\beta}_0+\widehat{\beta}_1 x_0$$

ただし，ε_0 は Y_0 についての誤差項で，$\varepsilon_1, \ldots, \varepsilon_n$ たちと独立同分布の確率変数．

このように，与えられた説明変数の値に対して，被説明変数の値を点推定することを，**点予測**という．

〈注〉予測値と理論値はよく似ている．違いは，理論値はデータの値 $x_1, \ldots, x_n$ を回帰直線の x に代入したときの左辺 y の値だが，予測値は，一般的には，データ以外の個体についての説明変数の値 x_0 を回帰直線の x に代入したときの左辺 y の値だというところである．ただし，データに含まれている個体の説明変数の値 $x=x_i$, $i=1, \ldots, n$ における回帰直線の y の値を予測値ということもよくある．文脈がおかしくならない限り，この違いに細かく気を付ける必要はない．

予測量の期待値と分散については，次のことが知られている．$\widehat{Y}_0$ が Y_0 の予測量であるとき，

$$E[\widehat{Y}_0-Y_0]=0, \qquad V(\widehat{Y}_0-Y_0)=\sigma^2\left\{1+\frac{1}{n}+\frac{(x_0-\overline{x})^2}{\sum_{i=1}^{n}(x_i-\overline{x})^2}\right\}$$

12. 予測の区間推定

ε_i, $i=1, 2, \ldots, n$ の共通の分布が $\mathrm{N}(0, \sigma^2)$ とする．

すると，

$$\frac{\widehat{Y}_0-Y_0}{\sqrt{V(\widehat{Y}_0-Y_0)}}\sim \mathrm{N}(0, 1)$$

$V(\widehat{Y}_0-Y_0)$ において，σ^2 をその不偏推定量 s_e^2 で置き換えたものを

$$\widehat{V}(\widehat{Y}_0-Y_0)=s_e^2\left\{1+\frac{1}{n}+\frac{(x_0-\overline{x})^2}{\sum_{i=1}^{n}(x_i-\overline{x})^2}\right\}$$

とする．

すると，

$$\frac{\widehat{Y}_0-Y_0}{\sqrt{\widehat{V}(\widehat{Y}_0-Y_0)}}\sim \mathrm{t}(n-2)$$

となることが知られている．このとき，Y_0 の 100(1−α)% 信頼区間は

$$\left[\widehat{Y}_0-t\left(n-2,\ \frac{\alpha}{2}\right)\sqrt{\widehat{V}(\widehat{Y}_0-Y_0)},\quad \widehat{Y}_0+t\left(n-2,\ \frac{\alpha}{2}\right)\sqrt{\widehat{V}(\widehat{Y}_0-Y_0)}\right]$$

13. ［補足］単回帰モデルを想定するとは

単回帰モデルとは何かを説明し，また，それを想定するとはどういうことかを説明する．

一つの例について詳しく説明する．その考え方をもとに，他の例の単回帰モデルでも同様に考えることができる．

次のような例を考える．

ある企業では，営業部の営業成績を良くするには，新人研修の期間をどれくらいにすべきかが問題になっている．そこで，単回帰分析によって，過去のデータからモデルを作り，それを使って研修期間から営業成績を予測することになった．

この問題で単回帰分析をするには，まず，新人研修の期間と，営業成績の関係にモデル

$$y=\beta_0+\beta_1 x+c$$

を仮定する．これが**単回帰モデル**である．新人研修の期間と営業成績の関係に，このモデルを仮定するとはどういう意味かというと，架空の話だが，もし仮に過去と未来のすべての研修期間 x_i，$i=1, 2, \ldots$ と営業成績 y_i，$i=1, 2, \ldots$ の値が得られたら，それは図 6.1 のようになっており，その関係は

$$y_i=\beta_0+\beta_1 x_i+c_i, \qquad i=1, 2, \ldots \tag{★}$$

という数式で書ける，と仮定するということである．各項において，

- y_i は営業成績（単位：億円）を表し，**被説明変数**と呼ばれる．
- x_i は研修期間（単位：年）を表し，**説明変数**と呼ばれる．
- c_i は**誤差項**（単位：億円）を表している．

（ただし，添え字 i は i 番目の人ということを表している．）つまり，母集団 (x_i, y_i)，$i=1, 2, \ldots$ に変数間の関係（★）を仮定したということである．基本的に $y_i=\beta_0+\beta_1 x_i$ という説明変数と被説明変数の関係があるが，それには誤差も c_i だけある，ということである．

ここで，β_0 と β_1 について説明する．これらは，y_i と x_i の基本的な関係を

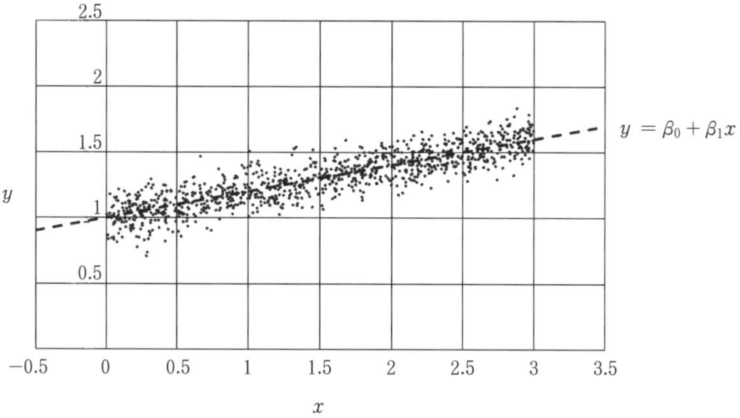

図 6.1　単回帰モデル

表すパラメータである．多項式の係数と同じように，β_0 は定数 1 の項の係数，β_1 は x_i の項の係数といわれる．これらの単位に注意する．モデル (★) の式の中の和が成立するためには，すべての項の単位がそろっていないといけない（単位のそろっていない $1(\mathrm{cm}^2)+1(\mathrm{cm}^3)$ などという和は無意味，ということ）．左辺の y_i の単位が y_i(億円) なので，β_0 の単位も β_0(億円) で，$\beta_1 x_i$ も $\beta_1 x_i$(億円) である．したがって，x_i の単位が x_i(年) だったことから，β_1 の単位は β_1(億円/年) である．(単位については，2 秒で 3 cm 動く物体の速度 v は，$v\times 2(秒)=3(\mathrm{cm})$ より，$v=\frac{3}{2}(\mathrm{cm}/秒)$ であったことを思い出せ．)

14.　[補足] 標本とデータについて

単回帰分析を行うための標本とデータについて説明する．

研修期間と営業成績の関係について調べるため，過去の社員の研修期間と営業成績の値の組み合わせから，ランダムに n 組の標本を選んだ．n 組の標本を $(X_1, Y_1), \ldots, (X_n, Y_n)$ とする．これは，母集団 (x_i, y_i)，$i=1, 2, \ldots$ の中からランダムに抽出されているので，確率変数である．この標本の実現値がデータである．

しかし，回帰分析では，説明変数である研修期間 X_i，$i=1, 2, \ldots, n$ は定数だとされることが多い．その理由は，いまは，研修期間の確率分布には興味がないからである．たとえば，母集団からランダムに標本を選ぶときに，どのような研修期間の人が多くなるか，などには興味がないということである．例えば，図6.1を作るときに，研修期間 X_i は一様分布 U(0, 3) に従うようにして作ってある．これは，図においてデータが $0 \leq x \leq 3$ の範囲でまんべんなくあることからもわかるだろう．これの意味することは，いままで社員の研修期間を0年から3年までまんべんなく選んできた，ということである．そんな情報はいまの回帰分析の目的に何も関係がないことがわかるだろう．データから知りたいことは，そうではなく，社員の研修期間がある決められた値 $X_i = x_i$ であったときに，その社員の営業成績 Y_i の値はどのようになりやすいのか，ということである．その目的のためには，X_i を（確率変数ではなく）定数として扱っても問題ないことが，よく考えるとわかる．本書でも，説明変数の標本 X_i は定数だと考え，小文字 x_i で書くことにする．

誤差項も母集団全体の誤差項 c_i，$i = 1, 2, \ldots$ からランダムに選ばれる．そうして選ばれたものを ε_i，$i = 1, 2, \ldots, n$ と書くことにすると，

$$Y_i = \beta_0 + \beta_1 x_i + \varepsilon_i, \qquad i = 1, 2, \ldots, n$$

である．これを標本の誤差項と呼ぶことにする．標本の誤差項 ε_i たちは母集団全体の誤差項 c_i たちからランダムに選ばれているので，標本の誤差項 ε_i，$i = 1, 2, \ldots, n$ も確率変数である．通常，単回帰分析では，ここで次の仮定をおく．

- ε_i，$i = 1, 2, \ldots, n$ は，独立同分布確率変数で，すべての i について $E[\varepsilon_i] = 0$，$V(\varepsilon_i) = \sigma^2$ なるものとする．
- また，ε_i，$i = 1, 2, \ldots, n$ の確率分布は x_i，$i = 1, 2, \ldots, n$ と無関係．

二番目の仮定の意味を考えてみる．まず，誤差 ε_i は何を表すかというと，営業成績 Y_i を決める要素で，研修期間 x_i が影響するもの以外をすべてひっくるめたもの，である．たとえば，i さんの人柄，人脈，体力，運，など何でも考えられるが，それらのものはすべてまとめて考えてしまう，ということ．二番目の仮定の意味は，それらその他の要因は，研修期間とは無関係だということである．たとえば，研修期間が長いほど，社員同士に一体感が生まれ，協力関係が強くなり，営業成績にプラスの効果が生まれる，というようなことになると，その効果はその他の要因としてカウントされるので，x_i が大きいと ε_i も大きくなりがちで，x_i によって ε_i の確率分布が変わってしまう（たとえば

$\varepsilon_i \sim \mathrm{N}(0.1x_i, \sigma^2)$ みたいになる）．仮定の意味は，そうでなく，研修期間とその他の要因は互いに無関係な事柄だということを表している．

15. ［補足］なぜ回帰直線を推定するのか

現在の単回帰分析の目的は，研修期間 x_i から営業成績 y_i を予測することであった．

いま，誤差項 c_i，$i=1, 2, \ldots$ が十分小さいとする．そのときは，図 6.1 を見るとわかるように，直線 $y=\beta_0+\beta_1 x$ がわかれば，研修期間が x_i のとき営業成績は（★）で決まるのだから，ある程度予測できる．問題は，直線 $y=\beta_0+\beta_1 x$ はわからない，ということである．母集団や図 6.1 は，仮に過去と未来の研修期間と営業成績がわかっているとしたときのイメージでしかない．なので，β_0 や β_1 の値はわからない．そこで，過去のデータをとり，それらを推定する．

n 組のデータを $(x_1, y_1), \ldots, (x_n, y_n)$ とする．図 6.2 の丸い点である．データから β_0，β_1 を最小二乗法という推定法で推定した推定値 $\widehat{\beta}_0$，$\widehat{\beta}_1$ を計算し，それを使って直線 $y=\widehat{\beta}_0+\widehat{\beta}_1 x$ を作った．それが図 6.2 の直線である．この直線を**回帰直線**という．ただし，拡大してあるので，図 6.1 と縮尺が違うことに注意せよ．この回帰直線は，今の仮定の下だと，直線 $y=\beta_0+\beta_1 x$ をよく近似していると考えられる．実際，これを母集団の図と重ねると，図 6.3 のようになる．点線が $y=\beta_0+\beta_1 x$ で，実線が $y=\widehat{\beta}_0+\widehat{\beta}_1 x$ であるが，ほとんど見分けがつかない．だから，研修期間から営業成績を予測するためには，厳密な $y=\beta_0+\beta_1 x$ の代わりに，近似直線 $y=\widehat{\beta}_0+\widehat{\beta}_1 x$ を使ってもよさそうである．これが回帰直線を推定する理由である．

16. ［補足］なぜ σ^2 の推定や決定係数の計算をするのか

もし誤差項 c_i，$i=1, 2, \ldots$ が小さくなければ，前項で述べたことは破綻する．なぜなら，仮に直線 $y=\beta_0+\beta_1 x$ がわかっていたとしても，図 6.4 のようになり，誤差項が大きすぎて予測がうまくいかないからである．

そこで，母集団全体の誤差項 c_i，$i=1, 2, \ldots$ はどれくらいの大きさなのか知りたい．c_i，$i=1, 2, \ldots$ の全体的な大きさは，標本の誤差項 ε_i，$i=1, 2, \ldots, n$ にも反映されると考えられる．ε_i，$i=1, 2, \ldots, n$ の大きさの大まかな基準は

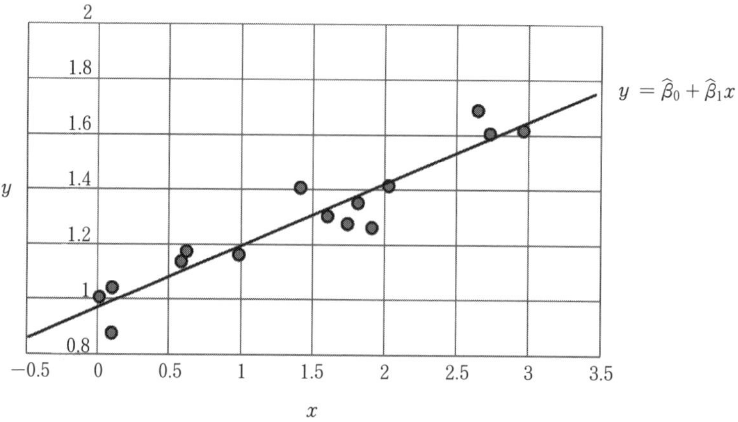

図 **6.2**　データと近似直線 $y=\widehat{\beta}_0+\widehat{\beta}_1x$

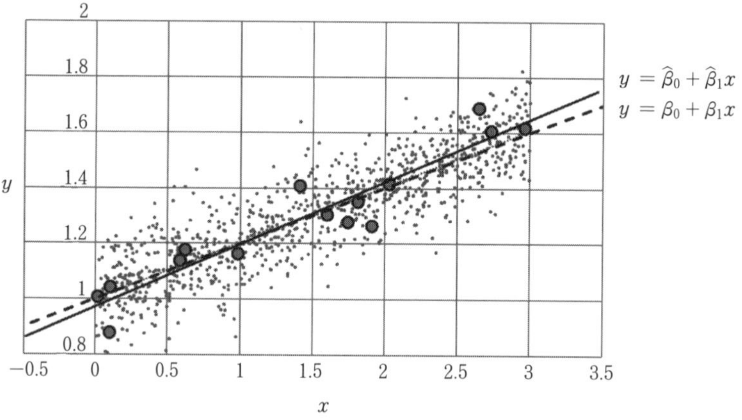

図 **6.3**　$y=\beta_0+\beta_1x$ と $y=\widehat{\beta}_0+\widehat{\beta}_1x$

分散 σ^2 で測れると考えられる．したがって，σ^2 を推定すればよい．基本事項には，最小二乗推定量に対応する残差 $\widehat{e}_i^2$ によって σ^2 を推定する方法を紹介している．

ただし，その σ^2 の推定量は，営業成績の単位の取り方によって，値が変わってしまうものである．例えば，営業成績の単位を（億円）から（千万円）にかえると，σ^2 の推定量の値は 100 倍になる．σ^2 がどのくらい大きいかを調べたいときに，単位をかえて 100 倍になったものを見ると，それが大きいのか小さいのかよくわからなくなる．そこで，かわりに**決定係数**を使ってもよい．決定係数

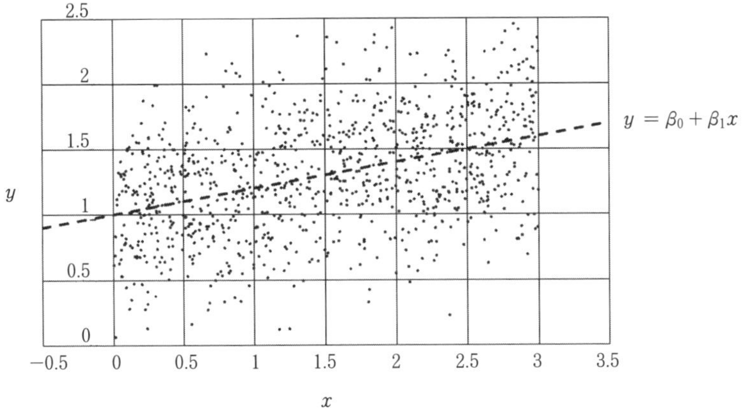

図 **6.4** 誤差項が大きい

は，回帰直線がデータにどのくらい当てはまっているかを表すものだが，定義を見ると，σ^2 の推定量と本質的に同じものである．決定係数は変数の単位によらない．166 ページの問題 6–2 参照．

17. ［補足］なぜ $\beta_1 = 0$ の検定や，β_1 の区間推定をするのか

今まで，研修期間と営業成績には関連性があると仮定して話をしてきたが，もしかしたらその仮定が間違っているのではないか，という疑問もある．研修期間と営業成績に関連性がないと，営業成績をよくするには研修期間をどのくらいにすればよいか，という問題自体が無意味になるので，この仮定をたしかめるのは重要である．

研修期間と営業成績に関連性がないとき，母集団は図 6.5 のようになる．このようになる理由は，Y と x に関連性がないので，x の値がなんであろうと，Y の値のとり方が変わらないからである．図からわかるように，研修期間と営業成績に関連性がないときは，$\beta_1 = 0$ のときである．したがって，母集団がこの図のようになっていないかデータから調べるには，$\beta_1 = 0$ を帰無仮説にして，検定すればよい．また，β_1 の区間推定をすることも有効である．

18. ［補足］なぜ予測の区間推定をするのか

いま，回帰直線を計算でき，誤差項の分散の推定値も十分小さく（決定係数

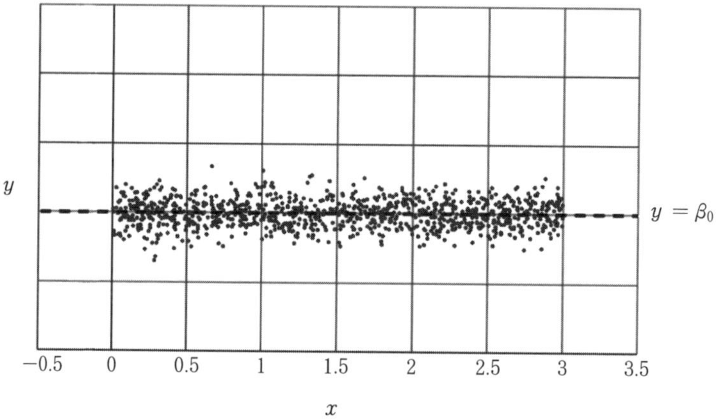

図 6.5　説明変数に説明力がない

が十分 1 に近く)，$\beta_1 = 0$ でないことも検定で確認できたとする．この状況ならば，新入社員の研修期間をある値に決めたときに，営業成績がどのくらいになるか，回帰直線を使って予測することができる．新入社員の研修期間を x_0(年) にすると，その社員の営業成績は，回帰直線の式に $x = x_0$ を代入した，$\widehat{y}_0 = \widehat{\beta}_0 + \widehat{\beta}_1 x_0$(億円) くらいだと予測できる．つまり，説明変数の値が x_0 のとき，被説明変数の予測値は回帰直線の式に $x = x_0$ を代入して，$\widehat{y}_0 = \widehat{\beta}_0 + \widehat{\beta}_1 x_0$ となる．

しかし，もちろん，この社員の営業成績が予測値とピッタリ一致することはない．そこで，この予測がどれくらいの精度なのか知りたい．回帰分析では，予測について区間推定を行うことができる．基本事項で紹介した予測の信頼区間を計算すれば，予測精度についてある程度分かる．また，予測の信頼区間の式から，説明変数の値が $\overline{x}$ から離れるほど信頼区間の幅が少し広くなり，予測精度が若干落ちる，というような性質もわかる．(問題 6–6 を参照)

〈注〉単回帰分析では，係数 β_1 の信頼区間と，予測の信頼区間の二つの信頼区間が出てきてまぎらわしいが，これらはまったく違うものなので，混同しないように注意せよ．わからないときは，それらは何を目的として計算しているのか，上のそれぞれの説明文を読んで，もう一度確認するとよい．β_1 の区間推定は，研修期間と営業成績は本当に関係あるのかどうかを調べるのが目的で，予測の区間推定は，来年の新入社員の研修期間をある値に決めたら，その社員の営業成績はどのくらいになるかを調べるのが目的である．

問題6-1　回帰直線

研修期間 X と営業成績 Y のデータの値 $(x_i, Y_i)=(x_i, y_i)$，$i=1, 2, \ldots, 10$ が次の表のように得られた．このデータには単回帰モデル

$$Y_i=\beta_0+\beta_1 x_i+\varepsilon_i, \qquad i=1, 2, \ldots, 10$$

が仮定されている．研修期間から営業成績を予測したい．そのために，回帰直線を求める必要がある．最小二乗推定量 $\widehat{\beta}_0$，$\widehat{\beta}_1$ を計算し，回帰直線を求めよ．

x	0.2	0.4	1.5	1.5	1.6	1.7	1.8	1.9	2.0	2.4	（年）
y	1.5	2.0	4.9	3.5	5.7	5.2	3.9	5.7	5.1	6.1	（億円）

■ 解 説 ■　いま，新入社員の研修期間をどれくらいにするか問題になっている．それを決めるためには，研修期間を長くすると，どれくらい営業成績が良くなるのか知る必要がある．研修期間を長くすると営業成績が大幅にアップするなら，研修期間は長い方がよいが，かといって長くしすぎると，他の業務がおろそかになり，運営に支障をきたす．どのくらいの研修期間がちょうどよいのか計画するためには，研修期間から営業成績を予測する必要がある．それを単回帰分析で調べるために，まず手始めに，回帰直線を求める．

データは，$\beta_0=1, \beta_1=2$，すべての i について $\varepsilon_i \sim \mathrm{N}(0, 0.64)$ として作成した．

解答

まずデータより，$\overline{x}=1.5$ と $\overline{y}=4.36$ を計算する．

最小二乗推定量は

$$\widehat{\beta}_1=\frac{\sum_{i=1}^{10}(y_i-4.36)(x_i-1.5)}{\sum_{i=1}^{10}(x_i-1.5)^2}, \quad \widehat{\beta}_0=4.36-1.5\widehat{\beta}_1$$

で与えられる．データの値を代入してこれを計算すると，$\displaystyle\sum_{i=1}^{10}(y_i-4.36)(x_i-1.5)=8.95$，$\displaystyle\sum_{i=1}^{10}(x_i-1.5)^2=4.26$ より，

$$\widehat{\beta}_1=\frac{8.95}{4.26}\fallingdotseq 2.1009, \qquad \widehat{\beta}_0\fallingdotseq 4.36-1.5\times 2.1009\fallingdotseq 1.2087 \qquad \cdots（答）$$

したがって，回帰直線の式は $y=\widehat{\beta}_0+\widehat{\beta}_1 x\fallingdotseq 1.2087+2.1009x$　…（答）

ポイント

㋐

$$\widehat{\beta}_1=\frac{\sum_{i=1}^{n}(y_i-\overline{y})(x_i-\overline{x})}{\sum_{i=1}^{n}(x_i-\overline{x})^2}$$

$$\widehat{\beta}_0=\overline{y}-\widehat{\beta}_1\overline{x}$$

練習問題　6-1

解答 p.231

データ $(x_1, y_1), (x_2, y_2), \ldots, (x_{10}, y_{10})$ が次の表のように得られた．単回帰モデル $Y_i=\beta_0+\beta_1 x_i+\varepsilon_i$，$i=1, 2, \ldots, 10$ において，最小二乗推定量 $\widehat{\beta}_0$，$\widehat{\beta}_1$ を計算し，回帰直線を求めよ．

x	1.0	1.1	1.1	1.4	1.5	1.6	1.7	1.8	1.9	1.9
y	1.1	0.4	1.5	2.5	0.6	−1.4	−1.3	1.0	−2.5	1.5

問題6-2　誤差項の分散の推定と決定係数

165ページの問題6–1のデータで，

(1) $\sigma^2 = V(\varepsilon_i)$ を推定せよ．

(2) 決定係数を求めよ．

■解説■　回帰直線を計算できはしたが，もし，母集団全体の誤差項の影響力が大きすぎると，研修期間から営業成績を予測しようとしても，うまくいかない．そこで，誤差項の影響力を調べるために，標本の誤差項の分散 σ^2 を推定する．また，σ^2 の推定値の代わりに，決定係数を使ってもよい．

ちなみに，前問の解説で述べたとおり，誤差項の分散の本当の値は $\sigma^2 = 0.64$

解答

(1) $\widehat{\beta}_0$，$\widehat{\beta}_1$ を165ページの問題6–1で求めたものとすると，残差は，$i = 1, 2, \ldots, 10$ について，

$$\widehat{e}_i = y_i - \widehat{\beta}_0 - \widehat{\beta}_1 x_i \fallingdotseq y_i - 1.2087 - 2.1009 x_i$$

であり，これを使って σ^2 を推定できる．σ^2 の推定値は

$$s_e^2 = \frac{1}{8}\sum_{i=1}^{10}\widehat{e}_i^2$$

㋐であった．データより，$\sum_{i=1}^{10}\widehat{e}_i^2 \fallingdotseq 4.0606$ なので，

σ^2 の㋑推定値は，

$$s_e^2 \fallingdotseq 0.5076$$ …(答)

(2) 決定係数は

$$R^2 = 1 - \frac{\sum_{i=1}^{10}\widehat{e}_i^2}{\sum_{i=1}^{10}(y_i - \overline{y})^2}$$

であり，データより，$\sum_{i=1}^{10}(y_i - \overline{y})^2 = 22.864$ なので，

$$R^2 \fallingdotseq 1 - \frac{4.0606}{22.864} = 0.8224$$ ㋒ …(答)

ポイント

㋐　$s_e^2 = \dfrac{1}{n-2}\sum_{i=1}^{n}\widehat{e}_i^2$

㋑　この推定値 s_e^2 は，営業成績の単位（億円）によって値が変わるものである．たとえば，営業成績の単位を10分の1倍して（千万円）にすると，Y_i，$\widehat{\beta}_0$，$\widehat{\beta}_1 x_i$ はすべて10倍され，s_e^2 は100倍の50.76になる．しかし，この50.76と解答の0.5076は，単位が違うだけで，同じものを表している．なので，この0.5076という数値だけを見て，これが分散の推定値として大きいのか小さいのかはわからない．

㋒　決定係数の値は s_e^2 と違い，単位に影響を受けない．しかし，決定係数がどれくらい大きければ誤差項の影響力は小さいといえる，というような基準は一般にはない．決定係数が十分大きいかどうかは分析者の判断による．

練習問題　6-2

解答 p.231

165ページの練習問題6–1のデータで，

(1) $\sigma^2 = V(\varepsilon_i)$ を推定せよ．　(2) 決定係数を求めよ．

（ちなみに練習問題6-1のデータは $\beta_0 = 4$, $\beta_1 = -2$，すべての i について $\varepsilon_i \sim$ N(0, 4) として作成してある．）

問題6-3　係数 β_1 の検定

165ページの問題6-1において，ε_i，$i=1, 2, \ldots, 10$ の共通の分布が $\mathrm{N}(0, \sigma^2)$ だという追加の仮定をおく．このとき，帰無仮説を $\beta_1=0$ とし，

(1) 対立仮説 $\beta_1 \neq 0$ を有意水準5%で検定せよ．

(2) 対立仮説 $\beta_1 > 0$ を有意水準1%で検定せよ．

解説　回帰直線を計算し，$\widehat{\beta}_1 > 0$ であったので，それを見ると，研修期間が増えるほど，営業成績はアップするように思われる．しかし，$\widehat{\beta}_1$ はあくまでもデータから計算した回帰直線の傾きであり，それが正であっても，本当に研修期間が増えるほど，営業成績はアップするのかどうかはわからない．本当に知りたいのは，真のモデルのパラメータ β_1 が $\beta_1 > 0$ かどうかである．それを強く主張できるかどうか，データを使って検定する．

解答

(1) 検定統計量は $T=\dfrac{\widehat{\beta}_1-0}{\sqrt{s^2_{\widehat{\beta}_1}}}$

帰無仮説のもとで $T \sim \mathrm{t}(8)$ なので，棄却域は

$|T| > t(8, 0.025)=2.3060$

まず，$s^2_{\widehat{\beta}_1}=\dfrac{s_e^2}{\sum_{i=1}^{10}(x_i-\overline{x})^2}$ を計算する．166ページの問題6-2の解答より，$s_e^2=0.5076$ であり，165ページの問題6-1の解答の計算より，

$\sum_{i=1}^{10}(x_i-1.5)^2=4.26$ なので，$s^2_{\widehat{\beta}_1}=\dfrac{0.5076}{4.26} \fallingdotseq 0.1192$

次に，検定統計量 T の値を計算する．$\widehat{\beta}_1 \fallingdotseq 2.1009$ なので，

$T=\dfrac{2.1009}{\sqrt{0.1192}} \fallingdotseq 6.0851$

$|T| \fallingdotseq 6.0851$ は $t(8, 0.025)=2.3060$ より大きいので，帰無仮説を棄却する．

…(答)

(2) 棄却域は $T > t(8, 0.01)=2.8965$

検定統計量の値 $T \fallingdotseq 6.0851$ が $t(8, 0.01)=2.8965$ より大きいので，帰無仮説を棄却する．…(答)

ポイント

㋐
$s^2_{\widehat{\beta}_1}=\dfrac{s_e^2}{\sum_{i=1}^{n}(X_i-\overline{X})^2}$
とすると，
$\dfrac{\widehat{\beta}_1-\beta_1}{\sqrt{s^2_{\widehat{\beta}_1}}} \sim \mathrm{t}(n-2)$
なので，帰無仮説 $\beta_1=b$ のもとで，$T=\dfrac{\widehat{\beta}_1-b}{\sqrt{s^2_{\widehat{\beta}_1}}} \sim \mathrm{t}(n-2)$

練習問題　6-3

解答 p.231

165ページの練習問題6-1において，ε_i，$i=1, 2, \ldots, 10$ の共通の分布が $\mathrm{N}(0, \sigma^2)$ だという追加の仮定をおく．このとき，帰無仮説を $\beta_1=0$ とし，

(1) 対立仮説 $\beta_1 < 0$ を有意水準1%で検定せよ．

(2) 対立仮説 $\beta_1 \neq 0$ を有意水準5%で検定せよ．

問題6-4　係数 β_1 の区間推定

165ページの問題6-1において，ε_i, $i=1, 2, \ldots, 10$ の共通の分布が $\mathrm{N}(0, \sigma^2)$ だという追加の仮定をおくとき，次を求めよ．

(1) β_1 の95%信頼区間

(2) β_1 の99%信頼区間

■ **解 説** ■　前問では，$\beta_1 > 0$ を調べるために検定を行ったが，代わりに，β_1 の区間推定をしてもよい．そうすると，検定したことと同じ意味を持つだけでなく，β_1 の値の信頼区間を得られる．信頼区間に0が含まれていなければ，β_1 は0から離れていると考えてよい．

解答

(1) 係数の確定値は $\hat{\beta}_1 \fallingdotseq 2.1009$ であり，

$t(8, 0.025) = 2.3060$,

$s_{\hat{\beta}_1}^2 = 0.1192$

なので，㋐ β_1 の95%信頼区間は，

$$\left[2.1009 - 2.3060\sqrt{0.1192},\ 2.1009 + 2.3060\sqrt{0.1192}\right]$$

$\fallingdotseq [1.3047,\ 2.8971]$　…(答)

(2) $\hat{\beta}_1$ と $s_{\hat{\beta}_1}^2$ は前問と同じであり，

$t(8, 0.005) = 3.3554$

なので，β_1 の99%信頼区間は，

$$\left[2.1009 - 3.3554\sqrt{0.1192},\ 2.1009 + 3.3554\sqrt{0.1192}\right]$$

$\fallingdotseq [0.9424,\ 3.2594]$　…(答)

ポイント

㋐ β_1 の $100(1-\alpha)$% 信頼区間は，

$$\left[\hat{\beta}_1 - t\left(n-2, \frac{\alpha}{2}\right)\sqrt{s_{\hat{\beta}_1}^2},\ \hat{\beta}_1 + t\left(n-2, \frac{\alpha}{2}\right)\sqrt{s_{\hat{\beta}_1}^2}\right]$$

練習問題　6-4

解答 p.231

165ページの練習問題6-1において，ε_i, $i = 1, 2, \ldots, 10$ の共通の分布が $N(0, \sigma^2)$ だという追加の仮定をおくとき，次を求めよ．

(1) β_1 の95%信頼区間

(2) β_1 の99%信頼区間

問題6-5　予測値

165 ページの問題 6–1 のデータに基づいて，研修期間を次のように決定した場合の営業成績の予測値を求めよ．

(1) $x=1.4$

(2) $x=2.7$

解 説　これまでの問題で，回帰直線が予測に使えそうだということがわかった．そこで，新入社員の研修期間を，もし問題文の値のようにすると，営業成績は大体どのくらいになりそうか，予測をする．予測値を求めるには，決定された営業成績の値を回帰直線の式の x 座標に代入し，そのときの y 座標の値を計算すればよい．

練習問題のデータでは，これまでの練習問題で，回帰直線が予測には適さないことがわかっている．なので予測値を計算しても役には立たないが，このようなときに予測精度がどうなるか次のページの練習問題で見てみるために，予測値を計算をしておく．

解答

(1) 回帰直線は $y=1.2087+2.1009x$

㋐ $x=1.4$ での予測値は

$y=1.2087+2.1009\times1.4=4.1500$　…(答)

(2) $x=2.7$ での予測値は

$y=1.2087+2.1009\times2.7=6.8811$　…(答)

ポイント

㋐　$x=1.4$ を回帰直線の式に代入したときの，左辺の y の値が予測値．つまり，回帰直線上の点で x 座標が 1.4 であるものの y 座標の値が予測値．

練習問題　6-5

解答 p.231

165 ページの練習問題 6–1 のデータに基づいて，説明変数が次の値であるとき，被説明変数の予測値を求めよ．

(1) $x=1.3$

(2) $x=2.0$

問題6-6　予測の区間推定

165ページの問題6–1において，ε_i，$i=1, 2, \dots, 10$ の共通の分布が $\mathrm{N}(0, \sigma^2)$ だという追加の仮定をおく．このとき，165ページの問題6–1のデータに基づいて，研修期間を次のそれぞれの値に決定したときの，営業成績の予測の95%信頼区間を求めよ．また，それぞれの信頼区間の区間幅を求めよ．

(1) $x=1.4$　　　　(2) $x=2.7$

■ 解説 ■　前問で営業成績の予測値を計算したが，その予測の精度はまだわかっていない．そこで，本問では精度を調べるために，予測の区間推定を行う．信頼区間がどのようになるか見れば，予測の精度がある程度わかる．

また，練習問題では，回帰直線が予測に適さない場合に，予測の区間推定がどのような結果になるか試してみる．

解答

(1) $x_0=1.4,\ \overline{x}=1.5,\ \sum_{i=1}^{10}(x_i-1.5)^2=4.26,$

$s_e^2 \fallingdotseq 0.5076$

㋐ $\widehat{V}(\widehat{Y}_0-Y_0)=0.5076\left\{1+\frac{1}{10}+\frac{(1.4-1.5)^2}{4.26}\right\}$

$\fallingdotseq 0.5596$

$\widehat{Y_0}=4.1500,\quad \mathrm{t}(8, 0.025)=2.3060$

よって，研修期間が ㋑ $x=1.4$ のときの営業成績の予測の95%信頼区間は，

$\left[4.1500-2.3060\sqrt{0.5596},\ 4.1500+2.3060\sqrt{0.5596}\right]$

$\fallingdotseq[2.4250,\ 5.8750]$　…(答)

区間幅は，$5.8750-2.4250=3.4500$　…(答)

ポイント

㋐ $\widehat{V}(\widehat{Y}_0-Y_0)=s_e^2\left\{1+\frac{1}{n}+\frac{(x_0-\overline{x})^2}{\sum_{i=1}^{n}(x_i-\overline{x})^2}\right\}$

㋑ $x=x_0$ における $y=Y_0$ の $100(1-\alpha)$% 信頼区間は

$\left[\widehat{Y}_0-t(n-2, \frac{\alpha}{2})\sqrt{\widehat{V}(\widehat{Y}_0-Y_0)},\ \widehat{Y}_0+t(n-2, \frac{\alpha}{2})\sqrt{\widehat{V}(\widehat{Y}_0-Y_0)}\right]$

㋒ $\overline{x}=1.5$ に近い $x=1.4$ よりも，遠い $x=2.7$ での予測の信頼区間の方が，区間幅が若干広く，予測精度が少し悪い．

(2) $x_0=2.7,$

$\widehat{V}(\widehat{Y}_0-Y_0)=0.5076\left\{1+\frac{1}{10}+\frac{(2.7-1.5)^2}{4.26}\right\}\fallingdotseq 0.7299$

$\widehat{Y_0}=6.8811$

よって，研修期間が $x=2.7$ のときの営業成績の予測の95%信頼区間は，

$\left[6.8811-2.3060\sqrt{0.7299},\ 6.8811+2.3060\sqrt{0.7299}\right]\fallingdotseq[4.9110,\ 8.8512]$ …(答)

㋒ 区間幅は，$5.8750-2.4250=3.9402$　…(答)

練習問題　6-6　　解答 p.231

165ページの練習問題6–1において，ε_i，$i=1, 2, \dots, 10$ の共通の分布が $\mathrm{N}(0, \sigma^2)$ だという追加の仮定をおく．このとき，165ページの練習問題6–1のデータに基づいて，説明変数を次のそれぞれの値に決定したときの被説明変数の予測の95%信頼区間を求めよ．また，それぞれの信頼区間の区間幅を求めよ．

(1) $x=1.3$　　　　(2) $x=2.0$

付録

発展的な問題

発展的事項

1. ニュートン展開
2. 条件付き確率
3. 全確率の法則
4. 指示関数 1_A
5. 条件付き期待値
6. 条件付き期待値の性質
7. 条件付き分散
8. 和・差・積・商の分布
9. 二次元連続確率分布の変換
10. 負の二項分布
11. 超幾何分布
12. 対数正規分布
13. ガンマ関数・ベータ関数
14. ガンマ分布
15. ベータ分布
16. コーシー分布
17. 平均ベクトル・分散共分散行列
18. 2次元正規分布
19. 3次元正規分布

発展的事項

1. ニュートン展開

(1) 付録では，二項係数 ${}_n\mathrm{C}_k$ を $\dbinom{n}{k}$ と書くことにする．

(2) 二項係数 $\dbinom{n}{k}$ は，n が自然数でないときも考えることができる．α が実数のとき，

$$\binom{\alpha}{0}=1, \qquad \binom{\alpha}{k}=\frac{\alpha(\alpha-1)\cdots(\alpha-k+1)}{k!}, \quad k=1, 2, \ldots$$

として $k=0, 1, 2, \ldots$ について定義される $\dbinom{\alpha}{k}$ は**一般化二項係数**と呼ばれる．

(3) $|x|<1$ のとき，実数 α について，

$$(1+x)^{\alpha}=\sum_{k=0}^{\infty}\binom{\alpha}{k}x^k=\binom{\alpha}{0}+\binom{\alpha}{1}x+\binom{\alpha}{2}x^2+\binom{\alpha}{3}x^3+\cdots$$

$$=1+\frac{\alpha}{1}x+\frac{\alpha(\alpha-1)}{1\cdot2}x^2+\frac{\alpha(\alpha-1)(\alpha-2)}{1\cdot2\cdot3}x^3+\frac{\alpha(\alpha-1)(\alpha-2)(\alpha-3)}{1\cdot2\cdot3\cdot4}x^4+\cdots$$

が成り立つ．この公式を**ニュートン展開**という．

㊞ $|x|<1$ のとき，

$$\frac{1}{1+x}=(1+x)^{-1}$$

$$=1+\frac{-1}{1}x+\frac{(-1)(-2)}{1\cdot2}x^2+\frac{(-1)(-2)(-3)}{1\cdot2\cdot3}x^3+\frac{(-1)(-2)(-3)(-4)}{1\cdot2\cdot3\cdot4}x^4+\cdots$$

$$=1-x+x^2-x^3+x^4-\cdots,$$

$$\sqrt{1+x}=(1+x)^{\frac{1}{2}}$$

$$=1+\frac{\frac{1}{2}}{1}x+\frac{\frac{1}{2}\left(-\frac{1}{2}\right)}{1\cdot2}x^2+\frac{\frac{1}{2}\left(-\frac{1}{2}\right)\left(-\frac{3}{2}\right)}{1\cdot2\cdot3}x^3+\frac{\frac{1}{2}\left(-\frac{1}{2}\right)\left(-\frac{3}{2}\right)\left(-\frac{5}{2}\right)}{1\cdot2\cdot3\cdot4}x^4+\cdots$$

$$=1+\frac{1}{2}x-\frac{1}{2\cdot4}x^2+\frac{1\cdot3}{2\cdot4\cdot6}x^3-\frac{1\cdot3\cdot5}{2\cdot4\cdot6\cdot8}x^4+\cdots,$$

$$\frac{1}{\sqrt{1-x}}=(1-x)^{-\frac{1}{2}}$$

$$=1+\frac{\left(-\frac{1}{2}\right)}{1}(-x)+\frac{\left(-\frac{1}{2}\right)\left(-\frac{3}{2}\right)}{1\cdot2}(-x)^2+\frac{\left(-\frac{1}{2}\right)\left(-\frac{3}{2}\right)\left(-\frac{5}{2}\right)}{1\cdot2\cdot3}(-x)^3$$

$$+\frac{\left(-\frac{1}{2}\right)\left(-\frac{3}{2}\right)\left(-\frac{5}{2}\right)\left(-\frac{7}{2}\right)}{1\cdot2\cdot3\cdot4}(-x)^4+\cdots$$

$$=1+\frac{1}{2}x+\frac{1\cdot3}{2\cdot4}x^2+\frac{1\cdot3\cdot5}{2\cdot4\cdot6}x^3+\frac{1\cdot3\cdot5\cdot7}{2\cdot4\cdot6\cdot8}x^4+\cdots$$

2. 条件付き確率

条件付き確率の定義は，Chapter 1 で少しふれたが，そこでは扱わなかったものも含め，いくつか場合分けして再度定義する．

(1) 条件部分の事象 A の確率が $P(A)>0$ のとき，条件付き確率の定義は

$$P(X\leq x\,|\,A)=\frac{P(X\leq x\cap A)}{P(A)}$$

いくつか例を見てみると，

(i) X が密度関数 $f_X(x)$ をもつ連続確率変数で，$P(X>a)>0$ のとき，

$$P(X\leq x\,|\,X>a)=\frac{P(X\leq x\cap X>a)}{P(X>a)}=\frac{P(a<X\leq x)}{P(X>a)}$$

$$=\frac{\int_a^x f_X(t)dt}{\int_a^\infty f_X(t)dt}$$

(ii) X, Y が同時密度関数 $f_{X,Y}(x,\,y)$ をもつ連続確率変数で，$P(Y\leq b)>0$ のとき，

$$P(X\leq x\,|\,Y\leq b)=\frac{P(X\leq x\cap Y\leq b)}{P(Y\leq b)}=\frac{\int_{-\infty}^b\int_{-\infty}^x f_{X,Y}(t,\,s)dtds}{\int_{-\infty}^b f_Y(s)ds}$$

(iii) X, Y が離散確率変数のとき，$P(Y=y)>0$ なら，

$$P(X=x\,|\,Y=y)=\frac{P(X=x\cap Y=y)}{P(Y=y)}$$

(2) X, Y が同時密度関数 $f_{X,Y}(x,\,y)$ をもつ連続確率変数のとき，$P(Y=y)=0$ だから，条件付き確率 $P(X\leq x\,|\,Y=y)$ は上のような定義はできない．
このときは，$f_Y(y)>0$ であるような y について $Y=y$ のときの X の**条件付き密度関数**

$$f_{X|Y}(x\,|\,y)=\frac{f_{X,Y}(x,\,y)}{f_Y(y)}$$

を定義し，これを使って条件付き確率を

$$P(X \leq x \mid Y=b)=\int_{\infty}^{x} f_{X|Y}(t \mid b)dt=\int_{\infty}^{x} \frac{f_{X,Y}(t,\, b)}{f_Y(b)}dt$$

と定義する.

3. 全確率の法則

(1) X, Y が離散確率変数のとき，

$$P(X=x)=\sum_{y} P(X=x \mid Y=y)P(Y=y)$$

(2) X, Y が同時密度関数 $f_{X,Y}(x,\, y)$ をもつ連続確率変数のとき，

$$P(X \leq x)=\int_{-\infty}^{\infty} P(X \leq x \mid Y=y)f_Y(y)dy$$

これらの性質を**全確率の法則**（law of total probability）という.

（証明）

(1) $P(X=x \cap Y=y)=P(X=x \mid Y=y)P(Y=y)$ より，

$$P(X=x)=\sum_{y} P(X=x \cap Y=y)=\sum_{y} P(X=x \mid Y=y)P(Y=y)$$

(2) $f_{X,Y}(t,\, y)=f_{X|Y}(t \mid y)f_Y(y)$ より，

$$P(X \leq x)=\int_{-\infty}^{x} f_X(t)dt=\int_{-\infty}^{x}\int_{-\infty}^{\infty} f_{X,Y}(t,\, y)dydt$$

$$=\int_{-\infty}^{\infty}\int_{-\infty}^{x} f_{X|Y}(t \mid y)f_Y(y)dtdy=\int_{-\infty}^{\infty}\left(\int_{-\infty}^{x} f_{X|Y}(t \mid y)dt\right)f_Y(y)dy$$

$$=\int_{-\infty}^{\infty} P(X \leq x \mid Y=y)f_Y(y)dy$$

□

4. 指示関数 1_A

事象 A に対して，1_A は，A が起きたら1，A が起きなければ0をとる確率変数と定義される.

(1) $\{1_A=1\}=\{$ 事象 A がおきた $\}=A$,

$\{1_A=0\}=\{$ 事象 A がおきない $\}=A^c$

(2) 1_A は1か0しか値をとらないので，

$$E[1_A]=1 \cdot P(1_A=1)+0 \cdot P(1_A=0)=P(1_A=1)=P(A)$$

(3) A が確率変数 Y についての事象 $\{Y \leq b\}$ のようなとき，$E[1_{\{Y \leq b\}}]=P(Y \leq b)$ については，次のような計算方法もある.

まず，$1_{\{y \leq b\}}$ が y の関数なので，$g(y)=1_{\{y \leq b\}}$ とおけば，$g(Y)=1_{\{Y \leq b\}}$ で

ある．よって，Y が離散確率変数なら，

$$E[1_{\{Y\leq b\}}]=E[g(Y)]=\sum_{l}g(l)P(Y=l)=\sum_{l}1_{\{l\leq b\}}P(Y=l)$$
$$=\sum_{l\leq b}P(Y=l)=P(Y\leq b)$$

となる．Y が連続確率変数でも，

$$E[1_{\{Y\leq b\}}]=E[g(Y)]=\int_{-\infty}^{\infty}g(y)f_y(y)dy=\int_{-\infty}^{\infty}1_{\{l\leq b\}}f_y(y)dy$$
$$=\int_{-\infty}^{b}f_Y(y)dy=P(Y\leq b)$$

となる．

5. 条件付き期待値

事象 A が起きたときの確率変数 X の期待値を**条件付き期待値**という．記号では $E[X\,|\,A]$ と書く．いくつか場合分けをして定義を述べる．

(1) $P(A)>0$ のとき，A が起きたときの X の条件付き確率の定義は，

$$E[X\,|\,A]=\frac{E[X\cdot 1_A]}{P(A)}$$

なぜこのような定義になるのかは本書の程度を超えているので，上級の確率の教科書を参照してほしい．

しかし，例えば X が離散確率変数で $P(X\leq 3)>0$ のとき，条件付き期待値 $E[X|X\leq 3]$ の定義は $E[X|X\leq 3]=\sum_{k}kP(X=k|X\leq 3)$ とするのが自然だと思われるが，

$$P(X=k|X\leq 3)=\frac{P(X=k\cap X\leq 3)}{P(X\leq 3)}=\begin{cases}\dfrac{P(X=k)}{P(X\leq 3)}, & k\leq 3\text{ のとき}\\ 0, & k>3\text{ のとき}\end{cases}$$
$$=\frac{1_{\{k\leq 3\}}P(X=k)}{P(X\leq 3)}$$

なので，そのような $E[X|X\leq 3]$ の自然な定義は，

$$E[X|X\leq 3]=\sum_{k}kP(X=k|X\leq 3)=\frac{\sum_{k}k\cdot 1_{\{k\leq 3\}}P(X=k)}{P(X\leq 3)}=\frac{E[X\cdot 1_{\{X\leq 3\}}]}{P(X\leq 3)}$$

というように上の定義と同じものであることがわかる．

いくつか例を見てみると，

(i) X が密度関数 $f_X(x)$ をもつ連続確率変数で，$P(X<a)>0$ のとき，

$$E[X \mid X<a]=\frac{E[X\cdot 1_{\{X<a\}}]}{P(X<a)}=\frac{1}{P(X<a)}\int_{-\infty}^{\infty}x\cdot 1_{\{x<a\}}f_X(x)dx$$
$$=\frac{1}{P(X<a)}\int_{-\infty}^{a}xf_X(x)dx$$

(ii) X, Y が離散確率変数で，$P(Y=m)>0$ のとき，

$$E[X \mid Y=m]=\frac{E[X\cdot 1_{\{Y=m\}}]}{P(Y=m)}$$
$$=\frac{1}{P(Y=m)}\sum_k\sum_l k\cdot 1_{\{l=m\}}P(X=k\cap Y=l)$$
$$=\frac{1}{P(Y=m)}\sum_k kP(X=k\cap Y=m)$$

(iii) X, Y が同時密度関数 $f_{X,Y}(x, y)$ をもつ連続確率変数で，$P(Y\leq b)>0$ のとき，

$$E[X \mid Y\leq b]=\frac{E[X\cdot 1_{\{Y\leq b\}}]}{P(Y\leq b)}$$
$$=\frac{1}{P(Y\leq b)}\int_{-\infty}^{\infty}\int_{-\infty}^{\infty}x\cdot 1_{\{y\leq b\}}f_{X,Y}(x, y)dydx$$
$$=\frac{1}{P(Y\leq b)}\int_{-\infty}^{\infty}\int_{-\infty}^{b}xf_{X,Y}(x, y)dydx$$

(iv) $P(B)>0$ のとき，

$$E[1_A \mid B]=\frac{E[1_A\cdot 1_B]}{P(B)}$$
$$=\frac{1}{P(B)}\{1\cdot P(1_A=1\cap 1_B=1)+0\cdot P(1_A=1\cap 1_B=0)$$
$$+0\cdot P(1_A=0\cap 1_B=1)+0\cdot P(1_A=0\cap 1_B=0)\}$$
$$=\frac{P(1_A=1\cap 1_B=1)}{P(B)}=\frac{P(A\cap B)}{P(B)}=P(A \mid B)$$

(2) 条件が $Y=m$ のような等式の場合の条件付き期待値は，条件付き確率を使った別の定義がある．

(I) X, Y が離散確率変数のとき，

$$E[X \mid Y=m]=\sum_k kP(X=k \mid Y=m)$$

これは，上の例 (ii) の計算結果を使えば，

$$E[X \mid Y=m]=\sum_k k\frac{P(X=k\cap Y=m)}{P(Y=m)}=\sum_k kP(X=k \mid Y=m)$$

なので，上の定義と整合性があることを確認できる．

(II) X，Y が同時密度関数 $f_{X,Y}(x, y)$ を持つ連続確率変数のとき，条件

を $Y=b$ とすると，Y が連続確率変数だから $P(Y=b)=0$ なので，$E[X\,|\,Y=b]$ は上の (1) の定義では扱えない．このときの条件付き期待値の定義は，条件付き密度関数を使って，

$$E[X\,|\,Y=b]=\int_{-\infty}^{\infty} x f_{X|Y}(x\,|\,b)dx$$

例　$E[1_{\{X\leq a\}}\,|\,Y=b]=\int_{-\infty}^{\infty} 1_{\{x\leq a\}} f_{X|Y}(x\,|\,b)dx=\int_{-\infty}^{a} f_{X|Y}(x\,|\,b)dx$
$=P(X\leq a\,|\,Y=b)$

(3) 条件部分が確率変数 Y であるような条件付き期待値 $E[X\,|\,Y]$ も考える．これは，$Y=y$ のとき $E[X\,|\,Y=y]$ という値をとる確率変数である．例えば，Y が 0, 1, 2, 3 という値をとる離散確率変数なら，$E[X\,|\,Y]$ は，

$$E[X\,|\,Y]=\begin{cases} E[X\,|\,Y=0], & Y=0\text{のとき} \\ E[X\,|\,Y=1], & Y=1\text{のとき} \\ E[X\,|\,Y=2], & Y=2\text{のとき} \\ E[X\,|\,Y=3], & Y=3\text{のとき} \end{cases}$$

という確率変数．

もう少し丁寧にいうと，$E[X\,|\,Y=y]$ を y の関数 $g(y)=E[X\,|\,Y=y]$ とみなし，それに $y=Y$ を代入した確率変数 $g(Y)$ が $E[X\,|\,Y]$ である ($g(Y)=E[X\,|\,Y]$)．この $g(Y)$ が $Y=y$ のときに $g(y)=E[X\,|\,Y=y]$ という値をとる確率変数であることは明らか．

また，$P(E[X\,|\,Y]=E[X\,|\,Y=k])=P(Y=k)$ であることに注意．

また，上のいくつかの例からも推測できるように，条件が確率変数 Y であるときの事象 A の条件付き確率 $P(A\,|\,Y)$ は，

$$P(A\,|\,Y)=E[1_A\,|\,Y]$$

と定義される．上のいくつかの例でみたように，$E[1_A\,|\,Y=y]=P(A\,|\,Y=y)$ だから，

$$\begin{aligned} P(A\,|\,Y)&=E[1_A\,|\,Y] \\ &=(Y=y\text{のとき }E[1_A\,|\,Y=y]\text{である確率変数}) \\ &=(Y=y\text{のとき }P(A\,|\,Y=y)\text{である確率変数}) \end{aligned}$$

である．なので，条件付き期待値と同じように，$P(A\,|\,Y)$ は，$h(y)=P(A\,|\,Y=y)$ に $y=Y$ を代入した $h(Y)$ と考えてよい．

6. 条件付き期待値の性質

条件付き期待値には次のような性質がある．以下で，g, g_1, g_2 は任意の一変数関数，h は任意の二変数関数とする．

(1) c_1, c_2 が定数のとき，

$$E[c_1g_1(X_1)+c_2g_2(X_2)\,|\,Y=y]=c_1E[g_1(X_1)\,|\,Y=y]+c_2E[g_2(X_2)\,|\,Y=y]$$

(2) $g\geq 0$ なら，$E[g(X)\,|\,Y=y]\geq 0$

(3) X と Y が独立なら，$E[g(X)\,|\,Y=y]=E[g(X)]$

(4) $E[h(X,Y)\,|\,Y=y]=E[h(X,y)\,|\,Y=y]$

(例) X と Y が独立とする．この公式を $h(x,y)=e^{xy}$ のときに使うと $E[e^{XY}\,|\,Y=y]=E[e^{Xy}\,|\,Y=y]$．$X$ と Y が独立なので，一つ上の公式より，$E[e^{Xy}\,|\,Y=y]=E[e^{Xy}]=M_X(y)$．よって，このとき $E[e^{XY}\,|\,Y=y]=M_X(y)$，したがって，X と Y が独立のとき $E[e^{XY}\,|\,Y]=M_X(Y)$ □

〈注〉たまに，X と Y が独立のとき $E[e^{XY}\,|\,Y]=E_X[e^{XY}]=M_X(Y)$ と書いてあることもある．このときの E_X の意味は，中身の e^{XY} のなかで，Y は定数だと思い X だけを確率変数と思ったときの期待値，である．つまり，上の例と同じこと．

(5) $E[g_1(X)g_2(Y)\,|\,Y=y]=g_2(y)E[g_1(X)\,|\,Y=y]$

$E[g_1(X)g_2(Y)\,|\,Y]=g_2(Y)E[g_1(X)\,|\,Y]$

(例) $E[Xe^Y\,|\,Y=y]=E[Xe^y\,|\,Y=y]=e^yE[X\,|\,Y=y]$ □

(6) $E[X]=E[E[X\,|\,Y]]$

特に，Y が離散確率変数のとき，$E[X]=\sum_k E[X\,|\,Y=k]P(Y=k)$ であり，Y が連続確率変数のとき，$E[X]=\int_{-\infty}^{\infty}E[X\,|\,Y=y]f_Y(y)dy$.

また，これより，$P(A)=E[1_A]=E[E[1_A\,|\,Y]]=E[P(A\,|\,Y)]$

(証明)

Y が離散確率変数のとき，

$$E[E[X\,|\,Y]]=\sum_k E[X\,|\,Y=k]P(Y=k)$$

$$=\sum_k\sum_m mP(X=m\,|\,Y=k)P(Y=k)=\sum_m m\sum_k P(X=m\,|\,Y=k)P(Y=k)$$

$$=\sum_m m\sum_k P(X=m\cap Y=k)=\sum_m mP(X=m)=E[X]$$

Y が連続確率変数のとき，

$$E[E[X|Y]]=\int_{-\infty}^{\infty}E[X|Y=y]f_Y(y)dy$$

$$=\int_{-\infty}^{\infty}\int_{-\infty}^{\infty}xf_{X|Y}(x|y)f_Y(y)dxdy=\int_{-\infty}^{\infty}x\int_{-\infty}^{\infty}f_{X|Y}(x|y)f_Y(y)dydx$$

$$=\int_{-\infty}^{\infty}x\int_{-\infty}^{\infty}f_{X,Y}(x,y)dydx=\int_{-\infty}^{\infty}xf_X(x)dx=E[X]$$ □

〈注〉上の証明からわかるように，$E[E[X|Y]]$ において，内側の E は Y で条件づけた X の確率分布についての期待値だが，外側の E は Y の確率分布についての期待値を表している．

例　● $E[X|Y]=c$（定数）のとき，

$$E[XY]=E[E[XY|Y]]=E[YE[X|Y]]=E[Yc]=cE[Y]$$

● $E[X|1_A=1]=E[X|A]$ という当たり前の式を確認する．

$$E[X\cdot 1_A]=E[X\cdot 1_A|1_A=1]P(1_A=1)+E[X\cdot 1_A|1_A=0]P(1_A=0)$$

$$=E[X\cdot 1|1_A=1]P(1_A=1)+E[X\cdot 0|1_A=0]P(1_A=0)$$

$$=E[X|1_A=1]P(1_A=1)$$

よって，$E[X|1_A=1]=\dfrac{E[X\cdot 1_A]}{P(1_A=1)}=\dfrac{E[X|A]P(A)}{P(1_A=1)}$

$\{A\}=\{1_A=1\}$ より $P(A)=P(1_A=1)$ なので，

$$E[X|1_A=1]=E[X|A]$$ □

〈注〉条件付き期待値の定義はとても複雑である．例えば，X が連続確率変数で Y が離散確率変数の場合の $E[X|Y=y]$ や，その逆のパターンなどもここでは定義していない．しかし，それらについても，ここにあげた性質を理解していれば，応用上の計算にはほとんど十分である．条件付き期待値を初めて勉強するときは，細かい定義をあまり気にしすぎず，これらの性質の使い方の習得に力をそそぐべきである．

7. 条件付き分散

ある条件のもとでの確率変数 X の分散を**条件付き分散**という．X の分散の定義において，期待値を条件付き期待値にかえたものと定義される．A は $P(A)>0$ なる事象，Y は確率変数とすると，X の条件付き分散は

$$V(X|A)=E[(X-E[X|A])^2|A]=E[X^2|A]-(E[X|A])^2$$

$$V(X|Y=y)=E[(X-E[X|Y=y])^2|Y=y]=E[X^2|Y=y]-(E[X|Y=y])^2$$

$$V(X\mid Y)=E[(X-E[X\mid Y])^2\mid Y]=E[X^2\mid Y]-(E[X\mid Y])^2$$

次のような公式がある．

- $V(X)=E[V(X\mid Y)]+V(E[X\mid Y])$

（証明）

$E[V(X\mid Y)]=E\Big[E[X^2\mid Y]-(E[X\mid Y])^2\Big]$

$=E\Big[E[X^2\mid Y]\Big]-E\Big[(E[X\mid Y])^2\Big]=E[X^2]-E\Big[(E[X\mid Y])^2\Big]$,

$V[E(X|Y)]=E\Big[(E[X|Y])^2\Big]-(E\Big[E[X\mid Y]\Big])^2=E\Big[(E[X\mid Y])^2\Big]-(E[X])^2$

となる．よって，これらを足し合わせれば，$E\Big[(E[X\mid Y])^2\Big]$ が相殺され，

$$E[V(X\mid Y)]+V[E(X\mid Y)]=E[X^2]-(E[X])^2=V(X) \qquad \square$$

8. 和・差・積・商の分布

X と Y が独立な連続確率変数のとき，これらの和，差，積，商の密度関数は，

(1) $f_{X+Y}(x)=\int_{-\infty}^{\infty}f_X(x-y)f_Y(y)dy$

(2) $f_{X-Y}(x)=\int_{-\infty}^{\infty}f_X(x+y)f_Y(y)dy$

(3) $f_{XY}(x)=\int_{-\infty}^{\infty}f_X\Big(\frac{x}{y}\Big)f_Y(y)\frac{1}{|y|}dy$

(4) $f_{\frac{1}{Y}}(y)=f_Y\Big(\frac{1}{y}\Big)\frac{1}{y^2}$

(5) $f_{\frac{X}{Y}}(x)=\int_{-\infty}^{\infty}f_X(xy)f_Y(y)|y|dy$

（証明）

それぞれの場合について，まず分布関数を計算し，それを微分して密度関数を求める．

(1)
- $P(X+Y\le x)=\int_{-\infty}^{\infty}P(X+Y\le x\mid Y=y)f_Y(y)dy$

  $=\int_{-\infty}^{\infty}P(X+y\le x\mid Y=y)f_Y(y)dy=\int_{-\infty}^{\infty}P(X+y\le x)f_Y(y)dy$

  $=\int_{-\infty}^{\infty}P(X\le x-y)f_Y(y)dy$

- $f_{X+Y}(x)=\frac{d}{dx}P(X+Y\le x)=\frac{d}{dx}\int_{-\infty}^{\infty}P(X\le x-y)f_Y(y)dy$

  $=\int_{-\infty}^{\infty}f_X(x-y)f_Y(y)dy$

(2) • $P(X-Y\leq x)=\int_{-\infty}^{\infty}P(X-Y\leq x\,|\,Y=y)f_Y(y)dy$

$=\int_{-\infty}^{\infty}P(X-y\leq x)f_Y(y)dy=\int_{-\infty}^{\infty}P(X\leq x+y)f_Y(y)dy$

• $f_{X-Y}(x)=\dfrac{d}{dx}P(X-Y\leq x)=\dfrac{d}{dx}\int_{-\infty}^{\infty}P(X\leq x+y)f_Y(y)dy$

$=\int_{-\infty}^{\infty}f_X(x+y)f_Y(y)dy$

(3) • $P(XY\leq x)=\int_{-\infty}^{\infty}P(XY\leq x\,|\,Y=y)f_Y(y)dy$

$=\int_{-\infty}^{\infty}P(Xy\leq x)f_Y(y)dy$

$=\int_{0}^{\infty}P(Xy\leq x)f_Y(y)dy+\int_{-\infty}^{0}P(Xy\leq x)f_Y(y)dy$

$=\int_{0}^{\infty}P\left(X\leq\dfrac{x}{y}\right)f_Y(y)dy+\int_{-\infty}^{0}P\left(X\geq\dfrac{x}{y}\right)f_Y(y)dy$

• $f_{XY}(x)=\dfrac{d}{dx}P(XY\leq x)$

$=\int_{0}^{\infty}f_X\left(\dfrac{x}{y}\right)f_Y(y)\dfrac{1}{y}dy+\int_{-\infty}^{0}\left(-f_X\left(\dfrac{x}{y}\right)\right)f_Y(y)\dfrac{1}{y}dy$

$=\int_{0}^{\infty}f_X\left(\dfrac{x}{y}\right)f_Y(y)\dfrac{1}{y}dy+\int_{-\infty}^{0}f_X\left(\dfrac{x}{y}\right)f_Y(y)\left(-\dfrac{1}{y}\right)dy$

$=\int_{-\infty}^{\infty}f_X\left(\dfrac{x}{y}\right)f_Y(y)\dfrac{1}{|y|}dy$

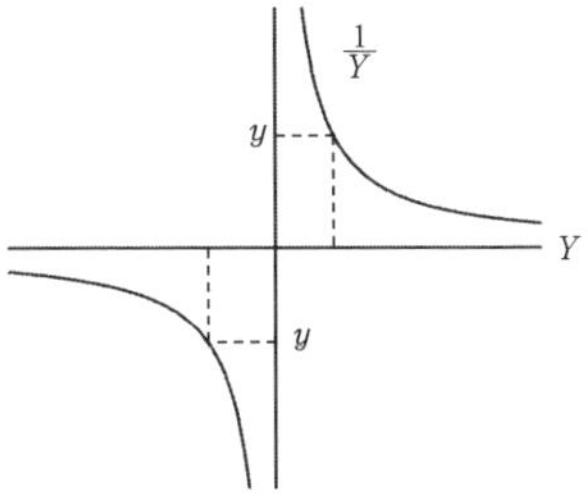

(4) • $y>0$ で　$P\left(\dfrac{1}{Y}>y\right)$

$=P\left(0<Y\leq\dfrac{1}{y}\right)=\int_{0}^{\frac{1}{y}}f_Y(s)ds$

$y<0$ で　$P\left(\dfrac{1}{Y}\leq y\right)$,

$=P\left(\dfrac{1}{y}\leq Y<0\right)=\int_{\frac{1}{y}}^{0}f_Y(s)ds$

• $y>0$ で　$f_{\frac{1}{Y}}(y)=-\dfrac{d}{dy}P\left(\dfrac{1}{Y}>y\right)=f_Y\left(\dfrac{1}{y}\right)\dfrac{1}{y^2}$,

$y<0$ で $f_{\frac{1}{Y}}(y)=\dfrac{d}{dy}P\left(\dfrac{1}{Y}\leq y\right)=\dfrac{d}{dy}\left(-\int_{0}^{\frac{1}{y}}f_Y(s)ds\right)=f_Y\left(\dfrac{1}{y}\right)\dfrac{1}{y^2}$

よって，$y\in(-\infty,0)\cup(0,\infty)$ で $f_{\frac{1}{Y}}(y)=f_Y\left(\dfrac{1}{y}\right)\dfrac{1}{y^2}$

(5) • 積の結果を使うと，

$P\left(\dfrac{X}{Y}\leq x\right)=P\left(X\dfrac{1}{Y}\leq x\right)$

$=\int_{0}^{\infty}P\left(X\leq\dfrac{x}{s}\right)f_{\frac{1}{Y}}(s)ds+\int_{-\infty}^{0}P\left(X\geq\dfrac{x}{s}\right)f_{\frac{1}{Y}}(s)ds$

$$=\int_0^\infty P\left(X\le\frac{x}{s}\right)f_Y\left(\frac{1}{s}\right)\frac{1}{s^2}ds+\int_{-\infty}^0 P\left(X\ge\frac{x}{s}\right)f_Y\left(\frac{1}{s}\right)\frac{1}{s^2}ds$$

$$=\int_0^\infty P(X\le xy)f_Y(y)dy+\int_{-\infty}^0 P(X\ge xy)f_Y(y)dy$$

ただし，最後の等号では $\frac{1}{s}=y$ と変数変換した．

- $f_{\frac{X}{Y}}(x)=\frac{d}{dx}P\left(\frac{X}{Y}\le x\right)$

$$=\int_0^\infty f_X(xy)f_Y(y)ydy+\int_{-\infty}^0(-f_X(xy))f_Y(y)ydy$$

$$=\int_0^\infty f_X(xy)f_Y(y)ydy+\int_{-\infty}^0 f_X(xy)f_Y(y)(-y)dy$$

$$=\int_{-\infty}^\infty f_X(xy)f_Y(y)|y|dy$$

□

9. 二次元連続確率分布の変換

X, Y が同時密度関数 $f_{X,Y}(x, y)$ をもつときに，それを変換して作った $S=g_1(X, Y)$，$T=g_2(X, Y)$ という確率変数 (S, T) の同時分布について考える．

ただし，g_1, g_2 による変換は 1 対 1 だとする．つまり，$s=g_1(x, y)$，$t=g_2(x, y)$ という連立方程式が一意的に $x=h_1(s, t)$，$y=h_2(s, t)$ と解けると仮定する．このとき，$s=g_1(h_1(s, t), h_2(s, t))$，$t=g_2(h_1(s, t), h_2(s, t))$ であることに注意．

$S=g_1(X, Y)$，$T=g_2(X, Y)$ の s, t における同時密度関数 $f_{S,T}(s, t)$ は，$x=h_1(s, t)$，$y=h_2(s, t)$ によって，

$$f_{S,T}(s, t)=f_{X,Y}(x, y)\left|\frac{dxdy}{dsdt}\right|=f_{X,Y}(h_1(s, t), h_2(s, t))\left|\frac{dxdy}{dsdt}\right|$$

$$=f_{X,Y}(h_1(s, t), h_2(s, t))\frac{1}{\left|\frac{dsdt}{dxdy}\right|}$$

となる．ただし，$\left|\frac{dxdy}{dsdt}\right|$ は行列式 $\det\begin{pmatrix}\frac{\partial h_1(s, t)}{\partial s} & \frac{\partial h_2(s, t)}{\partial s}\\ \frac{\partial h_1(s, t)}{\partial t} & \frac{\partial h_2(s, t)}{\partial t}\end{pmatrix}$ の絶対値（ヤコビアン）をあらわす．また，$\left|\frac{dsdt}{dxdy}\right|$ は行列式 $\det\begin{pmatrix}\frac{\partial g_1(x, y)}{\partial x} & \frac{\partial g_2(x, y)}{\partial x}\\ \frac{\partial g_1(x, y)}{\partial y} & \frac{\partial g_2(x, y)}{\partial y}\end{pmatrix}$ の絶対値．

（証明）

$$P(S\leq s,\ T\leq t)=P(g_1(X,\ Y)\leq s,\ \ g_2(X,\ Y)\leq t)$$

$$=\iint_{g_1(x,\ y)\leq s,\ g_2(x,\ y)\leq t} f_{X,Y}(x,\ y)dxdy$$

$$=\iint_{\substack{g_1(h_1(u,\ v),\ h_2(u,\ v))\leq s,\\ g_2(h_1(u,\ v),\ h_2(u,\ v))\leq t}} f_{X,Y}(h_1(u,\ v),\ h_2(u,\ v))\left|\frac{dxdy}{dudv}\right|dudv$$

$$=\iint_{u\leq s,\ v\leq t} f_{X,Y}(h_1(u,\ v),\ h_2(u,\ v))\left|\frac{dxdy}{dudv}\right|dudv$$

$$=\int_{-\infty}^{s}\int_{-\infty}^{t} f_{X,Y}(h_1(u,\ v),\ h_2(u,\ v))\left|\frac{dxdy}{dudv}\right|dvdu$$

ただし，3 つ目の等号では $x=h_1(u,\ v)$，$y=h_2(u,\ v)$ と変数変換した．また，$\left|\frac{dxdy}{dudv}\right|$ は，$\begin{pmatrix}\frac{\partial x}{\partial u} & \frac{\partial y}{\partial u}\\ \frac{\partial x}{\partial v} & \frac{\partial y}{\partial v}\end{pmatrix}=\begin{pmatrix}\frac{\partial h_1(u,\ v)}{\partial u} & \frac{\partial h_2(u,\ v)}{\partial u}\\ \frac{\partial h_1(u,\ v)}{\partial v} & \frac{\partial h_2(u,\ v)}{\partial v}\end{pmatrix}$ という行列の行列式の絶対値を表している．よって，

$$f_{S,T}(s,\ t)=\frac{\partial^2}{\partial s\partial t}P(S\leq s,\ T\leq t)=f_{X,Y}(h_1(s,\ t),\ h_2(s,\ t))\left|\frac{dxdy}{dsdt}\right|$$

ただし，$\left|\frac{dxdy}{dsdt}\right|$ は行列式 $\det\begin{pmatrix}\frac{\partial h_1(s,\ t)}{\partial s} & \frac{\partial h_2(s,\ t)}{\partial s}\\ \frac{\partial h_1(s,\ t)}{\partial t} & \frac{\partial h_2(s,\ t)}{\partial t}\end{pmatrix}$ の絶対値．　□

この公式は，次のように覚えるとよい．

$$P((X,\ Y)\in(\text{領域}\,dxdy))=P((S,\ T)\in(\text{領域}\,dsdt))$$

$$f_{X,Y}(x,\ y)dxdy=f_{S,T}(s,\ t)dsdt$$

$$\therefore\ \ f_{S,T}(s,\ t)=f_{X,Y}(x,\ y)\left|\frac{dxdy}{dsdt}\right|=f_{X,Y}(x,\ y)\frac{1}{\left|\frac{dsdt}{dxdy}\right|}$$

なぜこのように考えてよいのか説明する．

Δx と Δy を小さな正の数として，$P(x<X\leq x+\Delta x,\ \ y<Y\leq y+\Delta y)$ について考える．

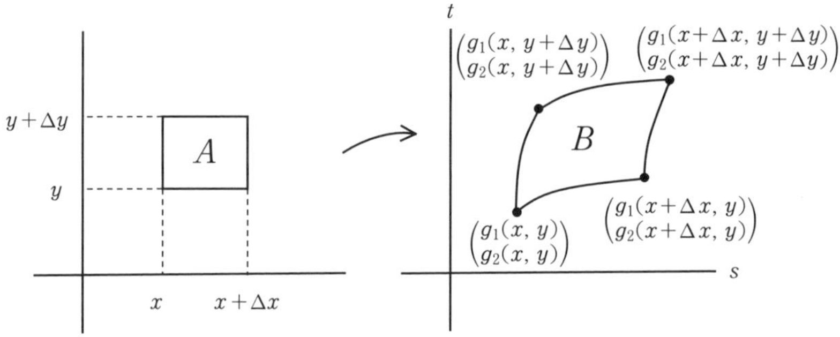

図のように領域 A を考えると，$P(x < X \leq x+\Delta x,\ y < Y \leq y+\Delta y) = P((X,Y) \in A)$ と書ける．

ここで，$S=g_1(X,Y)$，$T=g_2(X,Y)$ と変数変換する．この変換によって，領域 A は，図のように，領域 B にうつるとする．つまり，領域 B を，A に含まれるすべての (x,y) を $s=g_1(x,y)$, $t=g_2(x,y)$ と変換した (s,t) がすべて集められたもの $B=\{(s,t)\,|\,s=g_1(x,y),\ t=g_2(x,y),\ (x,y)\in A\}$ とするということ．

すると，(X,Y) の値が A のある点 (x_0,y_0) になるとき，(S,T) の値は (x_0,y_0) に対応する B の中のただ一つの点 $(s_0,t_0)=(g_1(x_0,y_0),\ g_2(x_0,y_0))$ になるので，$(X,Y)\in A$ と $(S,T)\in B$ は同じことになる．

したがって，$P((X,Y)\in A)=P((S,T)\in B)$ が成り立つ．

ここで，A も B も十分面積が小さいとする．つまり，Δx，Δy を無限に 0 に近づけて，$\Delta x \to dx$，$\Delta y \to dy$ としたときである．このとき，$(x,y)\in A$ と $(s,t)\in B$ について，近似的に，

$$P((X,Y)\in A)=P((S,T)\in B) \qquad (\spadesuit)$$

$$\int_{(z,w)\in A} f_{X,Y}(z,w)\,dzdw=\int_{(u,v)\in B} f_{S,T}(u,v)\,dudv$$

$$f_{X,Y}(x,y)\times(A\text{の面積})=f_{S,T}(s,t)\times(B\text{の面積}) \qquad (\clubsuit)$$

$$f_{S,T}(s,t)=f_{X,Y}(x,y)\times\frac{(A\text{の面積})}{(B\text{の面積})}=f_{X,Y}(x,y)\times\frac{1}{\dfrac{(B\text{の面積})}{(A\text{の面積})}} \qquad (\diamondsuit)$$

が成り立つ．

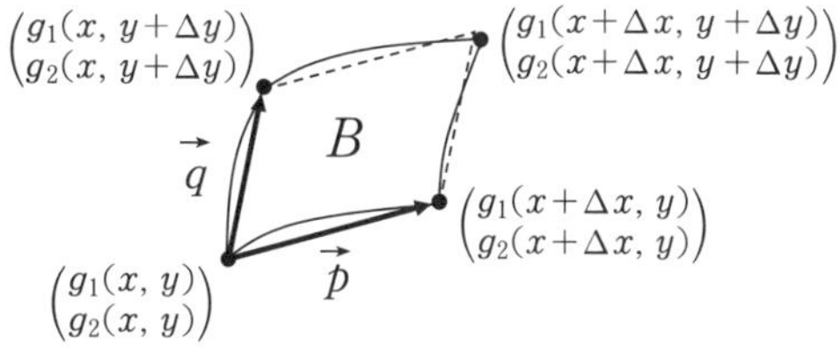

ここで，$\Delta x \to dx$，$\Delta y \to dy$のとき，Aの面積は$|\Delta x \Delta y| \to |dxdy|$である．

Bの面積は次のように計算できる．図のように，Bの面積を，破線（と矢印）でできた平行四辺形の面積で近似する．図のように平行四辺形の二辺の方向ベクトルを$\vec{p}$と$\vec{q}$とすると，

$$\vec{p}=\begin{pmatrix} g_1(x+\Delta x,\ y)-g_1(x,\ y) \\ g_2(x+\Delta x,\ y)-g_2(x,\ y) \end{pmatrix} \fallingdotseq \begin{pmatrix} \dfrac{\partial}{\partial x} g_1(x,\ y)\Delta x \\ \dfrac{\partial}{\partial x} g_2(x,\ y)\Delta x \end{pmatrix}$$

$$\vec{q}=\begin{pmatrix} g_1(x,\ y+\Delta y)-g_1(x,\ y) \\ g_2(x,\ y+\Delta y)-g_2(x,\ y) \end{pmatrix} \fallingdotseq \begin{pmatrix} \dfrac{\partial}{\partial y} g_1(x,\ y)\Delta y \\ \dfrac{\partial}{\partial y} g_2(x,\ y)\Delta y \end{pmatrix}$$

である．したがって，この平行四辺形の面積は，

$$\left|\det\begin{pmatrix} \dfrac{\partial}{\partial x} g_1(x,\ y)\Delta x & \dfrac{\partial}{\partial x} g_2(x,\ y)\Delta x \\ \dfrac{\partial}{\partial y} g_1(x,\ y)\Delta y & \dfrac{\partial}{\partial y} g_2(x,\ y)\Delta y \end{pmatrix}\right|$$

$$=\left|\det\begin{pmatrix} \dfrac{\partial}{\partial x} g_1(x,\ y) & \dfrac{\partial}{\partial x} g_2(x,\ y) \\ \dfrac{\partial}{\partial y} g_1(x,\ y) & \dfrac{\partial}{\partial y} g_2(x,\ y) \end{pmatrix}\right| |\Delta x \Delta y|$$

である（後で確認する）．よって，$\Delta x \to dx$，$\Delta y \to dy$のとき，領域Bの面積は

$$\left|\det\begin{pmatrix} \dfrac{\partial}{\partial x} g_1(x,\ y) & \dfrac{\partial}{\partial x} g_2(x,\ y) \\ \dfrac{\partial}{\partial y} g_1(x,\ y) & \dfrac{\partial}{\partial y} g_2(x,\ y) \end{pmatrix}\right| |dxdy| = \left|\frac{dsdt}{dxdy}\right| |dxdy|$$ で近似できる．

Aが点$(x,\ y)$を基準にその近くを表す領域であることから，Aのことを（領域$dxdy$）と呼ぶことにする．同様に，Bが点$(s,\ t)=(g_1(x,\ y),\ g_2(x,\ y))$を基準にその近くを表す領域であることから，$B$を（領域$dsdt$）と呼ぶことにする．

また，Aの面積は$|\Delta x \Delta y| \to |dxdy|$であり，$B$の面積を$|\Delta s \Delta t| \to |dsdt|$と書くことにする．

したがって，近似的に$|dsdt| = \left|\dfrac{dsdt}{dxdy}\right| |dxdy|$

これによって，(♠), (♣), (◇)を書き直すと，

$$P((X,\ Y)\in(\text{領域}\,dxdy))=P((S,\ T)\in(\text{領域}\,dsdt))$$

$$f_{X,Y}(x, y)|dxdy| = f_{S,T}(s, t)|dsdt|$$

$$f_{S,T}(s, t) = f_{X,Y}(x, y)\frac{|dxdy|}{|dsdt|} = f_{X,Y}(x, y)\frac{|dxdy|}{\left|\dfrac{dsdt}{dxdy}\right||dxdy|}$$

$$= f_{X,Y}(x, y)\frac{1}{\left|\dfrac{dsdt}{dxdy}\right|} = f_{X,Y}(x, y)\left|\frac{dxdy}{dsdt}\right|$$

だと考えられることがわかる．

平行四辺形の面積の計算を確認しておく．図のように二辺の方向ベクトルが $\vec{a} = \begin{pmatrix} a_1 \\ a_2 \end{pmatrix}$, $\vec{b} = \begin{pmatrix} b_1 \\ b_2 \end{pmatrix}$ である平行四辺形の面積は，$\left|\det\begin{pmatrix} a_1 & a_2 \\ b_1 & b_2 \end{pmatrix}\right|$（行列式の絶対値）である．

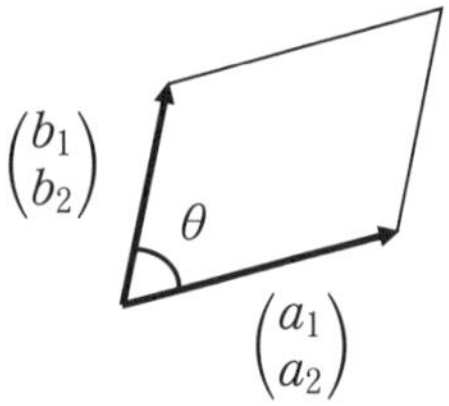

なぜなら，$\vec{a}, \vec{b}$ の長さを $|\vec{a}|, |\vec{b}|$ とし，この二辺のなす角を θ とすると，平行四辺形の面積は $|\vec{a}||\vec{b}|\sin\theta$ であるが，$\vec{a}, \vec{b}$ の内積は $\vec{a}\cdot\vec{b} = |\vec{a}||\vec{b}|\cos\theta$ なので，

$$(\text{平行四辺形の面積}) = |\vec{a}||\vec{b}|\sin\theta = |\vec{a}||\vec{b}|\sqrt{1-\cos^2\theta}$$

$$= \sqrt{|\vec{a}|^2|\vec{b}|^2 - (|\vec{a}||\vec{b}|\cos\theta)^2} = \sqrt{|\vec{a}|^2|\vec{b}|^2 - (\vec{a}\cdot\vec{b})^2}$$

ここで，$|\vec{a}|^2 = a_1^2 + a_2^2$, $|\vec{b}|^2 = b_1^2 + b_2^2$, $\vec{a}\cdot\vec{b} = a_1b_1 + a_2b_2$ より，

$$|\vec{a}|^2|\vec{b}|^2 - (\vec{a}\cdot\vec{b})^2 = (a_1^2 + a_2^2)(b_1^2 + b_2^2) - (a_1b_1 + a_2b_2)^2$$

$$= a_1^2b_2^2 + a_2^2b_1^2 - 2a_1b_1a_2b_2 = (a_1b_2 - a_2b_1)^2$$

よって，

$$(\text{平行四辺形の面積}) = \sqrt{(a_1b_2 - a_2b_1)^2} = |a_1b_2 - a_2b_1| = \left|\det\begin{pmatrix} a_1 & a_2 \\ b_1 & b_2 \end{pmatrix}\right|$$

10. 負の二項分布

α を正の実数，$0 < p < 1$ として，離散確率変数 X の確率関数が

$$P(X = k) = \binom{\alpha + k - 1}{k}p^{\alpha}(1-p)^k = \binom{-\alpha}{k}p^{\alpha}(-(1-p))^k,$$

$$k = 0, 1, 2, \ldots$$

であるとき，X の確率分布をパラメータ (α, p) の**負の二項分布**といい，記号で

は $X\sim\mathrm{NB}(\alpha,\,p)$ と書く．$\binom{\alpha+k-1}{k}=(-1)^k\binom{-\alpha}{k}$ は 201 ページの発展問題 **14** で確認する．

$\sum_{k=0}^{\infty}P(X=k)=1$ はニュートン展開を用いて，

$$\sum_{k=0}^{\infty}P(X=k)=p^\alpha\sum_{k=0}^{\infty}\binom{-\alpha}{k}(-(1-p))^k=p^\alpha(1+(-(1-p)))^{-\alpha}=p^\alpha p^{-\alpha}=1$$

と確かめられる．

$X\sim\mathrm{NB}(\alpha,\,p)$ のとき，

$$E[X]=\frac{\alpha(1-p)}{p},\quad V(X)=\frac{\alpha(1-p)}{p^2},$$

$|t|<\dfrac{1}{1-p}$ のとき，$g_X(t)=E[t^X]=\left(\dfrac{p}{1-(1-p)t}\right)^\alpha$

α が自然数 n のとき，負の二項分布には次の様な意味がある．成功確率 p の試行を独立に何度も行い，n 回成功するまでに失敗した回数を X とすると，$X\sim\mathrm{NB}(n,\,p)$ となる．これを確認する．n 回成功するまでに k 回失敗したとすると，n 回目の成功は $n+k$ 回目の試行で起こっている．最後の 1 回は必ず成功なので，それ以外の $n+k-1$ 回の試行では $n-1$ 回成功し k 回失敗している．その組み合わせの数は $\binom{n+k-1}{k-1}$ 通り．また，n 回成功し k 回失敗する確率は $p^n(1-p)^k$ したがって，n 回成功するまでに k 回失敗する（事象 $\{X=k\}$ の）確率は

$$P(X=k)=\binom{n+k-1}{k-1}p^n(1-p)^k$$

また，上の試行で，1 回目に成功するまでに失敗した回数は，意味を考えれば，幾何分布 $\mathrm{Ge}(p)$ に従う．さらに，1 回目に成功した後から 2 回目に成功するまでに失敗した回数も，$\mathrm{Ge}(p)$ に従う．同様に考えると，$i=1,2,\ldots,n$ について，$i-1$ 回目に成功した後 i 回目に成功するまでに失敗した回数を X_i とすれば，X_i たちは独立に $\mathrm{Ge}(p)$ に従うことがわかる．すると，$X_1+\cdots+X_n$ は n 回成功するまでに失敗した回数の総和であるが，それは上の X と同じものである．したがって，X は X_i たちで

$$X=X_1+\cdots+X_n$$

と分解できる．逆に，独立に $\mathrm{Ge}(p)$ に従う X_i，$i=1,2,\ldots,n$ の和 $X_1+\cdots+X_n$

は NB(n, p) に従うことも示せる．

11. 超幾何分布

N, m, n は自然数で，N は m, n 以上だとする．離散確率変数 X の確率関数が

$$P(X=k)=\frac{\binom{m}{k}\binom{N-m}{n-k}}{\binom{N}{n}}, \qquad k=0, 1, 2, \ldots, n$$

であるとき，X の確率分布をパラメータ (N, m, n) の**超幾何分布**といい，記号では $X \sim \mathrm{HG}(N, m, n)$ と書く．

$X \sim \mathrm{HG}(N, m, n)$ のとき，

$$E[X]=\frac{nm}{N},$$

$$V(X)=\frac{nm}{N}\left(\frac{(n-1)(m-1)}{N-1}+1-\frac{nm}{N}\right)=\frac{nm(N-m)(N-n)}{N^2(N-1)}$$

分布の意味を説明する．壺に N 個の球があり，m 個は白球，$N-m$ 個が黒球とする．この壺から n 個の球をとり，そのうちの白球の数を X とする．ただし，とりだした球は壺には戻さないことにする．すると，$X \sim \mathrm{HG}(N, m, n)$ となる．これを確認する．この N 個の球にすべて番号を付けて区別すると，N 個から n 個をとりだす組み合わせは全部で $\binom{N}{n}$ 通りある．そのうち，白球を k 個と黒球を $n-k$ 個とりだす組み合わせは $\binom{m}{k}\binom{N-m}{n-k}$ 通りある．したがって，この N 個の球から k 個の白球をとりだす（事象 $\{X=k\}$ の）確率は，

$$P(X=k)=\frac{\binom{m}{k}\binom{N-m}{n-k}}{\binom{N}{n}}$$

〈注〉確率関数は $k=0, 1, 2, \ldots, n$ について与えられているが，$X \sim \mathrm{HG}(N, m, n)$ のとりうる値は $k=0, 1, 2, \ldots, n$ ではなく，$\max(n-(N-m), 0) \leq k \leq \min(m, n)$ である．$n-(N-m)>0$ はとりだす球の数が黒球の数より多いということだが，そのとき，白球は少なくとも $n-(N-m)$ 個は必ずとってしまう．また，$m<n$ は白玉の数がとりだす球の数より少ないことを意味するが，そのとき，n 個の球をとりだしても，白玉は最大でも m 個までしかとれない．なので，X のとりうる値は $\max(n-(N-m), 0) \leq k \leq \min(m, n)$

になる．それにもかかわらず確率関数を $k=0, 1, 2, \ldots, n$ に与えているのは，書くのをシンプルにするためである．$\max(n-(N-m), 0) \leq k \leq \min(m, n)$ 以外の k について確率関数を計算するときは，i が自然数のとき $i<j$ なら $\binom{i}{j}=0$ というルールを二項係数に適用して計算する．$n-(N-m)>0$ のとき $k<n-(N-m)$ なら $N-m<n-k$ なので $\binom{N-m}{n-k}=0$ であり，$m<n$ のときは $k>m$ では $\binom{m}{k}=0$ なので，$P(X=k)=0$ となる．

12. 対数正規分布

正の値をとる確率変数 Y で，$\log Y$ が正規分布 $\mathrm{N}(\mu, \sigma^2)$ に従うような確率変数の分布をパラメータ (μ, σ) の**対数正規分布**という．つまり，対数をとると正規分布に従うものの分布が対数正規分布である．

- $X \sim \mathrm{N}(0, 1)$，$\mu \in \mathbb{R}$，$\sigma>0$ のとき，$Y=e^{\mu+\sigma X}$ はパラメータ (μ, σ) の対数正規分布に従う．
- Y がパラメータ (μ, σ) の対数正規分布に従うとき，

$$f_Y(x)=\frac{1}{\sqrt{2\pi}\sigma x}e^{-\frac{(\mu-\log x)^2}{2\sigma^2}} \quad (x>0), \quad E[Y]=e^{\mu+\frac{\sigma^2}{2}},$$

$$V(Y)=e^{2\mu+\sigma^2}(e^{\sigma^2}-1), \quad t>0 \text{ のとき } E[e^{tY}]=\infty$$

13. ガンマ関数・ベータ関数

$s>0$ について，次の積分で定義される s の関数を**ガンマ関数**という．

$$\Gamma(s)=\int_0^{\infty} x^{s-1}e^{-x}dx, \quad s>0$$

$s>0$，$t>0$ について，次の積分で定義される s, t の関数を**ベータ関数**という．

$$B(s, t)=\int_0^1 x^{s-1}(1-x)^{t-1}dx$$

次が成り立つ．

- $\Gamma(1)=1$
- $\Gamma\left(\frac{1}{2}\right)=\sqrt{\pi}$
- $\Gamma(s+1)=s\Gamma(s)$
- $n=0, 1, 2, \ldots$ のとき $\Gamma(n+1)=n!$
- $B(s, t)=\dfrac{\Gamma(s)\Gamma(t)}{\Gamma(s+t)}$
- $\lambda>0$ のとき，$y=\lambda x$ と変数変換すると，

$$\int_0^{\infty} x^{s-1}e^{-\lambda x}dx=\int_0^{\infty}\frac{y^{s-1}}{\lambda^{s-1}}e^{-y}\frac{1}{\lambda}dy=\frac{1}{\lambda^s}\int_0^{\infty} y^{s-1}e^{-y}dy=\frac{\Gamma(s)}{\lambda^s}$$

14. ガンマ分布

$a>0$, $\lambda>0$ とし，連続確率変数 X の密度関数 $f_X(x)$ がガンマ関数 $\Gamma(a)$ によって

$$f_X(x)=\begin{cases}\dfrac{\lambda^a}{\Gamma(a)}x^{a-1}e^{-\lambda x}, & x>0 \text{ のとき}\\ 0, & \text{その他}\end{cases}$$

と与えられるとき，X の分布をパラメータ (a, λ) の**ガンマ分布**といい，$X\sim\Gamma(a, \lambda)$ とかく．

$X\sim\Gamma(a, \lambda)$ のとき，

$$E[X]=\frac{a}{\lambda},\quad V(X)=\frac{a}{\lambda^2},\quad E[X^n]=\frac{\Gamma(n+a)}{\lambda^n\Gamma(a)},\ n=1, 2, \ldots,$$

$$t<\lambda \text{ のとき},\ M_X(t)=\left(\frac{\lambda}{\lambda-t}\right)^a$$

次の性質がある．

- 再生性：$X\sim\Gamma(a, \lambda)$, $Y\sim\Gamma(b, \lambda)$ で X と Y が独立のとき，
  $X+Y\sim\Gamma(a+b, \lambda)$
- $X\sim\Gamma(a, \lambda)$ のとき，$\lambda X\sim\Gamma(a, 1)$

15. ベータ分布

$a>0$, $b>0$ とし，連続確率変数 X の密度関数 $f_X(x)$ がベータ関数 $B(a, b)$ によって

$$f_X(x)=\begin{cases}\dfrac{1}{B(a, b)}x^{a-1}(1-x)^{b-1}, & 0<x<1 \text{ のとき}\\ 0, & \text{その他}\end{cases}$$

と与えられるとき，X の分布をパラメータ (a, b) の**ベータ分布**といい，$X\sim\beta(a, b)$ とかく．

$X\sim\beta(a, b)$ のとき，

$$E[X]=\frac{a}{a+b},\quad V(X)=\frac{ab}{(a+b)^2(a+b+1)},$$

$$E[X^n]=\frac{B(a+n, b)}{B(a, b)}=\frac{\Gamma(a+n)}{\Gamma(a+n+b)}\cdot\frac{\Gamma(a+b)}{\Gamma(a)},\ n=1, 2, \ldots$$

次の性質がある．

- ガンマ分布とベータ分布の関係．

$S \sim \Gamma(a, \lambda)$，$T \sim \Gamma(b, \lambda)$ で S と T が独立のとき，$X = \dfrac{S}{S+T} \sim \beta(a, b)$.
さらに，$X = \dfrac{S}{S+T}$ と $S+T$ は独立.

- $U \sim \Gamma(a, \lambda)$，$V \sim \Gamma(b, \mu)$ で U と V が独立のとき，$\lambda U \sim \Gamma(a, 1)$，$\mu V \sim \Gamma(b, 1)$ なので，$X = \dfrac{\lambda U}{\lambda U + \mu V} \sim \beta(a, b)$
- $X \sim \beta(a, b)$ で $Y \sim \Gamma(a+b, \lambda)$ で X と Y は独立のとき，これらの積について $Z = XY \sim \Gamma(a, \lambda)$

16. コーシー分布

密度関数 $f_X(x)$ が

$$f_X(x) = \frac{1}{\pi(1+x^2)}, \quad -\infty < x < \infty$$

である連続確率変数 X の分布を**コーシー分布**という.

- $\displaystyle\int_{-\infty}^{\infty} f_X(x)dx = \int_{-\infty}^{\infty} \frac{1}{\pi(1+x^2)} dx = \frac{1}{\pi}\Big[\arctan x\Big]_{-\infty}^{\infty} = \frac{1}{\pi}\left(\frac{\pi}{2} - \left(-\frac{\pi}{2}\right)\right) = 1$
- $\displaystyle\int_0^{\infty} \frac{x}{\pi(1+x^2)} dx = \left[\frac{1}{2\pi}\log(1+x^2)\right]_0^{\infty} = \infty$ より，

  $\displaystyle E[|X|] = \int_{-\infty}^{\infty} \frac{|x|}{\pi(1+x^2)} dx \geq \int_0^{\infty} \frac{x}{\pi(1+x^2)} dx = \infty$

  このように $E[|X|] = \infty$ のとき，期待値 $E[X]$ は定義されない．したがって，期待値を使って定義される分散 $V(X)$ も定義されない.

17. 平均ベクトル・分散共分散行列

$\boldsymbol{X} = (X_1,\ X_2)^\top$ を，確率変数 X_1, X_2 を縦に並べたベクトルとする.

〈注〉$\top$ は行列やベクトルの転置を表すとする.

$\boldsymbol{X}$ の平均ベクトル $E[\boldsymbol{X}]$ と分散共分散行列 $V(\boldsymbol{X})$ は

$$E[\boldsymbol{X}] = E\left[\begin{pmatrix} X_1 \\ X_2 \end{pmatrix}\right] = \begin{pmatrix} E[X_1] \\ E[X_2] \end{pmatrix}$$

$$E[\boldsymbol{X}^\top] = E[(X_1, X_2)] = (E[X_1], E[X_2]) = E[\boldsymbol{X}]^\top$$

$$V(\boldsymbol{X}) = E\left[\begin{pmatrix} X_1 - E[X_1] \\ X_2 - E[X_2] \end{pmatrix}(X_1 - E[X_1], X_2 - E[X_2])\right]$$

$$= E\left[\begin{pmatrix} (X_1 - E[X_1])^2 & (X_1 - E[X_1])(X_2 - E[X_2]) \\ (X_2 - E[X_2])(X_1 - E[X_1]) & (X_2 - E[X_2])^2 \end{pmatrix}\right]$$

$$=\begin{pmatrix} E[(X_1-E[X_1])^2] & E[(X_1-E[X_1])(X_2-E[X_2])] \\ E[(X_2-E[X_2])(X_1-E[X_1])] & E[(X_2-E[X_2])^2] \end{pmatrix}$$

$$=\begin{pmatrix} V(X_1) & Cov(X_1, X_2) \\ Cov(X_2, X_1) & V(X_2) \end{pmatrix}$$

と定義される．

〈注〉最後から2番目の等号のように，確率変数でできた行列の平均は，要素ごとの平均でできる行列で定義される．

$\boldsymbol{X}$ を行列 $A=\begin{pmatrix} a_{11} & a_{12} \\ a_{21} & a_{22} \end{pmatrix}$ で $A\boldsymbol{X}$ と変換したとき，平均ベクトルと分散共分散行列は，

$$E[A\boldsymbol{X}]=E\left[\begin{pmatrix} a_{11}X_1+a_{12}X_2 \\ a_{21}X_1+a_{22}X_2 \end{pmatrix}\right]=\begin{pmatrix} a_{11}E[X_1]+a_{12}E[X_2] \\ a_{21}E[X_1]+a_{22}E[X_2] \end{pmatrix}$$

$$=\begin{pmatrix} a_{11} & a_{12} \\ a_{21} & a_{22} \end{pmatrix}\begin{pmatrix} E[X_1] \\ E[X_2] \end{pmatrix}=AE[\boldsymbol{X}]$$

$$V(A\boldsymbol{X})=E[(A\boldsymbol{X}-E[A\boldsymbol{X}])(A\boldsymbol{X}-E[A\boldsymbol{X}])^{\top}]$$

$$=E[(A\boldsymbol{X}-AE[\boldsymbol{X}])(A\boldsymbol{X}-AE[\boldsymbol{X}])^{\top}]=E[\{A(\boldsymbol{X}-E[\boldsymbol{X}])\}\{A(\boldsymbol{X}-E[\boldsymbol{X}])\}^{\top}]$$

$$=E[A(\boldsymbol{X}-E[\boldsymbol{X}])(\boldsymbol{X}-E[\boldsymbol{X}])^{\top}A^{\top}]=AE[(\boldsymbol{X}-E[\boldsymbol{X}])(\boldsymbol{X}-E[\boldsymbol{X}])^{\top}]A^{\top}$$

$$=AV(\boldsymbol{X})A^{\top}$$

〈注〉最後から2番目の等号では計算が省略されているが，要素ごとに計算すればわかる．

18.　2次元正規分布

Z_1, Z_2 は独立に標準正規分布 N(0, 1) に従う確率変数とする．このとき，$X_1=\mu_1+\sigma_1 Z_1$，$X_2=\mu_2+\sigma_2(\rho Z_1+\sqrt{1-\rho^2}Z_2)$ つまり，

$$\begin{pmatrix} X_1 \\ X_2 \end{pmatrix}=\begin{pmatrix} \mu_1 \\ \mu_2 \end{pmatrix}+\begin{pmatrix} \sigma_1 & 0 \\ \sigma_2\rho & \sigma_2\sqrt{1-\rho^2} \end{pmatrix}\begin{pmatrix} Z_1 \\ Z_2 \end{pmatrix}$$

とした $\begin{pmatrix} X_1 \\ X_2 \end{pmatrix}$ の確率分布を，平均ベクトル $\begin{pmatrix} \mu_1 \\ \mu_2 \end{pmatrix}$，分散共分散行列

$\begin{pmatrix} \sigma_1^2 & \rho\sigma_1\sigma_2 \\ \rho\sigma_1\sigma_2 & \sigma_2^2 \end{pmatrix}$ の**2次元正規分布**といい，記号では

$$\begin{pmatrix} X_1 \\ X_2 \end{pmatrix} \sim \mathrm{N}\left(\begin{pmatrix} \mu_1 \\ \mu_2 \end{pmatrix}, \begin{pmatrix} \sigma_1^2 & \rho\sigma_1\sigma_2 \\ \rho\sigma_1\sigma_2 & \sigma_2^2 \end{pmatrix}\right)$$

とかく．また，$\boldsymbol{X}=\begin{pmatrix} X_1 \\ X_2 \end{pmatrix}$，$\boldsymbol{\mu}=\begin{pmatrix} \mu_1 \\ \mu_2 \end{pmatrix}$，$V=\begin{pmatrix} \sigma_1^2 & \rho\sigma_1\sigma_2 \\ \rho\sigma_1\sigma_2 & \sigma_2^2 \end{pmatrix}$とおいて，$\boldsymbol{X} \sim \mathrm{N}(\boldsymbol{\mu}, V)$とかくこともある．

ここで，上の$\begin{pmatrix} X_1 \\ X_2 \end{pmatrix}$について，

$$E\left[\begin{pmatrix} X_1-\mu_1 \\ X_2-\mu_2 \end{pmatrix}(X_1-\mu_1,\ X_2-\mu_2)\right]$$

$$=E\left[\begin{pmatrix} \sigma_1 & 0 \\ \sigma_2\rho & \sigma_2\sqrt{1-\rho^2} \end{pmatrix}\begin{pmatrix} Z_1 \\ Z_2 \end{pmatrix}(Z_1,\ Z_2)\begin{pmatrix} \sigma_1 & 0 \\ \sigma_2\rho & \sigma_2\sqrt{1-\rho^2} \end{pmatrix}^{\top}\right]$$

$$=\begin{pmatrix} \sigma_1 & 0 \\ \sigma_2\rho & \sigma_2\sqrt{1-\rho^2} \end{pmatrix}E\left[\begin{pmatrix} Z_1 \\ Z_2 \end{pmatrix}(Z_1,\ Z_2)\right]\begin{pmatrix} \sigma_1 & 0 \\ \sigma_2\rho & \sigma_2\sqrt{1-\rho^2} \end{pmatrix}^{\top}$$

$$=\begin{pmatrix} \sigma_1 & 0 \\ \sigma_2\rho & \sigma_2\sqrt{1-\rho^2} \end{pmatrix}\begin{pmatrix} 1 & 0 \\ 0 & 1 \end{pmatrix}\begin{pmatrix} \sigma_1 & 0 \\ \sigma_2\rho & \sigma_2\sqrt{1-\rho^2} \end{pmatrix}^{\top}=\begin{pmatrix} \sigma_1^2 & \rho\sigma_1\sigma_2 \\ \rho\sigma_1\sigma_2 & \sigma_2^2 \end{pmatrix}$$

に注意．

2次元正規分布のいろいろな性質を紹介する．しかし，いきなり事実だけ紹介してもわかりづらいので，まず，下の(1)と(2)で，独立に標準正規分布に従う確率変数Z_1，Z_2を使って，いろいろな性質が成り立ちそうであることを説明する．(1)は(2)のより簡単な場合であるが，(2)の説明の補助としても有用．そして，その後の(3)で2次元正規分布の性質をあらためて紹介する．

(1) $Y_1=Z_1$，$Y_2=\rho Z_1+\sqrt{1-\rho^2}Z_2$とすると，$\begin{pmatrix} Y_1 \\ Y_2 \end{pmatrix} \sim \mathrm{N}\left(\begin{pmatrix} 0 \\ 0 \end{pmatrix}, \begin{pmatrix} 1 & \rho \\ \rho & 1 \end{pmatrix}\right)$

であり，このとき，

- Y_1, Y_2の同時密度関数は，変数変換を行えば，

$$f_{Y_1, Y_2}(y_1,\ y_2)=f_{Z_1}(y_1)f_{Z_2}\left(\frac{y_2-\rho y_1}{\sqrt{1-\rho^2}}\right)\frac{1}{\sqrt{1-\rho^2}}$$

$$=\frac{1}{2\pi\sqrt{1-\rho^2}}e^{-\frac{1}{2}\frac{1}{1-\rho^2}(y_1^2-2\rho y_1y_2+y_2^2)},$$

$$-\infty<y_1<\infty,\ -\infty<y_2<\infty$$

- $E[Y_1]=E[Z_1]=0,$

  $E[Y_2]=E[\rho Z_1+\sqrt{1-\rho^2}Z_2]=\rho E[Z_1]+\sqrt{1-\rho^2}E[Z_2]=0,$

  $V(Y_1)=V(Z_1)=1,$

  $V(Y_2)=V(\rho Z_1+\sqrt{1-\rho^2}Z_2)=\rho^2V(Z_1)+(1-\rho^2)V(Z_2)=1,$

  $Cov(Y_1,\ Y_2)=Cov(Z_1,\ \rho Z_1+\sqrt{1-\rho^2}Z_2)=\rho V(Z_1)=\rho,$

  $\rho(Y_1,\ Y_2)=\dfrac{Cov(Y_1,\ Y_2)}{\sqrt{V(Y_1)V(Y_2)}}=\rho$
- （当然，）$Z_1=Y_1$，$Z_2=\dfrac{Y_2-\rho Y_1}{\sqrt{1-\rho^2}}$ は独立に $\mathrm{N}(0,\ 1)$ に従う．
- 周辺分布は，まず，明らかに $Y_1\sim\mathrm{N}(0,\ 1)$．また，
  $\rho Z_1\sim\mathrm{N}(0,\ \rho^2)$，$\sqrt{1-\rho^2}Z_2\sim\mathrm{N}(0,\ 1-\rho^2)$ とこれらが独立であることから，正規分布の再生性より，$Y_2\sim\mathrm{N}(0,\ 1)$ がわかる．
- a,b を定数とすると，
  $aY_1+bY_2=aZ_1+b(\rho Z_1+\sqrt{1-\rho^2}Z_2)=(a+b\rho)Z_1+b\sqrt{1-\rho^2}Z_2$
  なので，$E[aY_1+bY_2]=0$ と $V(aY_1+bY_2)=(a+b\rho)^2+b^2(1-\rho^2)=a^2+2ab\rho+b^2$ と正規分布の再生性より，$aY_1+bY_2\sim\mathrm{N}(0,\ a^2+2ab\rho+b^2)$ がわかる．

(2) $X_1=\mu_1+\sigma_1Y_1$，$X_2=\mu_2+\sigma_2Y_2$ とすると，$X_1=\mu_1+\sigma_1Z_1$，
$X_2=\mu_2+\sigma_2(\rho Z_1+\sqrt{1-\rho^2}Z_2)$ なので $\begin{pmatrix}X_1\\X_2\end{pmatrix}\sim\mathrm{N}\left(\begin{pmatrix}\mu_1\\\mu_2\end{pmatrix},\begin{pmatrix}\sigma_1^2 & \rho\sigma_1\sigma_2\\\rho\sigma_1\sigma_2 & \sigma_2^2\end{pmatrix}\right)$
であり，このとき，

- X_1,X_2 の同時密度関数は，変数変換すれば

$$f_{X_1,X_2}(x_1,\ x_2)=f_{Y_1,Y_2}\left(\frac{x_1-\mu_1}{\sigma_1},\ \frac{x_2-\mu_2}{\sigma_2}\right)\frac{1}{\sigma_1\sigma_2}$$

$$=\frac{1}{2\pi\sigma_1\sigma_2\sqrt{1-\rho^2}}e^{-\frac{1}{2}\frac{1}{1-\rho^2}\left(\left(\frac{x_1-\mu_1}{\sigma_1}\right)^2-2\rho\frac{x_1-\mu_1}{\sigma_1}\frac{x_2-\mu_2}{\sigma_2}+\left(\frac{x_2-\mu_2}{\sigma_2}\right)^2\right)},$$

$$-\infty<x_1<\infty,\ \ -\infty<x_2<\infty$$

- $E[X_1]=E[\sigma_1Y_1+\mu_1]=\mu_1,\quad E[X_2]=E[\sigma_2Y_2+\mu_2]=\mu_2,$

  $V(X_1)=V(\sigma_1Y_1+\mu_1)=\sigma_1^2,\quad V(X_2)=V(\sigma_2Y_2+\mu_2)=\sigma_2^2,$

  $Cov(X_1,\ X_2)=Cov(\sigma_1Y_1+\mu_1,\ \sigma_2Y_2+\mu_2)=\sigma_1\sigma_2Cov(Y_1,\ Y_2)=\sigma_1\sigma_2\rho,$

  $\rho(X_1,\ X_2)=\dfrac{Cov(X_1,\ X_2)}{\sqrt{V(X_1)V(X_2)}}=\rho$

- $Z_1 = Y_1 = \dfrac{X_1 - \mu_1}{\sigma_1}$，$Z_2 = \dfrac{Y_2 - \rho Y_1}{\sqrt{1-\rho^2}} = \dfrac{1}{\sqrt{1-\rho^2}}\left(\dfrac{X_2 - \mu_2}{\sigma_2} - \rho\dfrac{X_1 - \mu_1}{\sigma_1}\right)$ は独立に $\mathrm{N}(0, 1)$ に従う．
- $Cov(X_1, X_2) = 0$ つまり $\rho = 0$ なら，$Z_1 = \dfrac{X_1 - \mu_1}{\sigma_1}$，$Z_2 = \dfrac{X_2 - \mu_2}{\sigma_2}$ なので，X_1 と X_2 は独立．また，同時密度関数が $f_{X_1, X_2}(x_1, x_2) = (x_1$ だけの関数$)\times(x_2$ だけの関数$)$ となるので，これからも独立であることがわかる．
- 周辺分布は，$X_1 = \mu_1 + \sigma_1 Y_1$，$X_2 = \mu_2 + \sigma_2 Y_2$ と $Y_1 \sim \mathrm{N}(0, 1)$，$Y_2 \sim \mathrm{N}(0, 1)$ より，$X_1 \sim \mathrm{N}(\mu_1, \sigma_1^2)$，$X_2 \sim \mathrm{N}(\mu_2, \sigma_2^2)$
- a, b を定数とすると，$aX_1 + bX_2 = a(\mu_1 + \sigma_1 Y_1) + b(\mu_2 + \sigma_2 Y_2) = a\mu_1 + b\mu_2 + a\sigma_1 Y_1 + b\sigma_2 Y_2$
  ここで，$cY_1 + dY_2 \sim \mathrm{N}(0, c^2 + 2cd\rho + d^2)$ において $c = a\sigma_1$，$d = b\sigma_2$ とすれば，$a\sigma_1 Y_1 + b\sigma_2 Y_2 \sim \mathrm{N}(0, a^2\sigma_1^2 + 2ab\rho\sigma_1\sigma_2 + b^2\sigma_2^2)$ がわかる．
  よって，$aX_1 + bX_2 \sim \mathrm{N}(a\mu_1 + b\mu_2, a^2\sigma_1^2 + 2ab\rho\sigma_1\sigma_2 + b^2\sigma_2^2)$

(3)
- 2次元確率変数ベクトル $\boldsymbol{X} = (X_1, X_2)^\top$ が，独立に $\mathrm{N}(0, 1)$ に従う Z_1, Z_2 でできるベクトル $\boldsymbol{Z} = (Z_1, Z_2)^\top$ と，2次元定数ベクトル $\boldsymbol{\mu} = (\mu_1, \mu_2)$，$2\times 2$ 正則行列 S によって

  $$\boldsymbol{X} = S\boldsymbol{Z} + \boldsymbol{\mu}$$

  と書けるとき，$\boldsymbol{X}$ は2次元正規分布に従う．$\boldsymbol{X} \sim \mathrm{N}(\boldsymbol{\mu}, SS^\top)$
- V を 2×2 正値対称行列として，$\boldsymbol{X}$ は2次元正規分布 $\mathrm{N}(\boldsymbol{\mu}, V)$ に従うとする．このとき，$\boldsymbol{X}$ に2次元定数ベクトル $\boldsymbol{\nu}$ を加えたり，2×2 正則行列 T をかけたりしても分布は2次元正規分布．$T\boldsymbol{X} + \boldsymbol{\nu} \sim \mathrm{N}(T\boldsymbol{\mu} + \boldsymbol{\nu}, TVT^\top)$
- V を 2×2 正値対称行列として，$\boldsymbol{X}$ は2次元正規分布 $\mathrm{N}(\boldsymbol{\mu}, V)$ に従うとする．このとき，W を $V = WW^\top$ をみたす 2×2 正則行列とすると，$(Z_1, Z_2)^\top = \boldsymbol{Z} = W^{-1}(\boldsymbol{X} - \boldsymbol{\mu})$ で定義される Z_1, Z_2 は独立に標準正規分布 $\mathrm{N}(0, 1)$ に従う．
- $(X_1, X_2)^\top$ が2次元正規分布に従うとき，$Cov(X_1, X_2) = 0$ なら X_1 と X_2 は独立．
- $\begin{pmatrix} X_1 \\ X_2 \end{pmatrix} \sim \mathrm{N}\left(\begin{pmatrix} \mu_1 \\ \mu_2 \end{pmatrix}, \begin{pmatrix} \sigma_1^2 & \rho\sigma_1\sigma_2 \\ \rho\sigma_1\sigma_2 & \sigma_2^2 \end{pmatrix}\right)$ のとき，X_1 と X_2 のそれぞれの周辺分布はやはり正規分布で $X_1 \sim \mathrm{N}(\mu_1, \sigma_1^2)$，$X_2 \sim \mathrm{N}(\mu_2, \sigma_2^2)$

- $\begin{pmatrix} X_1 \\ X_2 \end{pmatrix} \sim N\left(\begin{pmatrix} \mu_1 \\ \mu_2 \end{pmatrix}, \begin{pmatrix} \sigma_1^2 & \rho\sigma_1\sigma_2 \\ \rho\sigma_1\sigma_2 & \sigma_2^2 \end{pmatrix}\right)$ で a, b を定数とするとき，
$aX_1 + bX_2 \sim \mathrm{N}(a\mu_1 + b\mu_2,\ a^2\sigma_1^2 + 2ab\rho\sigma_1\sigma_2 + b^2\sigma_2^2)$

19. 3次元正規分布

独立に $\mathrm{N}(0, 1)$ に従う Z_1, Z_2, Z_3 でできるベクトル $\boldsymbol{Z} = (Z_1, Z_2, Z_3)^\top$ と，3次元定数ベクトル $\boldsymbol{\mu} = (\mu_1, \mu_2, \mu_3)^\top$，$3\times3$ 正則行列 S によって

$$\boldsymbol{X} = S\boldsymbol{Z} + \boldsymbol{\mu}$$

と3次元確率変数ベクトル $\boldsymbol{X} = (X_1, X_2, X_3)^\top$ が定義されているとする．$\boldsymbol{X}$ の分布を**3次元正規分布**という．記号では，$V = SS^\top$ として，$\boldsymbol{X} \sim \mathrm{N}(\boldsymbol{\mu}, V)$ とかく．

- X_1, X_2, X_3 の同時密度関数は，$\boldsymbol{x} = (x_1, x_2, x_3)$ として，
$$f_{X_1, X_2, X_3}(x_1, x_2, x_3) = \frac{1}{(2\pi)^{\frac{3}{2}}\sqrt{\det(V)}} e^{-\frac{1}{2}(\boldsymbol{x}-\boldsymbol{\mu})^\top V^{-1}(\boldsymbol{x}-\boldsymbol{\mu})}, \quad \boldsymbol{x} \in \mathbb{R}^3$$
- $i \neq j$ のとき，$Cov(X_i, X_j) = 0$ なら X_i と X_j は独立．
$Cov(X_1, X_2) = Cov(X_2, X_3) = Cov(X_3, X_1) = 0$ なら X_1, X_2, X_3 は独立．
つまり，3次元正規分布に従うものは，無相関なら独立．
また，X_1, X_2, X_3 が3次元正規分布に従うとき，X_1, X_2, X_3 が対ごとに独立，つまり，X_1 と X_2 が独立で，X_2 と X_3 も独立で，X_3 と X_1 も独立，であるなら，X_1, X_2, X_3 は独立．
- V を 3×3 正値対称行列として，$\boldsymbol{X}$ は3次元正規分布 $\mathrm{N}(\boldsymbol{\mu}, V)$ に従うとする．このとき，$k \leq 3$ とし，$\boldsymbol{X}$ に $k\times3$ 行列 T をかけて k 次元定数ベクトル $\boldsymbol{\nu}$ を加えたものの分布は k 次元正規分布：$T\boldsymbol{X} + \boldsymbol{\nu} \sim \mathrm{N}(T\boldsymbol{\mu} + \boldsymbol{\nu}, TVT^\top)$
これから，周辺分布 $X_i \sim N(\mu_i, \sigma_i^2)$，$i = 1, 2, 3$ などがわかる．

発展問題　解答は 233 ページから

§1　同時密度と条件付き期待値

1　(同時密度関数)

X, Y はともに連続確率変数で，同時密度関数が

$$f_{X,Y}(x, y)=\begin{cases} c(x+y), & 0\le x\le 2,\ 0\le y\le 1 \\ 0, & \text{その他} \end{cases} \quad (c \text{ は定数})$$

のように与えられているとき，次を求めよ．

I (1) 定数 c　(2) $f_X(x)$　(3) $f_Y(y)$　(4) $P(X\le 1, Y\le \frac{1}{2})$

(5) $P(Y\le \frac{1}{2})$　(6) $P(X\le 1\,|\,Y\le \frac{1}{2})$

II (1) $E[X]$　(2) $V(X)$　(3) $E[Y]$　(4) $V(Y)$

III (1) $f_{Y|X}(y\,|\,x)$　(2) $P(Y\le \frac{1}{2}\,|\,X=1)$　(3) $f_{X|Y}(x\,|\,y)$

(4) $P(X\le 1\,|\,Y=\frac{1}{2})$

IV (1) $E[XY]$　(2) $Cov(X, Y)$　(3) $Cov(2X+Y, 3Y+1)$

(4) $\rho(X, Y)=\dfrac{Cov(X, Y)}{\sqrt{V(X)V(Y)}}$

2　(連続確率変数の独立性)

(1) X, Y は同時密度関数 $f_{X,Y}(x, y)=e^{-x-y}$，$0<x<\infty$，$0<y<\infty$ をもつとする．X と Y は独立か．

(2) X, Y は同時密度関数 $f_{X,Y}(x, y)=2e^{-x-y}$，$0<x<y<\infty$ をもつとする．X と Y は独立か．

3　(非負確率変数の期待値としっぽ確率の関係)

(I) X, Y は非負の離散確率変数とする．このとき，次を示せ．

(1) $E[X]=\sum_{i=1}^{\infty} P(X\ge i)$　(2) $E[XY]=\sum_{i=1}^{\infty}\sum_{j=1}^{\infty} P(X\ge i, Y\ge j)$

(II) X, Y は同時確率密度関数 $f_{X,Y}(x, y)$ をもつ非負の連続確率変数とする．このとき，次を示せ．

(1) $E[X]=\int_0^{\infty} P(X>x)dx$

(2) $E[XY]=\int_0^{\infty}\int_0^{\infty} P(X>x, Y>y)dxdy$

(III) 正しいサイコロを何度も投げ，i 回目の目を X_i とする $(i=1, 2, \ldots)$．各 $n=1, 2, \ldots$ について T_n を n 回目までの目の積 $T_n=X_1X_2\cdots X_n$ とする．また，$L=(T_n$がはじめて 6 の倍数となる$n)$ とする．このとき，次を求めよ．

(1) $P(T_n=6\text{の倍数})$　(2) $P(L\ge k)$，$k=1, 2, \ldots$　(3) $E[L]$

4 （条件付き期待値 1）

(1) $X \sim \mathrm{Ge}(p)$ のとき，$E[X \mid X \geq 100]$ を求めよ．

(2) X, Y は離散確率変数で，同時確率関数が $p_{X,Y}(i, j) = P(X = i, Y = j) = c(i + j)$，$i = 1, 2, \ldots, 9$，$j = 1, 2, \ldots, 9$ だとする．このとき，$E[X|Y \leq 3]$ を求めよ．

(3) $X \sim \mathrm{U}(0, 1)$ のとき，$E[X \mid X > \frac{1}{3}]$ を求めよ．

(4) X, Y は同時密度関数 $f_{X,Y}(x, y) = x + y$，$0 < x < 1$，$0 < y < 1$ をもつ連続確率変数のとき，$E[X \mid Y \leq \frac{1}{2}]$ を求めよ．

(5) X を確率変数とし，$p_0 = P(X = 0)$ とおく．ただし，$0 < p_0 < 1$ とする．$\mu = E[X]$，$\sigma^2 = V(X)$ とするとき，$E[X|X \fallingdotseq 0]$，$V(X|X \fallingdotseq 0)$ を求めよ．

5 （条件付密度関数）

(1) $X \sim \mathrm{Po}(\lambda)$ と $Y \sim \mathrm{Po}(\mu)$ は独立とする．このとき，m を非負の整数，$k = 0, 1, 2, \ldots, m$ として，$P(X = k|X + Y = m)$ を求めよ．

(2) X, Y は独立に二項分布 $\mathrm{B}(n, p)$ に従う確率変数とする．このとき，$m = 0, 1, 2, \ldots, 2n$ として，整数の k について，$P(X = k|X + Y = m)$ を求めよ．

(3) X, Y はともに連続確率変数で，同時確率密度関数が

$$f_{X,Y}(x, y) = \begin{cases} \dfrac{e^{-\frac{x}{y}} e^{-y}}{y}, & 0 < x < \infty,\ 0 < y < \infty \\ 0, & \text{その他} \end{cases}$$

で与えられるとする．このとき，$0 < a < \infty$ として，$Y = a$ のときの X の条件付密度関数 $f_{X|Y}(x|a)$ を求めよ．

(4) X, Y は次の同時密度関数 $f_{X,Y}(x, y)$ をもつ連続確率変数とする．このとき，$0 < a < 1$ として，X の $Y = a$ という条件付密度関数 $f_{X|Y}(x|a)$ を求めよ．

$$f_{X,Y}(x, y) = \begin{cases} \dfrac{12}{5} x(2 - x - y), & 0 < x < 1,\ 0 < y < 1 \text{ のとき} \\ 0, & \text{その他} \end{cases}$$

6 （条件付き期待値 2）

(1) $X \sim \mathrm{Po}(\lambda)$ と $Y \sim \mathrm{Po}(\mu)$ は独立とする．m が非負の整数のとき，$E[X|X + Y = m]$ を求めよ．

(2) X, Y は独立に二項分布 $\mathrm{B}(n, p)$ に従う確率変数とする．$m = 0, 1, 2, \ldots, 2n$ について，$E[X|X + Y = m]$ を求めよ．

(3) X, Y はともに連続確率変数で，同時確率密度関数が $f_{X,Y}(x, y) = \dfrac{e^{-\frac{x}{y}} e^{-y}}{y}$，$0 < x < \infty$，$0 < y < \infty$ で与えられるとする．このとき，$0 < a < \infty$ として，$Y = a$ のときの X の条件付き期待値 $E[X|Y = a]$ を

求めよ．

(4) X, Y は次の同時密度関数 $\frac{12}{5}x(2-x-y)$，$0<x<1$，$0<y<1$ をもつ連続確率変数とする．このとき，$0<a<1$ として，次を求めよ．

(ア) $E[X|Y=a]$　　　(イ) $E[\frac{1}{X}|Y=a]$

7 （全確率の法則）

(I) $X \sim \mathrm{Exp}(\lambda)$ とし，Y は X と独立な非負の値をとる連続確率変数とする．Y の密度関数を $f_Y(y)$ とする．このとき，

(1) $P(X>Y)=E[e^{-\lambda Y}]$ を示せ．

(2) $P(X>Y+t|X>Y)=P(X>t)$，$t>0$ を示せ．

(II) $X \sim \mathrm{Exp}(\lambda)$，$Y \sim \mathrm{Exp}(\mu)$ とし，X と Y は独立とする．このとき，

(1) $(X-Y)^+=\max(X-Y, 0)$ とするとき，$P((X-Y)^+=0)$ を求めよ．

(2) $s \geq 0$ のとき，$P((X-Y)^+>s)$ を求めよ．

(3) $P(X \leq t < X+Y)$，$t>0$ を求めよ．

8 （条件付き期待値 3）

$X_1, X_2, \ldots$ を独立同分布な確率変数列で，モーメント母関数 $M_X(t)=E[\exp(tX_i)]$ を持つものとする．N を非負の整数値の確率変数で，X_i たちと独立なものだとする．$S=\sum_{i=1}^{N} X_i$ とするとき，

(1) S のモーメント母関数を求めよ．　　　(2) $E[S]$ と $V(S)$ を求めよ．

9 （連 1）

$X_1, X_2, \ldots, X_n$ は独立同分布に $Be(p)$ に従う確率変数とする．これらを順番に並べたときに，連続した同じ数字のまとまりをその数字の連という．

(1) S_1 を最初の連の長さとするとき，$E[S_1]$ を求めよ．

(2) S_2 を 2 番目の連の長さとするとき，$E[S_2]$ を求めよ．

(3) 長さ 2 以上の 1 の連が長さ 2 以上の 0 の連よりも先に現れる確率を求めよ．

〈注〉例えば 1，1，0，0，0，1，0，1，1，1，0 の連は，(1, 1), (0, 0, 0), (1), (0), (1, 1, 1), (0) と数えて 6 個ある．問題の S_1 と S_2 は，最初の連が (1, 1) で 2 番目の連が (0, 0, 0) なので，このときは $S_1=2$，$S_2=3$．
長さ 2 以上の 1 の連が長さ 2 以上の 0 の連よりも先に現れる，という事象について例を見ると，例えば，1，1，0，0，0，1，0，1，1，1，0 では (1，1) が (0，0，0) より先にあるからこの事象は成り立っている．しかし，1，0，0，0，1，0，1，1，1，0 では成り立っていない．長さ 2 以上の 1 の連は 5 つ目の連 (1，1，1) ではじめてあらわれるが，長さ 3 の 0 の連 (0，0，0) がそれより前にあるからである．

10 （連 2）

前問と同じように，$X_1, X_2, \ldots, X_n$ は独立同分布に $Be(p)$ に従う確率変数とし，その連を考える．R を $X_1, X_2, \ldots, X_n$ の中の 1 の連の個数とするとき，

(1) $E[R]$ を計算せよ．　　　(2) $V(R)$ を計算せよ．

〈注〉たとえば，1，1，0，0，0，1，0，1，1，1，0 において 1 から始まる連は，(1, 1), (1), (1, 1, 1) の 3 つなので，このときは $R=3$

§2　変換

11 (一つの確率変数の変換)

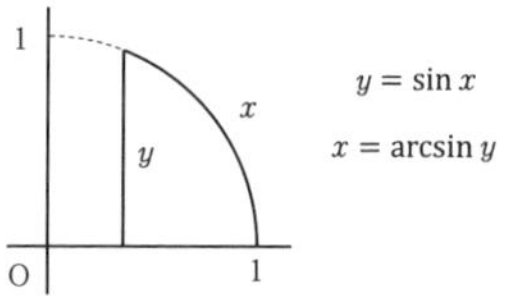

(I) $X \sim \mathrm{U}(0, \frac{\pi}{2})$, $Y \sim \mathrm{U}(0, 1)$ とする.

(1) $Z = \sin X$ の密度関数を求めよ.

(2) $W = \arcsin Y$ の密度関数を求めよ.

(II) X が密度関数 $f_X(x)$ をもつ連続確率変数で，$g(x)$ が狭義単調増加でなめらかな関数のとき，$g(X)$ の密度関数は $f_{g(X)}(x) = \dfrac{f_X(g^{-1}(x))}{g'(g^{-1}(x))}$ であることを示し，これを使い，上の問題をもう一度解け.

(III) X を連続確率変数で，分布関数 F_X を持つものとする．このとき，次を示せ.

(1) $F_X(X)$ は一様分布に従う.

(2) $-\log F_X(X)$ は指数分布に従う.

(IV) $U \sim \mathrm{U}(0, 1)$ で，$0 < p < 1$ とする．$X = [\log U / \log(1-p)]$ は幾何分布に従うことを示せ．ただし，$[x]$ は x を超えない最大の整数を表すとする.

12 (二つの確率変数から一つの確率変数に変換)

(I) 次の問いに答えよ.

(1) $X \sim \mathrm{N}(0, 1)$, $Y \sim \mathrm{N}(0, 1)$ で独立のとき，$X+Y$ の密度関数を求めよ.

(2) $X \sim \mathrm{U}(0, 2)$, $Y \sim \mathrm{U}(1, 5)$ で独立のとき，$X+Y$ の密度関数を求めよ.

(3) $X \sim \mathrm{U}(0, 1)$, $Y \sim \mathrm{U}(0, 1)$ で独立のとき，$\dfrac{Y}{X}$ の密度関数を求めよ.

(II) X, Y が独立に $\mathrm{Exp}(1)$ に従うとき，次の確率変数の密度関数を求めよ.

(1) $W = X + Y$　　　(2) $Z = \dfrac{X}{X+Y}$

13 (二つの確率変数から二つの確率変数に変換)

(I) (1) X, Y は独立に $\mathrm{N}(0, 1)$ に従うとする．このとき，$Z = X + Y$, $W = X - Y$ の同時密度関数 $f_{Z,W}(z, w)$ を求めよ.

(2) X, Y は独立に $\mathrm{Exp}(1)$ に従うとする．このとき，$Z = \dfrac{X}{X+Y}$，$W = X + Y$ の同時密度関数 $f_{Z,W}(z, w)$ を求めよ.

(II) (1) X, Y は独立に $\mathrm{N}(0, 1)$ に従うとする．このとき，R, Θ を

$$X = \sqrt{R}\cos\Theta, \quad Y = \sqrt{R}\sin\Theta$$

を満たすように定義する．このとき，R と Θ は独立で，$R \sim \mathrm{Exp}(\frac{1}{2})$，$\Theta \sim \mathrm{U}(0, 2\pi)$ であることを示せ.

(2) U と V は独立に $\mathrm{U}(0, 1)$ に従うとする．このとき，

$$Z = \sqrt{-2\log U}\sin(2\pi V), \quad W = \sqrt{-2\log U}\cos(2\pi V)$$

とすると，Z と W は独立に $\mathrm{N}(0, 1)$ に従う確率変数であることを示せ.

§3 いろいろな分布

14 （負の二項分布 1）

α は実数とし，$X \sim \mathrm{NB}(\alpha, p)$ とする．

$$P(X=k)=\binom{\alpha+k-1}{k}p^{\alpha}(1-p)^{k},\ k=0, 1, 2, \ldots$$

(1) $\binom{\alpha+k-1}{k}=(-1)^{k}\binom{-\alpha}{k}$ を示せ．

(2) $|t|<\dfrac{1}{1-p}$ のとき，$g_X(t)=E[t^X]$ を求めよ．

(3) $E[X]$，$V(X)$ を求めよ．

15 （負の二項分布 2）

(I) n は自然数で，$X \sim \mathrm{NB}(n, p)$ とする．また，$G_1, G_2, \ldots, G_n$ は独立に同分布 $\mathrm{Ge}(p)$ に従う確率変数とする．このとき，

(1) 確率母関数を使って，X と $G_1+G_2+\cdots+G_n$ の分布が等しいことを確かめよ．　(2) $E[X], V(X)$ を求めよ．

(II) n は自然数とし，$X \sim \mathrm{NB}(n, p)$，$Y \sim \mathrm{NB}(n+1, p)$ とする．このとき，

(1) $E[X^m]=\dfrac{n(1-p)}{p}E[(Y+1)^{m-1}]$，$m=1, 2, \ldots$，を示せ．

(2) $E[X], V(X)$ を求めよ．

16 （超幾何分布 1）

$X \sim \mathrm{HG}(N, m, n)$，$Y \sim \mathrm{HG}(N-1, m-1, n-1)$ とする．

$$P(X=k)=\frac{\binom{m}{k}\binom{N-m}{n-k}}{\binom{N}{n}},\ k=0, 1, 2, \ldots, n$$

$$P(Y=l)=\frac{\binom{m-1}{l}\binom{N-m}{n-1-l}}{\binom{N-1}{n-1}},\ l=0, 1, 2, \ldots, n-1$$

(1) $k\binom{m}{k}=m\binom{m-1}{k-1}$ を示せ．

(2) $E[X^i]=E[(Y+1)^{i-1}]$，$i=1, 2, \ldots$ を示せ．(3) $E[X], V(X)$ を求めよ．

17 （超幾何分布 2）

箱に N 個の球が入っており，そのうち m 個が白球で，残りの $N-m$ 個が黒球である．箱から n 個の球をとったとき，そのうちの白球の数を X とする．したがって，$X \sim \mathrm{HGs}(N, m, n)$ である．また，$i=1, 2, \ldots, n$ について，

$X_i=\begin{cases}1 & (i\text{番目の球が白}) \\ 0 & (i\text{番目の球が黒})\end{cases}$ とする．このとき，X_i, $i=1, 2, \ldots, n$ を使い，

(1) $E[X]$ を求めよ．　(2) $E[X^2]=\sum_{i=1}^{n} E[X|X_i=1]P(X_i=1)$ を示せ．

(3) $V(X)$ を求めよ．

18 **(対数正規分布)**

$X \sim \mathrm{N}(0, 1)$, $Y=e^{\mu+\sigma X}$ とする．ただし，$\sigma>0$

(1) $F_Y(x)$ を X の分布関数で表せ．　(2) $f_Y(x)$ を求めよ．

(3) $E(Y)$ を求めよ．　(4) $V(Y)$ を求めよ．　(5) $E[e^{te^X}]$, $t>0$ を求めよ．

19 **(ガンマ分布 1)**

(I) $X \sim \Gamma(a, \lambda)$ とする．次を求めよ．

(1) $E[X^n]$, $n=1, 2, \ldots$　(2) $E[X]$　(3) $V(X)$

(4) $t<\lambda$ のとき $M_X(t)=E[e^{tX}]$

(II) 次を示せ．

(1) $\chi^2(n)=\Gamma(\frac{n}{2}, \frac{1}{2})$　(2) $\mathrm{Exp}(\lambda)=\Gamma(1, \lambda)$

20 **(ガンマ分布 2)**

(I) (1) $X \sim \chi^2(n)$ のとき，$E[\frac{1}{\sqrt{X}}]$ を求めよ．

(2) $T \sim \mathrm{t}(n)$ のとき，$E[T]$ を求めよ．

(II) (1) $Y \sim \chi^2(n)$ のとき，$E[\frac{1}{Y}]$ を求めよ．

(2) $F \sim \mathrm{F}(m, n)$ のとき，$E[F]$ を求めよ．

(III) n を自然数とし，$Y \sim \Gamma(n, \lambda)$ とする．また，X は $Y=y$ が条件として与えられたとき，パラメータ y のポアソン分布に従うとする．つまり，$P(X=k|Y=y)=e^{-y}\frac{y^k}{k!}$, $k=0, 1, 2, \ldots$ このとき，次を求めよ．

(1) $E[X]$　(2) $V(X)$　(3) $P(X=k)$, $k=0, 1, 2, \ldots$

21 **(ベータ分布 1)**

(I) $X \sim \Gamma(\alpha, \lambda)$, $Y \sim \Gamma(\beta, \lambda)$ で，X と Y は独立とする．また，$W=X+Y$, $Z=X/(X+Y)$ とする．このとき，

(1) W と Z は独立であることを示せ．　(2) Z の分布を求めよ．

(II) $a>0$, $b>0$ とし，$Z \sim \beta(a, b)$ のとき，次の問いに答えよ．

(1) $E[Z^n]$, $n=1, 2, \ldots$, $E[Z]$, $V(Z)$ を求めよ．

(2) $W \sim \Gamma(a+b, \lambda)$ が Z と独立であるとき，$ZW \sim \Gamma(a, \lambda)$ を示せ．

22 **(ベータ分布 2)**

$Q \sim \beta(a, b)$ とし，確率変数 B は $Q=q$ が与えられたとき分布が二項分布 $B \sim \mathrm{B}(n, q)$，つまり $P(B=k\,|\,Q=q)=\binom{n}{k}q^k(1-q)^{n-k}$, $k=0, 1, 2, \ldots, n$ とする．このとき，次を求めよ．

(1) $E[B]$　(2) $V(B)$　(3) $a=b=1$ のときの Q の分布

(4) $a=b=1$ のときの B の分布

23 (指数分布の和 1)

$X\sim \mathrm{Exp}(\lambda)$, $Y\sim \mathrm{Exp}(\mu)$ で，X と Y は独立とする．ただし，$\lambda \fallingdotseq \mu$ とする．

(1) $S=X+Y$, $R=X/(X+Y)$ の同時密度関数を求めよ．

(2) R の密度関数を求めよ．　　(3) S の密度関数を求めよ．

24 (指数分布の和 2)

$X\sim \mathrm{Exp}(\lambda)$, $Y\sim \mathrm{Exp}(\mu)$, $Z\sim \mathrm{Exp}(\nu)$ で，これらは独立とする．また，パラメータ λ, μ, ν はすべて違うものとする．このとき，$S=X+Y+Z$ の密度関数を求めよ．

25 (コーシー分布 1)

X をコーシー確率変数とし，$Y=\dfrac{1}{X}$ とする．Y の分布を求めよ．

26 (コーシー分布 2)

X をコーシー確率変数とする．また，$Y=\dfrac{1}{1+X^2}$ とする．

(1) Y の密度関数を求めよ．

(2) $E[Y]$ を求めよ．

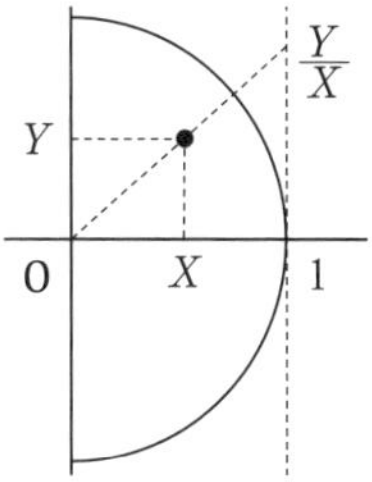

27 (コーシー分布 3)

点 (X, Y) は半円 $\{(x, y)|x^2+y^2\leq 1,\ x\geq 0\}$ からランダムに選ばれた点とする．このとき，$Z=\dfrac{Y}{X}$ の分布を求めよ．

〈注〉問題文の半円を D とすると，点 (X, Y) がそこでランダムに選ばれた点ということの意味は，(X, Y) がD上のどの点である可能性も同じということで，それは X, Y の同時密度分布がDの上で一定，つまり，c を定数とし，$f_{X,Y}(x, y)=c$, $(x, y)\in D$ ということである．このとき，X, Y はD上の一様分布に従うなどといわれる．

28 (コーシー分布 4)

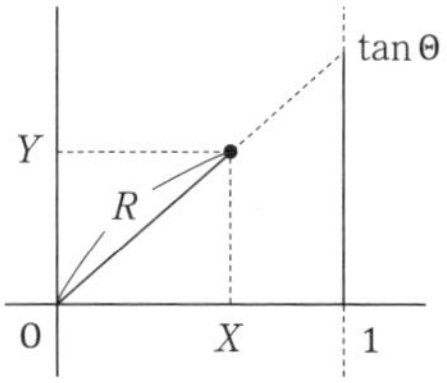

X, Y な独立に $\mathrm{N}(0, 1)$ に従う確率変数とする．これらを平面上の座標 (X, Y) だと思い，それを極座標変換したものを (R, Θ) とする．つまり，$R^2=X^2+Y^2$, $\tan\Theta=\dfrac{Y}{X}$ ということ．

(1) $R^2\sim\chi^2(2)$ を示せ．　　(2) $\tan\Theta$ はコーシー分布に従うことを示せ．　　(3) R と Θ は独立であることを示せ．　　(4) $E\left[\dfrac{X^2}{R^2}\right]$ を求めよ．

29 (2 次元正規分布 1)

(I) X, Y は次の同時密度をもつ，2 次元正規分布に従う確率変数とする．

$$f_{X,Y}(x, y)=\frac{1}{2\pi\sqrt{1-\rho^2}}\exp\left\{-\frac{1}{2(1-\rho^2)}(x^2-2\rho xy+y^2)\right\}$$

ただし，$-1<\rho<1$．このとき，次の問いに答えよ．

(1) $(X, Y)^\top$ の分布を答えよ．

(2) $(X+Y, X-Y)^\top$ の分布を求めよ．

(3) $Z=\dfrac{Y-\rho X}{\sqrt{1-\rho^2}}$ とすると，X と Z は独立に $\mathrm{N}(0, 1)$ に従うことを示せ．

(4) $P(X>0, Y>0)=\dfrac{1}{4}+\dfrac{1}{2\pi}\arcsin\rho$ を示せ．

(5) $E[(\max(X, Y))^2]=1$ を示せ．

(II) $\begin{pmatrix} X \\ Y \end{pmatrix} \sim \mathrm{N}\left(\begin{pmatrix} 0 \\ 0 \end{pmatrix}, \begin{pmatrix} \sigma^2 & \rho\sigma\tau \\ \rho\sigma\tau & \tau^2 \end{pmatrix}\right)$ とする．このとき，次を示せ．

(1) $E[X|Y=y]=\dfrac{\rho\sigma}{\tau}y$　　(2) $V(X|Y=y)=\sigma^2(1-\rho^2)$

(3) $E[X|X+Y=z]=\dfrac{(\sigma^2+\rho\sigma\tau)z}{\sigma^2+2\rho\sigma\tau+\tau^2}$

(4) $V(X|X+Y=z)=\dfrac{\sigma^2\tau^2(1-\rho^2)}{\sigma^2+2\rho\sigma\tau+\tau^2}$

30 （2 次元正規分布 2）

$X\sim\mathrm{N}(0, 1)$，$Z\sim\mathrm{N}(0, 1)$ とし，X と Z は独立とする．確率変数 Y を

$$Y=\begin{cases} |Z|, & X\geq 0 \text{ のとき} \\ -|Z|, & X<0 \text{ のとき} \end{cases}$$

と定義する．このとき，次の問いに答えよ．

(1) $Y\sim\mathrm{N}(0, 1)$ を示せ．

(2) $E[X+Y]$ を求めよ．

(3) $X+Y$ の分布が正規分布ではないことを示せ．

(4) (X, Y) の分布が 2 次元正規分布ではないことを示せ．

この問題は，(X, Y) が 2 次元正規分布に従ってはいないなら，たとえ X と Y がそれぞれ正規分布に従うとしても，和 $X+Y$ は正規分布に従わないことがあるという事実を示す一つの例である．

31 （3 次元正規分布）

$\begin{pmatrix} X \\ Y \\ Z \end{pmatrix}$ は $\mathrm{N}\left(\begin{pmatrix} 0 \\ 0 \\ 0 \end{pmatrix}, \begin{pmatrix} 1 & \rho_1 & \rho_3 \\ \rho_1 & 1 & \rho_2 \\ \rho_3 & \rho_2 & 1 \end{pmatrix}\right)$ に従うとする．このとき，次を示せ．

(1) $E[Z|X, Y]=\dfrac{(\rho_3-\rho_1\rho_2)X+(\rho_2-\rho_1\rho_3)Y}{1-\rho_1^2}$

(2) $V(Z|X, Y)=\dfrac{1-\rho_1^2-\rho_2^2-\rho_3^2+2\rho_1\rho_2\rho_3}{1-\rho_1^2}$

32 （標本平均と標本分散の独立性）

(I) X_1, X_2 は独立に $\mathrm{N}(\mu, \sigma^2)$ に従う確率変数とする．$\boldsymbol{X}=(X_1, X_2)^\top$,

$\overline{X}=\frac{1}{2}\sum_{i=1}^{2}X_i$ とする．このとき，次を示せ．

(1) $\boldsymbol{X}$ は2次元正規分布に従う．

(2) $\boldsymbol{Y}=(X_1+X_2,\, X_1-X_2)^\top$ は2次元正規分布に従う．

(3) $\overline{X}$ と $\sum_{i=1}^{2}(X_i-\overline{X})^2$ は独立．

(II) X_1, X_2, X_3 は独立に $\mathrm{N}(\mu, \sigma^2)$ に従う確率変数とする．$\boldsymbol{X}=(X_1, X_2, X_3)^\top$，$\overline{X}=\frac{1}{3}\sum_{i=1}^{3}X_i$ とする．このとき，次を示せ．

(1) $\boldsymbol{X}$ は3次元正規分布に従う．

(2) $\boldsymbol{Y}=\left(X_1+X_2+X_3,\, \frac{3}{\sqrt{2}}X_1-\frac{3}{\sqrt{2}}X_2,\, \sqrt{\frac{3}{2}}X_1+\sqrt{\frac{3}{2}}X_2-\sqrt{6}X_3\right)^\top$ は3次元正規分布に従う

(3) $\overline{X}$ と $\sum_{i=1}^{3}(X_i-\overline{X})^2$ は独立．

§4　その他

33 (サンクトペテルブルクのパラドックス)

正しいコインを繰り返し投げ，初めて表が出た回数に応じて賞金がもらえる賭けがある．T を初めて表が出る回数とすると，$T=k$ のとき，賞金は 2^k 円もらえる．このとき，

(1) 賞金の額に上限がないとき，賞金の期待値を求めよ．

(2) 賞金の上限が 2^{40} 円(約1兆円)のとき，賞金の期待値を求めよ．

34 (ハザード率)

X を正の値をとる連続確率変数とし，その密度関数を f，分布関数を F とする．ハザード関数 $H(x)=-\log(1-F(x))$ とハザード率

$$r(x)=\lim_{h\downarrow 0}\frac{1}{h}P(X\leq x+h|X>x), \qquad x\geq 0$$

を定義する．

(I) 次の分布の場合に，ハザード関数とハザード率を計算せよ．

(1) $X\sim \mathrm{Exp}(\lambda)$

(2) X がワイブル分布 $P(X>x)=\exp(-\alpha x^\beta)$，$x\geq 0$，$\alpha>0$，$\beta>0$ のとき．この場合，ハザード率が x について単調増加になるのはどのようなときか．

(II) 次のことを示せ．

(1) $r(x)=H'(x)=f(x)/(1-F(x))$

(2) $r(x)$ が x の単調増加なら，$H(x)/x$ も x の単調増加

(3) $H(x)/x$ が x の単調増加なら，任意の $x, y>0$ に対して $H(x+y)\geq H(x)+H(y)$

35 （素数）

X と Y を $1, 2, \ldots, 10^N$ のなかからランダムに選んだ自然数とする．また，$Q_k=P(X$ と Y の最大公約数が $k)$ とする．特に，$Q_1=P(X$ と Y は互いに素$)$.

(1) $N \to \infty$ とするとき近似的に $Q_1=\dfrac{Q_k}{k^2}$ と考えられることを説明せよ．

(2) 前問を使って $Q_1=\displaystyle\sum_{k=1}^{\infty}\frac{1}{k^2}=\frac{6}{\pi^2}$ を導け．

(3) $Q_1=\displaystyle\prod_{i=1}^{\infty}\frac{P_i^2-1}{P_i^2}$ と考えられることを説明せよ．ただし，P_i は i 番目に小さい素数を表すとする．

(4) 自然数 n に対し，メビウス関数は

$$\mu(n)=\begin{cases}0, & n\text{が1以外の平方数で割り切れる}\\(-1)^k, & n\text{が相異なる}k\text{個の素因数に分解される}\end{cases}$$

と定義される．例えば，$24=2^3\cdot3$ は $2^2=4$ で割り切れるので $\mu(12)=0$．また，$30=2\cdot3\cdot5$ なので $\mu(30)=(-1)^3=-1$．また，$770=2\cdot5\cdot7\cdot11$ なので $\mu(770)=(-1)^4=1$．

メビウス関数について，$N \to \infty$ のとき，$P(\mu(X)=0)=\dfrac{6}{\pi^2}$ と考えられることを説明せよ．

§5　回帰分析の補足

36 （和の記号の計算）以下を示せ．

(1) $\displaystyle\sum_{i=1}^{n}x_i=n\overline{x}$　　(2) $\displaystyle\sum_{i=1}^{n}(x_i-\overline{x})=0$　　(3) $\displaystyle\sum_{i=1}^{n}(x_i-\overline{x})^2=\sum_{i=1}^{n}x_i^2-n\overline{x}^2$

(4) $\displaystyle\sum_{i=1}^{n}(x_i-\overline{x})(y_i-\overline{y})=\sum_{i=1}^{n}x_iy_i-n\overline{x}\overline{y}$　　(5) $\displaystyle\sum_{i=1}^{n}(x_i-\overline{x})x_i=\sum_{i=1}^{n}(x_i-\overline{x})^2$

(6) $\dfrac{\displaystyle\sum_{i=1}^{n}(y_i-\overline{y})x_i}{\displaystyle\sum_{i=1}^{n}(x_i-\overline{x})x_i}=\dfrac{\displaystyle\sum_{i=1}^{n}(y_i-\overline{y})(x_i-\overline{x})}{\displaystyle\sum_{i=1}^{n}(x_i-\overline{x})^2}$

37 （最小二乗法）

データに単回帰モデル

$$Y_i=\beta_0+\beta_1x_i+\varepsilon_i, \qquad i=1, 2, \ldots, n$$

が仮定されているとする．いま，データの値 $(x_i, Y_i)=(x_i, y_i)$，$i=1, 2, \ldots, n$ が得られた．このとき，

(1) 残差平方和

$$S(\widetilde{\beta}_0, \widetilde{\beta}_1)=\sum_{i=1}^{n}(y_i-\widetilde{\beta}_0-\widetilde{\beta}_1x_i)^2$$

を最小にして，β_0，β_1 の最小二乗推定値 $\hat{\beta}_0$，$\hat{\beta}_1$ を求めよ．

(2) β_0，β_1 の最小二乗推定量も求めよ．

(3) $\hat{e}_i = y_i - \hat{\beta}_0 - \hat{\beta}_1 x_i$，$i = 1, 2, \ldots, n$ とする．$\sum_{i=1}^{n} \hat{e}_i = 0$，$\sum_{i=1}^{n} \hat{e}_i x_i = 0$ を示せ．

38 （回帰係数の確率的表現）

前問を続ける．また，$\bar{\varepsilon} = \frac{1}{n}\sum_{i=1}^{n} \varepsilon_i$ とおく．次を示せ．

$$\hat{\beta}_1 = \beta_1 + \frac{\sum_{i=1}^{n}(x_i - \overline{x})\varepsilon_i}{\sum_{i=1}^{n}(x_i - \overline{x})^2}, \qquad \hat{\beta}_0 = \beta_0 - (\hat{\beta}_1 - \beta_1)\overline{x} + \bar{\varepsilon}$$

39 （回帰係数の不偏性）

次を示せ．

(1) $E[\hat{\beta}_0] = \beta_0$　　(2) $E[\hat{\beta}_1] = \beta_1$

40 （回帰係数の分散と共分散）

次を求めよ．

(1) $V(\hat{\beta}_1)$　　(2) $V(\hat{\beta}_0)$　　(3) $Cov(\hat{\beta}_0, \hat{\beta}_1)$　　(4) $Cov(\hat{\beta}_0 + \hat{\beta}_1\overline{x}, \hat{\beta}_1)$

41 （s_e^2 の不偏性）

$s_e^2 = \frac{1}{n-2}\sum_{i=1}^{n} \hat{e}_i^2$ とするとき，$E[s_e^2] = \sigma^2$ を示せ．

42 （β_1 の区間推定）

ε_i，$i = 1, 2, \ldots, n$ の分布が $N(0, \sigma^2)$ だという追加の仮定をおく．また，$V(\hat{\beta}_1)$ の σ^2 を s_e^2 に置き換えたものを $s_{\hat{\beta}_1}^2 = \frac{s_e^2}{\sum_{i=1}^{n}(x_i - \overline{x})^2}$ とする．このとき，s_e^2 と $\hat{\beta}_1$ が独立であることと $\frac{(n-2)s_e^2}{\sigma^2} \sim \chi^2(n-2)$ を既知として，$\frac{\hat{\beta}_1 - \beta_1}{\sqrt{s_{\hat{\beta}_1}^2}} \sim \mathrm{t}(n-2)$ を示せ．

43 （予測量の期待値と分散）

説明変数の値が $x = x_0$ であるときの予測量 $\hat{Y}_0 = \hat{\beta}_0 + \hat{\beta}_1 x_0$ について，次を求めよ．

(1) $E[\hat{Y}_0 - Y_0]$　　(2) $V(\hat{Y}_0 - Y_0)$

44 （予測の区間推定）

ε_i，$i = 1, 2, \ldots, n$ と ε_0 の分布が $N(0, \sigma^2)$ だという追加の仮定をおく．また，$V(\hat{Y}_0 - Y_0)$ の σ^2 を s_e^2 に置き換えたものを $\hat{V}(\hat{Y}_0 - Y_0) = s_e^2\left\{1 + \frac{1}{n} + \frac{(x_0 - \overline{x})^2}{\sum_{i=1}^{n}(x_i - \overline{x})^2}\right\}$ とする．このとき，s_e^2 と $\hat{Y}_0 - Y_0$ が独立であることと

$$\frac{(n-2)s_e^2}{\sigma^2} \sim \chi^2(n-2)$$ を既知として，$$\frac{\hat{Y}_0 - Y_0}{\sqrt{\hat{V}(\hat{Y}_0 - Y_0)}} \sim t(n-2)$$ を示せ．

練習問題　解答

CHAPTER 1　確率と確率分布

練習問題 1-1

(1) 数字の組$(i,\ j)$で，サイコロを2回投げる試行の結果1回目にi，2回目にjの目が出る試行結果を表すとすると，2回とも1が出る事象は，1回目が1で2回目も1がでるという試行結果のみからなる集合．

$$\{(1,1)\}$$

(2) 1回目に3が出る事象は，1回目に3が出る試行結果をすべて集めたものなので，

$$\{(3,1),(3,2),(3,3),(3,4),(3,5),(3,6)\}$$

(3) 少なくとも1回6が出る事象は，1回目と2回目の少なくとも一方で6が出るような試行結果をすべて集めたものなので，

$$\{(1,6),(2,6),\ldots,(6,6),$$
$$(6,1),(6,2),\ldots,(6,5)\}$$

練習問題 1-2

(1) A,Bが起こるがCは起きない，またはB,Cが起こるがAは起きない，またはC,Aが起こるがBは起きないということなので

$$(A\cap B\cap C^c)\cup(B\cap C\cap A^c)\cup(C\cap A\cap B^c)$$

(2) たとえば，サイコロを1回投げる試行で$A=\{2,4,6\}$とすれば，Aが起きないということは出た目が奇数であるということなので，その事象は$A^c=\{1,3,5\}$ 同様に考えれば，一般にAが起きないという事象はA^c

練習問題 1-3

(1) 出た目が2または3の倍数である事象は$\{2,3,4,6\}$なので，

$$P(\{2,3,4,6\})$$
$$=P(\{2\})+P(\{3\})+P(\{4\})+P(\{6\})$$
$$=\frac{15}{21}=\frac{5}{7}$$

また，事象$\{2,4,6\}$の確率が$\frac{4}{7}$，$\{6\}$の確率が$\frac{2}{7}$なので，包含排除公式を使うと，

$$P(\{2,3,4,6\})$$
$$=P(\{2,4,6\})+P(\{3,6\})-P(\{2,4,6\}\cap\{3,6\})$$
$$=P(\{2,4,6\})+P(\{3,6\})-P(\{6\})$$
$$=\frac{4}{7}+\frac{3}{7}-\frac{2}{7}=\frac{5}{7}$$

とも計算できる．

(2) そんなことはあり得ないので，明らかに確率はゼロ．念のため確認すると，
3で割り切れるという事象は$\{3,6\}$
4で割り切れるという事象は$\{4\}$
したがって，3でも4でも割り切れるという事象は$\{3,6\}\cap\{4\}=\emptyset$

ここで，
$P(\emptyset)=P(\Omega^c)=1-P(\Omega)=0$（つまり，あり得ないことが起こる確率はゼロということ）に注意．したがって，求める確率は
P(3でも4でも割り切れる)$=0$

練習問題 1-4

(1) 少なくとも1回表が出るという事象は{(表，表)，(表，うら)，(うら，表)}なので，

$$P(\{(表,表),(表,うら),(うら,表)\})$$
$$=P(\{(表,表)\})+P(\{(表,うら)\})+P(\{(うら,表)\})$$
$$=\frac{1}{10}+\frac{2}{10}+\frac{3}{10}=\frac{3}{5}$$

あるいは，少なくとも1回表が出るという事象は，1回も表が出ないという事象の余事象なので，

$$P(少なくとも1回表が出るという)$$
$$=1-P(1回も表が出ない)=1-P(\{(うら,うら)\})$$
$$=1-\frac{4}{10}$$
$$=\frac{3}{5}$$

とも計算できる．

(2) 表が1回も出ないという事象は{(うら，うら)}なので，その確率は

$$P(\{(うら,うら)\})=\frac{4}{10}=\frac{2}{5}$$

あるいは，表が1回も出ないという事象は，少なくとも1回表が出るという事象の余事象なので，

$$P(\{表が1回も出ない\})$$
$$=1-P(\{少なくとも1回表が出る\})$$
$$=1-\frac{3}{5}=\frac{2}{5}$$

と計算してもよい．

練習問題 1-5

(1) A と B は独立なので，$P(A)P(B)=P(A\cap B)$ が成り立つ．それを使うと，

$$P(A)P(B^c)=P(A)(1-P(B))$$
$$=P(A)-P(A)P(B)=P(A)-P(A\cap B)$$
$$=P(A\cap B^c)$$

のように $P(A\cap B^c)=P(A)P(B^c)$ が確かめられるので，A と B^c は独立．最後の等式は，

$$P(A)=P(A\cap B)+P(A\cap B^c)$$

であることからわかる．

(2) (1) より A と B^c が独立で $P(A\cap B^c)=P(A)P(B^c)$ であることを使うと，

$$P(A^c)P(B^c)=(1-P(A))P(B^c)$$
$$=P(B^c)-P(A)P(B^c)=P(B^c)-P(A\cap B^c)$$
$$=P(A^c\cap B^c)$$

より，$P(A^c)P(B^c)=P(A^c\cap B^c)$ となるので，A^c と B^c は独立．最後の等式は，

$$P(B^c)=P(A\cap B^c)+P(A^c+B^c)$$

であることからわかる．

練習問題 1-6

(1) $P(A)=P(B)=P(C)=\dfrac{1}{2}$ は明らか．

したがって，$P(A)P(B)P(C)=\dfrac{1}{8}$

一方，$A\cap B\cap C=\{1\}$ なので，

$$P(A\cap B\cap C)=\frac{1}{8}$$

したがって，

$$P(A\cap B\cap C)=P(A)P(B)P(C)$$

(2) $P(C)P(A)=\dfrac{1}{4}$ である一方，

$C\cap A=\{1\}$ なので，

$$P(C\cap A)=\frac{1}{8}$$

したがって，$P(C\cap A)\neq P(C)P(A)$ となり，A, B, C は独立でない．

(3) $A\cap D\cap E=\{1\}$，　$A\cap D=\{1, 2\}$，
$D\cap E=\{1, 6\}$, $E\cap A=\{1, 3\}$ なので，

$$P(A\cap D\cap E)=\frac{1}{8},\quad P(A\cap D)=\frac{1}{4}$$
$$P(D\cap E)=\frac{1}{4},\quad P(E\cap A)=\frac{1}{4}$$

一方，明らかに $P(A)P(D)P(E)=\dfrac{1}{8}$，

$P(A)P(D)=\dfrac{1}{4}$

$P(D)P(E)=\dfrac{1}{4}$，　$P(E)P(A)=\dfrac{1}{4}$ なので，

$$P(A\cap D\cap E)=P(A)(D)(E),$$
$$P(A\cap D)=P(A)(D),$$
$$P(D\cap E)=P(D)(E),\ P(E\cap A)=P(E)(A)$$

となり，A, D, E は独立．

練習問題 1-7

(1) 3 回投げて 2 回 6 が出るという事象は，

$$(A_1\cap A_2\cap A_3^c)\cup(A_1\cap A_2^c\cap A_3)$$
$$\cup(A_1^c\cap A_2\cap A_3)$$

で，これはかっこでくくられた 3 つの排反事象の和．一つ目のまとまりの確率は，独立性より，

$$P(A_1\cap A_2\cap A_3^c)=P(A_1)P(A_2)P(A_3^c)=\frac{1}{6}\cdot\frac{1}{6}\cdot\frac{5}{6}$$

他の 2 つのまとまりも確率は同じなので，求める確率は

P(3 回投げて 2 回 6 が出る)

$$=3\cdot\left(\frac{1}{6}\right)^2\cdot\frac{5}{6}=\frac{15}{216}$$

(2) 1 回目で 6 が出るという事象は，A_1 したがって，

P(1 回目で 6 が出る)$=P(A_1)=\dfrac{1}{6}$

(3) 2 回目で初めて 6 が出る，ということは，1 回目で 6 が出ず 2 回目で 6 が出るということ．したがってその事象は $A_1^c\cap A_2$ その確率は

P(2 回目で初めて 6 が出る)$=P(A_1^c\cap A_2)$

$$=P(A_1^c)P(A_2)$$
$$=\frac{5}{36}$$

練習問題 1-8

(1) まず，

P(当たる)

$=P$(黒箱を選び当たる，または白箱を選び当たる)

$=P$(黒箱を選び当たる)$+P$(白箱を選び当たる)

である．ここで，

P(黒箱を選び当たる)

$=P$(当たる | 黒箱を選ぶ)P(黒箱を選ぶ)

であるが，問題1–8の(1)より $P(\text{当たる}\mid\text{黒箱を選ぶ})=\frac{2}{3}$ で，また，$P(\text{黒箱を選ぶ})=\frac{1}{2}$ だから，

$$P(\text{黒箱を選び当たる})=\frac{2}{3}\cdot\frac{1}{2}=\frac{1}{3}$$

同様に，

$$P(\text{白箱を選び当たる})$$
$$=P(\text{当たる}\mid\text{白箱を選ぶ})P(\text{白箱を選ぶ})$$
$$=1\cdot\frac{1}{2}=\frac{1}{2}$$

したがって，

$$P(\text{当たる})$$
$$=P(\text{黒箱を選び当たる})+P(\text{白箱を選び当たる})$$
$$=\frac{1}{3}+\frac{1}{2}=\frac{5}{6}$$

(2) $P(\text{黒箱を選んだ}\mid\text{当たった})$

$$+P(\text{白箱を選んだ}\mid\text{当たった})=1$$

より，

$$P(\text{白箱を選んだ}\mid\text{当たった})$$
$$=1-P(\text{黒箱を選んだ}\mid\text{当たった})=\frac{3}{5}$$

練習問題 1-9

記号{病気}で実際に病気にかかっているという事象，{健康}で病気にかかっていないという事象，{陽性}で検査で陽性と出るという事象を表すとすると，求める確率は

$$P(\text{病気}\mid\text{陽性})$$
$$=\frac{P(\text{病気}\cap\text{陽性})}{P(\text{陽性})}$$
$$=\frac{P(\text{病気}\cap\text{陽性})}{P(\text{陽性}\cap\text{病気})+P(\text{陽性}\cap\text{健康})}$$
$$=\frac{P(\text{陽性}\mid\text{病気})P(\text{病気})}{P(\text{陽性}\mid\text{病気})P(\text{病気})+P(\text{陽性}\mid\text{健康})P(\text{健康})}$$

(ベイズ公式)で，また，問題文で与えられている条件は

$P(\text{陽性}\mid\text{病気})=0.95$, $P(\text{陽性}\mid\text{健康})=0.01$,
$P(\text{病気})=0.002$, $P(\text{健康})=1-P(\text{病気})=0.998$
ということ．これより，

$$P(\text{陽性}\mid\text{病気})P(\text{病気})=0.95\times0.002=0.0019$$

であり，また，

$$P(\text{陽性}\mid\text{病気})P(\text{病気})+P(\text{陽性}\mid\text{健康})P(\text{健康})$$
$$=0.95\times0.002+0.01\times0.998=0.01188$$

したがって，

$$P(\text{病気}\mid\text{陽性})=\frac{0.0019}{0.01188}\fallingdotseq 0.16=16\%$$

練習問題 1-10

(1) 求める確率を q とすると，

$$q=P(\text{二人とも女の子}\mid\text{少なくとも一人は月曜生まれの女の子})$$
$$=\frac{P(\text{二人とも女の子かつ少なくとも一人は月曜生まれの女の子})}{P(\text{少なくとも一人は月曜生まれの女の子})}$$

ここで，

P(二人とも女の子かつ少なくとも一人は月曜生まれの女の子)$=\frac{13}{196}$ P(少なくとも一人は月曜生まれの女の子)$=\frac{27}{196}$

なぜなら，まず，子供の性別と生まれた曜日の組み合わせは，一人について14通りなので，二人については，$14\times14=196$ 通りある．

その中で，{二人とも女の子かつ少なくとも一人は月曜生まれの女の子}であるのは，{(月女，月女)，(月女，火女)，…，(月女，日女)}の7通りと，{(火女，月女)，(水女，月女)，…，(日女，月女)}の6通りを合わせて13通り．二人とも月曜生まれの女の子である場合を2回数えないように注意せよ．

{少なくとも一人は月曜生まれの女の子}である性別と曜日の組み合わせは，上の13通りに{(月女，月男)，(月女，火男)，…，(月女，日男)}の7通りと，{(月男，月女)，(火男，月女)，…，(日男，月女)}の7通りを加えて27通り．

よって，$q=\frac{13/196}{27/196}=\frac{13}{27}$

($\frac{13}{27}>\frac{1}{3}=$(上の問題の解答)に注意．)

(2) 求める確率を r とすると，$r=P$(二人とも女の子 | 家をたずねたら女の子が出てくる)

$$=\frac{P(\text{二人とも女の子かつ家をたずねたら女の子が出てくる})}{P(\text{家をたずねたら女の子が出てくる})}$$
$$=\frac{P(\text{二人とも女の子})}{P(\text{家をたずねたら女の子が出てくる})}$$

ここで，$P(\text{二人とも女の子})=\frac{1}{4}$

次に，P(家をたずねたら女の子が出てくる)を計算する．$A=${家をたずねたら女の子が出てくる}とすると，

$$P(A)=P(A\cap(\text{女},\text{女}))+P(A\cap(\text{女},\text{男}))$$
$$+P(A\cap(\text{男},\text{女}))+P(A\cap(\text{男},\text{男}))$$

$=P(A|(女, 女))P(女, 女)+P(A|(女, 男))P(女, 男)$

$+P(A|(男, 女))P(男, 女)+P(A|(男, 男))P(男, 男)$

$=1\cdot\frac{1}{4}+\frac{1}{2}\cdot\frac{1}{4}+\frac{1}{2}\cdot\frac{1}{4}+0\cdot\frac{1}{4}=\frac{1}{2}$

となる．上の計算では，たとえば，

$P(A|(女, 男))=P($女の子と男の子が一人ずついるときに，家をたずねたら女の子が出てくる$)=\frac{1}{2}$

というように計算している．

したがって，求める確率は，

$$r=\frac{1/4}{1/2}=\frac{1}{2}$$

(問題の解答と確率が違うことに注意せよ．)

練習問題 1-11

(a) (1) X は値 1, 2, 3, 4, 5, 6 をそれぞれ確率 $\frac{1}{6}$ でとる確率変数なので，期待値の定義より，$E[X]=1\cdot P(X=1)+2\cdot P(X=2)+3\cdot P(X=3)+4\cdot P(X=4)+5\cdot P(X=5)+6\cdot P(X=6)=\frac{1}{6}(1+2+3+4+5+6)=\frac{7}{2}$

また，1と6の真ん中で $\frac{7}{2}$ と考えてもよい．

(2) Z の確率分布表を見て期待値の定義を計算すると，$E[Z]=1\cdot P(Z=1)+4\cdot P(Z=2)+9\cdot P(Z=3)+16\cdot P(Z=4)+25\cdot P(Z=5)+36\cdot P(Z=6)=\frac{1}{6}(1+4+9+16+25+36)=\frac{91}{6}$

また，期待値の性質 $E[h(X)]=\sum_k h(k)P(X=k)$ を使っても計算できる．いま，$h(k)=k^2$ なので，$E[Z]=E[X^2]=1^2\cdot P(X=1)+2^2\cdot P(X=2)+3^2\cdot P(X=3)+4^2\cdot P(X=4)+5^2\cdot P(X=5)+6^2\cdot P(X=6)=\frac{1}{6}(1+4+9+16+25+36)=\frac{91}{6}$ と計算してもよい．

(3) $V(X)=E[X^2]-(E[X])^2$ と計算する．なので，まず $E[X^2]$ を計算する必要がある．しかし，いまの場合 $E[X^2]=E[Z]=\frac{91}{6}$ とわかっている．よって，分散の定義より，$V(X)E[X^2]-(E[X])^2=\frac{91}{6}-(\frac{7}{2})^2=\frac{35}{12}$

(4) W の確率分布表を使って期待値の定義から計算すると，$E[W]=2\cdot P(W=2)+3\cdot P(W=3)+4\cdot P(W=4)+5\cdot P(W=5)+6\cdot P(W=6)+7\cdot P(W=7)+8\cdot P(W=8)+9\cdot P(W=9)+10\cdot P(W=10)+11\cdot P(W=11)+12\cdot P(W=12)=2\cdot\frac{1}{36}+3\cdot\frac{2}{36}+4\cdot\frac{3}{36}+5\cdot\frac{4}{36}+6\cdot\frac{5}{36}+7\cdot\frac{6}{36}+8\cdot\frac{5}{36}+9\cdot\frac{4}{36}+10\cdot\frac{3}{36}+11\cdot\frac{2}{36}+12\cdot\frac{1}{36}=\frac{1}{36}(2+6+12+20+30+42+40+36+30+22+12)=7$ となる．

しかし，期待値の性質 $E[X+Y]=E[X]+E[Y]$ を使うと，明らかに Y の期待値は X の期待値と等しいので，$E[W]=E[X+Y]=E[X]+E[Y]=\frac{7}{2}+\frac{7}{2}=7$ と簡単に計算できる．

(b) (1) A は $a=0, 1$ という値をとる確率変数で，X は $k=1, 2, 3, 4, 5, 6$ という値をとる確率変数．この二つの確率変数が独立であることを示すには，すべての a, k について $P(A=a, X=k)=P(A=a)P(X=k)$ となることを示せばよい．

まず，$a=1$ のときを考える．すべての $k=1, 2, 3, 4, 5, 6$ について，$P(A=1, X=k)=P(X+Y=7, X=k)=P(Y=7-k, X=k)=\frac{1}{36}$ がわかる．一方，$P(A=1)=P(X+Y=7)=P(W=7)=\frac{6}{36}=\frac{1}{6}$ であり，$P(X=k)=\frac{1}{6}$ である．したがって，すべての $k=1, 2, 3, 4, 5, 6$ について，

$$P(A=1, X=k)=\frac{1}{36}=P(A=1)P(X=k)$$

がわかる．

次に，$a=0$ のときを考える．すべての $k=1, 2, 3, 4, 5, 6$ について，$P(A=0, X=k)=P(X+Y\neq 7, X=k)=P(Y\neq 7-k, X=k)=P(Y\neq 7-k)P(X=k)=\frac{5}{6}\cdot\frac{1}{6}=\frac{5}{36}$ がわかる．一方，$P(A=0)=P(X+Y\neq 7)=P(W\neq 7)=1-\frac{1}{6}=\frac{5}{6}$ であり，$P(X=k)=\frac{1}{6}$ である．したがって，すべての $k=1, 2, 3, 4, 5, 6$ について，

$$P(A=1, X=k)=\frac{5}{36}=P(A=1)P(X=k)$$

がわかる．

以上より，すべての $a=0, 1$，$k=1, 2, 3, 4, 5, 6$ について $P(A=a, X=k)=P(A=a)P(X=k)$ が成り立つことがわかったので，A と X は独立であることがわかる．

(2) B は $b=0, 1, 2$ という値をとる確率変数である．B と X が独立であることを示すために，すべての $b=0, 1, 2$，$k=1, 2, 3, 4, 5, 6$ について $P(B=b)=P(B=b|X=k)$ が成り立つことを示す．

次の表は，各 X, Y の値について，B の値，つまり $X+Y$ を3で割った余りを計算したものである．この表の値の各マスの事象はすべて等

しい確率 $\frac{1}{36}$ で起こるものであることに注意せよ．すると，$P(B=b)$ はこの表の中で b がどれだけの割合であるかを表している．また，$P(B=b\,|\,X=k)$ は $X=k$ の行に b がどれだけの割合であるのかを表すものである．表を見ると，全体のうちにどの $b=0, 1, 2$ も 12 個ずつあり，割合は $\frac{1}{3}$ ずつである．一方，各行の 6 つの数字のうちでも $b=0, 1, 2$ は 2 つずつあり，割合は $\frac{1}{3}$ ずつ．

したがって，すべての $b=0, 1, 2$ $k=1, 2, 3, 4, 5, 6$ について $P(B=b)=P(B=b\,|\,X=k)$ が成り立つことがわかるので，B と X は独立である．

B と X が独立であるとは，X と B が何も影響しあわないということである．なので，X がどのような値だろうと B が何かの値をとる確率に影響はないはずである．したがって，この表のように，各行で $B=b$ である割合が変わらず，それが全体の $B=b$ の割合と一致しているような状況が，確率変数が独立であることのイメージになる．

$X \setminus Y$	1	2	3	4	5	6
1	2	0	1	2	0	1
2	0	1	2	0	1	2
3	1	2	0	1	2	0
4	2	0	1	2	0	1
5	0	1	2	0	1	2
6	1	2	0	1	2	0

念のため計算でも証明しておくと，
表よりすべての $b=0, 1, 2$ について $P(B=b)=\frac{(\text{全体の中の}\,b\,\text{の個数})}{36}=\frac{12}{36}$ がわかる．

一方，例えば $X=1$ の行を見てみると，すべての $b=0, 1, 2$ について，$P(B=b\,|\,X=1)=\frac{P(B=b,\ X=1)}{P(X=1)}=\frac{(1\,\text{行目の}\,b\,\text{の個数})/36}{1/36}=\frac{2/36}{1/6}=\frac{1}{3}$ がわかる．これはどの行についても同じことなので，すべての $b=0, 1, 2$ $k=1, 2, 3, 4, 5, 6$ について $P(B=b\,|\,X=k)=\frac{1}{3}$ であることがわかる．

したがって，すべての $b=0, 1, 2,$ $k=1, 2, 3, 4, 5, 6$ について $P(B=b)=\frac{1}{3}=P(B=b\,|\,X=k)$ がわかるので，B と X は独立である．

〈注〉 この問題では表の中の各事象が等確率で起こるものだったので，表の中で数を数えるだけで問題が解けたが，各事象が等確率でないときはそうはいかず，まじめに確率を計算しないといけないので注意せよ．

(3) 次の表は，各 X, Y の値について，C の値，つまり $X+Y$ を 4 で割った余りを計算したものである．この表を見ると，C と X が独立でないことは明らかである．例えば，1 行目に 0 は 1 つしかないが，2 行目には 0 は 2 つある．これは，$X=1$ のときよりも $X=2$ のときの方が $C=0$ となりやすいことを表している．これは明らかに独立のイメージと反する．

念のため計算で証明すると，まず，表より $P(C=0)=\frac{(\text{全体の}\,0\,\text{の個数})}{36}=\frac{9}{36}=\frac{1}{4}$ がわかる．

一方，$P(C=0\,|\,X=1)=\frac{P(C=0,\ X=1)}{P(X=1)}=\frac{(1\,\text{行目の}\,0\,\text{の個数})/36}{1/6}=\frac{1/36}{1/6}=\frac{1}{6}$

よって $P(C=0)=\frac{1}{4}\neq\frac{1}{6}=P(C=0\,|\,X=1)$ となる．このように $P(C=c\,|\,X=k)=P(C=c)$ をみたさない組が $(c, k)=(0, 1)$ という一組でもあれば C と X は独立ではない．

$X \setminus Y$	1	2	3	4	5	6
1	2	3	0	1	2	3
2	3	0	1	2	3	0
3	0	1	2	3	0	1
4	1	2	3	0	1	2
5	2	3	0	1	2	3
6	3	0	1	2	3	0

練習問題 1-12

(1) $Y=X^2$ は 1, 2 という値をとる．それぞれの値をとる確率は，

$P(Y=1)=P(X=-1)=\frac{2}{3}$

$P(Y=4)=P(X=2)=\frac{1}{3}$

よって確率分布表は

Y	1	4
確率	$\frac{2}{3}$	$\frac{1}{3}$

(2) Y の期待値は問題で計算したように，$E[Y]=E[X^2]=2$

(3) $V(Y)=E[Y^2]-(E[Y])^2$ と計算する．

$E[Y^2]=1^2\cdot P(Y=1)+4^2\cdot P(Y=4)=1\cdot\frac{2}{3}+16\cdot\frac{1}{3}=\frac{18}{3}$

よって，$V(Y)=E[Y^2]-(E[Y])^2=\frac{18}{3}-4=2$

練習問題 1-13

(1) $x<1$ のとき，$X \leq x$ となることはないので

$P(X \leq x)=0$

$1 \leq x<2$ のとき

$$P(X \leq x)=P(X \leq 1)=P(X=1)=\frac{1}{10}$$

$2 \leq x<3$ のとき

$P(X \leq x)=P(X \leq 2)$

$$=P(X=1)+P(X=2) \quad =c(1+2)=\frac{3}{10}$$

$3 \leq x<4$ のとき

$P(X \leq x)=P(X \leq 3)$

$=P(X=1)+P(X=2)+P(X=3)$

$$=c(1+2+3)=\frac{6}{10}$$

$4 \leq x$ のとき $X \leq x$ はいつでも成り立つので

$P(X \leq x)=1$

したがって，

$$F_X(x)=P(X \leq x)=\begin{cases} 0, & x<1 \text{ のとき} \\ \frac{1}{10}, & 1 \leq x<2 \text{ のとき} \\ \frac{3}{10}, & 2 \leq x<3 \text{ のとき} \\ \frac{6}{10}, & 3 \leq x<4 \text{ のとき} \\ 1, & 4 \leq x \text{ のとき} \end{cases}$$

(2) X は 1, 2, 3, 4 の値しかとらないので，X が素数であることと，X が 2 または 3 であることは同じこと．したがって，

$P(X \text{ は素数})=P(X=2 \cup X=3)$

$$=P(X=2)+P(X=3)=\frac{1}{2}$$

(3) X は 1, 2, 3, 4 しか値にとらないので，$X^2=4$ であることと $X=2$ であることは同じこと．したがって，

$$P(X^2=4)=P(X=2)=\frac{1}{5}$$

練習問題 1-14

(1) $g_X(t)=E[t^X]=\sum_{i=1}^{3} \frac{t^i 2^i}{14}$

$$=\frac{1}{7}(t+2t^2+4t^3)$$

(2) $E[X]=g'_X(1)$

$$=\frac{1}{7}(1+4t+12t^2)\Big|_{t=1}=\frac{17}{7}$$

(3) $E[X(X-1)]=g''_X(1)$

$$=\frac{1}{7}(4+24t)\Big|_{t=1}=4$$

(4) $V(X)=E[X^2]-(E[X])^2$

$=E[X(X-1)]+E[X]-(E[X])^2$

$$=4+\frac{17}{7}-\left(\frac{17}{7}\right)^2=\frac{26}{49}$$

練習問題 1-15

(1) $P(X \leq 4 \mid X>3)=\dfrac{P(X \leq 4 \cap X>3)}{P(X>3)}$

$$=\frac{P(3<X \leq 4)}{P(X>3)}$$

ここで，

$$P(3<X \leq 4)=\int_3^4 cx dx=\frac{7}{32},$$

$$P(X>3)=\int_3^6 cx dx=\frac{27}{32}$$

したがって，$P(X \leq 4 \mid X>3)=\dfrac{7}{32}$

(2) $2 \leq X \leq 6$ なので，$\sqrt{X} \leq 2$ は $X \leq 4$ と同じこと．したがって，

$$P(\sqrt{X} \leq 2)=P(X \leq 4)=\int_2^4 \frac{x}{16}=\frac{3}{8}$$

(3) $x<2$ のとき，$X \leq x$ となることはないので（あるいは $f_X(x)=0$ なので），

$P(X \leq x)=0$

$2 \leq x \leq 6$ のとき，

$$P(X \leq x)=\int_2^x \frac{t}{16} dt=\frac{1}{32}(x^2-4)$$

$6<x$ のとき，$X \leq x$ はいつでも成り立つので，

$P(X \leq x)=1$

したがって，

$F_X(x)=P(X \leq x)$

$$=\begin{cases} 0, & x<2 \text{ のとき} \\ \frac{1}{32}(x^2-4), & 2 \leq x \leq 6 \text{ のとき} \\ 1, & 6<x \text{ のとき} \end{cases}$$

練習問題 1-16

(1) $t<1$ より $1-t>0$ なので，

$$M_X(t)=E[e^{tX}]=\int_0^{\infty} e^{-(1-t)x} dx$$

$$=\left[-\frac{1}{1-t} e^{-(1-t)x}\right]_{x=0}^{x=\infty}=\frac{1}{1-t}$$

(2) $E[X]=M'_X(0)=M'_X(t)\Big|_{t=0}$

$$=\frac{1}{(1-t)^2}\Bigg|_{t=0}=1$$

(3) $E[X^2]=M''_X(0)=M''_X(t)\Big|_{t=0}$

$$=\frac{2}{(1-t)^3}\Bigg|_{t=0}=2$$ より，

$$V(X)=E[X^2]-(E[X])^2=1$$

(4) $E[X^3]=M^{(3)}_X(0)=M^{(3)}_X(t)\Big|_{t=0}$

$$=\frac{6}{(1-t)^4}\Bigg|_{t=0}=6$$

練習問題 1-17

$P(X=i,\ Y=j)$ の表

X\Y	1	2	3	$P(X=i)$
1	$2c$	$3c$	$4c$	$9c$
2	$3c$	$4c$	$5c$	$12c$
3	$4c$	$5c$	$6c$	$15c$
$P(Y=j)$	$9c$	$12c$	$15c$	1

(1) $P(X=1\,|\,Y=2)=\dfrac{P(X=1\cap Y=2)}{P(Y=2)}$

$$=\frac{3c}{12c}=\frac{1}{4}$$

$P(X=1\cap Y=2)$ は表の 1 行 2 列目，$P(Y=2)$ は表の 4 行 2 列目の数字を見よ．

(2) $P(X=1\,|\,Y\leq 2)=\dfrac{P(X=1\cap Y\leq 2)}{P(Y\leq 2)}$

$$=\frac{P(X=1\cap Y=1)+P(X=1\cap Y=2)}{P(Y=1)+P(Y=2)}$$

$$=\frac{2c+3c}{9c+12c}=\frac{5}{21}$$

(3) 前ページの問題の解答より，$i=1, 2, 3$ に対して $P(X=i)=\dfrac{i+2}{12}$ なので，

$$\sum_{i=1}^{3} iP(X=i)=\sum_{i=1}^{3}\frac{i(i+2)}{12}=\frac{13}{6}$$

(4) $E[X^2]=\displaystyle\sum_{i=1}^{3} i^2P(X=i)=\sum_{i=1}^{3}\frac{i^2(i+2)}{12}=\frac{16}{3}$ なので，

$$V(X)=E[X^2]-(E[X])^2$$

$$=\frac{16}{3}-\left(\frac{13}{6}\right)^2=\frac{23}{36}$$

(5) 表を見ればわかるとおり，X の分布，つまり $P(X=i)$ と Y の分布 $P(Y=i)$ は等しい．分布が等しいと期待値や分散も等しい．したがって，

$$E[Y]=E[X]=\frac{13}{6}$$

$$V(Y)=V(X)=\frac{23}{36}$$

練習問題 1-18

(1) $Cov(2X,\ 3Y)$

$=E[(2X-E[2X])(3Y-E[3Y])]$

$=E[2(X-E[X])\cdot 3(Y-E[Y])]$

$=6E[(X-E[X])(Y-E[Y])]$

$=6Cov(X,\ Y)=-\dfrac{1}{6}$

(2) $Cov(X,\ X+Y)$

$=E[X(X+Y)]-E[X]E[X+Y]$

$=E[X^2]-(E[X])^2+E[XY]-E[X]E[Y]$

$=V(X)+Cov(X,\ Y)$

$=\dfrac{23}{36}-\dfrac{1}{36}=\dfrac{11}{18}$

(3) $\rho(X,\ Y)=\dfrac{Cov(X,\ Y)}{\sqrt{V(X)V(Y)}}$

$=\dfrac{-1/36}{23/36}=-\dfrac{1}{23}$

練習問題 1-19

$$Cov\left(\sum_{j=1}^{n}X_j,\ Y\right)=Cov\left(\sum_{j=1}^{n-1}X_j+X_n,\ Y\right)$$

$$=Cov\left(\sum_{j=1}^{n-1}X_j,\ Y\right)+Cov(X_n,\ Y)$$

$$=Cov\left(\sum_{j=1}^{n-2}X_j+X_{n-1},\ Y\right)+Cov(X_n,\ Y)$$

$$=Cov\left(\sum_{j=1}^{n-2}X_j,\ Y\right)+Cov(X_{n-1},\ Y)+Cov(X_n,\ Y)$$

$=\cdots$　　と繰り返せばよい．

練習問題 1-20

(1) まず，

$$E[X_1^2]=V(X_1)+(E[X_1])^2=1$$

に注意．$X_1, \ldots, X_n$ が同分布なので $X_1^2, \ldots, X_n^2$ も同分布になり，

$$E[X_1^2]=\cdots=E[X_n^2]=1$$

したがって

$$E[X_1^2+\cdots+X_n^2]=E[X_1^2]+\cdots+E[X_n^2]=n$$

(2) まず，

$$V(X_1^2)=E[X_1^4]-(E[X_1^2])^2=3-1=2$$

に注意．$X_1, \ldots, X_n$が独立同分布なので$X_1^2, \ldots, X_n^2$も独立同分布（13ページの基本事項**13**を参照）になり，

$$V(X_1^2)=\cdots=V(X_n^2)=2$$

したがって，

$$V(X_1^2+\cdots+X_n^2)=V(X_1^2)+\cdots+V(X_n^2)=2n$$

練習問題 1-21

まず，

$$Cov(\overline{X}, X_i-\overline{X})=Cov(\overline{X}, X_i)-Cov(\overline{X}, \overline{X})$$

$$=Cov(\overline{X}, X_i)-V(\overline{X})$$

ここで，38ページの問題1-19 2とそのページの練習問題により，

$$Cov(\overline{X}, X_i)=Cov\left(\frac{1}{n}\sum_{j=1}^{n}X_j, X_i\right)$$

$$=\frac{1}{n}Cov\left(\sum_{j=1}^{n}X_j, X_i\right)=\frac{1}{n}\sum_{j=1}^{n}Cov(X_j, X_i)$$

ところで，$i\neq j$ならX_jとX_iは独立で$Cov(X_j, X_i)=0$なので，

$$\sum_{j=1}^{n}Cov(X_j, X_i)=Cov(X_i, X_i)=V(X_i)$$

よって，

$$Cov(\overline{X}, X_i)=\frac{1}{n}V(X_i)=\frac{\sigma^2}{n}$$

また，40ページの問題1-21 (2)より，

$$V(\overline{X})=\frac{\sigma^2}{n}$$

したがって，

$$Cov(\overline{X}, X_i-\overline{X})=Cov(\overline{X}, X_i)-V(\overline{X})$$

$$=\frac{\sigma^2}{n}-\frac{\sigma^2}{n}=0$$

CHAPTER 2

練習問題 2-1

(a) (1) $E[X]=1\cdot P(X=1)+0\cdot P(X=0)$
$=1\cdot p+0\cdot(1-p)=p$
(2) $E[X^2]=1^2\cdot P(X=1)+0^2\cdot P(X=0)$
$=1\cdot p+0\cdot(1-p)=p$
(3) $V(X)=E[X^2]-(E[X])^2=p-p^2=p(1-p)$
(4) $E[t^X]=t^1\cdot P(X=1)+t^0\cdot P(X=0)$
$=t\cdot p+1\cdot(1-p)=tp+1-p$

(b) (1) X_iたちは0か1しか値をとらないので，$X_1, X_2, \ldots, X_n$のうちm個が0なら，残りの$n-m$個は値が1

したがって，$\sum_{i=1}^{n}X_i=n-m$

よって，

$$\hat{p}_n=\frac{1}{n}\sum_{i=1}^{n}X_i=\frac{n-m}{n}$$

(2) $E[\hat{p}_n]=E\left[\frac{1}{n}\sum_{i=1}^{n}X_i\right]$

$$=\frac{1}{n}\sum_{i=1}^{n}E[X_i]=\frac{1}{n}\sum_{i=1}^{n}p=p$$

(3) $V(\hat{p}_n)=V\left(\frac{1}{n}\sum_{i=1}^{n}X_i\right)$

$$=\frac{1}{n^2}\sum_{i=1}^{n}V(X_i)=\frac{1}{n^2}\sum_{i=1}^{n}p(1-p)=\frac{p(1-p)}{n}$$

練習問題 2-2

(1) 上の問題の確率の計算結果を使うと，

$E[X]$

$=0\cdot P(X=0)+1\cdot P(X=1)+2\cdot P(X=2)$
$\quad+3\cdot P(X=3)$

$$=\frac{1}{216}(0+1\cdot 75+2\cdot 15+3\cdot 1)=\frac{1}{2}$$

(2) $E[X(X-1)]$
$=0\cdot(-1)\cdot P(X=0)+1\cdot 0\cdot P(X=1)+2\cdot 1\cdot P(X=2)+3\cdot 2\cdot P(X=3)$
$=\frac{1}{216}(0+0+2\cdot 15+6\cdot 1)=\frac{1}{6}$
(3) $V(X)=E[X^2]-(E[X])^2$
$=E[X(X-1)]+E[X]-(E[X])^2$
$=\frac{1}{6}+\frac{1}{2}-\frac{1}{4}=\frac{5}{12}$
(4) $E[t^X]$
$=t^0\cdot P(X=0)+t^1\cdot P(X=1)+t^2\cdot P(X=2)+t^3\cdot P(X=3)$
$=\frac{1}{216}(125+75t+15t^2+t^3)$
$=\frac{1}{216}(t+5)^3=\left(\frac{t}{6}+\frac{5}{6}\right)^3$

練習問題 2-3

(1) $n<100$なら$X<100$なので，

$$P(\sqrt{X}\leq 10)=P(X\leq 100)=1$$

$n\geq 100$なら，

$$P(\sqrt{X}\leq 10)=P(X\leq 100)$$

$= \sum_{i=0}^{100} {}_n\mathrm{C}_i p^i (1-p)^{n-i}$

(2) $n<3$ なら $X<3$ なので,

$P(X^2 \leq 10) = P(X \leq \sqrt{10}) = 1$

$n \geq 3$ なら,

$P(\sqrt{X} \leq 10) = P(X \leq \sqrt{10})$

$= P(X \leq 3) = \sum_{i=0}^{3} {}_n\mathrm{C}_i p^i (1-p)^{n-i}$

練習問題 2-4

(a) X と $Z_1 + \cdots + Z_n$ の分布が等しいので,

$E[X] = E[Z_1 + \cdots + Z_n]$

$= E[Z_1] + \cdots + E[Z_n]$

$V(X) = V(Z_1 + \cdots + Z_n)$

$= V(Z_1) + \cdots + V(Z_n)$

ここで,すべての i について

$E[Z_i] = p, \quad V(Z_i) = p(1-p)$ なので,

$E[X] = np, \quad V(X) = np(1-p)$

(b)

$g_X(t) = E[t^X] = \sum_{k=0}^{n} t^k \cdot \binom{n}{k} p^k (1-p)^{n-k}$

$= \sum_{k=0}^{n} \binom{n}{k} (tp)^k (1-p)^{n-k} = (tp+1-p)^n$

(1) (2) $E[X] = g'_X(1) = g'_X(t)\Big|_{t=1}$

$= np(tp+1-p)^{n-1}\Big|_{t=1} = np$

(3) $E[X(X-1)] = g''_X(1) = g''_X(t)\Big|_{t=1}$

$= n(n-1)p^2(tp+1-p)^{n-2}\Big|_{t=1} = n(n-1)p^2$

(4) $E[X(X-1)(X-2)] = g_X^{(3)}(1) = g_X^{(3)}(t)\Big|_{t=1}$

$= n(n-1)(n-2)p^3(tp+1-p)^{n-3}\Big|_{t=1}$

$= n(n-1)(n-2)p^3$

練習問題 2-5

(1) $P(S=2) = \left(\frac{5}{6}\right)^2 \cdot \frac{1}{6} \fallingdotseq 0.1157$

$= 11.57\%$

(2) $P(S=3) = \left(\frac{5}{6}\right)^3 \cdot \frac{1}{6}$

$= 0.09645 = 9.645\%$

(3) $\{S \leq 3\} =$

$\{S=0\} \cup \{S=1\} \cup \{S=2\} \cup \{S=3\}$

で,これは排反事象の和事象なので,

$P(S \leq 3) =$

$P(S=0) + P(S=1) + P(S=2) + P(S=3)$

$\fallingdotseq 0.5178 = 51.78\%$

(4) $P(S=22) = \left(\frac{5}{6}\right)^{22} \cdot \frac{1}{6} = 0.003 = 0.3\%$

(5) $P(S=28) = \left(\frac{5}{6}\right)^{28} \cdot \frac{1}{6} = 0.001 = 0.1\%$

(6) $P(S \leq 21) = \sum_{k=0}^{21} (\frac{5}{6})^k (\frac{1}{6}) = \frac{1-(5/6)^{22}}{1-5/6} (\frac{1}{6})$

$= 1 - 0.018 = 0.982$

(7) $P(S \geq 28) = \sum_{k=28}^{\infty} (\frac{5}{6})^k (\frac{1}{6}) = \frac{(5/6)^{28}}{1-5/6} (\frac{1}{6})$

$= 0.008$

練習問題 2-6

(1) $P(S \leq k) = 1 - P(S \geq k+1)$

$= \begin{cases} 1-(1-p)^{k+1}, & k = 0, 1, 2, \ldots \text{のとき} \\ 0, & k = -1, -2, \ldots \text{のとき} \end{cases}$

(2) $P(S \geq k+m \mid S \geq m)$

$= \frac{P(S \geq k+m \cap S \geq m)}{P(S \geq m)} = \frac{P(S \geq k+m)}{P(S \geq m)}$

$= \frac{(1-p)^{k+m}}{(1-p)^m} = (1-p)^k = P(S \geq k)$

練習問題 2-7

(1) $|t| < \frac{1}{1-p}$ のとき $|t(1-p)| < 1$ なので,

$g_S(t) = E[t^S] = \sum_{k=0}^{\infty} t^k p(1-p)^k$

$= p \sum_{k=0}^{\infty} \{t(1-p)\}^k = \frac{p}{1-t(1-p)}$

(2) $E[S] = g'_S(1) = \frac{p(1-p)}{(1-t(1-p))^2}\Bigg|_{t=1} = \frac{1-p}{p}$

(3) $E[S(S-1)] = g''_S(1) = \frac{2p(1-p)^2}{(1-t(1-p))^3}\Bigg|_{t=1}$

$= \frac{2(1-p)^2}{p^2}$

練習問題 2-8

(1) $P(X=2) = {}_{1000}\mathrm{C}_2 \cdot \left(\frac{1}{1000}\right)^2 \cdot \left(\frac{999}{1000}\right)^{998}$

$= \frac{184,\,000}{(1000)^2} = 0.184$

(2) $P(Y=2) = \frac{e^{-1}}{2!} = 0.1839$

(3) $P(X=3) = {}_{1000}\mathrm{C}_3 \cdot \left(\frac{1}{1000}\right)^3 \cdot \left(\frac{999}{1000}\right)^{997}$

$= \frac{61,\,280,\,000}{(1000)^3} = 0.06128$

(4) $P(Y=3) = \frac{e^{-1}}{3!} = 0.0613$

(5) $P(Y \leq 3)$
$=P(Y=0)+P(Y=1)+P(Y=2)+P(Y=3)$
$=0.9808$

練習問題 2-9

(1) $\lim_{n\to\infty}\frac{n!}{(n-k)!n^k}$
$=\lim_{n\to\infty}\frac{n(n-1)\cdots 2\cdot 1}{(n-k)(n-k-1)\cdots 2\cdot 1\cdot n^k}$
$=\lim_{n\to\infty}\frac{n(n-1)\cdots(n-k+2)(n-k+1)}{n^k}$
$=\lim_{n\to\infty}1\cdot(1-\frac{1}{n})\cdots(1-\frac{k-2}{n})(1-\frac{k-1}{n})$
$=1\cdot(1-0)\cdots(1-0)(1-0)=1$

(2) $\lim_{n\to\infty}\left(1-\frac{\lambda}{n}\right)^{-k}=(1-0)^{-k}=1$

(3) $\lim_{n\to\infty}P(X_n=k)$
$=\lim_{n\to\infty}{}_n\mathrm{C}_k(\frac{\lambda}{n})^k(1-\frac{\lambda}{n})^{n-k}$
$=\lim_{n\to\infty}\frac{n!}{k!(n-k)!}(\frac{\lambda}{n})^k(1-\frac{\lambda}{n})^{n-k}$
$=\lim_{n\to\infty}\frac{\lambda^k}{k!}\cdot\frac{n!}{(n-k)!n^k}(1-\frac{\lambda}{n})^{-k}(1-\frac{\lambda}{n})^n$
$=\frac{\lambda^k}{k!}\cdot 1\cdot 1\cdot e^{-\lambda}=P(X=k)$

練習問題 2-10

(1) $E[X^n]=\sum_{k=0}^{\infty}k^n\cdot e^{-\lambda}\frac{\lambda^k}{k!}=\sum_{k=1}^{\infty}k^n\cdot e^{-\lambda}\frac{\lambda^k}{k!}$
$=\sum_{k=1}^{\infty}k^{n-1}\cdot e^{-\lambda}\frac{\lambda^k}{(k-1)!}$
$=\sum_{l=0}^{\infty}(l+1)^{n-1}\cdot e^{-\lambda}\frac{\lambda^{l+1}}{l!}$
$=\lambda\sum_{l=0}^{\infty}(l+1)^{n-1}\cdot e^{-\lambda}\frac{\lambda^l}{l!}=\lambda E[(X+1)^{n-1}]$ なので,
$E[X^3]=\lambda E[(X+1)^2]=\lambda(E[X^2]+2E[X]+1)$
$=\lambda(\lambda E[X+1]+2E[X]+1)$
$=\lambda\{\lambda(\lambda+1)+2\lambda+1\}$
$=\lambda^3+3\lambda^2+\lambda$

(2) (1) $g_x(t)=E[t^X]=\sum_{k=0}^{\infty}t^k\cdot e^{-\lambda}\frac{\lambda^k}{k!}$
$=e^{-\lambda}\sum_{k=0}^{\infty}\frac{(t\lambda)^k}{k!}=e^{-\lambda}\cdot e^{t\lambda}=e^{\lambda(t-1)}$

(2) $E[X]=g'_X(1)=g'_X(t)\Big|_{t=1}$
$=\lambda e^{\lambda(t-1)}\Big|_{t=1}=\lambda$

(3) $E[X(X-1)]=g''_X(1)=g''_X(t)\Big|_{t=1}$
$=\lambda^2 e^{\lambda(t-1)}\Big|_{t=1}=\lambda^2$

(4) $E[X(X-1)(X-2)]=g_X^{(3)}(1)=g_X^{(3)}(t)\Big|_{t=1}$
$=\lambda^3 e^{\lambda(t-1)}\Big|_{t=1}=\lambda^3$

練習問題 2-11

$i=1, 2, \ldots, 200$ とし，X_i を i ページ目の誤植の数とする．したがって，$X_1, X_2, \ldots, X_{200}$ は独立に Po(3) に従う確率変数．すると，200 ページの教科書全体の誤植の数は $X_1+X_2+\cdots+X_{200}$ と表せる．

44 ページ，事項 5 にあるポアソン分布の再生性を使うと，独立なポアソン分布確率変数の和はまたポアソン分布に従い，そのパラメータは元のパラメータの和になる．したがって，

$X_1+X_2\sim\mathrm{Po}(6)$
$X_1+X_2+X_3\sim\mathrm{Po}(9)$
$\vdots$
$X_1+X_2+\cdots+X_{200}\sim\mathrm{Po}(600)$

となる．よって，求める確率は

$P(X_1+X_2+\cdots+X_{200}\leq 10)=\sum_{k=0}^{10}e^{-600}\frac{600^k}{k!}$

練習問題 2-12

(1) 50 ページの練習問題 2–4 (1) より，

$g_A(t)=(tp+1-p)^n g_B(t)=(tp+1-p)^m$

である．したがって，

$g_{A+B}(t)=g_A(t)g_B(t)=(tp+1-p)^{n+m}$

となり，これは $\mathrm{B}(n+m, p)$ の確率母関数なので，　$A+B\sim\mathrm{B}(n+m, p)$

(2) まず，56 ページの練習問題 2–10 で計算したように，

$g_Z(t)=e^{\lambda(t-1)}$, $g_W(t)=e^{\mu(t-1)}$

である．なので，

$g_{Z+W}(t)=E[t^{Z+W}]=E[t^Z]E[t^W]$
$=g_Z(t)g_W(t)=e^{(\lambda+\mu)(t-1)}$

となるが，これは $\mathrm{Po}(\lambda+\mu)$ に従う確率変数の確率母関数である．したがって，

$Z+W\sim\mathrm{Po}(\lambda+\mu)$

CHAPTER 3

練習問題 3-1

(1) この人のバス停への到着時刻を 7 時 T 分とすると，$T\sim\mathrm{U}(0.60)$ である．待つ時間が 10 分未満である事象は $\{10<T\leq 20$ または $40<T\leq 50\}$ なので，その確率は，

$$P(10<T\le 20)+P(40<T\le 50)=\int_{10}^{20}\frac{1}{60}dt+\int_{40}^{50}\frac{1}{60}dt=\frac{1}{3}$$

(2) 待ち時間が15分以上である事象は

$\{0\le T\le 5$ または $20<T\le 35$ または $50<T\}$

なので，その確率は，

$$P(0\le T\le 5)+P(20<T\le 35)+P(50<T)=\int_{0}^{5}\frac{1}{60}dt+\int_{20}^{35}\frac{1}{60}dt\int_{50}^{60}\frac{1}{60}dt=\frac{1}{2}$$

練習問題3-2

(1) $a<u<b$ のとき $f_X(u)=\frac{1}{b-a}$ なので，

$$P\left(u<X<u+\frac{1}{1000}\right)=\int_{u}^{u+1/1000}\frac{1}{b-a}dx$$
$$=\frac{1}{1000(b-a)}$$

(2) $f_X(u)\cdot\frac{1}{1000}$
$$=\frac{1}{b-a}\cdot\frac{1}{1000}$$
$$=\frac{1}{1000(b-a)}$$

(3) X のとる値は a から b までなので，まず，

$$P(X\le x)=0,\ x<a,\quad P(X\le x)=1,\ x>b$$

がわかる．$a\le x\le b$ のときは

$$P(X\le x)=\int_{-\infty}^{x}f_X(t)dt=\int_{a}^{x}\frac{1}{b-a}dt=\frac{x-a}{b-a}$$

したがって，$F_X(x)=P(X\le x)$

$$=\begin{cases}1, & (x>b\text{のとき})\\ \dfrac{x-a}{b-a}, & (a\le x\le b\text{のとき})\\ 0, & (x<a\text{のとき})\end{cases}$$

練習問題3-3

(1) $E[X^{2n}]=\int_{-1}^{1}\frac{x^{2n}}{2}dx=\left[\frac{x^{2n+1}}{2(2n+1)}\right]_{-1}^{1}$
$$=\frac{1}{2n+1}$$

(2) $V(X^{2n})=E[X^{4n}]-(E[X^{2n}])^2$
$$=\frac{1}{4n+1}-\left(\frac{1}{2n+1}\right)^2=\frac{1}{4n+1}-\frac{1}{4n^2+4n+1}$$

(3) $E[X^{2n+1}]=\int_{-1}^{1}\frac{x^{2n+1}}{2}dx=0$

(4) $V(X^{2n+1})=E[(X^{2n+1})^2]$
$$=E[X^{4n+2}]=E[X^{2(2n+1)}]$$
$$=\frac{1}{2(2n+1)+1}=\frac{1}{4n+3}$$

練習問題3-4

(1) X と Y が独立なので，$2X$ と $-3Y$ も独立．したがって

$$V(2X-3Y)=V(2X)+V(-3Y)$$
$$=4V(X)+9V(Y)$$

71ページの問題3-3 (3) より

$V(X)=V(Y)=\frac{1}{3}$ なので，

$$V(2X-3Y)=\frac{4}{3}+\frac{9}{3}=\frac{13}{3}$$

(2) $Cov(X+2Y,\ 3X-4Y)$
$=Cov(X,\ 3X-4Y)+Cov(2Y,\ 3X-4Y)$
$=Cov(X,\ 3X)+Cov(X,\ -4Y)+Cov(2Y,\ 3X)+Cov(2Y,\ -4Y)$
$=3V(X)-4Cov(X,\ Y)+6Cov(X,\ Y)-8V(Y)$

X と Y であることにより $Cov(X,Y)=0$ なので，

$Cov(X+2Y,\ 3X-4Y)=3V(X)-8V(Y)=-\frac{5}{3}$

練習問題3-5

(1) $P(X\le 2)=1-e^{-2}=1-0.1353$
$=0.8647=86.47\%$

(2) $P(-1<X\le 0)=0$ に注意すると，

$P(-1<X\le 1)=P(0<X\le 1)=P(X\le 1)=63.21\%$

(3) $\{X\le 1\}$ と $\{X>3\}$ は排反事象なので，

$P(X\le 1$ または $X_3)=P(X\le 1)+P(X>3)=0.6321+0.0498=0.6819=68.19\%$

練習問題3-6

(1) $P\left(3<X<3+\frac{1}{1000}\right)=\int_{3}^{3+1/1000}f_X(x)dx$
$$=\int_{3}^{3+1/1000}e^{-x}dx=[-e^{-x}]_{3}^{3+1/1000}$$
$$=e^{-3}-e^{\left(3+\frac{1}{1000}\right)}=0.00002$$

(2) $f_X(3)\cdot\frac{1}{1000}=\frac{e^{-3}}{1000}=0.0000498\fallingdotseq 0.00005$

練習問題3-7

(1) $P(1<X\le 2)=\int_{1}^{2}f_X(x)dx$
$$=\int_{1}^{2}\lambda e^{-\lambda x}dx=[-e^{-\lambda x}]_{1}^{2}=e^{-\lambda}-e^{-2\lambda}$$

あるいは，

$$P(1<X\le 2)=P(X>1)-P(X>2)=e^{-\lambda}-e^{-2\lambda}$$

と計算してもよい．

(2) $P(X>s+t\mid X>s)$
$$=\frac{P(X>s+t\cap X>s)}{P(X>s)}=\frac{P(X>s+t)}{P(X>s)}$$
$$=\frac{e^{-(s+t)\lambda}}{e^{-s\lambda}}=e^{-t\lambda}=P(X>t)$$

練習問題 3-8

(1) $E[X^n]=\frac{d^n}{dt^n}M_X(0)=\frac{d^n}{dt^n}M_X(t)\Big|_{t=0}$

$=\frac{\lambda n!}{(\lambda-t)^{n+1}}\Big|_{t=0}=\frac{n!}{\lambda^n}$

(2) $E[e^{-X}]=M_X(-1)=\frac{\lambda}{\lambda+1}$

(3) $E[e^{\lambda X}]=\int_0^{\infty}e^{\lambda x}\cdot e^{-\lambda x}dx=\int_0^{\infty}1dx=\infty$

練習問題 3-9

(1) 10万kmを走るまで廃車になってしまうという事象は$\{X\leq 1\}$とかける．したがって，求める確率は

$P(X\leq 1)=1-P(X<1)=1-e^{-\frac{1}{2}}=1-0.6065$
$=0.3935=39.35\%$

(2) $P(X\geq d)=e^{-\frac{1}{2}d}=0.8$となる$d$を求めればよい．問題文で与えられているように$e^{-0.22}=0.8$なので，$e^{-\frac{1}{2}d}=e^{-0.22}$を解けばよい．これを満たす$d$は$d=0.44$
したがって，求める距離は44, 000 km
(3) 無記憶性より，新車が10万km走る確率と変わらない．

$P(X>6\,|\,X>5)=P(X>1)=e^{-\frac{1}{2}}=0.6065$

練習問題 3-10

(1) $P(-b\leq Z\leq b)=95\%$ということは，

$P(Z>b)+P(Z<-b)=5\%$

標準正規分布は分布が対称($P(Z>x)=P(Z<-x)$)で，
$P(Z>b)+P(Z<-b)=2P(Z>b)$
となるので，$P(Z>b)=2.5\%$
したがって，$b=z(0.025)$であり，それを表から求めると$b=z(0.025)=1.96$
(2) $P(-3\leq Z\leq 3)=2P(Z\leq 3)-1$
$=2\times 0.9987-1=0.9974=99.74\%$

練習問題 3-11

(1) $P\left(3<Z\leq 3+\frac{1}{100}\right)$
$=P(Z\leq 3.01)-P(Z\leq 3)$
数表より$P(Z\leq 3.01)=0.9987$,
$P(Z\leq 3)=0.9987$なので，

$P\left(3<Z\leq 3+\frac{1}{100}\right)=0$

(2) $f_Z(3)\cdot\frac{1}{100}=\frac{1}{\sqrt{2\pi}}e^{-\frac{3^2}{2}}\cdot\frac{1}{100}$
$=0.4\cdot 0.0111\cdot\frac{1}{100}=0.0000444\fallingdotseq 0.00004$

練習問題 3-12

(1) $M_X(t)=E[e^{tX}]=\int_{-\infty}^{\infty}e^{tx}\cdot\frac{1}{\sqrt{2\pi}}e^{-\frac{x^2}{2}}dx$
$=\int_{-\infty}^{\infty}\frac{1}{\sqrt{2\pi}}e^{-\frac{x^2-2tx}{2}}dx$

ここで，$\frac{x^2-2tx}{2}=\frac{(x-t)^2}{2}-\frac{t^2}{2}$なので，

$\frac{1}{\sqrt{2\pi}}\int_{-\infty}^{\infty}\frac{1}{\sqrt{2\pi}}e^{-\frac{x^2-2tx}{2}}dx$

$=e^{\frac{t^2}{2}}\int_{-\infty}^{\infty}\frac{1}{\sqrt{2\pi}}e^{-\frac{(x-t)^2}{2}}dx$

$=e^{\frac{t^2}{2}}\int_{-\infty}^{\infty}\frac{1}{\sqrt{2\pi}}e^{-\frac{y^2}{2}}dy$

$=e^{\frac{t^2}{2}}\int_{-\infty}^{\infty}f_X(y)dy=e^{\frac{t^2}{2}}$

ただし，$y=x-t$と置換積分した．
以上より，$M_X(t)=e^{\frac{t^2}{2}}$
(2) 62ページの事項4より，$X\sim\mathrm{N}(0, 1)$のとき，$\sigma X+\mu\sim\mathrm{N}(\mu, \sigma^2)$なので，$Y$と$\sigma X+\mu$の分布は等しい．したがって，期待値も等しいので，
$E[Y]=E[\sigma X+\mu]=\sigma E[X]+\mu=\mu$
(3) $E[Y^2]=E[(\sigma X+\mu)^2]$
$=E[\sigma^2X^2+2\sigma\mu X+\mu^2]$
$=\sigma^2E[X^2]+2\sigma\mu E[X]+\mu^2=\sigma^2+\mu^2$
(4) $V(Y)=E[Y^2]-(E[Y])^2=\sigma^2+\mu^2-\mu^2=\sigma^2$
あるいは

$V(Y)=V(\sigma X+\mu)=\sigma^2V(X)=\sigma^2$

(5) Yと$\sigma X+\mu$の分布が等しいので，
$E[e^{tY}]=E[e^{t(\sigma X+\mu)}]$．　したがって，
$M_Y(t)=E[e^{tY}]=E[e^{t(\sigma X+\mu)}]=e^{\mu t}E[e^{(t\sigma)X}]$
$=e^{\mu t}M_X(\sigma t)=e^{\mu t}e^{\frac{\sigma^2t^2}{2}}=e^{\mu t+\frac{\sigma^2t^2}{2}}$

練習問題 3-13

正規分布の再生性(63ページの事項4(3)(ii))より，

$\sum_{i=1}^{n}X_i\sim\mathrm{N}(n\mu, n\sigma^2)$

つまり，$\sum_{i=1}^{n}X_i$は期待値が$n\mu$で，分散が$n\sigma^2$の正規分布に従う．すると，63ページの事項4(i)より，$\frac{1}{n}\sum_{i=1}^{n}X_i$も正規分布に従い，その期待値

と分散は

$$E\left[\frac{1}{n}\sum_{i=1}^{n}X_i\right]=\mu,\quad V\left(\frac{1}{n}\sum_{i=1}^{n}X_i\right)=\frac{\sigma^2}{n}$$

したがって，$\frac{1}{n}\sum_{i=1}^{n}X_i \sim \mathrm{N}\left(\mu,\ \frac{\sigma^2}{n}\right)$

練習問題 3-14

(1) 大数の法則より，$\lim_{n\to\infty}\frac{1}{n}\sum_{i=1}^{n}X_i=E[X_1]=\mu$

(2) 大数の法則を分子と分母にそれぞれ適用すると，

$$\lim_{n\to\infty}\frac{X_1^2+\cdots+X_n^2}{e^{X_1}+\cdots+e^{X_n}}=\lim_{n\to\infty}\frac{(X_1^2+\cdots+X_n^2)/n}{(e^{X_1}+\cdots+e^{X_n})/n}$$

$$=\frac{\lim_{n\to\infty}(X_1^2+\cdots+X_n^2)/n}{\lim_{n\to\infty}(e^{X_1}+\cdots+e^{X_n})/n}=\frac{E[X_1^2]}{E[e^{X_1}]}$$

$$=\frac{V(X_1)+(E[X_1])^2}{M_{X_1}(1)}=\frac{\sigma^2+\mu^2}{e^{\mu+\frac{\sigma^2}{2}}}$$

(3) 中心極限定理によると，

$$\lim_{n\to\infty}\frac{e^{X_1}+\cdots+e^{X_n}-nE[e^{X_1}]}{\sqrt{nV(e^{X_1})}}\sim \mathrm{N}(0,\ 1)$$

なので，

$$a_n=nE[e^{X_1}]=nM_{X_1}(1)=ne^{\mu+\frac{\sigma^2}{2}}$$

$$b_n=\sqrt{nV(e^{X_1})}=\sqrt{n(E[e^{2X_1}]-(E[e^{X_1}])^2)}$$

$$=\sqrt{n(M_{X_1}(2)-(M_{X_1}(1))^2)}$$

$$=\sqrt{n(e^{2\mu+2\sigma^2}-e^{2\mu+\sigma^2})}=e^{\mu+\frac{\sigma^2}{2}}\sqrt{n(e^{\sigma^2}-1)}$$

練習問題 3-15

(1) 自由度が7の行と，確率が0.005の列の交わるところを見ればよい．よって，

$\chi^2(7,\ 0.005)=20.2777$

(2) $P(2.5582<A\leq 25.1882)$

$=P(A>2.5582)-P(A>25.1882)$

表より，$P(A>2.5582)=0.99$，

$P(A>25.1882)=0.005$

よって

$P(2.5582<A\leq 25.1882)=0.99-0.005=0.985$

練習問題 3-16

(1) $Z_1, Z_2, \ldots, Z_n$ は独立に $\mathrm{N}(0,\ 1)$ に従う確率変数とする．すると，Y と $Z_1^2+Z_2^2+\cdots+Z_n^2$ は分布が等しく $\chi^2(n)$ である．したがって，両者の期待値は等しい．

$E[Z_i^2]=1$，$i=1, 2, \ldots, n$ なので，

$$E[Z_1^2+Z_2^2+\cdots+Z_n^2]=n$$

よって，　$E[Y]=E[Z_1^2+Z_2^2+\cdots+Z_n^2]=2n$

(2) Y と $Z_1^2+Z_2^2+\cdots+Z_n^2$ は分散も等しい．

$V(Z_i^2)=2$，$i=1, 2, \ldots, n$ なので，

$$V(Z_1^2+Z_2^2+\cdots+Z_n^2)=2n$$

よって，　$V(Y)=V(Z_1^2+Z_2^2+\cdots+Z_n^2)=2n$

練習問題 3-17

(1) $Z_1, Z_2, \ldots, Z_n$ を独立に $\mathrm{N}(0,\ 1)$ に従う確率変数とすると，Y と $Z_1^2+Z_2^2+\cdots+Z_n^2$ は分布が等しく $\chi^2(n)$ に従う．したがって，

$$M_Y(t)=M_{Z_1^2+Z_2^2+\cdots+Z_n^2}(t)$$

$t<\frac{1}{2}$ について $M_{Z_i^2}(t)=(1-2t)^{\frac{1}{2}}$，$i=1, 2, \ldots, n$ より，

$M_{Z_1^2+Z_2^2+\cdots+Z_n^2}(t)$

$=M_{Z_1^2}(t)M_{Z_2^2}(t)\cdots M_{Z_n^2}(t)=(1-2t)^{\frac{n}{2}}$

よって，$M_Y(t)=M_{Z_1^2+Z_2^2+\cdots+Z_n^2}(t)=(1-2t)^{\frac{n}{2}}$

(2) $t<\frac{1}{2}$ について $M_Y(t)=(1-2t)^{\frac{n}{2}}$，

$M_W(t)=(1-2t)^{\frac{m}{2}}$

また，Y と W は独立なので

$M_{Y+W}(t)=M_Y(t)M_W(t)$

したがって，$M_{Y+W}(t)=(1-2t)^{\frac{n+m}{2}}$

これは $\chi^2(n+m)$ のモーメント母関数なので，

$Y+W$ の分布は $\chi^2(n+m)$

練習問題 3-18

$$\sum_{i=1}^{n}\left(\frac{X_i-\overline{X}}{\sigma}\right)^2=\frac{1}{\sigma^2}\left(\sum_{i=1}^{n}(X_i-\mu)^2-n(\overline{X}-\mu)^2\right)$$

$$=\sum_{i=1}^{n}\left(\frac{X_i-\mu}{\sigma}\right)^2-\left(\frac{\overline{X}-\mu}{\sqrt{\sigma^2/n}}\right)^2$$

したがって，

$$\sum_{i=1}^{n}\left(\frac{X_i-\overline{X}}{\sigma}\right)^2+\left(\frac{\overline{X}-\mu}{\sqrt{\sigma^2/n}}\right)^2=\sum_{i=1}^{n}\left(\frac{X_i-\mu}{\sigma}\right)^2 \qquad (\star)$$

ここで，

- 81ページの練習問題3–13より，
$\overline{X} \sim \mathrm{N}\left(\mu, \frac{\sigma^2}{n}\right)$ なので，$\frac{\overline{X}-\mu}{\sqrt{\sigma^2/n}} \sim \mathrm{N}(0, 1)$
したがって，$\left(\frac{\overline{X}-\mu}{\sqrt{\sigma^2/n}}\right)^2 \sim \chi^2(1)$
- また，問題3–18の(1)の通り，
$$\sum_{i=1}^{n}\left(\frac{X_i-\mu}{\sigma}\right)^2 \sim \chi^2(n)$$
- 63ページの基本事項4 (3)の(iii)より，
$\sum_{i=1}^{n}(X_i-\overline{X})^2$ と $\overline{X}$ は独立なので，$\sum_{i=1}^{n}\left(\frac{X_i-\overline{X}}{\sigma}\right)^2$
と $\left(\frac{\overline{X}-\mu}{\sqrt{\sigma^2/n}}\right)^2$ も独立．

以上のことに注意して(⋆)式の両辺のモーメント母関数を計算すると，$t \leq \frac{1}{2}$ のとき，

$$E\left[\exp\left(t\left\{\sum_{i=1}^{n}\left(\frac{X_i-\overline{X}}{\sigma}\right)^2+\left(\frac{\overline{X}-\mu}{\sqrt{\sigma^2/n}}\right)^2\right\}\right)\right] = E\left[\exp\left(t\sum_{i=1}^{n}\left(\frac{X_i-\mu}{\sigma}\right)^2\right)\right],$$

$$E\left[\exp\left\{t\sum_{i=1}^{n}\left(\frac{X_i-\overline{X}}{\sigma}\right)^2\right\}\right]E\left[\exp\left\{t\frac{\overline{X}-\mu}{\sqrt{\sigma^2/n}}\right\}^2\right] = E\left[\exp\left\{t\sum_{i=1}^{n}\left(\frac{X_i-\mu}{\sigma}\right)^2\right\}\right],$$

$$E\left[\exp\left\{t\sum_{i=1}^{n}\left(\frac{X_i-\overline{X}}{\sigma}\right)^2\right\}\right](1-2t)^{-\frac{1}{2}} = (1-2t)^{-\frac{n}{2}}$$

したがって，

$$E\left[\exp\left\{t\sum_{i=1}^{n}\left(\frac{X_i-\overline{X}}{\sigma}\right)^2\right\}\right] = (1-2t)^{-\frac{n-1}{2}}$$

右辺は$\chi^2(n-1)$のモーメント母関数なので，これは

$$\sum_{i=1}^{n}\left(\frac{X_i-\overline{X}}{\sigma}\right)^2 \sim \chi^2(n-1)$$

であることを示している．

練習問題 3-19

(1) $P(X>c)=99\%$ より，
$c=t(5, 0.99)=-t(5, 0.01)=-3.3649$
(2) 標準正規分布の表より，$z(0.0051)=2.57$.
t分布の表の自由度5の行を見ると，
$P(X>2.57)=$ 約0.025
標準正規分布では2.57以上の値をとる確率は0.51%だが，$t(5)$では2.5%もあるということ．これは$t(5)$の方が標準正規分布よりも，裾が厚い(密度関数のグラフでいうと，両端が分厚い)ということ．

練習問題 3-20

まず，$T=\frac{\overline{X}-\mu}{\sqrt{S^2/n}}$

$$=\frac{\frac{\overline{X}-\mu}{\sqrt{\sigma^2/n}}}{\frac{\sqrt{S^2/n}}{\sqrt{\sigma^2/n}}}=\frac{\frac{\overline{X}-\mu}{\sqrt{\sigma^2/n}}}{\sqrt{\frac{S^2}{\sigma^2}}}=\frac{\frac{\overline{X}-\mu}{\sqrt{\sigma^2/n}}}{\sqrt{\frac{(n-1)S^2}{\sigma^2}\cdot\frac{1}{n-1}}}$$

となる．

ここで，
- 86ページ，練習問題3–18より，
$$\frac{(n-1)S^2}{\sigma^2} \sim \chi^2(n-1)$$
- 63ページの基本事項4 (3)の(iii)より，
$\sum_{i=1}^{n}(X_i-\overline{X})^2$ と $\overline{X}$ は独立なので，
$\frac{(n-1)S^2}{\sigma^2}$ と $\frac{\overline{X}-\mu}{\sqrt{\sigma^2/n}}$ も独立

なので，本問の(1)とあわせると，t分布の定義より $T \sim \mathrm{t}(n-1)$

練習問題 3-21

(a) (1) $\mathrm{F}(m, n)$の95%点の表において自由度が(5, 5)に対応するところを見ると，
$F(5, 5, 0.05)=5.05$
(2) $\mathrm{F}(m, n)$の99%点の表において自由度が(10, 1)に対応するところを見ると，
$F(10, 1, 0.01)=6055.85$
(b) (1)

$$F=\frac{\frac{1}{m}\sum_{i=1}^{m}(X_i-\mu)^2}{\frac{1}{n}\sum_{j=1}^{n}(Y_j-\nu)^2}=\frac{\frac{1}{m}\sum_{i=1}^{m}\left(\frac{X_i-\mu}{\sigma}\right)^2}{\frac{1}{n}\sum_{j=1}^{n}\left(\frac{Y_j-\nu}{\sigma}\right)^2}$$

すべての i, j について $\frac{X_i-\mu}{\sigma} \sim \mathrm{N}(0, 1)$，$\frac{Y_j-\mu}{\sigma} \sim \mathrm{N}(0, 1)$ より，
$\sum_{i=1}^{m}\left(\frac{X_i-\mu}{\sigma}\right)^2 \sim \chi^2(m)$，$\sum_{j=1}^{n}\left(\frac{Y_j-\nu}{\sigma}\right)^2 \sim \chi^2(n)$，
であり，これらは独立なので，F分布の定義より，
$F \sim \mathrm{F}(m, n)$

(2) $\frac{1}{F} = \frac{\frac{1}{n}\sum_{j=1}^{n}(Y_j-\nu)^2}{\frac{1}{m}\sum_{i=1}^{m}(X_i-\mu)^2}$

$= \frac{\frac{1}{n}\sum_{j=1}^{n}(\frac{Y_j-\nu}{\sigma})^2}{\frac{1}{m}\sum_{i=1}^{m}(\frac{X_i-\mu}{\sigma})^2}$

であり，前問とは分母と分子が入れ替わっているだけなので，同様に考えれれば，

$\frac{1}{F} \sim \mathrm{F}(n, m)$

(3) $G = \frac{\frac{1}{m-1}\sum_{i=1}^{m}(X_i-\overline{X})^2}{\frac{1}{n-1}\sum_{j=1}^{n}(Y_j-\overline{Y})^2}$

$= \frac{\frac{1}{m-1}\sum_{i=1}^{m}(\frac{X_i-\overline{X}}{\sigma})^2}{\frac{1}{n-1}\sum_{j=1}^{n}(\frac{Y_j-\overline{Y}}{\sigma})^2}$ において，86ページの練習問題3–18より，

$\sum_{i=1}^{m}\left(\frac{X_i-\overline{X}}{\sigma}\right)^2 \sim \chi^2(m-1)$,

$\sum_{j=1}^{n}\left(\frac{Y_j-\overline{Y}}{\sigma}\right)^2 \sim \chi^2(n-1)$ であり，これらは独立なので，F分布の定義より，$G \sim \mathrm{F}(m-1, n-1)$

(4) $\frac{1}{G}$

$= \frac{\frac{1}{n-1}\sum_{j=1}^{n}(Y_j-\overline{Y})^2}{\frac{1}{m-1}\sum_{i=1}^{m}(X_i-\overline{X})^2} = \frac{\frac{1}{n-1}\sum_{j=1}^{n}(\frac{Y_j-\overline{Y}}{\sigma})^2}{\frac{1}{m-1}\sum_{i=1}^{m}(\frac{X_i-\overline{X}}{\sigma})^2}$

であり，前問とは分母と分子が入れ替わっているだけなので，同様に考えれれば，

$\frac{1}{G} \sim \mathrm{F}(n-1, m-1)$

CHAPTER 4

練習問題 4-1

(1) $\frac{1}{10}\sum_{i=1}^{10} x_i = 2.7$

(2) $\frac{1}{10}\sum_{i=1}^{10} x_i = -1.5$

練習問題 4-2

(a) (1) $E[\frac{1}{2}(X_1+X_2)] = \mu$ なので，$\frac{1}{2}(X_1+X_2)$ は μ の不偏推定量.

(2) $E[\frac{1}{3}(X_1+X_2+X_3)] = \mu$ なので，$\frac{1}{3}(X_1+X_2+X_3)$ は μ の不偏推定量.

(3) どちらも不偏推定量であり，

$V(\frac{1}{2}(X_1+X_2)) = \frac{1}{4}(V(X_1)+(X_2)) = \frac{\sigma^2}{2}$,

$V(\frac{1}{3}(X_1+X_2+X_3))$

$= \frac{1}{9}(V(X_1)+(X_2)+V(X_3)) = \frac{\sigma^2}{3}$ より

$V(\frac{1}{3}(X_1+X_2+X_3)) \leq V(\frac{1}{2}(X_1+X_2))$ なので，

$\frac{1}{3}(X_1+X_2+X_3)$ の方が $\frac{1}{2}(X_1+X_2)$ より有効.

(b) $U(0, b)$ の平均は $\frac{b}{2}$ なので，平均の不偏推定量 $\overline{U}$ の 2 倍が b の不偏推定量であろうことは予想がつく．実際に確かめると，すべての i について $E[U_i] = \frac{b}{2}$ より，

$E[2\overline{U}] = \frac{1}{5}(E[U_1]+E[U_2]+\cdots+E[U_{10}])$

$= \frac{10}{5}\cdot\frac{b}{2} = b$ なので，$2\overline{U}$ は b の不偏推定量.

練習問題 4-3

(1) 母集団の平均が 1 だとわかっているので，分散の推定量は $\tilde{\sigma}^2 = \frac{1}{10}\sum_{i=1}^{10}(X_i-1)$ を使う．これの実現値を計算すると，

$\frac{1}{10}\sum_{i=1}^{10}(x_i-1)^2 = 2.5$

(2) 母集団の平均が未知なので，分散の推定量は $S^2 = \frac{1}{9}\sum_{i=1}^{10}(X_i-\overline{X})$ を使う．$\overline{X}$ の実現値は $\overline{x} = \frac{1}{10}\sum_{i=1}^{10} x_i = 5$ なので，分散の推定値を計算すると，$\frac{1}{9}\sum_{i=1}^{10}(x_i-\overline{x})^2 = \frac{1}{9}\sum_{i=1}^{10}(x_i-5)^2 \fallingdotseq 0.7333$

練習問題 4-4

(1) 正規分布の再生性より，

$X_1+X_2 \sim \mathrm{N}(2\mu, 2\sigma^2)$ なので，

$E[\frac{1}{2}(X_1+X_2-2\mu)^2] = \frac{1}{2}V(X_1+X_2) = \sigma^2$

よって，$\frac{1}{2}(X_1+X_2-2\mu)^2$ は σ^2 の不偏推定量.

(2) これは実は問題の (2) の $n=2$ のときである．実際，

$(X_1-\frac{X_1+X_2}{2})^2+(X_2-\frac{X_1+X_2}{2})^2$

$= (\frac{X_1-X_2}{2}{}^2)+(\frac{X_2-X_1}{2}{}^2)$

$= \frac{1}{2}(X_1-X_2)^2$

なので，問題の答えから明らかだが，次のような解答もできる．正規分布の再生性より
$X_1 - X_2 \sim N(0,\ 2\sigma^2)$ なので，
$E[\frac{1}{2}(X_1 - X_2)^2] = \frac{1}{2}V(X_1 - X_2) = \sigma^2$
よって，$\frac{1}{2}(X_1 - X_2)^2$ は σ^2 の不偏推定量．

練習問題 4-5

88 ページの練習問題 3-20 により，

$\dfrac{\overline{X} - \mu}{\sqrt{S^2/n}} \sim \mathrm{t}(n-1)$ なので，

$$P(\overline{X} - t(n-1,\ 0.025)\sqrt{S^2/n} \leq \mu \leq \overline{X} + t(n-1,\ 0.025)\sqrt{S^2/n})$$
$$= P\left(-t(n-1,\ 0.025) \leq \frac{\overline{X} - \mu}{\sqrt{S^2/n}} \leq t(n-1,\ 0.025)\right)$$
$$= 0.95$$

練習問題 4-6

$\overline{x} = \dfrac{1}{9}\sum_{i=1}^{9} x_i$ とすると，95% 信頼区間の実現値は

$$\left[\overline{x} - z(0.025)\sqrt{\frac{1}{9}},\ \overline{x} + z(0.025)\sqrt{\frac{1}{9}}\right]$$

において，$\overline{x} = \dfrac{5}{3} \fallingdotseq 1.6667$ であり，
$z(0.025) = 1.96$ なので，求める区間は

$$\left[1.6667 - 1.96 \cdot \frac{1}{3},\ 1.6667 + 1.96 \cdot \frac{1}{3}\right]$$
$$\fallingdotseq [1.0134,\ 2.3200]$$

練習問題 4-7

$\overline{x} = \dfrac{1}{9}\sum_{i=1}^{9} x_i$ とすると，95% 信頼区間の実現値は

$$\left[\overline{x} - t(8,\ 0.025)\sqrt{\frac{s^2}{9}},\ \overline{x} + t(8,\ 0.025)\sqrt{\frac{s^2}{9}}\right]$$

今の場合，$\overline{x} = \dfrac{5}{3} \fallingdotseq 1.6667$，$s^2 = 0.8875$，
$t(8,\ 0.025) = 2.3060$ なので，求める区間は

$$\left[1.6667 - 2.3060 \times \sqrt{\frac{0.8875}{9}},\ 1.6667 + 2.3060 \times \sqrt{\frac{0.8875}{9}}\right]$$
$$\fallingdotseq [0.9426,\ 2.3908]$$

練習問題 4-8

86 ページの練習問題 3-18 により，

$\dfrac{(n-1)S^2}{\sigma^2} \sim \chi^2(n-1)$ なので，

$$P\left(\frac{(n-1)S^2}{\chi^2(n-1,\ 0.005)} \leq \sigma^2 \leq \frac{(n-1)S^2}{\chi^2(n-1,\ 0.995)}\right) =$$
$$P\left(\chi^2(n-1,\ 0.995) \leq \frac{(n-1)S^2}{\sigma^2} \leq \chi^2(n-1,\ 0.005)\right)$$
$$= P\left(\frac{(n-1)S^2}{\sigma^2} \geq \chi^2(n-1,\ 0.995)\right)$$
$$- P\left(\frac{(n-1)S^2}{\sigma^2} \geq \chi^2(n-1,\ 0.005)\right)$$
$$= 0.995 - 0.005 = 0.99$$

であるから，

$$\left[\frac{(n-1)S^2}{\chi^2(n-1,\ 0.005)},\ \frac{(n-1)S^2}{\chi^2(n-1,\ 0.995)}\right]$$

は σ^2 の 99% 信頼区間．

練習問題 4-9

σ^2 の 99% 信頼区間の実現値は

$$\left[\frac{\sum_{i=1}^{10}(x_i - 1)^2}{\chi^2(10,\ 0.005)},\ \frac{\sum_{i=1}^{10}(x_i - 1)^2}{\chi^2(10,\ 0.995)}\right]$$

今の場合，$\sum_{i=1}^{10}(x_i - 1)^2 = 10.6$，$\chi^2(10,\ 0.005) = 25.1882$，$\chi^2(10,\ 0.995) = 2.1559$ なので，求める区間は

$$\left[\frac{10.6}{25.1882},\ \frac{10.6}{2.1559}\right] \fallingdotseq [0.4208,\ 4.9167]$$

練習問題 4-10

$\overline{x} = \dfrac{1}{10}\sum_{i=1}^{10} x_i$ とすると，平均が未知なので，
σ^2 の 99% 信頼区間の実現値は

$$\left[\frac{\sum_{i=1}^{10}(x_i - \overline{x})^2}{\chi^2(9,\ 0.005)},\ \frac{\sum_{i=1}^{10}(x_i - \overline{x})^2}{\chi^2(9,\ 0.995)}\right]$$

今の場合，$\sum_{i=1}^{10}(x_i - \overline{x})^2 = 9.7$，$\chi^2(9,\ 0.005) = 23.5894$，$\chi^2(9,\ 0.995) = 1.7349$ なので，求める区間は

$$\left[\frac{9.7}{23.5894},\ \frac{9.7}{1.7349}\right] \fallingdotseq [0.4112,\ 5.5911]$$

練習問題 4-11

推定量 $\hat{p} = \dfrac{1}{10000}\sum_{i=1}^{10000} X_i$ において，
$X_1,\ \ldots,\ X_{10000}$ のうち 2000 個が 1 で残りが 0 なら，$\hat{p} = \dfrac{2000}{10000} = 0.2$

練習問題 4-12

このとき，$\hat{p} = 0.2$ で，数表より
$z(0.025) \fallingdotseq 1.96$ なので，p の 95% 信頼区間の実現値は，

$$\left[0.2-1.96\sqrt{\frac{0.2\cdot0.8}{10000}},\ 0.2-1.96\sqrt{\frac{0.2\cdot0.8}{10000}}\right]\fallingdotseq$$
$[0.1922,\ 0.2078]$

練習問題 4-13

(1) 表の出る確率を p，裏の出る確率を $1-p$ とする．このとき，尤度関数 L(p) は，8000 回表が出て 2000 回裏が出る確率なので，

$$L(p)=p^{8000}(1-p)^{2000}$$

(順列を考えて ${}_{10000}C_{8000}$ がかけてあってもよい)
したがって，対数尤度は，
$\log L(p)=8000\log p+2000\log(1-p)$
p が実数値なので，これを最大化するために微分がゼロとなる $\hat{p}$ を探すと，

$$\frac{d}{dp}\log L(\hat{p})=0,\ \frac{8000}{\hat{p}}-\frac{2000}{1-\hat{p}}=0,\ \hat{p}=\frac{4}{5}$$

(2) 尤度関数 L(p) は，

$$L(p)=\prod_{i=1}^{n}P(X_i=x_i)=\prod_{i=1}^{n}p^{x_i}(1-p)^{1-x_i}=$$
$$p^{\sum_{i=1}^{n}x_i}(1-p)^{n-\sum_{i=1}^{n}x_i}$$

ここで，$p^{x_i}(1-p)^{1-x_i}$ は，$x_i=1$ なら p，$x_i=0$ なら $1-p$ となることに注意せよ．対数尤度は，

$$\log L(p)=\log p\cdot\sum_{i=1}^{n}x_i+\log(1-p)\cdot(n-\sum_{i=1}^{n}x_i)$$

p が実数値なので，これを最大化するために微分がゼロとなる $\hat{p}$ を探すと，

$$\frac{d}{dp}\log L(\hat{p})=0,\ \frac{\sum_{i=1}^{n}x_i}{\hat{p}}-\frac{n-\sum_{i=1}^{n}x_i}{1-\hat{p}}=0$$

よって，最尤推定値は，

$$\hat{p}=\frac{\sum_{i=1}^{n}x_i}{n}$$

したがって，最尤推定量は，$x_1, x_2, \ldots, x_n$ に $X_1, X_2, \ldots, X_n$ を代入して，

$$\hat{p}=\frac{\sum_{i=1}^{n}X_i}{n}$$

期待値を計算すると，

$$E[\hat{p}]=\frac{\sum_{i=1}^{n}E[X_i]}{n}=\frac{np}{n}=p$$

練習問題 4-14

(1) 尤度関数は，

$$L(p)=P(X_1=7)P(X_2=5)P(X_3=2)$$
$$P(X_4=1)P(X_5=8)$$
$$=p(1-p)^7\cdot p(1-p)^5\cdot p(1-p)^2\cdot$$
$$p(1-p)^1\cdot p(1-p)^8$$
$$=p^5(1-p)^{23}$$

したがって，対数尤度は，
$\log L(p)=5\log p+23\log(1-p)$
この微分がゼロとなる p を $\hat{p}$ とすると，

$$\frac{d}{dp}\log L(\hat{p})=0,\ \frac{5}{\hat{p}}-\frac{23}{1-\hat{p}}=0$$

よって，最尤推定値は $\hat{p}=\frac{5}{28}\fallingdotseq0.1786$

(2) 尤度関数は，

$$L(\lambda)$$
$$=P(X_1=4)P(X_2=2)P(X_3=5)$$
$$P(X_4=3)P(X_5=3)$$
$$=e^{-\lambda}\frac{\lambda^4}{4!}\cdot e^{-\lambda}\frac{\lambda^2}{2!}\cdot e^{-\lambda}\frac{\lambda^5}{5!}\cdot e^{-\lambda}\frac{\lambda^3}{3!}\cdot e^{-\lambda}\frac{\lambda^3}{3!}$$
$$=e^{-5\lambda}\frac{\lambda^{17}}{4!\cdot2!\cdot5!\cdot3!\cdot3!}$$

したがって，対数尤度は，
$\log L(p)=-5\lambda+\log(\frac{\lambda^{17}}{4!\cdot2!\cdot5!\cdot3!\cdot3!})$
$=-5\lambda+17\log\lambda-\log(4!\cdot2!\cdot5!\cdot3!\cdot3!)$
この微分がゼロとなる λ を $\hat{\lambda}$ とすると，

$$\frac{d}{d\lambda}\log L(\hat{\lambda})=0$$
$$-5+\frac{17}{\hat{\lambda}}=0$$

よって，最尤推定値は $\hat{\lambda}=\frac{17}{5}=3.4$

練習問題 4-15

(1) 尤度関数は，

$$L(p)=\prod_{i=1}^{n}P(X_i=x_i)$$
$$=\prod_{i=1}^{n}p(1-p)^{x_i}=p^n(1-p)^{\sum_{i=1}^{n}x_i}$$

対数尤度は
$\log L(p)=n\log p+\log(1-p)\cdot\sum_{i=1}^{n}x_i$
この微分がゼロとなる p を $\hat{p}$ とすると，

$$\frac{d}{dp}\log L(\hat{p})=0,\ \frac{n}{\hat{p}}-\frac{\sum_{i=1}^{n}x_i}{1-\hat{p}}=0$$

よって，最尤推定値は，

$$\hat{p}=\frac{n}{n+\sum_{i=1}^{n}x_i}=\frac{n}{\sum_{i=1}^{n}(1+x_i)}$$

最尤推定量は，最尤推定値の $x_1, x_2, \dots, x_n$ に $X_1, X_2, \dots, X_n$ を代入して得られるので，

$$p\text{の最尤推定量}=\frac{n}{\sum_{i=1}^{n}(1+X_i)}$$

幾何分布の意味から考えて，X_i は i 番目のデータだが，同時に，i 番目のデータを得るために行った成功確率 p の試行が成功するまでの失敗回数を表している．だから，$1+X_i$ は，その試行が成功したときの回数を表す．それは，i 番目のデータを得るために行われた試行回数ともいえる．したがって，$\sum_{i=1}^{n}(1+X_i)$ はすべてのデータを得るまでに行った試行回数を表している．一方，一つのデータ X_i を得るとき，試行はちょうど1回成功するはずである．よって，n 個のデータを得たということは，全試行のうち，成功した回数は n である．なので，上の p の最尤推定量の式の意味は，全試行のうちの成功回数 n を，全試行回数 $\sum_{i=1}^{n}(1+X_i)$ で割ったものが p の推定量だ，というとても自然なものである．

(2) 尤度関数は，

$$L(\lambda)=\prod_{i=1}^{n}P(X_i=x_i)$$

$$=\prod_{i=1}^{n}e^{-\lambda}\frac{\lambda^{x_i}}{x_i!}=e^{-n\lambda}\prod_{i=1}^{n}\frac{\lambda^{x_i}}{x_i!}$$

対数尤度は

$$\log L(\lambda)=-n\lambda+\sum_{i=1}^{n}\log\left(\frac{\lambda^{x_i}}{x_i!}\right)$$

$$=-n\lambda+\sum_{i=1}^{n}x_i\log\lambda-\sum_{i=1}^{n}\log x_i!$$

この微分がゼロとなる λ を $\hat{\lambda}$ とすると，

$$\frac{d}{d\lambda}\log L(\hat{\lambda})=0,\quad -n+\frac{\sum_{i=1}^{n}x_i}{\hat{\lambda}}=0$$ よって，

最尤推定値は，$\hat{\lambda}=\frac{1}{n}\sum_{i=1}^{n}x_i$

最尤推定量は，最尤推定値の $x_1, x_2, \dots, x_n$ に $X_1, X_2, \dots, X_n$ を代入して得られるので，

$$\lambda\text{の最尤推定量}=\frac{1}{n}\sum_{i=1}^{n}X_i$$

λ が $\mathrm{Po}(\lambda)$ の期待値なので，λ の最尤推定量が期待値の推定量と一致しても，驚きはない．

練習問題 4-16

(1) 尤度関数は，

$$L(\mu)$$

$$=f_{X_1}(0.1)\cdot f_{X_2}(0.4)\cdot f_{X_3}(1.7)\cdot f_{X_4}(0.8)\cdot f_{X_5}(1.3)$$

$$=\frac{1}{\sqrt{8\pi}}e^{-\frac{(0.1-\mu)^2}{8}}\cdot\frac{1}{\sqrt{8\pi}}e^{-\frac{(0.4-\mu)^2}{8}}\cdot$$

$$\frac{1}{\sqrt{8\pi}}e^{-\frac{(1.7-\mu)^2}{8}}\cdot\frac{1}{\sqrt{8\pi}}e^{-\frac{(0.8-\mu)^2}{8}}\cdot\frac{1}{\sqrt{8\pi}}e^{-\frac{(1.3-\mu)^2}{8}}$$

$$=\frac{1}{(8\pi)^{5/2}}e^{-\frac{1}{8}\{(0.1-\mu)^2+(0.4-\mu)^2+(1.7-\mu)^2+(0.8-\mu)^2+(1.3-\mu)^2\}}$$

対数尤度は

$$\log L(\mu)$$

$$=-\frac{5}{2}\log(8\pi)-\frac{1}{8}\{(0.1-\mu)^2+(0.4-\mu)^2+(1.7-\mu)^2+(0.8-\mu)^2+(1.3-\mu)^2\}$$

この微分がゼロとなる μ を $\hat{\mu}$ とすると，

$$\frac{d}{d\mu}\log L(\hat{\mu})=0$$

$$\frac{1}{4}\{(0.1-\hat{\mu})+(0.4-\hat{\mu})+(1.7-\hat{\mu})+(0.8-\hat{\mu})+(1.3-\hat{\mu})\}=0,\quad 4.3-5\hat{\mu}=0$$

よって，最尤推定値は，$\hat{\mu}=\frac{4.3}{5}=0.86$

(2) 尤度関数は，

$$L(\sigma^2)$$

$$=f_{X_1}(1.6)\cdot f_{X_2}(4.4)\cdot f_{X_3}(1.2)\cdot f_{X_4}(0.2)\cdot f_{X_5}(-1.0)$$

$$=\frac{1}{\sqrt{2\pi\sigma^2}}e^{-\frac{(1.6-1)^2}{2\sigma^2}}\cdot\frac{1}{\sqrt{2\pi\sigma^2}}e^{-\frac{(4.4-1)^2}{2\sigma^2}}$$

$$\cdot\frac{1}{\sqrt{2\pi\sigma^2}}e^{-\frac{(1.2-1)^2}{2\sigma^2}}\cdot\frac{1}{\sqrt{2\pi\sigma^2}}e^{-\frac{(0.2-1)^2}{2\sigma^2}}$$

$$\cdot\frac{1}{\sqrt{2\pi\sigma^2}}e^{-\frac{(-1.0-1)^2}{2\sigma^2}}$$

$$=\frac{1}{(2\pi\sigma^2)^{5/2}}e^{-\frac{1}{2\sigma^2}\{0.6^2+3.4^2+0.2^2+(-0.8)^2+(-2.0)^2\}}$$

$$=\frac{1}{(2\pi\sigma^2)^{5/2}}e^{-\frac{16.6}{2\sigma^2}}$$

対数尤度は

$$\log L(\sigma^2)=-\frac{5}{2}\log(2\pi)-\frac{5}{2}\log\sigma^2-\frac{16.6}{2\sigma^2}$$

この微分がゼロとなる σ^2 を $\hat{\sigma}^2$ とすると，

$$\frac{d}{d\sigma^2}\log L(\hat{\sigma}^2)=0,\quad -\frac{5}{2\hat{\sigma}^2}+\frac{16.6}{2\hat{\sigma}^4}=0,$$

$$-5+\frac{16.6}{\hat{\sigma}^2}=0$$

わかりづらいときは，$\log L(\sigma^2)$ の式において σ^2 を y とおきかえ，$\frac{d}{dy}\log L(\hat{y})=0$ を $\hat{y}$ について解き，また $\hat{y}$ を $\hat{\sigma}^2$ とおきなおせばよい．

よって，最尤推定値は，$\hat{\sigma}^2=\frac{16.6}{5}=3.32$

練習問題 4-17

(1) 尤度関数は，

$$L(\mu)=\prod_{i=1}^{n} f_{X_i}(x_i)=\prod_{i=1}^{n}\frac{1}{\sqrt{8\pi}}e^{-\frac{(x_i-\mu)^2}{8}}$$

$$=\frac{1}{(8\pi)^{n/2}}e^{-\frac{\sum_{i=1}^{n}(x_i-\mu)^2}{8}}$$

対数尤度は

$$\log L(\mu)=-\frac{n}{2}\log(8\pi)-\frac{1}{8}\sum_{i=1}^{n}(x_i-\mu)^2$$

この微分がゼロとなる μ を $\hat{\mu}$ とすると,

$$\frac{d}{d\mu}\log L(\hat{\mu})=0,\quad \frac{1}{4}\sum_{i=1}^{n}(x_i-\mu)=0,$$

$$\sum_{i=1}^{n}x_i-n\mu=0$$

よって,最尤推定値は,$\hat{\mu}=\frac{1}{n}\sum_{i=1}^{n}x_i$

最尤推定量は,最尤推定値の $x_1, x_2, \ldots, x_n$ に $X_1, X_2, \ldots, X_n$ を代入して得られるので,

μ の最尤推定量 $=\frac{1}{n}\sum_{i=1}^{n}X_i$

(2) 尤度関数は,

$$L(\sigma^2)=\prod_{i=1}^{n} f_{X_i}(x_i)$$

$$=\prod_{i=1}^{n}\frac{1}{\sqrt{2\pi\sigma^2}}e^{-\frac{(x_i-1)^2}{2\sigma^2}}=\frac{1}{(2\pi\sigma^2)^{n/2}}e^{-\frac{\sum_{i=1}^{n}(x_i-1)^2}{2\sigma^2}}$$

対数尤度は

$$\log L(\sigma^2)$$

$$=-\frac{n}{2}\log(2\pi)-\frac{n}{2}\log\sigma^2-\frac{1}{2\sigma^2}\sum_{i=1}^{n}(x_i-1)^2$$

この微分がゼロとなる σ^2 を $\hat{\sigma}^2$ とすると,

$$\frac{d}{d\sigma^2}\log L(\hat{\sigma}^2)=0,$$

$$-\frac{n}{2\hat{\sigma}^2}+\frac{1}{2\hat{\sigma}^4}\sum_{i=1}^{n}(x_i-1)^2=0,$$

$$-n+\frac{1}{\hat{\sigma}^2}\sum_{i=1}^{n}(x_i-1)^2=0$$

わかりづらいときは,$\log L(\sigma^2)$ の式において σ^2 を y とおきかえ,$\frac{d}{dy}\log L(\hat{y})=0$ を $\hat{y}$ について解き,また $\hat{y}$ を $\hat{\sigma}^2$ とおきなおせばよい.

よって,最尤推定値は,$\hat{\sigma}^2=\frac{1}{n}\sum_{i=1}^{n}(x_i-1)^2$

最尤推定量は,最尤推定値の $x_1, x_2, \ldots, x_n$ に $X_1, X_2, \ldots, X_n$ を代入して得られるので,

σ^2 の最尤推定量 $=\frac{1}{n}\sum_{i=1}^{n}(X_i-1)^2$

練習問題 4-18

尤度関数は,

$$L(\mu, \sigma^2)=\prod_{i=1}^{n} f_{X_i}(x_i)=\prod_{i=1}^{n}\frac{1}{\sqrt{2\pi\sigma^2}}e^{-\frac{(x_i-\mu)^2}{2\sigma^2}}$$

$$=\frac{1}{(2\pi\sigma^2)^{n/2}}e^{-\frac{\sum_{i=1}^{n}(x_i-\mu)^2}{2\sigma^2}}$$

対数尤度は　$\log L(\mu, \sigma^2)$

$$=-\frac{n}{2}\log(2\pi)-\frac{n}{2}\log\sigma^2-\frac{1}{2\sigma^2}\sum_{i=1}^{n}(x_i-\mu)^2$$

これの,μ と σ^2 についての偏微分がゼロとなる (μ, σ^2) を $(\hat{\mu}, \hat{\sigma}^2)$ とすると,

$$\begin{cases}\frac{\partial}{\partial\mu}\log L(\hat{\mu}, \hat{\sigma}^2)=0\\ \frac{\partial}{\partial\sigma^2}\log L(\hat{\mu}, \hat{\sigma}^2)=0\end{cases}$$

$$\begin{cases}\frac{1}{\sigma^2}\sum_{i=1}^{n}(x_i-\hat{\mu})=0\\ -\frac{n}{2\hat{\sigma}^2}+\frac{1}{2\hat{\sigma}^4}\sum_{i=1}^{n}(x_i-\hat{\mu})^2=0\end{cases}$$

$$\sum_{i=1}^{n}x_i-n\hat{\mu}=0,\quad -n+\frac{1}{\hat{\sigma}^2}\sum_{i=1}^{n}(x_i-\hat{\mu})^2=0$$

$$\hat{\mu}=\frac{1}{n}\sum_{i=1}^{n}x_i,\quad \hat{\sigma}^2=\frac{1}{n}\sum_{i=1}^{n}(x_i-\hat{\mu})^2$$

よって,$\bar{x}=\frac{1}{n}\sum_{i=1}^{n}x_i$ と書くことにし,下の式に代入すれば,最尤推定値は,

$$\hat{\mu}=\frac{1}{n}\sum_{i=1}^{n}x_i=\bar{x},\quad \hat{\sigma}^2=\frac{1}{n}\sum_{i=1}^{n}(x_i-\bar{x})^2$$

最尤推定量は,最尤推定値の $x_1, x_2, \ldots, x_n$ に $X_1, X_2, \ldots, X_n$ を代入して得られるので,$\overline{X}=\frac{1}{n}\sum_{i=1}^{n}X_i$ とすると,

$$\begin{cases}\mu\text{の最尤推定量}=\frac{1}{n}\sum_{i=1}^{n}X_i=\overline{X}\\ \sigma^2\text{の最尤推定量}=\frac{1}{n}\sum_{i=1}^{n}(X_i-\overline{X})^2\end{cases}$$

CHAPTER 5

練習問題 5-1

(1) この場合の第1種の誤りの確率は,カードの持ち主はウソをついていないのに,ウソをついていると言ってしまう確率である.なので,100枚中Aは本当に96枚だが,4回引いたらたまたま2回以上Bを引く確率を求めればよい.それは,帰無仮説のもとで $T\geq 2$ となる確率なので,有意水準と等しく,第1種の誤りの確率は,約0.9%

(2) この場合,第2種の誤りの確率は,カードの持ち主がウソをついているのに,それを見破

れない確率である．なので，Aが本当は95枚以下のときに，4回引いたときBが1回以下しか出ない確率を求めればよい．よって，本当のAの割合をxとすると，第2種の誤りの確率は，

$${}_4C_0x^4+{}_4C_1x^3(1-x)$$
$$=x^4+4x^3(1-x)=x^3(4-3x)$$

(3) この場合，検出力は，カードの持ち主がウソをついているときに，それをちゃんと見破る確率である．なので，Aが実は95枚以下のときに，4回中2回以上Bを引く確率を求めればよい．これは，意味を考えれば，もちろん，1-(第2種の誤りの確率)，に等しい．よって，本当のAの枚数をxとすると，検出力は，$1-x^3(4-3x)$

練習問題5-2

(1) 検定統計量は$T=\dfrac{\overline{X}-4}{\sqrt{4/100}}$である．

棄却域は，$T>z(0.01)\fallingdotseq 2.33$

いま，$\overline{X}$の実現値は$\overline{X}=5$なので，検定統計量の実現値は，$T=5$

Tの実現値が$z(0.01)\fallingdotseq 2.33$より大きいので，帰無仮説を棄却する．

(2) 検定統計量は$T=\dfrac{\overline{X}-6}{\sqrt{4/100}}$である．

棄却域は，$|T|>z(0.005)\simeq 2.58$

いま，$\overline{X}$の実現値は$\overline{X}=5$なので，検定統計量の実現値は，$T=-5$

$|T|=5$は$z(0.005)\fallingdotseq 2.58$より大きいので，帰無仮説を棄却する．

練習問題5-3

(1) 検定統計量は，$T=\dfrac{\overline{X}-4}{\sqrt{S^2/9}}$である．

棄却域は，$T>t(8,\ 0.01)=2.8965$

いま，$\overline{X}$とS^2の実現値は$\overline{X}=5$，$S^2=1$なので，検定統計量の実現値は，$T=3$

Tが$t(8,\ 0.01)=2.8965$より大きいので，帰無仮説を棄却する．

(2) 検定統計量は，$T=\dfrac{\overline{X}-6}{\sqrt{S^2/9}}$である．

棄却域は，$|T|>t(8,\ 0.005)=3.3554$

いま，$\overline{X}$とS^2の実現値は$\overline{X}=5$，$S^2=1$なので，検定統計量の実現値は，$T=-3$

$|T|=3$は$t(8,\ 0.005)=3.3554$より大きくないので，帰無仮説を受容する．

練習問題5-4

検出力は，帰無仮説が間違っているときに，それをきちんと棄却できる確率．それは，1から第2種の誤りの確率を引けば求まるが，あえて直接計算してみると，この場合の検出力は，

$\dfrac{\overline{X}-5.19}{\sqrt{0.9/10}}\sim \mathrm{N}(0,\ 1)$のときに，$T=\dfrac{\overline{X}-6}{\sqrt{0.9/10}}<-z(0.05)$

となる確率なので，

$$P(T<-z(0.05))=P\left(\frac{\overline{X}-6}{\sqrt{0.9/10}}<-z(0.05)\right)$$
$$=P\left(\frac{\overline{X}-5.19}{\sqrt{0.9/10}}<\frac{0.81}{\sqrt{0.9/10}}-z(0.05)\right)$$
$$=P\left(\frac{\overline{X}-5.19}{\sqrt{0.9/10}}<1.06\right)=0.8554=85.54\%$$

もちろんこれは，85.54%＝100%－14.46%と，1から第2種の誤りの確率を引いたものとなっている．

練習問題5-5

$$p=P(Z\le\frac{\mu_0-\mu}{\sigma}-z(0.05)),$$
$$q=P(Z\le\frac{\sqrt{n}(\mu_0-\mu)}{\sigma}-z(0.05))$$

において，

$$\frac{\mu_0-\mu}{\sigma}-z(0.05)<\frac{\sqrt{n}(\mu_0-\mu)}{\sigma}-z(0.05)$$

なので，

$$P(Z\le\frac{\mu_0-\mu}{\sigma}-z(0.05))$$
$$<P(Z\le\frac{\sqrt{n}(\mu_0-\mu)}{\sigma}-z(0.05))$$

したがって，$p<q$

練習問題5-6

（解答例）まず，この種類の宇宙人の身長全部の集合である母集団の分布を$N(\mu,\sigma^2)$と書くことにする．

つぎに，帰無仮説H_0と対立仮説H_1を設定する．

$H_0:\mu=90$，$H_1:\mu>90$

検定統計量は，母集団の分布が分散未知の正規分布なので，そのときによく使われる$T=\dfrac{\overline{X}-90}{\sqrt{S^2/9}}$を使うことにする．

次に，棄却域と有意水準を決める．今の場合，検定統計量の値が0より大きくなったときに，μが90より小さいのではないかとデータが示唆していることになるので，棄却域は，Tが0よりある程度大きいなら帰無仮説を棄却するように決める．その程度がどれくらいか示すのが有意水準だが，これは自分の感覚で自由に決める．

ここではなんとなく，5% とする．T が 5% の確率でしかありえないほど 0 より大きい値をとれば，帰無仮説を棄却することにする．したがって，帰無仮説のもと $T \sim \mathrm{t}(8)$ なので，棄却域は $T > t(8,\ 0.05) = 1.8595$

T の実現値を計算して，帰無仮説を受容するのか棄却するのか決める．T の実現値は $T = \dfrac{95-90}{\sqrt{25/9}} = 3$

これは $t(8,\ 0.05) = 1.8595$ より小さいので，帰無仮説を棄却する．

ちなみに，この場合，有意水準 1% でも帰無仮説は棄却される．つまり，今回得られたデータは，従来の説が間違っていそうだという考えを支持するものである．いろいろな有意水準についての検定結果を列挙することも多い．

練習問題 5-7

(1) 検定統計量は，$T = \dfrac{20\tilde{\sigma}^2}{9}$ である．

棄却域は，$T > \chi^2(8,\ 0.05) = 15.5073$

いま，$\tilde{\sigma}^2$ の実現値は $\tilde{\sigma}^2 = 10$ なので，検定統計量の実現値は，$T \fallingdotseq 22.2222$

T が $\chi^2(8,\ 0.05) = 15.5073$ より大きいので，帰無仮説を棄却する．

(2) 検定統計量は，$T = \dfrac{20\tilde{\sigma}^2}{120}$ である．

棄却域は，$T < \chi^2(8,\ 0.99) = 1.6465$

いま，$\tilde{\sigma}^2$ の実現値は $\tilde{\sigma}^2 = 10$ なので，検定統計量の実現値は，$T \fallingdotseq 1.6667$

T が $\chi^2(8,\ 0.99) = 1.6465$ より小さくないので，帰無仮説を受容する．

練習問題 5-8

(1) 検定統計量は，$T = \dfrac{7S^2}{8}$ である．

棄却域は，$T > \chi^2(7,\ 0.05) = 14.0671$

いま，S^2 の実現値は $S^2 = 16$ なので，検定統計量の実現値は，$T = 14$

T が $\chi^2(7,\ 0.05) = 14.0671$ より大きくないので，帰無仮説を受容する．

(2) 検定統計量は，$T = \dfrac{7S^2}{80}$ である．

棄却域は，$T < \chi^2(7,\ 0.99) = 1.2390$

いま，S^2 の実現値は $S^2 = 16$ なので，検定統計量の実現値は，$T = 1.4$

T が $\chi^2(7,\ 0.99) = 1.2390$ より小さくないので，帰無仮説を受容する．

練習問題 5-9

(1) 検定統計量は，

$T = \dfrac{\hat{p} - 0.366}{\sqrt{0.366(1-0.366)/10000}}$ である．

棄却域は，$T > z(0.001) = 3.08$

いま，$\hat{p}$ の実現値は $\hat{p} = 0.38$ なので，検定統計量の実現値は，$T \fallingdotseq 2.9063$

T の値が $z(0.001) = 3.08$ より大きくないので，帰無仮説を受容する．

(2) 検定統計量は，$T = \dfrac{\hat{p} - 0.4}{\sqrt{0.4(1-0.4)/10000}}$ である．

棄却域は，$T < -z(0.001) = -3.08$

いま，$\hat{p}$ の実現値は $\hat{p} = 0.38$ なので，検定統計量の実現値は，$T \fallingdotseq -4.0825$

T の値が $-z(0.001) = -3.08$ より小さいので，帰無仮説を棄却する．

練習問題 5-10

$\sigma^2 = \sigma_1^2 = \sigma_2^2$ とする．まず，

$$\frac{\overline{X} - \overline{Y} - (\mu_1 - \mu_2)}{\sqrt{\left(\dfrac{1}{m} + \dfrac{1}{n}\right) \cdot \dfrac{(m-1)S_1^2 + (n-1)S_2^2}{m+n-2}}}$$

$$= \frac{\overline{X} - \overline{Y} - (\mu_1 - \mu_2)}{\sqrt{\sigma^2\left(\dfrac{1}{m} + \dfrac{1}{n}\right)} \cdot \sqrt{\dfrac{(m-1)S_1^2 + (n-1)S_2^2}{\sigma^2(m+n-2)}}} \qquad (\star)$$

である．

ここで，$\dfrac{\overline{X} - \overline{Y} - (\mu_1 - \mu_2)}{\sqrt{\sigma^2\left(\dfrac{1}{m} + \dfrac{1}{n}\right)}} \sim \mathrm{N}(0,\ 1)$ であることと，

$$\frac{(m-1)S_1^2}{\sigma^2} \sim \chi^2(m-1),\ \frac{(n-1)S_2^2}{\sigma^2} \sim \chi^2(n-1)$$

であり，これらが独立であることから，65 ページの基本事項 7 (2) の χ^2 分布の再生性より，これらの和の分布が，

$$\frac{(m-1)S_1^2 + (n-1)S_2^2}{\sigma^2} \sim \chi^2(m+n-2)$$

であることがわかる．また，63 ページの事項 4 (3) の (iii) より，$\overline{X}$ と S_1^2 および $\overline{Y}$ と S_2^2 は独立なので，

$$\frac{\overline{X} - \overline{Y} - (\mu_1 - \mu_2)}{\sqrt{\sigma^2\left(\dfrac{1}{m} + \dfrac{1}{n}\right)}} \text{ と } \sqrt{\frac{(m-1)S_1^2 + (n-1)S_2^2}{\sigma^2(m+n-2)}}$$

は独立．よって，t 分布の定義により，

$$\frac{\overline{X}-\overline{Y}-(\mu_1-\mu_2)}{\sqrt{\sigma^2\left(\frac{1}{m}+\frac{1}{n}\right)}\cdot\sqrt{\frac{(m-1)S_1^2+(n-1)S_2^2}{\sigma^2(m+n-2)}}}$$

$\sim \mathrm{t}(m+n-2)$

したがって，($\star$) 式より，$\sigma_1^2=\sigma_2^2$ のとき，

$$\frac{\overline{X}-\overline{Y}-(\mu_1-\mu_2)}{\sqrt{(\frac{1}{m}+\frac{1}{n})\cdot\frac{(m-1)S_1^2+(n-1)S_2^2}{m+n-2}}}\sim \mathrm{t}(m+n-2)$$

練習問題 5-11

(1) 検定統計量は，$T=\dfrac{\overline{X}-\overline{Y}}{\sqrt{25/200+49/100}}$ である．

棄却域は，$|T|>z(0.005)\fallingdotseq 2.58$

いま，$\overline{X}$ の実現値は $\overline{X}=2$ で，$\overline{Y}$ の実現値は $\overline{Y}=0$ なので，検定統計量の実現値は，$T\fallingdotseq 2.5503$

$|T|\fallingdotseq 2.5503$ であり，$z(0.005)\fallingdotseq 2.58$ より大きくないので，帰無仮説を受容する．

(2) 検定統計量とその実現値は，前問と同じ．

棄却域は，$T>z(0.01)\fallingdotseq 2.33$

$T\fallingdotseq 2.5503$ は $z(0.01)\fallingdotseq 2.33$ より大きいので，帰無仮説を棄却する．

練習問題 5-12

(1) 検定統計量は，$T=\dfrac{\overline{X}-\overline{Y}}{\sqrt{\left(\frac{1}{10}+\frac{1}{20}\right)\cdot\frac{9S_1^2+19S_2^2}{28}}}$

である．

棄却域は，$|T|>t(28,\ 0.005)=2.7633$

いま，$\overline{X},\ \overline{Y},\ S_1^2,\ S_2^2$ の実現値は $\overline{X}=5,\ \overline{Y}=2,\ S_1^2=12,\ S_2^2=14$ なので，検定統計量の実現値は，$T\fallingdotseq 2.1194$

$|T|\fallingdotseq 2.1194$ は $t(28,\ 0.005)=2.7633$ より大きくないので，帰無仮説を受容する．

(2) 検定統計量とその実現値は前問と同じ．

棄却域は，$T>t(28,\ 0.01)=2.4671$

$T\fallingdotseq 2.1194$ は $t(28,\ 0.01)=2.4671$ より大きくないので，帰無仮説を受容する．

練習問題 5-13

(1) 検定統計量は，$T=\dfrac{S_1^2}{S_2^2}$ である．

棄却域は，$T>F(9,\ 9,\ 0.05)=3.18$

いま，S_1^2 の実現値は $S_1^2=16$，S_2^2 の実現値は $S_2^2=4$ なので，検定統計量の実現値は，$T=4$

$T=4$ は $F(9,\ 9,\ 0.05)=3.18$ より大きいので，帰無仮説を棄却する．

(2) 検定統計量とその実現値は前問と同じ．

棄却域は，$T>F(9,\ 9,\ 0.005)=6.54$ または $\dfrac{1}{T}>F(9,\ 9,\ 0.005)=6.54T=4$ は $F(9,\ 9,\ 0.005)=6.54$ より大きくなく，$\dfrac{1}{T}=0.25$ も $F(9,\ 9,\ 0.005)=6.54$ より大きくないので，帰無仮説を受容する．

練習問題 5-14

$p=p_1=p_2$ とすると，

$$\frac{\hat{p}_1-\hat{p}_2}{\sqrt{(\frac{1}{m}+\frac{1}{n})p^*(1-p^*)}}=\frac{\hat{p}_1-\hat{p}_2}{\sqrt{(\frac{1}{m}+\frac{1}{n})p(1-p)}}\cdot\sqrt{\frac{p(1-p)}{p^*(1-p^*)}}$$

問題の解答より，近似的に

$$\frac{\hat{p}_1-\hat{p}_2}{\sqrt{(\frac{1}{m}+\frac{1}{n})p(1-p)}}\sim \mathrm{N}(0,\ 1)$$

である．

また，$p_1=p_2=p$ より，$X_1,\ X_2,\ \ldots,\ X_m$ と $Y_1,\ Y_2,\ \ldots,\ Y_n$ は独立に同分布 $\mathrm{Be}(p)$ に従っているので，大数の法則より $p^*\fallingdotseq p$ となり，近似的に $\sqrt{\dfrac{p(1-p)}{p^*(1-p^*)}}\fallingdotseq 1$

以上より，近似的に，

$$\frac{\hat{p}_1-\hat{p}_2}{\sqrt{(\frac{1}{m}+\frac{1}{n})p^*(1-p^*)}}\sim \mathrm{N}(0,\ 1)$$

練習問題 5-15

帰無仮説は H_0：うまさに違いはない，で，対立仮説は H_1：プレイヤー1の方が上手，である．ここで，プレイヤー1の成功確率を p_1 とし，X_i を，プレイヤー1の i 回目の挑戦が成功すれば1，失敗なら0という値をとる確率変数とすると，$X_i\sim \mathrm{Be}(p_1)$ となり，プレイヤー1の挑戦結果は $X_1,\ X_2,\ \ldots,\ X_{120}$ と書ける．

同様に，プレイヤー2の成功確率を p_2 とし，Y_j を，プレイヤー2の j 回目の挑戦が成功すれば1，失敗なら0という値をとる確率変数とすると，$Y_j\sim \mathrm{Be}(p_2)$ となり，プレイヤー2の挑戦結果は $Y_1,\ Y_2,\ \ldots,\ Y_{100}$ と書ける．

すると，帰無仮説と対立仮説は，

$H_0: p_1=p_2$，$H_1: p_1>p_2$

と書きかえられる．この仮説を検定する．

$p^*=\dfrac{70+40}{120+100}=\dfrac{1}{2}$ なので，検定統計量は，

$$T=\frac{\hat{p}_1-\hat{p}_2}{\sqrt{(1/120+1/100)p^*(1-p^*)}}=\frac{\hat{p}_1-\hat{p}_2}{\sqrt{11/2400}}$$

である．

棄却域は，$T > z(0.01) \fallingdotseq 2.33$
いま，$\widehat{p}_1$ の実現値は $\widehat{p}_1 = \dfrac{7}{12}$，$\widehat{p}_2$ の実現値は $\widehat{p}_2 = \dfrac{2}{5}$ なので，$\widehat{p}_1 - \widehat{p}_2 = \dfrac{11}{60}$ 検定統計量の実現値は，$T = \dfrac{11/60}{\sqrt{11/2400}} = \dfrac{\sqrt{66}}{3} \fallingdotseq 2.7080$
T が $z(0.01) \fallingdotseq 2.33$ より大きいので，帰無仮説を棄却する．つまり，このデータはプレイヤー1の方が上手であるという説を支持する．

CHAPTER 6

練習問題 6-1

まずデータより，$\overline{x} = 1.5$ と $\overline{y} = 0.34$ を計算する．
最小二乗推定量は

$$\widehat{\beta}_1 = \frac{\sum_{i=1}^{10}(y_i - 0.34)(x_i - 1.5)}{\sum_{i=1}^{10}(x_i - 1.5)^2}, \quad \widehat{\beta}_0 = 0.34 - 1.5\widehat{\beta}_1$$

で与えられる．データの値を代入してこれを計算すると，$\sum_{i=1}^{10}(y_i - 0.34)(x_i - 1.5) = -2.06$，
$\sum_{i=1}^{10}(x_i - 1.5)^2 = 1.04$ より，
$\widehat{\beta}_1 = -\dfrac{2.06}{1.04} \fallingdotseq -1.9808$,
$\widehat{\beta}_0 \fallingdotseq 0.34 + 1.5 \times 1.9808 = 3.3112$,
回帰直線は $y \fallingdotseq 3.3112 - 1.9808x$

練習問題 6-2

(1) $\widehat{\beta}_0$, $\widehat{\beta}_1$ を165ページの練習問題6–1で求めたものとすると，残差は，
$i = 1, 2, \ldots, 10$ について，
$\widehat{e}_i = y_i - \widehat{\beta}_0 - \widehat{\beta}_1 x_i \fallingdotseq y_i - 3.3112 + 1.9808x_i$
であり，これを使って σ^2 を推定できる．σ^2 の推定値は $s_e^2 = \dfrac{1}{8}\sum_{i=1}^{10}\widehat{e}_i^2$ であった．

データより，$\sum_{i=1}^{10}\widehat{e}_i^2 \fallingdotseq 18.1436$ なので，σ^2 の推定値は，$s_e^2 \fallingdotseq 2.2680$

(2) 決定係数は $R^2 = 1 - \dfrac{\sum_{i=1}^{10}\widehat{e}_i^2}{\sum_{i=1}^{10}(y_i - \overline{y})^2}$ であり，

データより，$\sum_{i=1}^{10}(y_i - \overline{y})^2 = 22.224$ なので，

$$R^2 \fallingdotseq 1 - \frac{18.1436}{22.224} = 0.1836$$

練習問題 6-3

(1) 検定統計量は $T = \dfrac{\widehat{\beta}_1 - 0}{\sqrt{s_{\widehat{\beta}_1}^2}}$
帰無仮説のもとで $T \sim \mathrm{t}(8)$ なので，棄却域は
$T > -t(8, 0.01) = -2.8965$
まず，$s_{\widehat{\beta}_1}^2 = \dfrac{s_e^2}{\sum_{i=1}^{10}(x_i - \overline{x})^2}$ を計算する．166ページの練習問題6–2の解答より，
$s_e^2 \fallingdotseq 2.2680$ であり，165ページの問題6–1の解答の計算より，
$\sum_{i=1}^{10}(x_i - 1.5)^2 = 1.04$ なので，

$$s_{\widehat{\beta}_1}^2 = \frac{2.2680}{1.04} \fallingdotseq 2.1808$$

次に，検定統計量 T の値を計算する．
$\widehat{\beta}_1 \fallingdotseq -1.9808$ なので，
$T \fallingdotseq -\dfrac{1.9808}{\sqrt{2.1808}} \fallingdotseq -1.3413$
これは $t(8, 0.01) = -2.8965$ より大きくないので，帰無仮説を受容する．
(2) 棄却域は $|T| > t(8, 0.025) = 2.3060$
$|T| \fallingdotseq 1.3413$ はこれより大きくないので，帰無仮説を受容する．

練習問題 6-4

(1) $\widehat{\beta}_1 \fallingdotseq -1.9808$,　$t(8, 0.025) = 2.3060$,
$s_{\widehat{\beta}_1}^2 = 2.1808$　なので，β_1 の95%信頼区間は，

$$\left[-1.9808 - 2.3060\sqrt{2.1808},\quad -1.9808 + 2.3060\sqrt{2.1808}\right]$$

$\fallingdotseq [-5.3862,\quad 1.4246]$
(2) $t(8, 0.005) = 3.3554$ なので，β_1 の99%信頼区間は，

$$\left[-1.9808 - 3.3554\sqrt{2.1808},\quad -1.9808 + 3.3554\sqrt{2.1808}\right]$$

$\fallingdotseq [-6.9359,\quad 2.9743]$

練習問題 6-5

(1) 回帰直線は $y = 3.3112 - 1.9808x$
$x = 1.3$ での予測値は，それを回帰直線の式に代入して，$y = 3.3112 - 1.9808 \times 1.3 \fallingdotseq 0.7362$
(2) $x = 2.0$ での予測値は
$y = 3.3112 - 1.9808 \times 2.0 = -0.6504$

練習問題 6-6

(1) $x_0 = 1.3$, $\overline{x} = 1.5$,
$\sum_{i=1}^{10}(x_i - 1.5)^2 = 1.04$, $s_e^2 \fallingdotseq 2.2680$

$$\hat{V}(\hat{Y}_0 - Y_0) = 2.2680\left\{1 + \frac{1}{10} + \frac{(1.3-1.5)^2}{1.04}\right\}$$

$\fallingdotseq 2.5820$

$\hat{Y}_0 = 0.7362$, $t(8, 0.025) = 2.3060$

よって，$x = 1.3$ のときの 95% 信頼区間は，

$$\left[0.7362 - 2.3060\sqrt{2.5820},\quad 0.7362 + 2.3060\sqrt{2.5820}\right]$$

$\fallingdotseq [-2.9692,\quad 4.4416]$

区間幅は，$4.4416 - (-2.9692) = 7.4108$

(2) $x_0 = 2.0$,

$$\hat{V}(\hat{Y}_0 - Y_0) = 2.2680\left\{1 + \frac{1}{10} + \frac{(2.0-1.5)^2}{1.04}\right\}$$

$\fallingdotseq 3.0400$,

$\hat{Y}_0 = -0.6504$

よって，$x = 2.0$ のときの予測の 95% 信頼区間は，

$$\left[-0.6504 - 2.3060\sqrt{3.0400},\ -0.6504 + 2.3060\sqrt{3.0400}\right]$$

$\fallingdotseq [-4.6711,\quad 3.3703]$

区間幅は，$3.3703 - (-4.6711) = 8.0414$

発展問題解答

1 (I) 簡単な同時密度関数を持つ2次元の連続確率変数を使って，周辺密度関数や条件付確率などを計算する問題.

(1) $\iint_{\mathbb{R}^2} f_{X,Y}(x, y)dxdy=1$

から c を決めることができる.

$$\iint_{\mathbb{R}^2} f_{X,Y}(x, y)dxdy=\int_0^1\left(\int_0^2 c(x+y)dx\right)dy$$

$$=\int_0^1\left[c\left(\frac{x^2}{2}+xy\right)\right]_{x=0}^{x=2}dy=\int_0^1 2c(1+y)dy$$

$$=\left[2c\left(y+\frac{y^2}{2}\right)\right]_0^1=3c$$

したがって，$3c=1$ より $c=\frac{1}{3}$

(2) X のとりうる値は $0\leq X\leq 2$ なので，$0\leq x\leq 2$ 以外では $f_X(x)=0$

$0\leq x\leq 2$ のとき，

$$f_X(x)=\int_{\mathbb{R}} f_{X,Y}(x, y)dy$$

$$=\int_0^1 c(x+y)dy=\left[c\left(xy+\frac{y^2}{2}\right)\right]_{y=0}^{y=1}$$

$$=c\left(x+\frac{1}{2}\right)=\frac{x}{3}+\frac{1}{6}$$

したがって，$f_X(x)=\begin{cases}\dfrac{x}{3}+\dfrac{1}{6}, & 0\leq x\leq 2\\ 0, & \text{その他}\end{cases}$

(3) $0\leq y\leq 1$ のとき，

$$f_Y(y)=\int_{\mathbb{R}} f_{X,Y}(x, y)dx=\int_0^2\frac{1}{3}(x+y)dx$$

$$=\left[\frac{1}{3}\left(\frac{x^2}{2}+xy\right)\right]_{x=0}^{x=2}=\frac{2}{3}(1+y)$$

であり，それ以外の y については $f_Y(y)=0$

したがって，

$$f_Y(y)=\begin{cases}\dfrac{2}{3}(1+y), & 0\leq y\leq 1\text{ のとき}\\ 0, & \text{その他}\end{cases}$$

(4) $P(X\leq 1, Y\leq 1/2)=\int_0^{1/2}\int_0^1\frac{1}{3}(x+y)dxdy$

$$=\int_0^{1/2}\frac{1}{3}\left[\frac{x^2}{2}+xy\right]_{x=0}^{x=1}dy=\int_0^{1/2}\left(\frac{1}{6}+\frac{y}{3}\right)dy$$

$$=\left[\frac{y}{6}+\frac{y^2}{6}\right]_{y=0}^{y=1/2}=\frac{1}{8}$$

(5)

$$P(Y\leq 1/2)=\int_0^{1/2} f_Y(y)dy=\int_0^{1/2}\frac{2}{3}(1+y)dy$$

$$=\left[\frac{2}{3}\left(y+\frac{y^2}{2}\right)\right]_0^{1/2}=\frac{5}{12}$$

(6) $P(X\leq 1|Y\leq 1/2)=\dfrac{P(X\leq 1, Y\leq 1/2)}{P(Y\leq 1/2)}$

$$=\frac{\frac{1}{8}}{\frac{5}{12}}=\frac{3}{10}$$

(II) (1) $E[X]=\int_0^2 xf_X(x)dx$

$$=\int_0^2\left(\frac{x^2}{3}+\frac{x}{6}\right)dx=\left[\frac{x^3}{9}+\frac{x^2}{12}\right]_0^2=\frac{11}{9}$$

(2) $E[X^2]=\int_0^2 x^2 f_X(x)dx$

$$=\int_0^2\left(\frac{x^3}{3}+\frac{x^2}{6}\right)dx=\left[\frac{x^4}{12}+\frac{x^3}{18}\right]_0^2=\frac{16}{9}$$

なので，

$$V(X)=E[X^2]-(E[X])^2=\frac{16}{9}-\left(\frac{11}{9}\right)^2=\frac{23}{81}$$

(3) $E[Y]=\int_0^1 yf_Y(y)dy=\int_0^1\frac{2}{3}(y+y^2)dy$

$$=\left[\frac{2}{3}\left(\frac{y^2}{2}+\frac{y^3}{3}\right)\right]_0^1=\frac{5}{9}$$

(4) $E[Y^2]=\int_0^1 y^2 f_Y(y)dy=\int_0^1\frac{2}{3}(y^2+y^3)dy$

$$=\left[\frac{2}{3}\left(\frac{y^3}{3}+\frac{y^4}{4}\right)\right]_0^1=\frac{7}{18}$$

なので，

$$V(Y)=E[Y^2]-(E[Y])^2=\frac{7}{18}-\left(\frac{5}{9}\right)^2=\frac{13}{162}$$

(III) 同時密度関数を持つ2次元の連続確率変数を使って，条件付密度関数と条件付確率を計算する問題．条件付密度関数は

$$f_{Y|X}(y|x)=\frac{\partial}{\partial y}P(Y\leq y|X=x)$$

なので，逆に，

$$P(Y\leq y|X=x)=\int_{-\infty}^{y} f_{Y|X}(t|x)dt$$

と計算できる.

(1) $f_X(x)>0$ なのは $0\leq x\leq 2$ だけなので，それ以外の x については条件付密度関数 $f_{Y|X}(y|x)$ は定義されない.

$0\leq x\leq 2$ のとき，

$$f_{Y|X}(y|x)=\frac{f_{X,Y}(x, y)}{f_X(x)}$$

$$=\begin{cases}\dfrac{\frac{1}{3}(x+y)}{\frac{x}{3}+\frac{1}{6}}=\dfrac{2(x+y)}{2x+1}, & 0\leq y\leq 1\text{ のとき}\\ 0, & \text{yがその他の値のとき}\end{cases}$$

(2) $P\left(Y \leq \frac{1}{2} \middle| X=1\right)$

$$=\int_{-\infty}^{1/2} f_{Y|X}(y|1)dy$$

$$=\int_0^{1/2} \frac{2(1+y)}{3}dy$$

$$=\frac{2}{3}\left[y+\frac{y^2}{2}\right]_0^{1/2}$$

$$=\frac{5}{12}$$

(3) $0 \leq y \leq 1$以外では$f_Y(y)=0$なので，$f_{X|Y}(x|y)$は定義されない．$0 \leq y \leq 1$のとき，

$$f_{X|Y}(x|y)=\frac{f_{X,Y}(x,y)}{f_Y(y)}$$

$$=\frac{\frac{1}{3}(x+y)}{\frac{2}{3}(1+y)}$$

$$=\begin{cases} \dfrac{x+y}{2(1+y)}, & 0 \leq x \leq 2 \text{のとき} \\ 0, & x \text{がその他の値のとき} \end{cases}$$

(4) $P(X \leq 1|Y=1/2)$

$$=\int_0^1 f_{X|Y}(x|1/2)dx$$

$$=\int_0^1 \frac{x+1/2}{3}dx$$

$$=\frac{1}{3}\left[\frac{x^2}{2}+\frac{x}{2}\right]_0^1$$

$$=\frac{1}{3}$$

(IV) 2次元の連続確率変数について，同時密度関数から共分散と相関係数を計算する問題．

(1) $E[XY]=\iint_{\mathbb{R}^2} xyf_{X,Y}(x,y)dxdy$

$$=\int_0^1\int_0^2 \frac{1}{3}(x^2y+xy^2)dxdy$$

$$=\int_0^1 \frac{1}{3}\left[\frac{x^3y}{3}+\frac{x^2y^2}{2}\right]_{x=0}^{x=2}dy$$

$$=\int_0^1\left(\frac{8}{9}y+\frac{2}{3}y^2\right)dy=\left[\frac{4}{9}y^2+\frac{2}{9}y^3\right]_{y=0}^{y=1}=\frac{2}{3}$$

(2) $Cov(X,Y)=E[XY]-E[X]E[Y]$

$$=\frac{2}{3}-\frac{11}{9}\cdot\frac{5}{9}=-\frac{1}{81}$$

(3) $Cov(2X+Y,3Y+1)$

$$=E[(2X+Y-E[2X+Y])(3Y+1-E[3Y+1])]$$

$$=E[\{2(X-E[X])+Y-E[Y]\}\cdot 3(Y-E[Y])]$$

$$=6E[(X-E[X])(Y-E[Y])]+3E[(Y-E[Y])^2]$$

$$=6Cov(X,Y)+3V(Y)=6\cdot\left(-\frac{1}{81}\right)+3\cdot\frac{13}{162}=\frac{1}{6}$$

あるいは，

$$Cov(2X+Y,3Y+1)$$

$$=Cov(2X+Y,3Y)+Cov(2X+Y,1)$$

$$=Cov(2X+Y,3Y)=Cov(2X,3Y)+Cov(Y,3Y)$$

$=6Cov(X,Y)+3V(Y)$　と考えてもよい．

(4) $\rho(X,Y)=\dfrac{Cov(X,Y)}{\sqrt{V(X)V(Y)}}$

$$=\frac{-\frac{1}{81}}{\sqrt{\frac{23}{81}\cdot\frac{13}{162}}}$$

$$=-\sqrt{\frac{2}{199}}$$

2 (1) 独立．　…(答)

(2) 独立でない．　…(答)

密度関数の定義域が$0<x<y<\infty$ということは，X, Yのとる値の範囲は互いに影響しあっているので，独立でない．

もちろん，それぞれの周辺密度関数を計算し，同時密度関数がその積になっていないことを確認してもよい．

3 (I) (1) $E[X]$

$$=P(X=1)+2P(X=2)+3P(X=3)+\cdots$$

$$\begin{aligned}=P(X=1)\ &+P(X=2)\ +P(X=3)+\cdots\\ &+P(X=2)\ +P(X=3)+\cdots\\ &\qquad\qquad\quad\ +P(X=3)+\cdots\end{aligned}$$

$$\begin{aligned}=P(X\geq 1)&\\ &+P(X\geq 2)\\ &\qquad\quad +P(X\geq 3)\\ &\qquad\qquad\ \vdots\end{aligned}$$

したがって，　$E[X]=\sum_{i=1}^{\infty}P(X\geq i)$　がわかる．

また，

$$\sum_{i=1}^{\infty}P(X\geq i)=\sum_{i=1}^{\infty}\sum_{k=i}^{\infty}P(X=k)$$

$$=\sum_{k=1}^{\infty}\sum_{i=1}^{k}P(X=k)=\sum_{k=1}^{\infty}kP(X=k)=E[X]$$

でもわかる．

(2) $\sum_{i=1}^{\infty}\sum_{j=1}^{\infty}P(X\geq i, Y\geq j)$

$$=\sum_{i=1}^{\infty}\sum_{j=1}^{\infty}\sum_{k=i}^{\infty}\sum_{l=j}^{\infty}P(X=k, Y=l)$$

$$=\sum_{i=1}^{\infty}\sum_{j=1}^{\infty}\sum_{k=1}^{\infty}\sum_{l=1}^{\infty}\mathbb{I}(1\leq i\leq k<\infty)\mathbb{I}(1\leq j\leq l<\infty)$$

$P(X=k, Y=l)$

$= \sum_{k=1}^{\infty}\sum_{l=1}^{\infty}\sum_{i=1}^{\infty}\sum_{j=1}^{\infty}\mathbb{I}(1\le i\le k<\infty)\mathbb{I}(1\le j\le l<\infty)$

$P(X=k, Y=l)$

$= \sum_{k=1}^{\infty}\sum_{l=1}^{\infty}\sum_{i=1}^{k}\sum_{j=1}^{l}P(X=k, Y=l) = \sum_{k=1}^{\infty}\sum_{l=1}^{\infty}klP(X=$
$k, Y=l)=E[XY]$

(II) (1) $\int_0^{\infty}P(X>x)dx=\int_0^{\infty}\int_x^{\infty}f_X(t)dtdx$

$=\int_0^{\infty}\int_0^{t}f_X(t)dxdt=\int_0^{\infty}tf_X(t)dt=E[X]$

(2) $\int_0^{\infty}\int_0^{\infty}P(X>x, Y>y)dxdy$

$=\int_0^{\infty}\int_0^{\infty}\left(\int_x^{\infty}\int_y^{\infty}f_{X,Y}(s,t)dtds\right)dxdy$

$=\int_0^{\infty}\int_0^{\infty}\left(\int_0^{\infty}\int_0^{\infty}\mathbb{I}(0\le x\le s<\infty)\mathbb{I}(0\le y\le\right.$
$\left.t<\infty)f_{X,Y}(s,t)dtds\right)dxdy$

$=\int_0^{\infty}\int_0^{\infty}\left(\int_0^{\infty}\int_0^{\infty}\mathbb{I}(0\le x\le s<\infty)\mathbb{I}(0\le y\le\right.$
$\left.t<\infty)f_{X,Y}(s,t)dxdy\right)dtds$

$=\int_0^{\infty}\int_0^{\infty}\left(\int_0^{t}\int_0^{s}dxdy\right)f_{X,Y}(s,t)dtds$

$=\int_0^{\infty}\int_0^{\infty}stf_{X,Y}(s,t)dtds=E[XY]$

(III) (1) $P(T_n\fallingdotseq 6$ の倍数) の方が簡単に求まるので，それを1から引いて答を求める．

$\{T_n=6$ の倍数$\}=\{T_n=2$ の倍数$\cap T_n=3$ の倍数$\}$ より

$\{T_n\fallingdotseq 6$ の倍数$\}=\{T_n\fallingdotseq 2$ の倍数$\cup T_n\fallingdotseq 3$ の倍数$\}$ なので，

$P(T_n\fallingdotseq 6$ の倍数$)$

$=P(T_n\fallingdotseq 2$ の倍数$\cup T_n\fallingdotseq 3$ の倍数$)$

$=P(T_n\fallingdotseq 2$ の倍数$)+P(T_n\fallingdotseq 3$ の倍数$)$

$\quad -P(T_n\fallingdotseq 2$ の倍数$\cap T_n\fallingdotseq 3$ の倍数$)$

$=P(n$ 回すべて 1, 3, 5 のどれか$)$

$\quad +P(n$ 回すべて 1, 2, 4, 5 のどれか$)$

$\quad -P(n$ 回すべて 1, 5 のどちらか$)$

$=\left(\frac{1}{2}\right)^n+\left(\frac{2}{3}\right)^n-\left(\frac{1}{3}\right)^n$

よって，

$P(T_n=6$ の倍数$)=1-P(T_n\fallingdotseq 6$ の倍数$)=1-$
$\left(\frac{1}{2}\right)^n+\left(\frac{2}{3}\right)^n-\left(\frac{1}{3}\right)^n$

(2) ある T_m が6の倍数ならそれ以降の T_i, $i\ge m$ はすべて6の倍数であることに注意すると，

$\{L\ge k\}=\{T_1, \ldots, T_{k-1}$ は6の倍数でない$\}=\{T_{k-1}\fallingdotseq 6$ の倍数$\}$ がわかる．したがって，$k=1, 2, \ldots$ について，

$P(L\ge k)=P(T_{k-1}\fallingdotseq 6$ の倍数$)$

$=\left(\frac{1}{2}\right)^{k-1}+\left(\frac{2}{3}\right)^{k-1}-\left(\frac{1}{3}\right)^{k-1}$

T_0 は定義されていないが，上の式は $k=1$ でも成り立つ．

(3)（解法1）

$E[L]=\sum_{k=1}^{\infty}P(L\ge k)$

$=\sum_{k=1}^{\infty}\left\{\left(\frac{1}{2}\right)^{k-1}+\left(\frac{2}{3}\right)^{k-1}-\left(\frac{1}{3}\right)^{k-1}\right\}$

$=\frac{1}{1-\frac{1}{2}}+\frac{1}{1-\frac{2}{3}}-\frac{1}{1-\frac{1}{3}}=2+3-\frac{3}{2}=\frac{7}{2}$

（解法2）

$\sum_{k=0}^{\infty}x^k=\frac{1}{1-x}$, $|x|<1$ の両辺を微分して，$\sum_{k=1}^{\infty}kx^{k-1}=$
$\frac{1}{(1-x)^2}$, $|x|<1$.

$P(L=k)=P(L\ge k)-P(L\ge k+1)$

$=\frac{1}{2}(1/2)^{k-1}+\frac{1}{3}(2/3)^{k-1}-\frac{2}{3}(1/3)^{k-1}$ より，

$E[L]=\sum_{k=1}^{\infty}kP(L=k)$

$=\frac{1}{2}\sum_{k=1}^{\infty}k\left(\frac{1}{2}\right)^{k-1}+\frac{1}{3}\sum_{k=1}^{\infty}k\left(\frac{2}{3}\right)^{k-1}$

$\quad -\frac{2}{3}\sum_{k=1}^{\infty}k\left(\frac{1}{3}\right)^{k-1}$

$=\frac{1}{2}\frac{1}{(1-\frac{1}{2})^2}+\frac{1}{3}\frac{1}{(1-\frac{2}{3})^2}-\frac{2}{3}\frac{1}{(1-\frac{1}{3})^2}$

$=2+3-\frac{3}{2}=\frac{7}{2}$

4 (1) $E[X|X\ge 100]=\frac{E[X1_{\{X\ge 100\}}]}{P(X\ge 100)}$

ここで，

$E[X\cdot 1_{\{X\ge 100\}}]=\sum_{k=0}^{\infty}k\cdot 1_{\{k\ge 100\}}P(X=k)$

$=\sum_{k=100}^{\infty}k(1-p)^kp$

$=\sum_{k=100}^{\infty}(k-100)(1-p)^kp+100\sum_{k=100}^{\infty}(1-p)^kp$

$=(1-p)^{100}\sum_{l=0}^{\infty}l(1-p)^lp+100\sum_{k=100}^{\infty}P(X=k)$

$= P(X \geq 100)E[X] + 100P(X \geq 100)$

ただし，最後から2つ目の等号では $l = k - 100$ と変数変換した．

よって, $E[X|X \geq 100] = 100 + E[X] = 100 + \dfrac{1-p}{p}$

(2) $E[X|Y \leq 3] = \dfrac{E[X1_{\{Y \leq 3\}}]}{P(Y \leq 3)}$

ここで，

$E[X \cdot 1_{\{Y \leq 3\}}] = \sum_{i=1}^{9}\sum_{j=1}^{9} i \cdot 1_{\{j \leq 3\}} c(i+j)$

$= c\sum_{i=1}^{9}\sum_{j=1}^{3} i(i+j) = c\sum_{i=1}^{9}(3i^2 + 6i)$

$= c(3 \cdot \dfrac{9 \cdot 10 \cdot 19}{6} + 6 \cdot \dfrac{9 \cdot 10}{2}) = 1125c,$

$P(Y \leq 3) = \sum_{i=1}^{9}\sum_{j=1}^{3} c(i+j)$

$= c\sum_{i=1}^{9}(3i + 6) = c(3 \cdot 45 + 6 \cdot 9) = 189c$

よって $E[X|Y \leq 3] = \dfrac{1125c}{189c} = \dfrac{43}{7}$

(3) $E[X|X > \frac{1}{3}] = \dfrac{E[X \cdot 1_{\{X > \frac{1}{3}\}}]}{P(X > \frac{1}{3})}$

ここで，

$E[X1_{\{X > \frac{1}{3}\}}] = \int_0^1 x \cdot 1_{\{x > \frac{1}{3}\}} dx$

$= \int_{\frac{1}{3}}^{1} x dx = [\dfrac{x^2}{2}]_{\frac{1}{3}}^{1} = \dfrac{4}{9}$

よって　$E[X|X > \frac{1}{3}] = \dfrac{\frac{4}{9}}{\frac{2}{3}} = \dfrac{2}{3}$

$E[X|X > \frac{1}{3}]$が$(\frac{1}{3}, 1)$の中心 $\frac{2}{3}$ であることは直感的にもわかる．

(4) $E[X|Y \leq \frac{1}{2}] = \dfrac{E[X \cdot 1_{\{Y \leq \frac{1}{2}\}}]}{P(Y \leq \frac{1}{2})}$

ここで，

$E[X \cdot 1_{\{Y \leq \frac{1}{2}\}}] = \int_0^1\int_0^1 x \cdot 1_{\{y \leq \frac{1}{2}\}}(x+y)dxdy$

$= \int_0^{\frac{1}{2}}\int_0^1 (x^2 + xy)dxdy = \int_0^{\frac{1}{2}}(\dfrac{1}{3} + \dfrac{1}{2}y)dy$

$= \dfrac{1}{3} \cdot \dfrac{1}{2} + \dfrac{1}{2} \cdot \dfrac{1}{8} = \dfrac{11}{48},$

$P(Y \leq \frac{1}{2}) = \int_0^{\frac{1}{2}}\int_0^1 (x+y)dxdy$

$= \int_0^{\frac{1}{2}}(\dfrac{1}{2} + y)dy = \dfrac{1}{2} \cdot \dfrac{1}{2} + \dfrac{1}{8} = \dfrac{3}{8}$

よって $E[X|Y \leq \frac{1}{2}] = \dfrac{11/48}{3/8} = \dfrac{11}{18}$

(5) $X = 0$ と $X \neq 0$ のどちらか一方は必ず成り立つので，$1_{\{X=0\}} + 1_{\{X \neq 0\}} = 1$ に注意すると，

$E[X] = E[X \cdot 1_{\{X=0\}}] + E[X \cdot 1_{\{X \neq 0\}}]$

が成り立ち，したがって，

$E[X] = E[X|X=0]P(X=0)$

$+ E[X|X \neq 0]P(X \neq 0)$

が成り立つ．$E[X|X=0] = 0$ なので，

$E[X] = 0 + E[X|X \neq 0](1 - p_0)$

よって $E[X|X \neq 0] = \dfrac{E[X]}{1 - p_0} = \dfrac{\mu}{1 - p_0}$

同じように考えると

$E[X^2] = E[X^2|X=0]P(X=0) + E[X^2|X \neq 0]$

$P(X \neq 0) = E[X^2|X \neq 0](1 - p_0)$

がわかり，$E[X^2|X \neq 0] = \dfrac{E[X^2]}{1 - p_0} = \dfrac{\sigma^2 + \mu^2}{1 - p_0}$

よって，

$V(X|X \neq 0) = E[X^2|X \neq 0] - (E[X|X \neq 0])^2$

$= \dfrac{\sigma^2 + \mu^2}{1 - p_0} - (\dfrac{\mu}{1 - p_0})^2 = \dfrac{(1 - p_0)\sigma^2 - p_0\mu^2}{(1 - p_0)^2}$

5 (1) $P(X = k|X + Y = m)$

$= \dfrac{P(X = k \cap X + Y = m)}{P(X + Y = m)}$

$= \dfrac{P(X = k \cap Y = m - k)}{P(X + Y = m)}$

$= \dfrac{P(X = k)P(Y = m - k)}{P(X + Y = m)}$

$= \dfrac{e^{-\lambda}\dfrac{\lambda^k}{k!}e^{-\mu}\dfrac{\mu^{m-k}}{(m-k)!}}{e^{-(\lambda+\mu)}\dfrac{(\lambda+\mu)^m}{m!}}$

$= \dfrac{m!}{k!(m-k)!} \cdot \dfrac{\lambda^k \mu^{m-k}}{(\lambda+\mu)^m}$

$= \binom{m}{k}(\dfrac{\lambda}{\lambda+\mu})^k(\dfrac{\mu}{\lambda+\mu})^{m-k}$

(2) まず，$X + Y = m$ のときに X のとりうる値を考える．$X \sim \mathrm{B}(n, p)$ より，$0 \leq X \leq n$ である．さらに，$X + Y = m$ より，$X \leq m$ である．したがって，$0 \leq X \leq \min(n, m)$ である．よって，$k = 0, 1, 2, \ldots, \min(n, m)$ 以外では，$P(X = k|X + Y = m) = 0$

$k = 0, 1, 2, \ldots, \min(n, m)$ のとき, $X + Y \sim \mathrm{B}(2n, p)$ に注意すると，

$P(X = k|X + Y = m) = \dfrac{P(X = k \cap X + Y = m)}{P(X + Y = m)}$

$= \dfrac{P(X = k \cap Y = m - k)}{P(X + Y = m)}$

$= \dfrac{P(X = k)P(Y = m - k)}{P(X + Y = m)}$

$= \dfrac{\binom{n}{k}p^k(1-p)^{n-k}\binom{n}{m-k}p^{m-k}(1-p)^{n-m+k}}{\binom{2n}{m}p^m(1-p)^{2n-m}}$

$$=\frac{\binom{n}{k}\binom{n}{m-k}}{\binom{2n}{m}}$$

したがって,　$P(X=k|X+Y=m)$

$$=\begin{cases}\dfrac{\binom{n}{k}\binom{n}{m-k}}{\binom{2n}{m}}, & k=0,\ 1,\ 2,\ \ldots,\ \min(n,\ m)\text{ のとき}\\ 0, & \text{その他}\end{cases}$$

これは,(後で出てくる)超幾何分布の確率関数と同じ.つまり,$X+Y=m$という条件のもとでXの分布は超幾何分布$\mathrm{HG}(2n,\ n,\ m)$だということ.

(3) $f_Y(a)=\int_0^\infty f_{X,Y}(x,\ a)dx=\frac{e^{-y}}{y}\int_0^\infty e^{-\frac{x}{y}}dx=\frac{e^{-y}}{y}[-ye^{-\frac{x}{y}}]_0^\infty=e^{-y}$　なので,

$$f_{X|Y}(x|a)=\frac{f_{X,Y}(x,\ a)}{f_Y(a)}$$

$$=\begin{cases}\dfrac{e^{-\frac{x}{a}}e^{-a}}{ae^{-a}}=\dfrac{e^{-\frac{x}{a}}}{a}, & 0<x<\infty\\ 0, & (\text{その他})\end{cases}$$

(4) $f_Y(a)=\int_{-\infty}^\infty f_{X,Y}(x,\ a)dx$

$=\frac{12}{5}\int_0^1 x(2-x-a)dx$

$=\frac{12}{5}\int_0^1((2-a)x-x^2)dx$

$=\frac{12}{5}\left[\frac{2-a}{2}x^2-\frac{1}{3}x^3\right]_0^1$

$=\frac{2}{5}(3(2-a)-2)$,

$$f_{X|Y}(x|a)=\frac{f_{X,Y}(x,\ a)}{f_Y(a)}=\frac{6x(2-x-a)}{3(2-a)-2}$$

6 (1) $X+Y=m$の条件のもとでXの分布は$\mathrm{B}(m,\ \frac{\lambda}{\lambda+\mu})$なので,$E[X|X+Y=m]=(\mathrm{B}(m,\ \frac{\lambda}{\lambda+\mu})\text{の期待値})=\frac{m\lambda}{\lambda+\mu}$

(2) 前問の解答で注意したように,$X+Y=m$という条件のもとでXの分布は(後で出てくる)超幾何分布$\mathrm{HG}(2n,\ n,\ m)$である.したがって,超幾何分布の期待値の計算結果より,

$E[X|X+Y=m]=\frac{mn}{2n}=\frac{m}{2}$

(3) 前問(3)より,$f_{X|Y}(x|a)=\frac{e^{-\frac{x}{a}}}{a},\ 0<x<\infty$に注意.$E[X|Y=a]=\int_{-\infty}^\infty xf_{X|Y}(x|a)dx$

$=\int_0^\infty xe^{-\frac{x}{a}}\frac{1}{a}dx=\int_0^\infty ate^{-t}dt=a[-e^{-t}(t+1)]_0^\infty=a$

ただし,$t=\frac{x}{a}$と置換積分した.

(4) 前問(4)より,

$f_{X|Y}(x|a)=\frac{6x(2-x-a)}{3(2-a)-2}$　に注意.

(ア) $E[X|Y=a]=\int_{-\infty}^\infty xf_{X|Y}(x|a)dx$

$=\frac{6}{3(2-a)-2}\int_0^1 x^2(2-x-a)dx$

$=\frac{6}{3(2-a)-2}\int_0^1((2-a)x^2-x^3)dx$

$=\frac{6}{3(2-a)-2}[\frac{2-a}{3}x^3-\frac{1}{4}x^4]_0^1$

$=\frac{6}{3(2-a)-2}(\frac{2-a}{3}-\frac{1}{4})$

$=\frac{4(2-a)-3}{6(2-a)-4}=\frac{5-4a}{8-6a}$

(イ) $E[\frac{1}{X}|Y=a]$

$=\int_{-\infty}^\infty\frac{1}{x}f_{X|Y}(x|a)dx$

$=\frac{6}{3(2-a)-2}\int_0^1(2-x-a)dx$

$=\frac{6}{3(2-a)-2}[(2-a)x-\frac{x^2}{2}]_0^1$

$=\frac{6}{3(2-a)-2}(2-a-\frac{1}{2})$

$=\frac{6(2-a)-3}{3(2-a)-2}=\frac{9-6a}{4-3a}$

7 (I) (1) 全確率の法則より,

$P(X>Y)=\int_0^\infty P(X>Y|Y=y)f_Y(y)dy$　(♠)

ここで,$P(X>Y|Y=y)$は$Y=y$のときに$X>Y$となる確率なので,それは$P(X>y|Y=y)$に等しい.また,$\{X>y\}$はXだけについての事象,$\{Y=y\}$はYだけについての事象なので,これらは独立.したがって,$P(X>Y|Y=y)=P(X>y|Y=y)=P(X>y)$.よって,

(♠)$=\int_0^\infty P(X>y)f_Y(y)dy$

$=\int_0^\infty e^{-\lambda y}f_Y(y)dy=E[e^{-\lambda Y}]$

(2) $P(X>Y+t|X>Y)$

$=\frac{P(X>Y+t\cap X>Y)}{P(X>Y)}=\frac{P(X>Y+t)}{P(X>Y)}$

$$=\frac{\int_0^\infty P(X>Y+t|Y=y)f_Y(y)dy}{\int_0^\infty P(X>Y|Y=y)f_Y(y)dy}$$

$$=\frac{\int_0^\infty P(X>y+t)f_Y(y)dy}{\int_0^\infty P(X>y)f_Y(y)dy}$$

$$=\frac{\int_0^\infty e^{-\lambda(y+t)}f_Y(y)dy}{\int_0^\infty e^{-\lambda y}f_Y(y)dy}$$

$$=e^{-\lambda t}\frac{\int_0^\infty e^{-\lambda y}f_Y(y)dy}{\int_0^\infty e^{-\lambda y}f_Y(y)dy}=e^{-\lambda t}=P(X>t)$$

(II) (1) $P((X-Y)^+=0)=P(Y\geq X)$
であるが，全確率の法則により，

$$P(Y\geq X)=\int_0^\infty P(Y\geq X|X=x)f_X(x)dx$$

ここで，$P(Y\geq X|X=x)=P(Y\geq x|X=x)$ であるが，$\{Y\geq x\}$ は Y だけについての事象，$\{X=x\}$ は X だけについての事象なので，これらは独立．したがって，$P(Y\geq X|X=x)=P(Y\geq x|X=x)=P(Y\geq x)$．よって，

$$\int_0^\infty P(Y\geq X|X=x)f_X(x)dx$$
$$=\int_0^\infty P(Y\geq x)f_X(x)dx=\int_0^\infty e^{-\mu x}\cdot\lambda e^{-\lambda x}dx$$
$$=\lambda\int_0^\infty e^{-(\lambda+\mu)x}dx=\frac{\lambda}{\lambda+\mu}$$

(2) $\mu>0$ なので，

$$P((X-Y)^+>s)=P(X-Y>s)=P(X>Y+s)$$

全確率の法則により，

$$P(X>Y+s)=\int_0^\infty P(X>Y+s|Y=y)f_Y(y)dy$$

ここで，$P(X>Y+s|Y=y)=P(X>y+s|Y=y)$ であるが，前問と同じように $\{X>y+s\}$ は X だけについての事象，$\{Y=y\}$ は Y だけについての事象なので，これらは独立．したがって，$P(X>Y+s|Y=y)=P(X>y+s|Y=y)=P(X>Y+s)$
よって，

$$\int_0^\infty P(X>Y+s|Y=y)f_Y(y)dy$$
$$=\int_0^\infty P(X>y+s)f_Y(y)dy$$
$$=\int_0^\infty e^{-\lambda(y+s)}\cdot\mu e^{-\mu y}dy$$
$$=\mu e^{-\lambda s}\int_0^\infty e^{-(\lambda+\mu)y}dy=\frac{\mu}{\lambda+\mu}e^{-\lambda s}$$

(3) 全確率の法則により，

$$P(X\leq t<X+Y)$$
$$=\int_0^\infty P(X\leq t<X+Y|X=x)f_X(x)dx$$
$$=\int_0^\infty P(x\leq t<x+Y|X=x)f_X(x)dx$$
$$=\int_0^\infty P(x\leq t<x+Y)f_X(x)dx$$

ここで，$x>t$ なら $P(x\leq t<x+Y)=0$ なので，積分範囲は $x\leq t$ でよく，そのときは，

$$P(x\leq t<x+Y)=P(t<x+Y)=P(Y>t-x)$$
$$=e^{-\mu(t-x)}$$ なので，

$$\int_0^\infty P(x\leq t<x+Y)f_X(x)dx$$
$$=\int_0^t P(x\leq t<x+Y)f_X(x)dx$$
$$=\int_0^t e^{-\mu(t-x)}\cdot\lambda e^{-\lambda x}dx$$
$$=\lambda e^{-\mu t}\int_0^t e^{(\mu-\lambda)x}dx$$

これより，$\lambda=\mu$ のとき，

$$P(X\leq t<X+Y)=\lambda e^{-\lambda t}\int_0^t e^0dx=\lambda te^{-\lambda t}$$

$\lambda\neq\mu$ のとき，

$$P(X\leq t<X+Y)=\lambda e^{-\mu t}\int_0^t e^{(\mu-\lambda)x}dx$$
$$=\frac{\lambda}{\mu-\lambda}e^{-\mu t}[e^{(\mu-\lambda)x}]_0^t=\frac{\lambda}{\mu-\lambda}(e^{-\lambda t}-e^{-\mu t})$$

したがって，

$$P(X\leq t<X+Y)=$$
$$\begin{cases}\lambda te^{-\lambda t} & (\lambda=\mu\text{ のとき})\\ \dfrac{\lambda}{\mu-\lambda}(e^{-\lambda t}-e^{-\mu t}) & (\lambda\neq\mu\text{ のとき})\end{cases}$$

8 (1) $M_S(t)=E[e^{tS}]=E[e^{t\sum_{i=1}^N X_i}]$

$$=\sum_{n=0}^\infty E[e^{t\sum_{i=1}^N X_i}|N=n]P(N=n)$$
$$=\sum_{n=0}^\infty E[e^{t\sum_{i=1}^n X_i}|N=n]P(N=n)$$
$$=\sum_{n=0}^\infty E[e^{t\sum_{i=1}^n X_i}]P(N=n)$$
$$=\sum_{n=0}^\infty\left(\prod_{i=1}^n E[e^{tX_i}]\right)P(N=n)$$
$$=\sum_{n=0}^\infty\left(\prod_{i=1}^n M_X(t)\right)P(N=n)$$
$$=\sum_{n=0}^\infty M_X(t)^nP(N=n)=E[M_X(t)^N]$$

(2) $M'_S(t)=E[NM_X(t)^{N-1}]M'_X(t)$，
$M''_S(t)=E[N(N-1)M_X(t)^{N-2}](M'_X(t))^2$
$+E[NM_X(t)^{N-1}]M''_X(t)$ より，
$E[S]=M'_S(0)=E[NM_X(0)^{N-1}]M'_X(0)$
$=E[N\cdot 1^{N-1}]E[X_1]=E[N]E[X_1]$，
$E[S^2]=M''_S(0)=E[N(N-1)M_X(0)^{N-2}]$
$(M'_X(0))^2+E[NM_X(0)^{N-1}]M''_X(0)$
$=E[N(N-1)](E[X_1])^2+E[N]E[X_1^2]$，
$V(S)=E[S^2]-(E[S])^2=E[N(N-1)](E[X_1])^2$
$+E[N]E[X_1^2]-(E[N])^2(E[X_1])^2$
$=(E[N^2]-(E[N])^2)(E[X_1])^2+E[N](E[X_1^2]$
$-(E[X_1])^2)=V(N)(E[X_1])^2+E[N]V(X_1)$

9 (1) $E[S_1]=E[S_1|X_1=1]P(X_1=1)+$
$E[S_1|X_1=0]P(X_1=0)=E[S_1|X_1=1]p$
$+E[S_1|X_1=0](1-p)$ (♠)

ここで，$E[S_1|X_1=1]$ とは，1つ目の数字が1であるときの最初の連（1の連）の長さの期待値だが，それは最初の1と，2回目から始めて最初に0が出るまでの1の個数の期待値なので，

$E[S_1|X_1=1]=1+E$[2回目から始めて最初に0が出るまでの1の個数]$=1+\dfrac{p}{1-p}=\dfrac{1}{1-p}$

同様に，

$E[S_1|X_1=0]=1+E$[2回目から始めて最初に1が出るまでの0の個数]$=1+\dfrac{1-p}{p}=\dfrac{1}{p}$

よって，(♠)より，

$E[S_1]=E[S_1|X_1=1]p+E[S_1|X_1=0](1-p)=\dfrac{p}{1-p}+\dfrac{1-p}{p}$

(2) $E[S_2]=E[S_2|X_1=1]p+E[S_2|X_1=0](1-p)$ (♣)

において，$E[S_2|X_1=1]$は1つ目の数字が1のときの2つ目の連の長さの期待値だが，それは初めて0が出た後，その次に1が出るまでの0の個数の期待値なので，

$E[S_2|X_1=1]=1+E$[0が出た後に初めて1が出るまでの0の個数]$=1+\dfrac{1-p}{p}=\dfrac{1}{p}$

同様に，

$E[S_2|X_1=0]=1+E$[1が出た後に初めて0が出るまでの1の個数]$=1+\dfrac{p}{1-p}=\dfrac{1}{1-p}$

よって，(♣)より，

$E[S_2]=\dfrac{1}{p}p+\dfrac{1}{1-p}(1-p)=2$

(3) 問題の事象を

$A=\{$長さ2以上の1の連が長さ2以上の0の連よりも先に現れる$\}$

とすると，この確率を最初の数字で条件づけることで，

$P(A)=P(A|X_1=1)P(X_1=1)+P(A|X_1=0)P(X_1=0)=P(A|X_1=1)p+P(A|X_1=0)(1-p)$ (◇)

(i) まず，$P(A|X_1=1)$について，

$P(A|X_1=1)=P(A\cap X_2=1|X_1=1)+P(A\cap X_2=0|X_1=1)$

$=P(A|X_1=1, X_2=1)P(X_2=1|X_1=1)+P(A|X_1=1, X_2=0)P(X_2=0|X_1=1)$

$=P(A|X_1=1, X_2=1)P(X_2=1)+P(A|X_1=1, X_2=0)P(X_2=0)$ (独立性より)

$=P(A|X_1=1, X_2=1)p+P(A|X_1=1, X_2=0)(1-p)$ (♠)

ここで，

- $P(A|X_1=1, X_2=1)=1$
  なぜなら，$X_1=1, X_2=1$のとき，すでにAが成り立っているから．
- $P(A|X_1=1, X_2=0)=P(A|X_1=0)$
  なぜなら，$X_2=0$となったとき，1の連が終わってしまったので，その状況から再スタートになる．0が一つ出ている状況からAが起きることは，$X_1=0$のときにAが起きることと同じこと．なので，確率も等しい．

よって，(♠)より，

$P(A|X_1=1)=p+P(A|X_1=0)(1-p)$

(ii) 次に，$P(A|X_1=0)$について，

$P(A|X_1=0)=P(A\cap X_2=1|X_1=0)+P(A\cap X_2=0|X_1=0)$

$=P(A|X_1=0, X_2=1)P(X_2=1|X_1=0)+P(A|X_1=0, X_2=0)P(X_2=0|X_1=0)$

$=P(A|X_1=0, X_2=1)p+P(A|X_1=0, X_2=0)(1-p)$ (♣)

ここで，

- $P(A|X_1=0, X_2=1)=P(A|X_1=1)$
  なぜなら，$X_1=0, X_2=1$のとき，0の連は1つ目で終わり，次に1が出ているところから再スタートと考えれば，状況は最初に1が出たときと同じだから．
- $P(A|X_1=0, X_2=0)=0$
  なぜなら，$X_1=0, X_2=0$のとき，初っ端で長さ2以上の0の連がでていて，Aが起こることはないから．

よって，(♣)より，

$P(A|X_1=0)=P(A|X_1=1)p+0$

連立方程式

$$\begin{cases}P(A|X_1=1)=p+P(A|X_1=0)(1-p)\\ P(A|X_1=0)=P(A|X_1=1)p\end{cases}$$

を解くと，

$P(A|X_1=1)=\dfrac{p}{1-p(1-p)}$,

$P(A|X_1=0)=\dfrac{p^2}{1-p(1-p)}$

よって，(◇)より，

$P(A)$

$=\dfrac{p^2}{1-p(1-p)}+\dfrac{p^2(1-p)}{1-p(1-p)}=\dfrac{p^2(2-p)}{1-p(1-p)}$

10 (1) $i=1, 2, \ldots, n$について，

$$I_i=\begin{cases}1 & (\text{1の連がi番目から始まるとき})\\ 0 & (\text{その他})\end{cases}$$

とする．まず，これについて，いくつか注意する．

- $\{I_1=1\}$は1番目から1の連が始まるということだが，それは，1番目の数字が1であることと同値．したがって，$\{I_1=1\}=\{X_1=1\}$
- $i\geq 2$のとき，$\{I_i=1\}$はi番目から1の連が始まるということだが，それは，$i-1$番目の数字が0でi番目の数字が1であることと同値．したがって，$\{I_i=1\}=\{X_{i-1}=0\cap X_i=1\}$
- また，$X_1, X_2, \ldots, X_n$が独立であり，I_iがX_{i-1}, X_i以外とは関係がないことより，I_iはI_{i-1}, I_{i+1}

以外とは独立であることがわかる（これは次の(2)で使う）.

つぎに，R と I_i たちとの関係を考えると，$R=I_1+I_2+\cdots+I_n$ である．したがって，

$E[R]=E[I_1]+E[I_2]+\cdots+E[I_n]$ （♣）

ところで，

$E[I_1]=P(I_1=1)=P(X_1=1)=p$

$i\geq 2$ のとき，

$E[I_i]=P(I_i=1)=P(X_{i-1}=0\cap X_i=1)=(1-p)p$

よって，（♣）より，

$E[R]=E[I_1]+\sum_{i=2}^{n}E[I_i]=p+(n-1)p(1-p)$

(2) 分散について，

$V(R)=V(I_1+I_2+\cdots+I_n)=\sum_{i=1}^{n}V(I_i)+2\sum_{i=1}^{n-1}\sum_{i<j}Cov(I_i, I_j)=\sum_{i=1}^{n}V(I_i)+2\sum_{i=1}^{n-1}Cov(I_i, I_{i+1})$ （♠）

最後の等号では，I_i は I_{i-1}, I_{i+1} 以外とは独立であることに注意.

I_i たちについて，

(i) 分散は，

- I_i が 0 か 1 しか値にとらないから，$I_1^2=I_1$ であることに注意すると，$V(I_1)=E[I_1^2]-(E[I_1])^2=E[I_1]-(E[I_1])^2=(1-p)p$
- $i\geq 2$ のとき，
  $V(I_i)=E[I_i^2]-(E[I_i])^2=E[I_i]-(E[I_i])^2=(1-p)p(1-(1-p)p)$

(ii) 共分散は，

- $Cov(I_1, I_2)=E[I_1I_2]-E[I_1]E[I_2]=-E[I_1]E[I_2]=-p^2(1-p)$
  最初の等号では $I_1I_2=0$ を使った.
- $i=2, 3, \ldots, n-1$ のとき，
  $Cov(I_i, I_{i+1})=E[I_iI_{i+1}]-E[I_i]E[I_{i+1}]=-E[I_i]E[I_{i+1}]=-p^2(1-p)^2$

よって，（♠）より，

$V(R)=V(I_1)+\sum_{i=2}^{n}V(I_i)+2[Cov(I_1, I_2)+\sum_{i=2}^{n-1}Cov(I_i, I_{i+1})]=(1-p)p+(n-1)(1-p)p(1-(1-p)p)-2[p^2(1-p)+(n-2)p^2(1-p)^2]$

11 (I) (1) $0\leq X\leq\frac{\pi}{2}$ なので，$0\leq Z\leq 1$ よって，$z<0$ のとき $P(Z\leq z)=0$, $z>1$ のとき $P(Z\leq 1)=1$ がわかる.

$0\leq z\leq 1$ のとき，$P(Z\leq z)=P(\sin X\leq z)$

$=P(X\leq\arcsin z)$

$=\frac{2}{\pi}\arcsin z$

よって，$f_Z(z)=\frac{d}{dz}P(Z\leq z)=$

$$\begin{cases}\dfrac{2}{\pi\sqrt{1-z^2}}, & 0\leq z\leq 1\text{ のとき}\\ 0, & \text{その他}\end{cases}$$

(2) $0\leq Y\leq 1$ なので, $0\leq W\leq\frac{\pi}{2}$ よって, $w<0$ のとき $P(W\leq w)=0$, $w>\frac{\pi}{2}$ のとき $P(W\leq w)=1$

$0\leq w\leq\frac{\pi}{2}$ のとき, $P(W\leq w)=P(\arcsin Y\leq w)$
$=P(Y\leq\sin w)=\sin w$

よって，$f_W(w)=\frac{d}{dw}P(W\leq w)$

$$=\begin{cases}\cos w, & 0\leq w\leq\frac{\pi}{2}\text{ のとき}\\ 0, & \text{その他}\end{cases}$$

(II) $g(x)$ が狭義単調増加な関数なら, 逆関数 $g^{-1}(x)$ をもち，$g^{-1}(x)$ も単調増加なので，$\{g(X)\leq x\}=\{X\leq g^{-1}(x)\}$ となる．したがって，$P(g(X)\leq x)=P(X\leq g^{-1}(x))$ となり，よって，$f_{g(X)}(x)=\frac{d}{dx}P(g(X)\leq x)=\frac{d}{dx}P(X\leq g^{-1}(x))=f_X(g^{-1}(x))\frac{d}{dx}g^{-1}(x)=f_X(g^{-1}(x))\frac{1}{g'(g^{-1}(x))}$

なので，上の問題については，$0\leq x\leq 1$ について，

$f_{\sin X}(x)=f_X(\arcsin x)\frac{1}{\cos(\arcsin x)}$
$=\frac{2}{\pi}\frac{1}{\sqrt{1-\sin^2(\arcsin x)}}=\frac{2}{\pi}\frac{1}{\sqrt{1-x^2}}$

また，$0\leq y\leq\frac{\pi}{2}$ について，

$f_{\arcsin Y}(y)=f_Y(\sin y)\sqrt{1-\sin^2 y}=1\cdot\sqrt{\cos^2 y}=\cos y$

(III) (1) $0<F(X)<1$ に注意．$0<x<1$ について，

$f_{F_X(X)}(x)=f_X(F_X^{-1}(x))\frac{1}{F'_X(F_X^{-1}(x))}$
$=f_X(F_X^{-1}(x))\frac{1}{f_X(F_X^{-1}(x))}=1$

よって，$F_X(X)\sim\mathrm{U}(0, 1)$

(2) $0<F_X(X)<1$ より $0<-\log F_X(X)<\infty$ に注意．$0<x<\infty$ について，

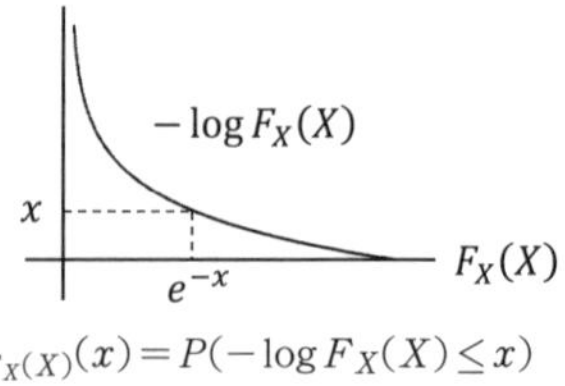

$F_{-\log F_X(X)}(x)=P(-\log F_X(X)\leq x)$
$=P(F_X(X)\geq e^{-x})$

$F_X(X)\sim\mathrm{U}(0, 1)$ より，$P(F_X(X)\geq e^{-x})=e^{-x}$

$0<x<\infty$ について $F_{-\log F_X(X)}(x)=e^{-x}$ であることは，$-\log F_X(X)\sim \mathrm{Exp}(1)$ であることを示している．

(IV) $Y=\dfrac{\log U}{\log(1-p)}$ とおく．$T\sim \mathrm{Exp}(1)$ なら $\dfrac{1}{\lambda}T\sim \mathrm{Exp}(\lambda)$, $\lambda>0$ なので $-\log U\sim \mathrm{Exp}(1)$ より，$Y=\dfrac{\log U}{\log(1-p)}=-(\dfrac{1}{\log(1-p)})(-\log U)$ $\sim \mathrm{Exp}(-\log(1-p))$ に注意．すると，問題は $X=[Y]$ の分布を求めるというものに変わる．X は $0, 1, 2, \ldots$ という値をとる．$k=0, 1, 2, \ldots$ について，

$P(X=k)=P([Y]=k)=P(k\leq Y<k+1)$
$=P(Y\geq k)-P(Y\geq k+1)$
$=e^{-(-\log(1-p))k}-e^{-(-\log(1-p))(k+1)}$
$=e^{\log(1-p)^k}-e^{\log(1-p)^{k+1}}=(1-p)^k-(1-p)^{k+1}$
$=(1-p)^k p$

よって $X\sim \mathrm{Ge}(p)$ がわかる．

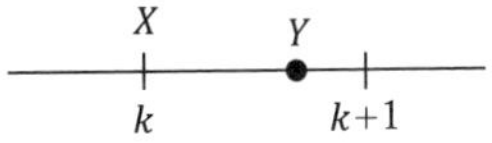

12 (I) (1) とる値の範囲は $-\infty<X+Y<\infty$ である．$-\infty<x<\infty$ について，

$f_{X+Y}(x)=\int_{-\infty}^{\infty} f_X(u)f_Y(x-u)du$
$=\int_{-\infty}^{\infty}\frac{1}{\sqrt{2\pi}}e^{-\frac{u^2}{2}}\cdot\frac{1}{\sqrt{2\pi}}e^{-\frac{(x-u)^2}{2}}du$
$=\frac{1}{2\pi}\int_{-\infty}^{\infty}e^{-u^2+xu-\frac{1}{2}x^2}du$
$=\frac{1}{2\pi}\int_{-\infty}^{\infty}e^{-(u-\frac{1}{2}x)^2+\frac{1}{4}x^2-\frac{1}{2}x^2}du$
$=\frac{1}{2\pi}e^{-\frac{1}{4}x^2}\int_{-\infty}^{\infty}e^{-(u-\frac{1}{2}x)^2}du$
$=\frac{1}{2\pi}e^{-\frac{1}{4}x^2}\int_{-\infty}^{\infty}e^{-v^2}dv=\frac{1}{2\pi}e^{-\frac{1}{4}x^2}\cdot\sqrt{\pi}$
$=\frac{1}{2\sqrt{\pi}}e^{-\frac{1}{4}x^2}=\frac{1}{\sqrt{2\pi\cdot 2}}e^{-\frac{x^2}{2\cdot 2}}$

よって，$X+Y\sim \mathrm{N}(0, 2)$ がわかる．これは，正規分布の再生性からもわかる．

(2) $f_{X+Y}(y)=\int_{-\infty}^{\infty}f_X(x)f_Y(y-x)dx$

であるが，被積分関数が0でないのは $0\leq x\leq 2$, $1\leq y-x\leq 5$ つまり $0\leq x\leq 2$, $1+x\leq y\leq 5+x$ のときであり，x の積分区間に場合分けが必要である．(このように場合分けが必要なときは，$f_{X+Y}(y)$ のように変数を y としておくと，領域の図が描きやすくなる．)

- $1\leq y\leq 3$ のとき，被積分関数が0でない x の範囲は $x\geq 0$ かつ $y\geq x+1$ より $0\leq x\leq y-1$.

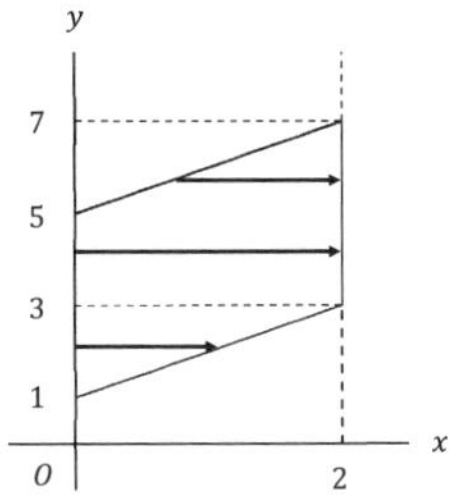

よって，

$f_{X+Y}(y)=\int_{-\infty}^{\infty}f_X(x)f_Y(y-x)dx$
$=\int_0^{y-1}\frac{1}{2}\cdot\frac{1}{4}dx=\frac{y-1}{8}$

- $3\leq y\leq 5$ のとき，被積分関数が0でない x の範囲は $0\leq x\leq 2$

よって，

$f_{X+Y}(y)=\int_{-\infty}^{\infty}f_X(x)f_Y(y-x)dx=\int_0^2\frac{1}{2}\cdot\frac{1}{4}dx=\frac{2}{8}=\frac{1}{4}$

- $5\leq y\leq 7$ のとき，被積分関数が0でない x の範囲は $x\leq 2$ かつ $y\leq x+5$ より $y-5\leq x\leq 2$.

よって，

$f_{X+Y}(y)=\int_{-\infty}^{\infty}f_X(x)f_Y(y-x)dx$
$=\int_{y-5}^{2}\frac{1}{2}\cdot\frac{1}{4}dx=\frac{7-y}{8}$

- それ以外の y では被積分関数が0なので，

$f_{X+Y}(y)=\int_{-\infty}^{\infty}f_X(x)f_Y(y-x)dx=0$

よって，$f_{X+Y}(y)=\begin{cases}\frac{y-1}{8}, & 1\leq y\leq 3\text{ のとき}\\ \frac{1}{4}, & 3\leq y\leq 5\text{ のとき}\\ \frac{7-y}{8}, & 5\leq y\leq 7\text{ のとき}\\ 0, & \text{その他}\end{cases}$

(3) $f_{\frac{Y}{X}}(y)=\int_{-\infty}^{\infty}f_X(x)f_Y(yx)|x|dx$

であるが，被積分関数が0でないのは $0\leq x\leq 1$, $0\leq yx\leq 1$ のときだけである．つまり，下図で $0\leq x\leq 1$ かつ曲線 $xy=1$ より下の領域である．

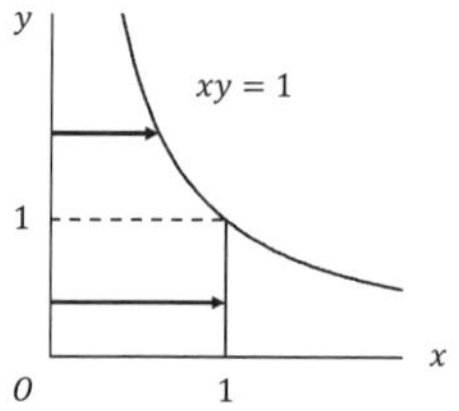

x の積分区間は y の値によって場合分けが必要で,

- $0 \leq y \leq 1$ なら積分区間は $0 \leq x \leq 1$ で,

$$f_{\frac{Y}{X}}(y)=\int_{-\infty}^{\infty} f_X(x)f_Y(yx)|x|dx$$
$$=\int_0^1 xdx=\frac{1}{2}$$

- $y>1$ なら積分区間は $x \geq 0$ かつ $xy \leq 1$ より $0 \leq x \leq \frac{1}{y}$. よって,

$$f_{\frac{Y}{X}}(y)=\int_{-\infty}^{\infty} f_X(x)f_Y(yx)|x|dx$$
$$=\int_0^{\frac{1}{y}} xdx=\frac{1}{2y^2}$$

- それ以外の y では被積分関数が 0 なので,

$$f_{\frac{Y}{X}}(y)=\int_{-\infty}^{\infty} f_X(x)f_Y(yx)|x|dx=0$$

よって, $f_{\frac{Y}{X}}(y)=\begin{cases} \frac{1}{2}, & 0 \leq y \leq 1 \text{ のとき} \\ \frac{1}{2y^2}, & y>1 \text{ のとき} \\ 0, & \text{その他} \end{cases}$

(II) (1) とる値の範囲は $W=X+Y>0$ $w>0$ のとき,

$$f_W(w)=\int_{-\infty}^{\infty} f_X(x)f_Y(w-x)dx$$
$$=\int_0^{\infty} e^{-x}f_Y(w-x)dx=\int_0^{w} e^{-x}e^{x-w}dx$$
$$=e^{-w}\int_0^{w} dx=we^{-w}$$

つまり, $W=X+Y \sim \Gamma(2, 1)$

(2) とる値の範囲は $0<Z=\frac{X}{X+Y}<1$. $0<z<1$ のとき,

$$P(Z \leq z)=P(\frac{X}{X+Y} \leq z)$$
$$=\int_{-\infty}^{\infty} P(\frac{X}{X+Y} \leq z|X=x)f_X(x)dx$$
$$=\int_0^{\infty} P(\frac{x}{x+Y} \leq z)e^{-x}dx$$
$$=\int_0^{\infty} P(Y \geq \frac{x}{z}-x)e^{-x}dx$$
$$=\int_0^{\infty} e^{x-\frac{x}{z}}e^{-x}dx$$
$$=\int_0^{\infty} e^{-\frac{x}{z}}dx=[-ze^{-\frac{x}{z}}]_0^{\infty}=z$$

これは $Z \sim \mathrm{U}(0, 1)$ を意味している.

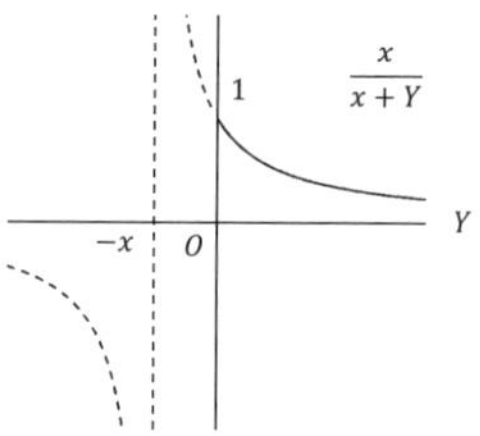

13 (I) (1) $-\infty<x<\infty$, $-\infty<y<\infty$ に対して $z=x+y$, $w=x-y$ とすると, $x=\frac{z+w}{2}$, $y=\frac{z-w}{2}$ であり, $\left|\frac{dzdw}{dxdy}\right|=\left|\det\begin{pmatrix} \frac{\partial z}{\partial x} & \frac{\partial w}{\partial x} \\ \frac{\partial z}{\partial y} & \frac{\partial w}{\partial y} \end{pmatrix}\right|$

$$=\left|\det\begin{pmatrix} \frac{\partial(x+y)}{\partial x} & \frac{\partial(x-y)}{\partial x} \\ \frac{\partial(x+y)}{\partial y} & \frac{\partial(x-y)}{\partial y} \end{pmatrix}\right|=\left|\det\begin{pmatrix} 1 & 1 \\ 1 & -1 \end{pmatrix}\right|$$

$=|-2|=2$ である.

$f_{Z,W}(z, w)dzdw=f_{X,Y}(x, y)dxdy$ より,

$$f_{Z,W}(z, w)=f_{X,Y}(\frac{z+w}{2}, \frac{z-w}{2})\left|\frac{dxdy}{dzdw}\right|$$
$$=f_X(\frac{z+w}{2})f_Y(\frac{z-w}{2})\frac{1}{\left|\frac{dzdw}{dxdy}\right|}$$
$$=\frac{1}{\sqrt{2\pi}}e^{-\frac{1}{2}(\frac{z+w}{2})^2}\cdot\frac{1}{\sqrt{2\pi}}e^{-\frac{1}{2}(\frac{z-w}{2})^2}\cdot\frac{1}{2}$$
$$=\frac{1}{\sqrt{2\pi\cdot 2}}\cdot\frac{1}{\sqrt{2\pi\cdot 2}}\cdot e^{-\frac{1}{2}\{(\frac{z+w}{2})^2+(\frac{z-w}{2})^2\}}$$
$$=\frac{1}{\sqrt{2\pi\cdot 2}}\cdot\frac{1}{\sqrt{2\pi\cdot 2}}\cdot e^{-\frac{1}{2}\{\frac{z^2}{2}+\frac{w^2}{2}\}}$$
$$=\frac{1}{\sqrt{2\pi\cdot 2}}\cdot e^{-\frac{1}{2}\frac{z^2}{2}}\cdot\frac{1}{\sqrt{2\pi\cdot 2}}\cdot e^{-\frac{1}{2}\frac{w^2}{2}}$$

これより, Z と W は独立に $N(0, 2)$ に従うことがわかる. このことは, 2 次元正規分布の知識を使えば, (Z, W) が 2 次元正規分布に従い, $E[Z]=E[W]=0$, $V(Z)=V(W)=2$, $Cov(Z, W)=0$ を簡単に示せることからもわかる.

(2) $x>0$, $y>0$ に対して $z=\frac{x}{x+y}$, $w=x+y$ とおくと, $0<z<1$, $w>0$ で, $x=zw$, $y=(1-z)w$ であり, $\left|\frac{dxdy}{dzdw}\right|=\left|\det\begin{pmatrix} \frac{\partial x}{\partial z} & \frac{\partial y}{\partial z} \\ \frac{\partial x}{\partial w} & \frac{\partial y}{\partial w} \end{pmatrix}\right|=$

$$\left|\det\begin{pmatrix} \frac{\partial(zw)}{\partial z} & \frac{\partial((1-z)w)}{\partial z} \\ \frac{\partial(zw)}{\partial w} & \frac{\partial((1-z)w)}{\partial w} \end{pmatrix}\right|=\left|\det\begin{pmatrix} w & -w \\ z & 1-z \end{pmatrix}\right|=$$

$|w|=w$ である.

$0<z<1$, $w>0$ のとき, $f_{Z,W}(z, w)dzdw=f_{X,Y}(x, y)dxdy$ より,

$$f_{Z,W}(z, w)=f_X(zw)f_Y((1-z)w)\left|\frac{dxdy}{dzdw}\right|$$

$= e^{-zw} \cdot e^{-(1-z)w} \cdot w = we^{-w}$

よって，

$$f_{Z,W}(z, w) = \begin{cases} we^{-w}, & 0<z<1,\ w>0 \text{のとき} \\ 0, & \text{その他} \end{cases}$$

これは，Z と W が独立で，$Z \sim U(0, 1)$，$W \sim \Gamma(2, 1)$ であることを示している．

(II) (1) X, Y のとる値を考えれば，$R \geq 0$, $0 \leq \Theta < 2\pi$ がわかる．$-\infty < x < \infty$，$-\infty < y < \infty$ に対して $r > 0$，$0 \leq \theta < 2\pi$ を $x = \sqrt{r}\cos\theta$，$y = \sqrt{r}\sin\theta$ なるものとおくと，$\left|\frac{dxdy}{drd\theta}\right| = \left|\det\begin{pmatrix} \frac{\partial x}{\partial r} & \frac{\partial y}{\partial r} \\ \frac{\partial x}{\partial \theta} & \frac{\partial y}{\partial \theta} \end{pmatrix}\right| = \left|\det\begin{pmatrix} \frac{1}{2\sqrt{r}}\cos\theta & \frac{1}{2\sqrt{r}}\sin\theta \\ -\sqrt{r}\sin\theta & \sqrt{r}\cos\theta \end{pmatrix}\right| = \left|\frac{1}{2}\right|$ $= \frac{1}{2}$ である．

$r \geq 0$，$0 \leq \theta < 2\pi$ のとき，

$f_{R,\Theta}(r, \theta)drd\theta = f_{X,Y}(x, y)dxdy$ より，

$f_{R,\Theta}(r, \theta) = f_X(\sqrt{r}\cos\theta)f_Y(\sqrt{r}\sin\theta)\left|\frac{dxdy}{drd\theta}\right| = \frac{1}{\sqrt{2\pi}}e^{-\frac{1}{2}(\sqrt{r}\cos\theta)^2} \cdot \frac{1}{\sqrt{2\pi}}e^{-\frac{1}{2}(\sqrt{r}\sin\theta)^2} \cdot \frac{1}{2}$

$= \frac{1}{2\pi} \cdot \frac{1}{2}e^{-\frac{1}{2}r(\cos^2\theta + \sin^2\theta)} = \frac{1}{2\pi} \cdot \frac{1}{2}e^{-\frac{1}{2}r}$

これより，R と Θ は独立で，$R \sim Exp(\frac{1}{2})$，$\Theta \sim \mathrm{U}(0, 2\pi)$ がわかる．

(2) $-\log U \sim \mathrm{Exp}(1)$ より $-2\log U \sim \mathrm{Exps}(\frac{1}{2})$ であり，$2\pi V \sim \mathrm{U}(0, 2\pi)$ であり，これらは独立である．よって，(1) の (R, Θ) と $(-2\log U, 2\pi V)$ は分布が等しい．なので，それらを同じように変換した (X, Y) と (Z, W) も分布が等しい．したがって，Z, W は，X, Y と同様に，独立に $N(0, 1)$ に従う確率変数である．

14 (1) $\binom{\alpha+k-1}{k} = \frac{\alpha(\alpha+1)\cdots(\alpha+k-1)}{k!}$

$= (-1)^k \frac{-\alpha(-\alpha-1)\cdots(-\alpha-k+1)}{k!} = (-1)^k\binom{-\alpha}{k}$

(2) $g_X(t) = E[t^X]$

$= \sum_{k=0}^{\infty} t^k \binom{\alpha+k-1}{k} p^\alpha (1-p)^k$

$= \sum_{k=0}^{\infty} t^k (-1)^k \binom{-\alpha}{k} p^\alpha (1-p)^k$

$= p^\alpha \sum_{k=0}^{\infty} \binom{-\alpha}{k} (-(1-p)t)^k$

$= p^\alpha (1-(1-p)t)^{-\alpha} = \left(\frac{p}{1-(1-p)t}\right)^\alpha$

(3) $g'_X(t) = \alpha(1-p)p^\alpha(1-(1-p)t)^{-\alpha-1}$,

$g''_X(t) = \alpha(\alpha+1)(1-p)^2 p^\alpha (1-(1-p)t)^{-\alpha-2}$ より，

$E[X] = g'_X(1) = \frac{\alpha(1-p)}{p}$.

$E[X(X-1)] = g''_X(1) = \frac{\alpha(\alpha+1)(1-p)^2}{p^2}$,

$V(X) = E[X(X-1)] + E[X] - (E[X])^2$

$= \frac{\alpha(\alpha+1)(1-p)^2}{p^2} + \frac{\alpha(1-p)}{p}$

$- \frac{\alpha^2(1-p)^2}{p^2} = \frac{\alpha(1-p)}{p^2}$

15 (I) (1) 前問の解答より，X の確率母関数は ($\alpha = n$ として)，$g_X(t) = \left(\frac{p}{1-(1-p)t}\right)^n$

各 G_i，$i = 1, 2, \ldots, n$ の確率母関数は，幾何分布の確率母関数なので，$g_{G_i}(t) = \frac{p}{1-(1-p)t}$

$G_1 + \cdots + G_n$ の確率母関数はこれらの積なので，

$g_{G_1+\cdots+G_n}(t) = \left(\frac{p}{1-(1-p)t}\right)^n$

よって，$g_X(t) = g_{G_1+\cdots+G_n}(t)$ なので，X と $G_1 + \cdots + G_n$ は分布が等しい．

(2) 各 G_i は $Ge(p)$ に従うので，$E[G_i] = \frac{1-p}{p}$，

$V(G_i) = \frac{1-p}{p^2}$.

よって，$E[G_1 + \cdots + G_n] = \frac{n(1-p)}{p}$，

$V(G_1 + \cdots + G_n) = \frac{n(1-p)}{p^2}$.

X と $G_1 + \cdots + G_n$ は分布が等しいので，期待値と分散も等しい．したがって，

$E[X] = E[G_1 + \cdots + G_n] = \frac{n(1-p)}{p}$,

$V(X) = V(G_1 + \cdots + G_n) = \frac{n(1-p)}{p^2}$

(II) $P(X = k) = \binom{n+k-1}{k} p^n (1-p)^k$,

$k = 0, 1, 2, \ldots$

$P(Y = l) = \binom{n+l}{l} p^{n+1} (1-p)^l$, $l = 0, 1, 2, \ldots$

であることに注意．

(1) $E[X^m] = \sum_{k=0}^{\infty} k^m \binom{n+k-1}{k} p^n (1-p)^k$

$= \sum_{k=1}^{\infty} k^m \binom{n+k-1}{k} p^n (1-p)^k$ (♠)

ここで，$k^m \binom{n+k-1}{k} = k^m \frac{(n+k-1)!}{k!(n-1)!}$

$= nk^{m-1} \frac{(n+k-1)!}{(k-1)!n!} = nk^{m-1} \binom{n+k-1}{k-1}$ より，

(♠) $= n \sum_{k=1}^{\infty} k^{m-1} \binom{n+k-1}{k-1} p^n (1-p)^k$

$= n \sum_{l=0}^{\infty} (l+1)^{m-1} \binom{n+l}{l} p^n (1-p)^{l+1}$

$= \frac{n(1-p)}{p} \sum_{l=0}^{\infty} (l+1)^{m-1} \binom{n+l}{l} p^{n+1}(1-p)^{l}$

$= \frac{n(1-p)}{p} E[(Y+1)^{m-1}]$

ただし，最後から3つ目の等号では，$k=l+1$と変換した．

(2) $E[X]=\frac{n(1-p)}{p}E[(Y+1)^0]=\frac{n(1-p)}{p}$,

$E[X^2]=\frac{n(1-p)}{p}E[(Y+1)^1]$

$=\frac{n(1-p)}{p}$

$(\frac{(n+1)(1-p)}{p}+1)$,

$V(X)=E[X^2]-(E[X])^2$

$=\frac{n(1-p)}{p}(\frac{(n+1)(1-p)}{p}+1-\frac{n(1-p)}{p})$

$=\frac{n(1-p)}{p}(\frac{1-p}{p}+1)=\frac{n(1-p)}{p^2}$

16 (1) $k\binom{m}{k}=k\frac{m!}{k!(m-k)!}$

$=m\frac{(m-1)!}{(k-1)!(m-k)!}=m\binom{m-1}{k-1}$

数式の意味を考えて解いてみる．m人の生徒から$k-1$人の学級委員と1人の委員長を選ぶとき，

- まず全員からk人の委員を選び（$\binom{m}{k}$通り）その中から1人の委員長を選ぶ（k通り）なら，組み合わせは$k\binom{m}{k}$通りだが，
- まず全員から1人の委員長を選び（m通り）残りの$m-1$人から委員を$k-1$人選ぶ（$\binom{m-1}{k-1}$通り）なら，組み合わせは$m\binom{m-1}{k-1}$通り

であるが，この二つの方法は同じこと．なので組み合わせの数も同じで，$k\binom{m}{k}=m\binom{m-1}{k-1}$

(2) $E[X^i]=\sum_{k=0}^{n}k^iP(X=k)=$

$\sum_{k=1}^{n}k^i\frac{\binom{m}{k}\binom{N-m}{n-k}}{\binom{N}{n}}=$

$\sum_{k=1}^{n}nk^{i-1}\frac{k\binom{m}{k}\binom{N-m}{n-k}}{n\binom{N}{n}}=$

$\sum_{k=1}^{n}nk^{i-1}\frac{m\binom{m-1}{k-1}\binom{N-m}{n-k}}{N\binom{N-1}{n-1}}$

$=\frac{nm}{N}\sum_{k=1}^{n}k^{i-1}\frac{\binom{m-1}{k-1}\binom{N-m}{n-k}}{\binom{N-1}{n-1}}$

$=\frac{nm}{N}\sum_{l=0}^{n-1}(l+1)^{i-1}\frac{\binom{m-1}{l}\binom{N-m}{n-1-l}}{\binom{N-1}{n-1}}$

$=\frac{nm}{N}\sum_{l=0}^{n-1}(l+1)^{i-1}P(Y=l)=\frac{nm}{N}E[(Y+1)^{i-1}]$

(3) $E[X]=\frac{nm}{N}E[(Y+1)^0]=\frac{nm}{N}$,

$E[X^2]=\frac{nm}{N}E[(Y+1)^1]=\frac{nm}{N}(\frac{(n-1)(m-1)}{N-1}$
$+1)$

$V(X)=E[X^2]-(E[X])^2=\frac{nm}{N}(\frac{(n-1)(m-1)}{N-1}$
$+1-\frac{nm}{N})$

17 (1) まず，$X=X_1+\cdots+X_n$に注意する．

次に，X_iたちの分布を調べる．よく考えると，すべてのiについて，$P(X_i=1)=\frac{m}{N}$であることがわかる．

したがって，$X_i \sim Be(\frac{m}{N})$，$i=1,2,\ldots,n$である（ただし，独立ではないことに注意）．

X_iたちの期待値は，$E[X_i]=\frac{m}{N}$なので，$X=X_1+\cdots+X_n$と合わせると，

$E[X]=E[X_1+\cdots+X_n]=\frac{nm}{N}$

(2) $X=X_1+\cdots+X_n$より，

$E[X^2]=\sum_{i=1}^{n}E[X_iX]$ ここで，$1_{\{X_i=1\}}+1_{\{X_i=0\}}=1$より，

$E[X_iX]=E[X_iX1_{\{X_i=1\}}]+E[X_iX1_{\{X_i=0\}}]$

$=E[X_iX\,|\,X_i=1]P(X_i=1)$

$+E[X_iX\,|\,X_i=0]P(X_i=0)$

$=E[X\,|\,X_i=1]P(X_i=1)$

よって，

$E[X^2]=\sum_{i=1}^{n}E[X_iX]=\sum_{i=1}^{n}E[X\,|\,X_i=1]P(X_i=1)$ (♠)

(3) (♠)において，例えば$i=1$のとき，

$E[X\,|\,X_1=1]=E[X_1+X_2+\cdots+X_n\,|\,X_1=1]=1+E[X_2+\cdots+X_n\,|\,X_1=1]=1+\sum_{j\neq 1}E[X_j\,|\,X_1=1]$ (♣)

となる．ここで，

$E[X_j\,|\,X_1=1]=1\cdot P(X_j=1\,|\,X_1=1)+0\cdot P(X_j=0\,|\,X_1=1)=P(X_j=1\,|\,X_1=1)$

であるが，この確率の表すものは，1番目に白球を引いたことがわかっているときに，j番目に白球を引く確率である．しかし，それは，もともと箱の中に$N-1$個の球があり，そのうち$m-1$個が白球で

あり，残りが黒球であるときに，$j-1$ 番目に白球を引く確率と同じである．(1) の解答と同様に考えると，その確率は $\frac{m-1}{N-1}$ である．したがって，

$E[X_j \mid X_1=1]=P(X_j=1 \mid X_1=1)=\frac{m-1}{N-1}$，

$j=2, 3, \ldots, n$

であり，(♣) より，

$E[X \mid X_1=1]$

$=1+\sum_{j\neq 1} E[X_j \mid X_1=1]=1+\frac{(n-1)(m-1)}{N-1}$ となる．

$i=1$ 以外でも同様なので，$i=1, 2, \ldots, n$ について，

$E[X \mid X_i=1]=1+\frac{(n-1)(m-1)}{N-1}$ がわかる．

したがって，(♠) より，

$E[X^2]=\sum_{i=1}^{n} E[X \mid X_i=1]P(X_i=1)$

$=\sum_{i=1}^{n}(1+\frac{(n-1)(m-1)}{N-1})\frac{m}{N}$

$=(1+\frac{(n-1)(m-1)}{N-1})\frac{nm}{N}$

よって，

$V(X)=E[X^2]-(E[X])^2$

$=(1+\frac{(n-1)(m-1)}{N-1}-\frac{nm}{N})\frac{nm}{N}$

18 (1) $F_Y(x)=P(Y\leq x)=P(e^{\mu+\sigma X}\leq x)$

$=P(e^{\sigma X}\leq e^{-\mu}x)=P(X\leq -\frac{\mu-\log x}{\sigma})$

$=F_X(-\frac{\mu-\log x}{\sigma})$

(2) $f_Y(x)=\frac{d}{dx}F_Y(x)=\frac{d}{dx}F_X(-\frac{\mu-\log x}{\sigma})$

$=f_X(-\frac{\mu-\log x}{\sigma})\cdot\frac{1}{\sigma x}=\frac{1}{\sqrt{2\pi}}e^{-\frac{1}{2}\cdot\frac{(\mu-\log x)^2}{\sigma^2}}\cdot\frac{1}{\sigma x}$

$=\frac{1}{\sqrt{2\pi}\sigma x}e^{-\frac{(\mu-\log x)^2}{2\sigma^2}}$

(3) $E[Y]=E[e^{\mu+\sigma X}]=e^{\mu}M_X(\sigma)=e^{\mu}e^{\frac{\sigma^2}{2}}=e^{\mu+\frac{\sigma^2}{2}}$

(4) $E[Y^2]=E[e^{2\mu+2\sigma X}]=e^{2\mu}M_X(2\sigma)=e^{2\mu}e^{\frac{4\sigma^2}{2}}$

$=e^{2\mu+2\sigma^2}$

よって，

$V(Y)=E[Y^2]-(E[Y])^2=e^{2\mu+2\sigma^2}-e^{2\mu+\sigma^2}$

$=e^{2\mu+\sigma^2}(e^{\sigma^2}-1)$

(5) まず，$z\geq 0$ のとき，

$e^z=1+z+\frac{z^2}{2}+\frac{z^3}{6}+$(正の数)$\geq 1+z+\frac{z^2}{2}+\frac{z^3}{6}$

(★)

に注意．$E[e^{tY}]=E[e^{t\exp(\mu+\sigma X)}]$

$=\frac{1}{\sqrt{2\pi}}\int_{-\infty}^{\infty}e^{t\exp(\mu+\sigma x)}e^{-\frac{x^2}{2}}dx$

$=\frac{1}{\sqrt{2\pi}}\int_{-\infty}^{\infty}e^{t\exp(\mu+\sigma x)-\frac{x^2}{2}}dx$ (♣)

ここで，x が十分大きな数のとき，被積分関数が $e^{t\exp(\mu+\sigma x)-\frac{x^2}{2}}\geq 1$ となることを確認する．$\mu+\sigma x\geq 0$ のとき（特に，x が大きな正の数のとき），(★) より，

$t\exp(\mu+\sigma x)-\frac{x^2}{2}\geq t(1+\mu+\sigma x+\frac{(\mu+\sigma x)^2}{2}+\frac{(\mu+\sigma x)^3}{6})-\frac{x^2}{2}$ (◇)

$x\to\infty$ のとき，

$t\frac{(\mu+\sigma x)^3}{6}-\frac{x^2}{2}=x^3\{\frac{t}{6}(\frac{\mu}{x}+\sigma)^3-\frac{1}{2x}\}$

$\to\infty\cdot\{\frac{t}{6}\sigma^3-0\}=\infty$

なので，x が十分大きいとき，(◇) より，

$t\exp(\mu+\sigma x)-\frac{x^2}{2}\geq 0$

大きな正の数 K を，$x\geq K$ のとき $t\exp(\mu+\sigma x)-\frac{x^2}{2}\geq 0$ となるようにとると，

$\int_{-\infty}^{\infty}e^{t\exp(\mu+\sigma x)-\frac{x^2}{2}}dx\geq\int_{K}^{\infty}e^{t\exp(\mu+\sigma x)-\frac{x^2}{2}}dx$

$\geq\int_{K}^{\infty}e^{0}dx=\infty$

したがって，(♣) より，$E[e^{tY}]=\infty$

19 (I) (1) $E[X^n]=\frac{\lambda^a}{\Gamma(a)}\int_0^{\infty}x^n x^{a-1}e^{-\lambda x}dx$

$=\frac{\lambda^a}{\Gamma(a)}\int_0^{\infty}x^{a+n-1}e^{-\lambda x}dx=\frac{\lambda^a}{\Gamma(a)}\frac{\Gamma(a+n)}{\lambda^{a+n}}$

$=\frac{\Gamma(a+n)}{\lambda^n\Gamma(a)}$

(2) $E[X]=\frac{\Gamma(a+1)}{\lambda^1\Gamma(a)}=\frac{a}{\lambda}$

(3) $E[X^2]=\frac{\Gamma(a+2)}{\lambda^2\Gamma(a)}=\frac{a(a+1)}{\lambda^2}$ より $V(X)=E[X^2]-(E[X])^2=\frac{a(a+1)}{\lambda^2}-\frac{a^2}{\lambda^2}=\frac{a}{\lambda^2}$

(4) $M_X(t)=E[e^{tX}]=\frac{\lambda^a}{\Gamma(a)}\int_0^{\infty}e^{tx}x^{a-1}e^{-\lambda x}dx$

$=\frac{\lambda^a}{\Gamma(a)}\int_0^{\infty}x^{a-1}e^{-(\lambda-t)x}dx=\frac{\lambda^a}{\Gamma(a)}\frac{\Gamma(a)}{(\lambda-t)^a}$

$=\left(\frac{\lambda}{\lambda-t}\right)^a$

(II) (1) $X\sim\chi^2(n)$ とすると，$t<\frac{1}{2}$ のとき，$M_X(t)$

$=(\frac{1}{1-2t})^{-\frac{n}{2}}=(\frac{\frac{1}{2}}{\frac{1}{2}-t})^{\frac{n}{2}}$ だが，これは

$\Gamma(\frac{n}{2}, \frac{1}{2})$ のモーメント母関数でもあるので，$X\sim\Gamma(\frac{n}{2}, \frac{1}{2})$ となる．これは $\chi^2(n)$ と $\Gamma(\frac{n}{2}, \frac{1}{2})$ が同じものであることを意味している．

(2) 両者の密度関数が等しいことより明らか．

20 (I) (1) $X\sim\chi^2(n)=\Gamma(\frac{n}{2},\ \frac{1}{2})$ なので，

$$E[\frac{1}{\sqrt{X}}]=\frac{(\frac{1}{2})^{\frac{n}{2}}}{\Gamma(\frac{n}{2})}\int_0^\infty \frac{1}{\sqrt{x}}x^{\frac{n}{2}-1}e^{-\frac{1}{2}x}dx$$

$$=\frac{(\frac{1}{2})^{\frac{n}{2}}}{\Gamma(\frac{n}{2})}\int_0^\infty x^{\frac{n-1}{2}-1}e^{-\frac{1}{2}x}dx=$$

$$\begin{cases}\dfrac{(\frac{1}{2})^{\frac{n}{2}}}{\Gamma(\frac{n}{2})}\dfrac{\Gamma(\frac{n-1}{2})}{(\frac{1}{2})^{\frac{n-1}{2}}}=\dfrac{(\frac{1}{2})^{\frac{1}{2}}}{\frac{n-1}{2}}=\dfrac{\sqrt{2}}{n-1} & (n\geq 2)\\ \dfrac{(\frac{1}{2})^{\frac{1}{2}}}{\Gamma(\frac{1}{2})}\displaystyle\int_0^\infty x^{-1}e^{-\frac{1}{2}x}dx=\infty & (n=1)\end{cases}$$

ここで，$0<x\leq 1$ で $e^{-\frac{1}{2}x}\geq e^{-\frac{1}{2}}$ なので，

$\int_0^\infty x^{-1}e^{-\frac{1}{2}x}dx\geq\int_0^1 x^{-1}e^{-\frac{1}{2}x}dx\geq e^{-\frac{1}{2}}$,

$\int_0^1 x^{-1}dx=e^{-\frac{1}{2}}[\log x]_0^1=\infty$ に注意.

(2) $Z\sim N(0,1)$ で X と Z は独立とすると，

$\frac{Z}{\sqrt{X/n}}\sim t(n)$ なので，

- $n\geq 2$ のとき，

  $E[T]=E[\frac{Z}{\sqrt{X/n}}]=\sqrt{n}E[Z]E[\frac{1}{\sqrt{X}}]$

  $=\sqrt{n}\cdot 0\cdot\frac{\sqrt{2}}{n-1}=0$

- $n=1$ のとき，

  $E[|T|]=E[|\frac{Z}{\sqrt{X/n}}|]=\sqrt{n}E[|Z|]E[\frac{1}{\sqrt{X}}]$

  $=\sqrt{n}\cdot E[|Z|]\cdot\infty=\infty$

  よって $t(1)$ の期待値は定義されない.

(II) (1) 期待値を密度関数で表現して計算することもできるが，ここではモーメント母関数を使った計算方法を紹介する.

$\int_0^\infty M_Y(-t)dt=\int_0^\infty E[e^{-tY}]dt=E[\int_0^\infty e^{-tY}dt]$

$=E[[-\frac{1}{Y}e^{-tY}]_0^\infty]=E[\frac{1}{Y}]$

に注意すると

$E[\frac{1}{Y}]=\int_0^\infty(1+2t)^{-\frac{n}{2}}dt$

$$=\begin{cases}[-\frac{1}{n-2}(1+2t)^{1-\frac{n}{2}}]_0^\infty=\frac{1}{n-2} & (n\geq 3)\\ [\frac{1}{2}\log(1+2t)]_0^\infty=\infty & (n=2)\\ [\sqrt{1+2t}]_0^\infty=\infty & (n=1)\end{cases}$$

(2) $W\sim\chi^2(m)$ で Y と W は独立とすると，$\frac{W/m}{Y/n}\sim$ $F(m,n)$ なので，

$E[F]=E[\frac{W/m}{Y/n}]=\frac{n}{m}E[W]E[\frac{1}{Y}]$

$$=\begin{cases}\frac{n}{m}\cdot m\cdot\frac{1}{n-2}=\frac{n}{n-2} & (n\geq 3)\\ \frac{n}{m}\cdot m\cdot\infty=\infty & (n=1,2)\end{cases}$$

(III) (1) $E[X\,|\,Y]=(\mathrm{Po}(Y)$ の期待値$)=Y$ なので，$E[X]=E[E[X\,|\,Y]]=E[Y]$

$=\frac{n}{\lambda}$

(2) $V(X)=E[V(X\,|\,Y)]+V(E[X\,|\,Y])$ において，$V(X\,|\,Y)=(Po(Y)$ の分散$)=Y$ より $E[V(X\,|\,Y)]=E[Y]=\frac{n}{\lambda}$ であり，$E[X\,|\,Y]=Y$ より $V(E[X\,|\,Y])=V(Y)=\frac{n}{\lambda^2}$ なので，$V(X)=\frac{n}{\lambda}+\frac{n}{\lambda^2}=\frac{n(\lambda+1)}{\lambda^2}$

(3) $P(X=k)=\int_0^\infty P(X=k\,|\,Y=y)f_Y(y)dy=$

$\int_0^\infty e^{-y}\frac{y^k}{k!}\cdot\frac{\lambda^n}{\Gamma(n)}y^{n-1}e^{-\lambda y}dy=\frac{\lambda^n}{(n-1)!k!}$

$\int_0^\infty y^{n+k-1}e^{-(\lambda+1)y}dy$

$=\frac{\lambda^n}{(n-1)!k!}\frac{\Gamma(n+k)}{(\lambda+1)^{n+k}}=\frac{\lambda^n}{(n-1)!k!}\frac{(n+k-1)!}{(\lambda+1)^{n+k}}$

$=\frac{(n+k-1)!}{(n-1)!k!}\frac{\lambda^n}{(\lambda+1)^n}\frac{1}{(\lambda+1)^k}=\binom{n+k-1}{k}$

$\left(\frac{\lambda}{\lambda+1}\right)^n\left(\frac{1}{\lambda+1}\right)^k$

したがって，$X\sim NB(n,\ \frac{\lambda}{\lambda+1})$

21 (I) (1) W, Z のとりうる値は $W>0$, $0<Z<1$ に注意. $x>0$, $y>0$ について，$w=x+y$, $s=\frac{x}{x+y}$ とおくと，$w>0$, $0<s<1$ であり，$x=zw$, $y=(1-z)w$ である.

$f_{X,Y}(x,y)dxdy=f_{W,Z}(w,z)dwdz$ より，

$f_{W,Z}(w,z)=f_{X,Y}(x,y)\left|\frac{dxdy}{dwdz}\right|=f_X(zw)$

$f_{(}(1-z)w)\left|\frac{d(zw)d((1-z)w)}{dwdz}\right|=\frac{\lambda^\alpha}{\Gamma(\alpha)}z^{(\alpha-1)}$

$w^{(\alpha-1)}e^{-\lambda zw}\cdot\frac{\lambda^\beta}{\Gamma(\beta)}(1-z)^{(\beta-1)}w^{(\beta-1)}e^{-\lambda(1-z)w}\cdot$

$w=\frac{\lambda^{\alpha+\beta}}{\Gamma(\alpha)\Gamma(\beta)}w^{\alpha+\beta-1}e^{-\lambda w}z^{(\alpha-1)}(1-z)^{(\beta-1)}$

よって，$f_{W,Z}(w,z)=(w$ だけの関数$)\times(z$ だけの関数$)$ となるので W と Z は独立.

(2) $w>0$, $0<s<1$ について，

$f_{W,Z}(w,z)$

$=\frac{\lambda^{\alpha+\beta}}{\Gamma(\alpha+\beta)}w^{\alpha+\beta-1}e^{-\lambda w}\cdot\frac{\Gamma(\alpha+\beta)}{\Gamma(\alpha)\Gamma(\beta)}z^{(\alpha-1)}(1-z)^{(\beta-1)}=\cdot\frac{1}{B(\alpha,\beta)}z^{(\alpha-1)}(1-z)^{(\beta-1)}$

$\frac{\lambda^{\alpha+\beta}}{\Gamma(\alpha+\beta)}w^{\alpha+\beta-1}e^{-\lambda w}$

これより，$W\sim\Gamma(\alpha+\beta)$, $Z\sim\beta(\alpha,\beta)$ がわかる.

(II) (1) $E[Z^n]=\frac{1}{B(a,b)}\int_0^1 z^n z^{a-1}(1-z)^{b-1}dz$

$=\frac{1}{B(a,b)}\int_0^1 z^{a+n-1}(1-z)^{b-1}dz$

$=\frac{B(a+n,b)}{B(a,b)}=\frac{\Gamma(a+n)\Gamma(b)}{\Gamma(a+b+n)}\cdot\frac{\Gamma(a+b)}{\Gamma(a)\Gamma(b)}$

$=\dfrac{\Gamma(a+n)}{\Gamma(a+b+n)}\cdot\dfrac{\Gamma(a+b)}{\Gamma(a)}$

$E[Z]=\dfrac{\Gamma(a+1)}{\Gamma(a+b+1)}\cdot\dfrac{\Gamma(a+b)}{\Gamma(a)}$

$=\dfrac{a\Gamma(a)}{(a+b)\Gamma(a+b)}\cdot\dfrac{\Gamma(a+b)}{\Gamma(a)}=\dfrac{a}{a+b}$

$E[Z^2]=\dfrac{\Gamma(a+2)}{\Gamma(a+b+2)}\cdot\dfrac{\Gamma(a+b)}{\Gamma(a)}$

$=\dfrac{(a+1)a\Gamma(a)}{(a+b+1)(a+b)\Gamma(a+b)}\cdot\dfrac{\Gamma(a+b)}{\Gamma(a)}$

$=\dfrac{(a+1)a}{(a+b+1)(a+b)}$

$V(Z)=E[Z^2]-(E[Z])^2=\dfrac{(a+1)a}{(a+b+1)(a+b)}-$
$\dfrac{a^2}{(a+b)^2}=\dfrac{ab}{(a+b+1)(a+b)^2}$

(2) $X\sim\Gamma(a,\lambda)$, $Y\sim\Gamma(b,\lambda)$ とし，X と Y は独立とすると，$\dfrac{X}{X+Y}\sim\beta(a,b)$, $X+Y\sim\Gamma(a+b,\lambda)$ で，上の問題の結果より $\dfrac{X}{X+Y}$ と $X+Y$ は独立なので，(Z,W) の同時分布と $(\dfrac{X}{X+Y}, X+Y)$ の同時分布は等しい（両者の同時密度関数は何か考えてみよ）．したがって，その積 ZW と $\dfrac{X}{X+Y}\cdot X+Y=X$ の分布は等しい．よって，$X\sim\Gamma(a,\lambda)$ なので，$ZW\sim\Gamma(a,\lambda)$

22 (1) $E[B]=E[E[B|Q]]=E[B(n,Q)$ の期待値]
$=E[nQ]=nE[Q]=\dfrac{na}{a+b}$

(2) $V(B)=V(E[B|Q])+E[V(B|Q)]$
$=V(B(n,Q)$ の期待値$)+E[B(n,Q)$ の分散]
$=V(nQ)+E[nQ(1-Q)]$
$=n^2V(Q)+nE[Q]-nE[Q^2]$
$=\dfrac{n^2ab}{(a+b+1)(a+b)^2}+\dfrac{na}{a+b}-\dfrac{n(a+1)a}{(a+b+1)(a+b)}$
$=\dfrac{nab(a+b+n)}{(a+b+1)(a+b)^2}$

(3) $B(1,1)=\dfrac{\Gamma(1)\Gamma(1)}{\Gamma(2)}=1$ に注意して密度関数を考えれば明らかに $\beta(1,1)=\mathrm{U}(0,1)$ よって $a=b=1$ のとき $Q\sim U(0,1)$

(4) $k=0,1,2,\ldots,n$ について，

$P(B=k)=\displaystyle\int_0^1 P(B=k|Q=x)f_Q(x)dx$

$=\displaystyle\int_0^1\binom{n}{k}x^k(1-x)^{n-k}\cdot\frac{1}{B(a,b)}x^{a-1}(1-x)^{b-1}dx$

$=\displaystyle\binom{n}{k}\frac{1}{B(a,b)}\int_0^1\cdot x^{a+k-1}(1-x)^{b+n-k-1}dx$

$=\dbinom{n}{k}\dfrac{B(a+k,b+n-k)}{B(a,b)}$ $B(1,1)=\dfrac{\Gamma(1)\Gamma(1)}{\Gamma(2)}=$
1 と $B(k+1,n-k+1)=\dfrac{\Gamma(k+1)\Gamma(n-k+1)}{\Gamma(n+2)}=$
$\dfrac{k!(n-k)!}{(n+1)!}$ より，$a=b=1$ のとき，

$P(B=k)=\dbinom{n}{k}\dfrac{k!(n-k)!}{(n+1)!}$

$=\dfrac{n!}{k!(n-k)!}\dfrac{k!(n-k)!}{(n+1)!}=\dfrac{1}{n+1}$,
$k=0,1,2,\ldots,n$

23 (1) $0\leq S<\infty$, $0\leq R\leq 1$ に注意.
$0\leq s<\infty$, $0\leq r\leq 1$ のとき，$s=x+y$, $r=\dfrac{x}{x+y}$ とすると，$x=rs$, $y=(1-r)s$ より，$|\dfrac{dxdy}{dsdr}|=s$ なので，

$f_{S,R}(s,r)=f_{X,Y}(x,y)|\dfrac{dxdy}{dsdr}|=f_X(rs)f_Y((1-r)s)s=\lambda e^{-\lambda rs}\mu e^{-\mu(1-r)s}s=\lambda\mu se^{-\mu s+(\mu-\lambda)rs}$

(2) $f_R(r)=\displaystyle\int_{-\infty}^{\infty}f_{S,R}(s,r)ds$

$=\lambda\mu\displaystyle\int_0^{\infty}se^{-(\mu+(\lambda-\mu)r)s}ds$

$=\dfrac{\lambda\mu}{(\mu+(\lambda-\mu)r)^2}\displaystyle\int_0^{\infty}te^{-t}dt$

$=\dfrac{\lambda\mu}{(\mu+(\lambda-\mu)r)^2}\Gamma(2)=\dfrac{\lambda\mu}{(\mu+(\lambda-\mu)r)^2}$

(3) $f_S(s)=\displaystyle\int_{-\infty}^{\infty}f_{S,R}(s,r)dr$

$=\dfrac{\lambda\mu}{\mu-\lambda}e^{-\lambda s}+\dfrac{\lambda\mu}{\lambda-\mu}e^{-\mu s}$

24 $f_{X+Y+Z}(x)=\displaystyle\int_0^x f_{X+Y}(x-z)f_Z(z)dz$

$=\displaystyle\int_0^x\left(\frac{\lambda\mu}{\mu-\lambda}e^{-\lambda(x-z)}+\frac{\lambda\mu}{\lambda-\mu}e^{-\mu(x-z)}\right)\nu e^{-\nu z}dz=$
$\dfrac{\lambda\mu\nu}{(\mu-\lambda)(\nu-\lambda)}e^{-\lambda x}+\dfrac{\lambda\mu\nu}{(\lambda-\mu)(\nu-\mu)}e^{-\mu x}$
$+\dfrac{\lambda\mu\nu}{(\lambda-\nu)(\mu-\nu)}e^{-\nu x}$

25 $y>0$ のとき，

$P(Y>y)=P(\dfrac{1}{X}>y)=P(0<X<\dfrac{1}{y})$

$=\displaystyle\int_0^{1/y}\frac{1}{\pi(1+x^2)}dx$

$=\displaystyle\int_{\infty}^{y}\frac{1}{\pi(1+(1/t)^2)}(-\frac{1}{t^2})dt$

$=\displaystyle\int_y^{\infty}\frac{1}{\pi(1+t^2)}dt=P(X>y)$

また，$P(Y>0)=P(\dfrac{1}{X}>0)=P(X>0)$

よって，$y\geq 0$ のとき，$P(Y\leq y)=P(X\leq y)$ が成り立つ．

また，X の分布が対称である（X と $-X$ の分布が等しい）ことより，Y の分布も対称になる．実際，

$P(Y\leq y)=P(\dfrac{1}{X}\leq y)=P(\dfrac{1}{(-X)}\geq -y)$

$=P(\dfrac{1}{X}\geq -y)=P(Y\geq -y)$

と確認できる．よって，$y<0$ のとき，

$P(Y\leq y)=P(Y\geq -y)=P(X\geq -y)=P(X\leq y)$

ただし，2 番目の等号では，上で示したことを $-y>0$ に対して使った．これより，$y<0$ のときも，$P(Y\leq y)=P(X\leq y)$ が成り立つ．

したがって，すべての $-\infty<y<\infty$ について $P(Y\leq y)=P(X\leq y)$ が成り立つので，Y の分布は X と同じコーシー分布．

26 (1) $0<Y\leq 1$ に注意．$0<y\leq 1$ のとき，

$$P(Y\leq y)=P(\frac{1}{1+X^2}\leq y)=P(X^2\geq\frac{1}{y}-1)$$

$$=P(X\geq\sqrt{\frac{1}{y}-1})+P(X\leq-\sqrt{\frac{1}{y}-1})$$

$$=2P(X\leq-\sqrt{\frac{1}{y}-1})$$

$$f_Y(y)=\frac{d}{dy}P(Y\leq y)=2f_X(-\sqrt{\frac{1}{y}-1})\frac{d}{dy}(-\sqrt{\frac{1}{y}-1})=2\frac{1}{\pi(1+\frac{1}{y}-1)}\frac{1}{2}\sqrt{\frac{y}{1-y}}\frac{1}{y^2}$$

$$=\frac{1}{\pi\sqrt{y(1-y)}}$$

(2) 上の問題から X^2 と $\frac{1}{X^2}$ の分布が等しいので，

$$E[\frac{X^2}{1+X^2}]=E[\frac{1}{\frac{1}{X^2}+1}]=E[\frac{1}{X^2+1}]$$

よって，$E[\frac{1+X^2}{1+X^2}]=E[\frac{1}{1+X^2}]+E[\frac{X^2}{1+X^2}]=2E[\frac{1}{1+X^2}]$

ところで，もちろん $E[\frac{1+X^2}{1+X^2}]=1$ である．

したがって，$E[\frac{1}{1+X^2}]=\frac{1}{2}$

このことは，上で求めた $Y=\frac{1}{1+X^2}$ の密度関数 $f_Y(y)$ が $y=\frac{1}{2}$ で対称であることからも容易に想像がつく．

27 問題の半円を D とする．D の面積は $\frac{\pi}{2}$

よって，〈注〉の通り，$f_{X,Y}=\frac{2}{\pi}$，$(x,y)\in D$

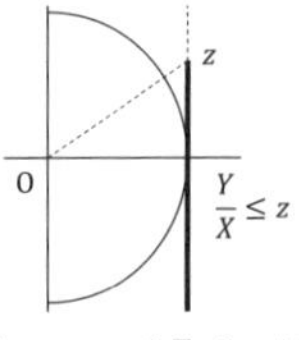

$Z=\frac{Y}{X}$ とすると，$-\infty<Z<\infty$ に注意．

$-\infty<z<\infty$ について，

$$P(Z\leq z)=P(\frac{Y}{X}\leq z)=\iint_{\frac{y}{x}\leq z}f_{X,Y}(x,y)dxdy$$

$=\iint_{\frac{y}{x}\leq z,\ (x,y)\in D}\frac{2}{\pi}dxdy=\frac{2}{\pi}\times$($D$ の中で直線 $y=zx$ より下部の面積)$=\frac{2}{\pi}\times\frac{1}{2}(\frac{\pi}{2}+\arctan z)$

$$=\frac{1}{2}+\frac{1}{\pi}\arctan z$$

よって，$f_Z(z)=\frac{d}{dz}P(Z\leq z)=\frac{1}{\pi}\cdot\frac{1}{1+z^2}$

これより，Z はコーシー分布に従うことがわかる．

28 (1) χ^2 分布の定義より明らか．

(2) $R>0$，$-\frac{\pi}{2}<\Theta<\frac{\pi}{2}$ に注意．$-\infty<x<\infty$, $-\infty<y<\infty$ について，$r=\sqrt{x^2+y^2}$，$\theta=\arctan\frac{y}{x}$ とおくと，$r>0$，$-\frac{\pi}{2}<\theta<\frac{\pi}{2}$ であり，$x=r\cos\theta$，$y=r\sin\theta$ となる．

$f_{R,\Theta}(r,\theta)drd\theta=f_X(x)f_Y(y)dxdy$ より，

$r>0, -\frac{\pi}{2}<\theta<\frac{\pi}{2}$ について，

$$f_{R,\Theta}(r,\theta)=f_X(r\cos\theta)f_Y(r\sin\theta)\left|\frac{dxdy}{drd\theta}\right|$$

$$=\frac{1}{\sqrt{2\pi}}e^{-\frac{r^2\cos^2\theta}{2}}\cdot\frac{1}{\sqrt{2\pi}}e^{-\frac{r^2\sin^2\theta}{2}}\cdot r=\frac{1}{2\pi}re^{-\frac{r^2}{2}}$$

よって，R と Θ の同時密度関数は

$f_{R,\Theta}(r,\theta)=\frac{1}{2\pi}re^{-\frac{r^2}{2}}$，$r>0$，$-\frac{\pi}{2}<\theta<\frac{\pi}{2}$.

したがって，$-\frac{\pi}{2}<\theta<\frac{\pi}{2}$ について，

$$f_\Theta(\theta)=\int_{-\infty}^{\infty}f_{R,\Theta}(r,\theta)dr=\int_0^{\infty}\frac{1}{2\pi}re^{-\frac{r^2}{2}}dr$$

$$=\frac{1}{\pi}[-e^{-\frac{r^2}{2}}]_0^{\infty}=\frac{1}{\pi}$$

よって，$\Theta\sim U(-\frac{\pi}{2},\frac{\pi}{2})$

ここで，h が単調増加で h^{-1} が微分可能なら

$$f_{h(\Theta)}(x)=\frac{d}{dx}P(h(\Theta)\leq x)=\frac{d}{dx}P(\Theta\leq h^{-1}(x))$$

$$=f_\Theta(h^{-1}(x))(h^{-1})'(x)$$

なので，$-\infty<x<\infty$ について，

$$f_{\tan\Theta}(x)=f_\Theta(\arctan x)\arctan'(x)$$

$$=\frac{1}{\pi}\cdot\frac{1}{1+x^2}$$

よって，$\tan\Theta$ はコーシー分布に従うことがわかる．

(3) 前問の解答の通り，$f_{R,\Theta}(r,\theta)=\frac{1}{2\pi}re^{-\frac{r^2}{2}}$，$r>0$，$-\frac{\pi}{2}<\theta<\frac{\pi}{2}$ より明らか．

(4) X と Y が独立同分布なので，

$E[\frac{X^2}{R^2}]=E[\frac{X^2}{X^2+Y^2}]$ と $E[\frac{Y^2}{R^2}]=E[\frac{Y^2}{X^2+Y^2}]$ は等しい．$E[\frac{X^2}{R^2}]+E[\frac{Y^2}{R^2}]=E[\frac{X^2+Y^2}{R^2}]=E[\frac{X^2+Y^2}{X^2+Y^2}]=1$ なので，$E[\frac{X^2}{R^2}]=\frac{1}{2}$

29 (I) (1) 密度関数の形より，

$$\begin{pmatrix}X\\Y\end{pmatrix}\sim\mathrm{N}\left(\begin{pmatrix}0\\0\end{pmatrix},\begin{pmatrix}1&\rho\\\rho&1\end{pmatrix}\right)$$

(2) $\begin{pmatrix} X+Y \\ X-Y \end{pmatrix} = \begin{pmatrix} 1 & 1 \\ 1 & -1 \end{pmatrix} \begin{pmatrix} X \\ Y \end{pmatrix}$ より，$(X+Y,\ X-Y)^\top$ が2次元正規分布に従うことがわかる．あとは期待値，分散，共分散がわかればよく，

$E[X+Y]=E[X-Y]=0$

$V(X+Y)=V(X)+2Cov(X, Y)+V(Y)=1+2\rho+1=2(1+\rho)$

$V(X-Y)=V(X)-2Cov(X, Y)+V(Y)=2(1-\rho)$

$Cov(X+Y, X-Y)$

$=V(X)+Cov(Y, X)-Cov(X, Y)-V(Y)=0$

より，$\begin{pmatrix} X+Y \\ X-Y \end{pmatrix} \sim \mathrm{N}\left(\begin{pmatrix} 0 \\ 0 \end{pmatrix}, \begin{pmatrix} 2(1+\rho) & 0 \\ 0 & 2(1-\rho) \end{pmatrix}\right)$

(3) $\begin{pmatrix} X \\ Z \end{pmatrix} = \begin{pmatrix} 1 & 0 \\ -\dfrac{\rho}{\sqrt{1-\rho^2}} & \dfrac{1}{\sqrt{1-\rho^2}} \end{pmatrix} \begin{pmatrix} X \\ Y \end{pmatrix}$ なので，$(X, Z)^\top$ は2次元正規分布に従うことがわかる．なので，期待値，分散，共分散がわかればよい．

$$E[Z]=\frac{E[Y]-\rho E[X]}{\sqrt{1-\rho^2}}=0,$$

$$V(Z)=V(\frac{1}{\sqrt{1-\rho^2}}Y-\frac{\rho}{\sqrt{1-\rho^2}}X)$$

$$=\frac{1}{1-\rho^2}V(Y)-\frac{2\rho}{1-\rho^2}Cov(X, Y)+\frac{\rho^2}{1-\rho^2}V(X)$$

$$=\frac{1}{1-\rho^2}-\frac{2\rho^2}{1-\rho^2}+\frac{\rho^2}{1-\rho^2}=1$$

$$Cov(X, Z)=Cov(X,\ \frac{1}{\sqrt{1-\rho^2}}Y-\frac{\rho}{\sqrt{1-\rho^2}}X)$$

$$=\frac{1}{\sqrt{1-\rho^2}}Cov(X, Y)-\frac{\rho}{\sqrt{1-\rho^2}}V(X)$$

$$=\frac{\rho}{\sqrt{1-\rho^2}}-\frac{\rho}{\sqrt{1-\rho^2}}=0$$

よって，$\begin{pmatrix} X \\ Z \end{pmatrix} \sim \mathrm{N}\left(\begin{pmatrix} 0 \\ 0 \end{pmatrix}, \begin{pmatrix} 1 & 0 \\ 0 & 1 \end{pmatrix}\right)$ がわかり，分散共分散行列が対角行列なので X と Z が独立であり，周辺分布が $X \sim \mathrm{N}(0, 1)$，$Z \sim \mathrm{N}(0, 1)$ であることがわかる．

(4) $P(X>0, Y>0)=P(X>0, Z>-\dfrac{\rho X}{\sqrt{1-\rho^2}})$

$$=\frac{1}{2\pi}\int_0^\infty \int_{\frac{-\rho x}{\sqrt{1-\rho^2}}}^\infty e^{-\frac{1}{2}(x^2+z^2)}dzdx \qquad (\spadesuit)$$

$x=r\cos\theta$，$z=r\sin\theta$ と極座標変換すると，積分範囲は下図の色付きの部分なので，

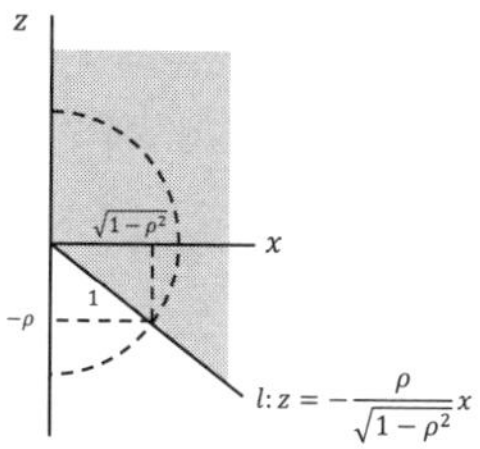

$$(\spadesuit)=\frac{1}{2\pi}\int_{-\arcsin\rho}^{\frac{\pi}{2}}\int_0^\infty e^{-\frac{r^2}{2}}rdrd\theta=\frac{1}{2\pi}(\frac{\pi}{2}+\arcsin\rho)[-e^{-\frac{r^2}{2}}]_0^\infty=\frac{1}{4}+\frac{1}{2\pi}\arcsin\rho$$

よって主張が示せた．

(5) X, Y の同時密度関数は $f_{X,Y}(x, y)=f_{X,Y}(-x, -y)$ をみたす．つまり，原点について点対称である．したがって，h を任意の2変数関数とするとき，$E[h(X, Y)]=E[h(-X, -Y)]$ となる．

このことを使うと問題の期待値は次のように計算できる．まず，

$$E[(\max(X, Y))^2]=E[X^2 1_{\{X\geq Y\}}]+E[Y^2 1_{\{X<Y\}}]$$

$$=E[(-X)^2 1_{\{-X\geq -Y\}}]+E[(-Y)^2 1_{\{-X<-Y\}}]$$

$$=E[X^2 1_{\{X\leq Y\}}]+E[Y^2 1_{\{X>Y\}}]$$

がわかり，これより，

$$E[(\max(X, Y))^2]=E[X^2 1_{\{X\geq Y\}}]+E[Y^2 1_{\{X<Y\}}],$$

$$E[(\max(X, Y))^2]=E[X^2 1_{\{X\leq Y\}}]+E[Y^2 1_{\{X>Y\}}]$$

$$=E[X^2 1_{\{X<Y\}}]+E[X^2 1_{\{X=Y\}}]+E[Y^2 1_{\{X>Y\}}]$$

$$=E[X^2 1_{\{X<Y\}}]+E[Y^2 1_{\{X=Y\}}]+E[Y^2 1_{\{X>Y\}}]$$

$$=E[X^2 1_{\{X<Y\}}]+E[Y^2 1_{\{X\geq Y\}}]$$

が得られる．この2式の両辺をそれぞれ足して2で割ると，

$$E[(\max(X, Y))^2]=\frac{1}{2}(E[X^2]+E[Y^2])$$

よって，$E[(\max(X, Y))^2]=1$

(II) (1) $U=\dfrac{Y}{\tau}$，$V=\dfrac{\tau X-\rho\sigma Y}{\sigma\tau\sqrt{1-\rho^2}}$ とおくと，U, V は独立に $N(0, 1)$ に従うことがわかる．実際，$(U, V)^\top$ が2次元正規分布に従うことは明らかで，

$$E[U]=\frac{E[Y]}{\tau}=0,$$

$$E[V]=\frac{\tau E[X]-\rho\sigma E[Y]}{\sigma\tau\sqrt{1-\rho^2}}=0,$$

$$V(U)=\frac{V(Y)}{\tau^2}=1,$$

$V(V)$

$$=\frac{\tau^2}{\sigma^2\tau^2(1-\rho^2)}V(X)-\frac{2\rho\tau\sigma}{\sigma^2\tau^2(1-\rho^2)}Cov(X, Y)$$

$$+\frac{\rho^2\sigma^2}{\sigma^2\tau^2(1-\rho^2)}V(Y)$$

$$=\frac{\tau^2}{\sigma^2\tau^2(1-\rho^2)}\sigma^2-\frac{2\rho\tau\sigma}{\sigma^2\tau^2(1-\rho^2)}\rho\sigma\tau$$

$+\frac{\rho^2\sigma^2}{\sigma^2\tau^2(1-\rho^2)}\tau^2$

$=\frac{1}{1-\rho^2}-\frac{2\rho^2}{1-\rho^2}+\frac{\rho^2}{1-\rho^2}=1,$

$Cov(U, V)=Cov(\frac{Y}{\tau}, \frac{\tau X-\rho\sigma Y}{\sigma\tau\sqrt{1-\rho^2}})$

$=\frac{1}{\sigma\tau\sqrt{1-\rho^2}}Cov(X, Y)-\frac{\rho}{\tau^2\sqrt{1-\rho^2}}V(Y)$

$=\frac{1}{\sigma\tau\sqrt{1-\rho^2}}\rho\sigma\tau-\frac{\rho}{\tau^2\sqrt{1-\rho^2}}\tau^2$

$=\frac{\rho}{\sqrt{1-\rho^2}}-\frac{\rho}{\sqrt{1-\rho^2}}=0$

となる．

問題の条件付期待値をこのU, Vで書き換えると，$Y=\tau U$，$X=\sigma\rho U+\sigma\sqrt{1-\rho^2}V$ より，

$E[X|Y=y]$

$=E[\sigma\rho U+\sigma\sqrt{1-\rho^2}V|\tau U=y]$

$=E[\frac{\sigma\rho}{\tau}y+\sigma\sqrt{1-\rho^2}V|U=\frac{1}{\tau}y]=\frac{\sigma\rho}{\tau}y$

(2) 前問と同じU, Vを使うと，

$E[X^2|Y=y]$

$=E[(\sigma\rho U+\sigma\sqrt{1-\rho^2}V)^2|U=\frac{1}{\tau}y]$

$=E[(\frac{\sigma\rho}{\tau}y+\sigma\sqrt{1-\rho^2}V)^2|U=\frac{1}{\tau}y]$

$=E[(\frac{\sigma\rho}{\tau}y+\sigma\sqrt{1-\rho^2}V)^2]$

$=\frac{\sigma^2\rho^2}{\tau^2}y^2+\frac{2\sigma^2\rho\sqrt{1-\rho^2}}{\tau}yE[V]+\sigma^2(1-\rho^2)E[V^2]$

$=\frac{\sigma^2\rho^2}{\tau^2}y^2+\sigma^2(1-\rho^2)$

よって，

$V(X|Y=y)=E[X^2|Y=y]-(E[X|Y=y])^2$

$=\frac{\sigma^2\rho^2}{\tau^2}y^2+\sigma^2(1-\rho^2)-\frac{\sigma^2\rho^2}{\tau^2}y^2=\sigma^2(1-\rho^2)$

(3) (1) では，平均ベクトルが$(0, 0)^\top$の2次元正規分布に従う一般的な$(X, Y)^\top$について$E[X|Y=y]$を任意の$-\infty<y<\infty$について計算した．ところで，問題の$(X, X+Y)^\top$も明らかに平均ベクトルが$(0, 0)^\top$の2次元正規分布に従う．なので，(1)の結果より$E[X|X+Y=z]$もわかる．

(1)の結果より，

$E[X|X+Y=z]=\frac{\sqrt{V(X)}\rho(X, X+Y)}{\sqrt{V(X+Y)}}z$

ここで，

$V(X)=\sigma^2,$

$V(X+Y)=V(X)+2Cov(X, Y)+V(Y)$

$=\sigma^2+2\sigma\tau\rho+\tau^2,$

$Cov(X, X+Y)=V(X)+Cov(X, Y)=\sigma^2+\sigma\tau\rho,$

$\rho(X, X+Y)=\frac{Cov(X, X+Y)}{\sqrt{V(X)}\sqrt{V(X+Y)}}$

$=\frac{\sigma^2+\sigma\tau\rho}{\sigma\sqrt{\sigma^2+2\sigma\tau\rho+\tau^2}}=\frac{\sigma+\tau\rho}{\sqrt{\sigma^2+2\sigma\tau\rho+\tau^2}}$

したがって，

$E[X|X+Y=z]$

$=\frac{\sigma\frac{\sigma+\tau\rho}{\sqrt{\sigma^2+2\sigma\tau\rho+\tau^2}}}{\sqrt{\sigma^2+2\sigma\tau\rho+\tau^2}}z=\frac{\sigma^2+\sigma\tau\rho}{\sigma^2+2\sigma\tau\rho+\tau^2}z$

(4) (2) では，平均ベクトルが$(0, 0)^\top$の2次元正規分布に従う一般的な$(X, Y)^\top$について$V(X|Y=y)$を任意の$-\infty<y<\infty$について計算した．問題の$(X, X+Y)^\top$も平均ベクトルが$(0, 0)^\top$の2次元正規分布に従うので，(2)の結果より$V(X|X+Y=z)$もわかる．

(2)の結果と(3)の計算より，$V(X|X+Y=z)=V(X)(1-\rho(X, X+Y)^2)=\sigma^2(1-\frac{(\sigma+\tau\rho)^2}{\sigma^2+2\sigma\tau\rho+\tau^2})$

$=\frac{\sigma^2\tau^2(1-\rho^2)}{\sigma^2+2\sigma\tau\rho+\tau^2}$

30 (1) $y\geq 0$のとき，

$P(Y>y)=P(X\geq 0\cap|Z|>y)=P(X\geq 0)P(Z>y\cup Z<-y)=\frac{1}{2}\cdot 2P(Z>y)=P(Z>y).$

$y<0$のとき，

$P(Y\leq y)=P(X<0\cap -|Z|\leq y)=P(X>0)P(Z\leq y\cup Z\geq -y)=\frac{1}{2}\cdot 2P(Z\leq y)=P(Z\leq y)$

よって，すべての$-\infty<y<\infty$に対して$P(Y\leq y)=P(Z\leq y)$がわかる．したがって，Yの分布はZと等しく$N(0, 1)$

(2) $E[X+Y]=E[X]+E[Y]=0$

(3) 直感的に，XとYは正負が一致しているので，$X+Y$は0付近の値はめったにとらなそうである．しかし，前問より$X+Y$は平均が0なので，もし正規分布に従うとしたら，$X+Y$は0付近の値を最もとりやすいはずである．したがって，$X+Y$が正規分布に従うとは考えにくい．

実際，$X+Y$の密度関数をシミュレーションによって近似的に書いてみると，次の図のようになる．

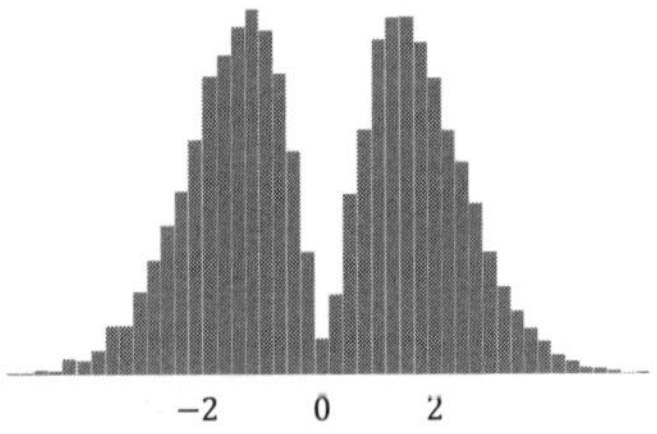

しかし，きちんと証明するには工夫がいる．次の

ように考えるとよい．

天下り的だが，まず次の2つのことがわかる．

- 任意の $\beta\in\mathbb{R}$ について，
  $E[e^{\beta|Z|}]=2E[e^{\beta X}1_{\{X\geq 0\}}]$
- 任意の $\beta\in\mathbb{R}$ について，
  $E[e^{\beta X}1_{\{X\geq 0\}}]=e^{\frac{\beta^2}{2}}P(X>-\beta)$

実際，$e^{\beta|z|}f_Z(z)$ が偶関数なので，

$$E[e^{\beta|Z|}]=\int_{-\infty}^{\infty}e^{\beta|z|}f_Z(z)dz$$

$$=2\int_0^{\infty}e^{\beta z}f_Z(z)dz=2\int_0^{\infty}e^{\beta z}f_X(z)dz$$

$$=2E[e^{\beta X}1_{\{X\geq 0\}}]$$

でありまた，

$$E[e^{\beta X}1_{\{X\geq 0\}}]=\frac{1}{\sqrt{2\pi}}\int_0^{\infty}e^{\beta x}e^{-\frac{x^2}{2}}dx$$

$$=\frac{1}{\sqrt{2\pi}}\int_0^{\infty}e^{-\frac{1}{2}(x^2-2\beta x)}dx=\frac{1}{\sqrt{2\pi}}\int_0^{\infty}e^{-\frac{1}{2}((x-\beta)^2-\beta^2)}dx$$

$$=e^{\frac{\beta^2}{2}}\cdot\frac{1}{\sqrt{2\pi}}\int_0^{\infty}e^{-\frac{1}{2}(x-\beta)^2}dx=e^{\frac{\beta^2}{2}}\cdot\frac{1}{\sqrt{2\pi}}\int_{-\beta}^{\infty}e^{-\frac{1}{2}y^2}dy$$

$$=e^{\frac{\beta^2}{2}}P(X>-\beta)$$

次に，$X+Y$ が正規分布に従うと背理法の仮定をおく．$E[X+Y]=0$ より，もし $X+Y$ が正規分布に従うなら，ある σ^2 が存在して，モーメント母関数 $M_{X+Y}(\alpha)=E[e^{\alpha(X+Y)}]$ について，

$$E[e^{\alpha(X+Y)}]=e^{\frac{1}{2}\sigma^2\alpha^2}$$

となるはずである．ここで，

$$E[e^{\alpha(X+Y)}]$$

$$=E[e^{\alpha(X+Y)}1_{\{X\geq 0\}}]+E[e^{\alpha(X+Y)}1_{\{X<0\}}]$$

$$=E[e^{\alpha(X+|Z|)}1_{\{X\geq 0\}}]+E[e^{\alpha(X-|Z|)}1_{\{X<0\}}]$$

$$=E[e^{\alpha X}1_{\{X\geq 0\}}]E[e^{\alpha|Z|}]+E[e^{\alpha X}1_{\{X<0\}}]E[e^{-\alpha|Z|}]$$

$$=E[e^{\alpha X}1_{\{X\geq 0\}}]E[e^{\alpha|Z|}]+E[e^{-\alpha X}1_{\{X>0\}}]E[e^{-\alpha|Z|}]$$

$$=2E[e^{\alpha X}1_{\{X\geq 0\}}]^2+2E[e^{-\alpha X}1_{\{X\geq 0\}}]^2$$

$$=2e^{\alpha^2}P(X>-\alpha)^2+2e^{\alpha^2}P(X>\alpha)^2$$

なので，仮定が正しければ

$$e^{\frac{1}{2}\sigma^2\alpha^2}=2e^{\alpha^2}(P(X>-\alpha)^2+P(X>\alpha)^2)$$

すなわち，

$$e^{\left(\frac{1}{2}\sigma^2-1\right)\alpha^2}=2(P(X>-\alpha)^2+P(X>\alpha)^2)$$

が成り立つはずである．ところで，右辺の $\alpha\to\infty$ とする極限をとると

$$\lim_{\alpha\to\infty}2(P(X>-\alpha)^2+P(X>\alpha)^2)=2(1^2+0^2)=2$$

である．しかし，左辺の極限 $\lim_{\alpha\to\infty}e^{\left(\frac{1}{2}\sigma^2-1\right)\alpha^2}$ は2になることはない．したがって，矛盾が生じる．よって，$X+Y$ が正規分布に従うという仮定は間違いだとわかる．

(4) もし (X, Y) が2次元正規分布に従うなら，$X+Y$ は正規分布に従うはずである．しかし前問でそうでないことがわかっているので，(X, Y) の分布は2次元正規分布ではない．

31 (1) U, V, W を

$$X=U$$

$$Y=\rho_1U+\sqrt{1-\rho_1^2}V$$

$$Z=\rho_3U+\frac{\rho_2-\rho_1\rho_3}{\sqrt{1-\rho_1^2}}V+\sqrt{\frac{1-\rho_1^2-\rho_2^2-\rho_3^2+2\rho_1\rho_2\rho_3}{1-\rho_1^2}}W$$

を満たすように定義する．すると，U, V, W は独立に $\mathrm{N}(0, 1)$ に従うことがわかる．

実際，(U, V, W) が3次元正規分布に従うことは明らかで，それぞれ期待値は0，分散は1で，どの2つをとっても無相関であることが次のようにわかる．

- $E[U]=E[X]=0$
- $E[Y]=\rho_1E[U]+\sqrt{1-\rho_1^2}E[V]$,
  $0=\rho_1\cdot 0+\sqrt{1-\rho_1^2}E[V]$
  より $E[V]=0$
- $E[Z]=\rho_3E[U]+\dfrac{\rho_2-\rho_1\rho_3}{\sqrt{1-\rho_1^2}}E[V]+\sqrt{\dfrac{1-\rho_1^2-\rho_2^2-\rho_3^2+2\rho_1\rho_2\rho_3}{1-\rho_1^2}}E[W]$
  $0=\rho_3\cdot 0+\dfrac{\rho_2-\rho_1\rho_3}{\sqrt{1-\rho_1^2}}\cdot 0+\sqrt{\dfrac{1-\rho_1^2-\rho_2^2-\rho_3^2+2\rho_1\rho_2\rho_3}{1-\rho_1^2}}E[W]$
  より $E[W]=0$
- $V(U)=V(X)=1$
- $Cov(X, Y)=Cov(U, \rho_1U+\sqrt{1-\rho_1^2}V)$
  $=\rho_1V(U)+\sqrt{1-\rho_1^2}Cov(U, V)$ より，
  $\rho_1=\rho_1+\sqrt{1-\rho_1^2}Cov(U, V)$
  よって $Cov(U, V)=0$
- $V(Y)=V(\rho_1U+\sqrt{1-\rho_1^2}V)$
  $=\rho_1^2V(U)+2\rho_1\sqrt{1-\rho_1^2}Cov(U, V)+(1-\rho_1^2)V(V)$

より，

$1=\rho_1^2+(1-\rho_1^2)V(V)$

よって $V(V)=1$

- $Cov(X,\,Z)=Cov(U,\,\rho_3U+\dfrac{\rho_2-\rho_1\rho_3}{\sqrt{1-\rho_1^2}}V$

$+\sqrt{\dfrac{1-\rho_1^2-\rho_2^2-\rho_3^2+2\rho_1\rho_2\rho_3}{1-\rho_1^2}}W)$

$=\rho_3V(U)+\dfrac{\rho_2-\rho_1\rho_3}{\sqrt{1-\rho_1^2}}Cov(U,\,V)$

$+\sqrt{\dfrac{1-\rho_1^2-\rho_2^2-\rho_3^2+2\rho_1\rho_2\rho_3}{1-\rho_1^2}}Cov(U,\,W)$

より，

$\rho_3=\rho_3+\sqrt{\dfrac{1-\rho_1^2-\rho_2^2-\rho_3^2+2\rho_1\rho_2\rho_3}{1-\rho_1^2}}$

$Cov(U,\,W)$

よって $Cov(U,\,W)=0$

- $Cov(Y,\,Z)=Cov(\rho_1U+\sqrt{1-\rho_1^2}V,$

$\rho_3U+\dfrac{\rho_2-\rho_1\rho_3}{\sqrt{1-\rho_1^2}}V$

$+\sqrt{\dfrac{1-\rho_1^2-\rho_2^2-\rho_3^2+2\rho_1\rho_2\rho_3}{1-\rho_1^2}}W)$

$=\rho_1\rho_3+\rho_2-\rho_1\rho_3+\sqrt{1-\rho_1^2-\rho_2^2-\rho_3^2+2\rho_1\rho_2\rho_3}$

$Cov(V,\,W)$

よって $Cov(V,\,W)=0$

- $V(Z)=V(\rho_3U+\dfrac{\rho_2-\rho_1\rho_3}{\sqrt{1-\rho_1^2}}V$

$+\sqrt{\dfrac{1-\rho_1^2-\rho_2^2-\rho_3^2+2\rho_1\rho_2\rho_3}{1-\rho_1^2}}W)$

$=(1-\rho_1^2-\rho_2^2-\rho_3^2+2\rho_1\rho_2\rho_3)V(W)$

よって $V(W)=1$

したがって，$U,\,V,\,W$ は独立に $N(0,\,1)$ に従うことがわかる．問題の条件付期待値は，

$E[Z\,|\,X=x,\,Y=y]=E[\rho_3U+\dfrac{\rho_2-\rho_1\rho_3}{\sqrt{1-\rho_1^2}}V$

$+\sqrt{\dfrac{1-\rho_1^2-\rho_2^2-\rho_3^2+2\rho_1\rho_2\rho_3}{1-\rho_1^2}}W\,|\,U=x,\,V$

$=\dfrac{y-\rho_1x}{\sqrt{1-\rho_1^2}}]$

$=\dfrac{(\rho_3-\rho_1\rho_2)x+(\rho_2-\rho_1\rho_3)y}{1-\rho_1^2}$

よって $E[Z\,|\,X,\,Y]=\dfrac{(\rho_3-\rho_1\rho_2)X+(\rho_2-\rho_1\rho_3)Y}{1-\rho_1^2}$

(2) $V(Z\,|\,X=x,\,Y=y)=V(\rho_3U+\dfrac{\rho_2-\rho_1\rho_3}{\sqrt{1-\rho_1^2}}V+$

$\sqrt{\dfrac{1-\rho_1^2-\rho_2^2-\rho_3^2+2\rho_1\rho_2\rho_3}{1-\rho_1^2}}W\,|\,U=x,$

$V=\dfrac{y-\rho_1x}{\sqrt{1-\rho_1^2}})$

$=\dfrac{1-\rho_1^2-\rho_2^2-\rho_3^2+2\rho_1\rho_2\rho_3}{1-\rho_1^2}V(W)$

$=\dfrac{1-\rho_1^2-\rho_2^2-\rho_3^2+2\rho_1\rho_2\rho_3}{1-\rho_1^2}$

32 (I) (1) $Z_1=\dfrac{X_1-\mu}{\sigma}$，$Z_2=\dfrac{X_2-\mu}{\sigma}$

とすると，$Z_1,\,Z_2$ は独立に $\mathrm{N}(0,\,1)$ に従う確率変数．

$\boldsymbol{Z}=\begin{pmatrix}Z_1\\Z_2\end{pmatrix}$，$S=\begin{pmatrix}\sigma&0\\0&\sigma\end{pmatrix}$，$\boldsymbol{\mu}=\begin{pmatrix}\mu\\\mu\end{pmatrix}$

とすると，$\boldsymbol{X}=S\boldsymbol{Z}+\boldsymbol{\mu}$ とかけるので，$\boldsymbol{X}$ は2次元正規分布に従う．

(2) $T=\begin{pmatrix}1&1\\1&-1\end{pmatrix}$ とおくと，

$\boldsymbol{Y}=T\boldsymbol{X}=T(S\boldsymbol{Z}+\boldsymbol{\mu})=(TS)\boldsymbol{Z}+T\boldsymbol{\mu}$ とかけるので，$\boldsymbol{Y}$ は2次元正規分布に従う．

(3) $\overline{X}=\dfrac{1}{2}(X_1+X_2)$ であり，

$\displaystyle\sum_{i=1}^{2}(X_i-\overline{X})^2=\frac{1}{2}(X_1-X_2)^2$

であるが，$Cov(X_1+X_2,\,X_1-X_2)=0$ と前問より，X_1+X_2 と X_1-X_2 は独立．したがって，$\overline{X}$ と $\displaystyle\sum_{i=1}^{2}(X_i-\overline{X})^2$ も独立．

(II) (1) $Z_1=\dfrac{X_1-\mu}{\sigma}$，$Z_2=\dfrac{X_2-\mu}{\sigma}$，

$Z_3=\dfrac{X_3-\mu}{\sigma}$ とすると，$Z_1,\,Z_2,\,Z_3$ は独立に $\mathrm{N}(0,\,1)$ に従う確率変数．

$\boldsymbol{Z}=\begin{pmatrix}Z_1\\Z_2\\Z_3\end{pmatrix}$，$S=\begin{pmatrix}\sigma&0&0\\0&\sigma&0\\0&0&\sigma\end{pmatrix}$，$\boldsymbol{\mu}=\begin{pmatrix}\mu\\\mu\\\mu\end{pmatrix}$

とすると，$\boldsymbol{X}=S\boldsymbol{Z}+\boldsymbol{\mu}$ とかけるので，$\boldsymbol{X}$ は3次元正規分布に従う．

(2) $T=\begin{pmatrix}1&1&1\\\dfrac{3}{\sqrt{2}}&-\dfrac{3}{\sqrt{2}}&0\\\sqrt{\dfrac{3}{2}}&\sqrt{\dfrac{3}{2}}&-\sqrt{6}\end{pmatrix}$ とおくと，

$\boldsymbol{Y}=T\boldsymbol{X}=T(S\boldsymbol{Z}+\boldsymbol{\mu})=(TS)\boldsymbol{Z}+T\boldsymbol{\mu}$ とかけるので，$\boldsymbol{Y}$ は3次元正規分布に従う．

(3) $\overline{X}=\dfrac{1}{3}(X_1+X_2+X_3)$ と

$\displaystyle\sum_{i=1}^{3}(X_i-\overline{X})^2=\frac{1}{9}\{(2X_1-X_2-X_3)^2+(2X_2-X_3-X_1)^2+(2X_3-X_1-X_2)^2\}$

に注意．ここで，

$(2X_1-X_2-X_3)^2+(2X_2-X_3-X_1)^2+(2X_3-X_1-X_2)^2$

$=6X_1^2+6X_2^2+6X_3^2-6X_1X_2-6X_2X_3-6X_3X_1$

$=(\frac{3}{\sqrt{2}}X_1-\frac{3}{\sqrt{2}}X_2)^2+(\sqrt{\frac{3}{2}}X_1+\sqrt{\frac{3}{2}}X_2-\sqrt{6}X_3)^2$

より，

$\sum_{i=1}^{3}(X_i-\overline{X})^2=\frac{1}{9}\{(\frac{3}{\sqrt{2}}X_1-\frac{3}{\sqrt{2}}X_2)^2+(\sqrt{\frac{3}{2}}X_1+\sqrt{\frac{3}{2}}X_2-\sqrt{6}X_3)^2\}$　となる．

そして，$Cov(X_1+X_2+X_3,\ \frac{3}{\sqrt{2}}X_1-\frac{3}{\sqrt{2}}X_2)=0$,

$Cov(X_1+X_2+X_3,\ \sqrt{\frac{3}{2}}X_1+\sqrt{\frac{3}{2}}X_2-\sqrt{6}X_3)=0$

であることがわかり，このことと前問より，$\boldsymbol{Y}$ は分散共分散行列が $\begin{pmatrix}3\sigma^2 & 0 & 0\\ 0 & * & *\\ 0 & * & *\end{pmatrix}$ の形の3次元正規分布に従うことがわかるので，$X_1+X_2+X_3$ と $(\frac{3}{\sqrt{2}}X_1-\frac{3}{\sqrt{2}}X_2,\ \sqrt{\frac{3}{2}}X_1+\sqrt{\frac{3}{2}}X_2-\sqrt{6}X_3)$ は独立．したがって，$\overline{X}$ と $\sum_{i=1}^{3}(X_i-\overline{X})^2$ も独立．

33 (1) $k=1, 2, \ldots$ について，$T=k$ となるのは $k-1$ 回連続して裏が出た後に k 回目に表が出るときなので，その確率は $P(T=k)=(\frac{1}{2})^{k-1}\frac{1}{2}=\frac{1}{2^k}$．よって，

(賞金の期待値) $=2^1\cdot P(T=1)+2^2\cdot P(T=2)+2^3\cdot P(T=3)+\cdots=2^1\cdot\frac{1}{2^1}+2^2\cdot\frac{1}{2^2}+2^3\cdot\frac{1}{2^3}+\cdots=1+1+1+\cdots=\infty$

(2) (賞金の期待値) $=2^1\cdot P(T=1)+2^2\cdot P(T=2)+2^3\cdot P(T=3)+\cdots+2^{40}P(T=40)+2^{40}\cdot P(T\geq 41)$

$=2^1\cdot\frac{1}{2^1}+2^2\cdot\frac{1}{2^2}+2^3\cdot\frac{1}{2^3}+\cdots+2^{40}\cdot\frac{1}{2^{40}}+2^{40}\cdot\frac{1}{2^{40}}=\underbrace{1+1+1+\cdots+1+1}_{41\text{個}}=41$(円)

34 (I) (1) ハザード関数は

$H(x)=-\log(1-F(x))=-\log P(X>x)$
$=-\log e^{-\lambda x}=\lambda x$

$P(X\leq x+h\,|\,X>x)=\frac{P(x<X\leq x+h)}{P(X>x)}$
$=\frac{P(X>x)-P(X>x+h)}{P(X>x)}$
$=\frac{e^{-\lambda x}-e^{-\lambda(x+h)}}{e^{-\lambda x}}=1-e^{-\lambda h}$

より，ハザード率は

$r(x)=\lim_{h\downarrow 0}\frac{1}{h}P(X\leq x+h\,|\,X>x)$
$=\lim_{h\downarrow 0}\frac{1-e^{-\lambda h}}{h}=-\lim_{h\downarrow 0}\frac{e^{-\lambda h}-e^0}{h}=-\frac{d}{dt}e^{-\lambda t}|_{t=0}=\lambda$

(2) ハザード関数は

$H(x)=-\log(1-F(x))=-\log P(X>x)$
$=-\log\exp(-\alpha x^\beta)=\alpha x^\beta$

$P(X\leq x+h\,|\,X>x)=\frac{P(x<X\leq x+h)}{P(X>x)}$
$=\frac{P(X>x)-P(X>x+h)}{P(X>x)}$
$=\frac{\exp(-\alpha x^\beta)-\exp(-\alpha(x+h)^\beta)}{\exp(-\alpha x^\beta)}$

より，ハザード率は

$r(x)=\lim_{h\downarrow 0}\frac{1}{h}P(X\leq x+h\,|\,X>x)$
$=\lim_{h\downarrow 0}\frac{1}{h}\frac{\exp(-\alpha x^\beta)-\exp(-\alpha(x+h)^\beta)}{\exp(-\alpha x^\beta)}$
$=-\frac{1}{\exp(-\alpha x^\beta)}$
$\lim_{h\downarrow 0}\frac{\exp(-\alpha(x+h)^\beta)-\exp(-\alpha x^\beta)}{h}$
$=-\frac{1}{\exp(-\alpha x^\beta)}\frac{d}{dx}\exp(-\alpha x^\beta)$
$=-\frac{1}{\exp(-\alpha x^\beta)}(-\alpha\beta x^{\beta-1})\exp(-\alpha x^\beta)$
$=\alpha\beta x^{\beta-1}$

これが単調増加になるのは $\beta>1$ のとき．

(II) (1) $r(x)=\lim_{h\downarrow 0}\frac{1}{h}P(X\leq x+h\,|\,X>x)$
$=-\lim_{h\downarrow 0}\frac{1}{h}\frac{P(X>x+h)-P(X>x)}{P(X>x)}$
$=-\frac{1}{P(X>x)}\frac{d}{dx}P(X>x)$
$=-\frac{1}{1-F(x)}\frac{d}{dx}(1-F(x))=\frac{f(x)}{1-F(x)}$

と

$H'(x)=-\frac{d}{dx}\log(1-F(x))=\frac{f(x)}{1-F(x)}$

より．

(2) $\frac{d}{dx}\frac{H(x)}{x}\geq 0$ なら $\frac{H(x)}{x}$ は単調増加とわかる．

$\frac{d}{dx}\frac{H(x)}{x}=\frac{d}{dx}\frac{\int_0^x r(t)dt}{x}$
$=\frac{1}{x^2}(r(x)x-\int_0^x r(t)dt)$
$=\frac{1}{x^2}\int_0^x(r(x)-r(t))dt$ なので，$r(x)$ が単調増加なら $r(x)-r(t)\geq 0$, $t\leq x$ だから $\frac{d}{dx}\geq 0$ となる．

(3) $\frac{H(x+y)}{x+y}\geq\frac{H(x)}{x}$，　$\frac{H(x+y)}{x+y}\geq\frac{H(y)}{y}$

より $\frac{xH(x+y)}{x+y}\geq H(x)$,　$\frac{yH(x+y)}{x+y}\geq H(y)$

2式の両辺の和をそれぞれとれば

$H(x+y)\geq H(x)+H(y)$ がわかる．

35 (1) $Q_k=P(X$ と Y の最大公約数が $k)=P(X$ と Y がともに k の倍数，かつ，$\dfrac{X}{k}$ と $\dfrac{Y}{k}$ が互いに素 $)=P(\dfrac{X}{k}$ と $\dfrac{Y}{k}$ が互いに素 $|X$ と Y がともに k の倍数 $)P(X$ と Y がともに k の倍数 $)$

ここで，k の倍数の中で $\dfrac{X}{k}$ と $\dfrac{Y}{k}$ が互いに素であるものの割合は，自然数全体の中で互いに素な数の組み合わせの割合と近似的に等しいと考えられるので，

$P(\dfrac{X}{k}$ と $\dfrac{Y}{k}$ が互いに素 $|X$ と Y がともに k の倍数 $)=P(X$ と Y が互いに素 $)=Q_1$

と考えられる．また，

$P(X$ と Y がともに k の倍数 $)=\dfrac{1}{k^2}$

と考えられるので，$Q_k=\dfrac{Q_1}{k^2}$ と考えられる．

(2) X と Y の最大公約数は一意的であり，必ず $1, 2, 3, \ldots$ のうちのどれかなので，$\{X$ と Y の最大公約数は $k\}$，$k=1, 2, 3, \ldots$ という事象は排反事象で，$\bigcup_{k=1}^{\infty}\{X$ と Y の最大公約数は $k\}$ は標本空間全体と一致するので，

$\sum_{k=1}^{\infty} Q_k=\sum_{k=1}^{\infty} P(X$ と Y の最大公約数は $k)=1$

である．前問と合わせれば，

$1=\sum_{k=1}^{\infty} Q_k=\sum_{k=1}^{\infty} \dfrac{Q_1}{k^2}=Q_1\dfrac{\pi^2}{6}$

よって，$Q_1=\dfrac{6}{\pi^2}$ と考えられる．

ここで，$\sum_{k=1}^{\infty} \dfrac{1}{k^2}=\dfrac{\pi^2}{6}$ は既知とした．知らないから調べたい場合は「バーゼル問題」と調べるとよい．

(3) $\{X$ と Y が互いに素$\}$ であるということは，X と Y の少なくとも一方は2で割り切れず，かつ，少なくとも一方は3で割り切れず，かつ，少なくとも一方は5で割り切れず…，つまり，$\bigcap_{i=1}^{\infty}\{X$ と Y 少なくとも一方は P_i で割り切れない$\}$ ということである．

- ところで，自然数の中で素数 P_i の倍数は $\dfrac{1}{P_i}$ の割合でありそうだと考えられるので，
  $P(\{X$ と Y 少なくとも一方は P_i で割り切れない$\}^c)=P(X$ と Y がともに P_i で割り切れる $)=\dfrac{1}{P_i^2}$ だと考えられる．よって，
  $P(X$ と Y 少なくとも一方は P_i で割り切れない $)=1-\dfrac{1}{P_i^2}$
  と考えられる．
- また，事象 $\{X$ と Y がともに P_i で割り切れる$\}$，$i=1, 2, \ldots$ は独立な事象の集まりだと考えられる．たとえば，$A_k=\{X$ と Y がともに k で割り切れる$\}$ とおくと，$P(A_2)=\dfrac{1}{2^2}$，$P(A_3)=\dfrac{1}{3^2}$，$P(A_5)=\dfrac{1}{5^2}$ であるが，
  $P(A_2\cap A_3)=P(A_6)=\dfrac{1}{6^2}=\dfrac{1}{2^2\cdot 3^2}$
  $=P(A_2)P(A_3)$
  などと考えれば，
  $P(A_3\cap A_5)=P(A_3)P(A_5)$
  $P(A_5\cap A_2)=P(A_5)P(A_2)$
  $P(A_2\cap A_3\cap A_5)=P(A_2)P(A_3)P(A_5)$
  も簡単に確かめられる．これを一般化すれば事象 $\{X$ と Y がともに P_i で割り切れる$\}$，$i=1, 2, \ldots$ が独立な事象の集まりと考えられることがわかる．
  よって，その余事象 $\{X$ と Y の少なくとも一方は P_i で割り切れない$\}$，$i=1, 2, \ldots$ も独立な事象の集まりだと考えられる．

したがって，

$Q_1=P(X$ と Y は互いに素 $)=P(\bigcap_{i=1}^{\infty}\{X$ と Y 少なくとも一方は P_i で割り切れない$\})=\prod_{i=1}^{\infty} P(X$ と Y 少なくとも一方は P_i で割り切れない $)=\prod_{i=1}^{\infty}(1-\dfrac{1}{P_i^2})=\prod_{i=1}^{\infty}\dfrac{P_i^2-1}{P_i^2}$

と考えられることがわかる．

(4) $\mu(X)=0$ とは X がどのような素数の二乗でも割り切れないことである．つまり，$\{\mu(X)=0\}=\bigcap_{i=1}^{\infty}\{X$ が P_i^2 で割り切れない$\}$ である．

ところで，自然数全体に P_i^2 の倍数は $\dfrac{1}{P_i^2}$ の割合で存在すると考えられるので，$P(X$ が P_i^2 で割り切れる $)=\dfrac{1}{P_i^2}$ と考えられるので，$P(X$ が P_i^2 で割り切れない $)=1-\dfrac{1}{P_i^2}$ だと考えられる．

また，$\{X$ が P_i^2 で割り切れない$\}$，$i=1, 2, \ldots$ は，前問の解答と同じように考えると，独立な事象の集まりと考えられる．

よって，

$P(\mu(X)=0)=P(\bigcap_{i=1}^{\infty}\{X$ が P_i^2 で割り切れない$\})=\prod_{i=1}^{\infty} P(X$ が P_i^2 で割り切れない $)=\prod_{i=1}^{\infty}(1-\dfrac{1}{P_i^2})=\prod_{i=1}^{\infty}\dfrac{P_i^2-1}{P_i^2}$

と考えられる．ここで，前問と前々問より

$\prod_{i=1}^{\infty}\dfrac{P_i^2-1}{P_i^2}=\dfrac{6}{\pi^2}$ なので，$P(\mu(X)=0)=\dfrac{6}{\pi^2}$ と考えられることがわかる．

36 (1) $\overline{x}=\frac{1}{n}\sum_{i=1}^{n}x_i$ より.

(2) $\sum_{i=1}^{n}(x_i-\overline{x})=\sum_{i=1}^{n}x_i-n\overline{x}=0$

(3) $\sum_{i=1}^{n}(x_i-\overline{x})^2=\sum_{i=1}^{n}(x_i^2-2\overline{x}x_i+\overline{x}^2)$

$=\sum_{i=1}^{n}x_i^2-2\overline{x}\sum_{i=1}^{n}x_i+n\overline{x}^2=\sum_{i=1}^{n}x_i^2-2\overline{x}n(\overline{x})+n\overline{x}^2$

$=\sum_{i=1}^{n}x_i^2-2n\overline{x}^2+n\overline{x}^2=\sum_{i=1}^{n}x_i^2-n\overline{x}^2$

(4) $\sum_{i=1}^{n}(x_i-\overline{x})(y_i-\overline{y})=\sum_{i=1}^{n}(x_iy_i-\overline{x}y_i-x_i\overline{y}+\overline{x}\overline{y})=\sum_{i=1}^{n}x_iy_i-\overline{x}\sum_{i=1}^{n}y_i-\overline{y}\sum_{i=1}^{n}x_i+n\overline{x}\overline{y}=\sum_{i=1}^{n}x_iy_i-n\overline{x}\overline{y}-n\overline{x}\overline{y}+n\overline{x}\overline{y}$

$=\sum_{i=1}^{n}x_iy_i-n\overline{x}\overline{y}$

(5) $\sum_{i=1}^{n}(x_i-\overline{x})=0$ より, $\sum_{i=1}^{n}(x_i-\overline{x})\overline{x}=0$ したがって, $\sum_{i=1}^{n}(x_i-\overline{x})x_i=\sum_{i=1}^{n}(x_i-\overline{x})x_i-\sum_{i=1}^{n}(x_i-\overline{x})\overline{x}=\sum_{i=1}^{n}(x_i-\overline{x})^2$

(6) 前問と同様に, $\sum_{i=1}^{n}(y_i-\overline{y})\overline{x}=0$ より, $\sum_{i=1}^{n}(y_i-\overline{y})x_i=\sum_{i=1}^{n}(y_i-\overline{y})x_i-\sum_{i=1}^{n}(y_i-\overline{y})\overline{x}=\sum_{i=1}^{n}(y_i-\overline{y})(x_i-\overline{x})$ したがって, 前問の結果と合わせると,

$$\frac{\sum_{i=1}^{n}(y_i-\overline{y})x_i}{\sum_{i=1}^{n}(x_i-\overline{x})x_i}=\frac{\sum_{i=1}^{n}(y_i-\overline{y})(x_i-\overline{x})}{\sum_{i=1}^{n}(x_i-\overline{x})^2}$$

37 (1) 残差平方和の偏微分が0になる点が$\widehat{\beta}_0$, $\widehat{\beta}_1$である：

$$\frac{\partial}{\partial\widehat{\beta}_0}S(\widehat{\beta}_0,\widehat{\beta}_1)=0,\quad \frac{\partial}{\partial\widehat{\beta}_1}S(\widehat{\beta}_0,\widehat{\beta}_1)=0$$

これより連立方程式

$$-2\sum_{i=1}^{n}(y_i-\widehat{\beta}_0-\widehat{\beta}_1x_i)=0 \qquad (♠)$$

$$-2\sum_{i=1}^{n}(y_i-\widehat{\beta}_0-\widehat{\beta}_1x_i)x_i=0 \qquad (♣)$$

が得られる. (♣)より,

$\sum_{i=1}^{n}y_i-n\widehat{\beta}_0-\widehat{\beta}_1\sum_{i=1}^{n}x_i=0$

$n\overline{y}-n\widehat{\beta}_0-\widehat{\beta}_1n\overline{x}=0$

よって, $\widehat{\beta}_0=\overline{y}-\widehat{\beta}_1\overline{x}$

これを(♠)に代入すると,

$\sum_{i=1}^{n}(y_i-(\overline{y}-\widehat{\beta}_1\overline{x})-\widehat{\beta}_1x_i)x_i=0$

$\sum_{i=1}^{n}(y_i-\overline{y})x_i-\widehat{\beta}_1\sum_{i=1}^{n}(x_i-\overline{x})x_i=0$

よって,

$$\widehat{\beta}_1=\frac{\sum_{i=1}^{n}(y_i-\overline{y})x_i}{\sum_{i=1}^{n}(x_i-\overline{x})x_i}=\frac{\sum_{i=1}^{n}(y_i-\overline{y})(x_i-\overline{x})}{\sum_{i=1}^{n}(x_i-\overline{x})^2}$$

(2) 最小二乗推定量は, 最小二乗推定値に$y_i=Y_i$, $i=1,2,\ldots,n$を代入して,

$$\widehat{\beta}_1=\frac{\sum_{i=1}^{n}(Y_i-\overline{Y})x_i}{\sum_{i=1}^{n}(x_i-\overline{x})x_i}=\frac{\sum_{i=1}^{n}(Y_i-\overline{Y})(x_i-\overline{x})}{\sum_{i=1}^{n}(x_i-\overline{x})^2}$$

$\widehat{\beta}_0=\overline{Y}-\widehat{\beta}_1\overline{x}$

(3) (♠)と(♣)が $\sum_{i=1}^{n}\widehat{e}_i=0,\quad \sum_{i=1}^{n}\widehat{e}_ix_i=0$ を意味している.

38 単回帰モデル

$Y_i=\beta_0+\beta_1x_i+\varepsilon_i,\qquad i=1,2,\ldots,n$

が仮定されている. これより,

$\frac{1}{n}\sum_{i=1}^{n}Y_i=\frac{1}{n}\sum_{i=1}^{n}(\beta_0+\beta_1x_i+\varepsilon_i)$

$\overline{Y}=\beta_0+\beta_1\overline{x}+\overline{\varepsilon}$

となる. これを回帰モデルの式から引くと,

$Y_i-\overline{Y}=\beta_0+\beta_1x_i+\varepsilon_i-(\beta_0+\beta_1\overline{x}+\overline{\varepsilon})=\beta_1(x_i-\overline{x})+\varepsilon_i-\overline{\varepsilon},\qquad i=1,2,\ldots,n$

最小二乗推定量としての$\widehat{\beta}_1$の式にこれを代入すると,

$$\widehat{\beta}_1=\frac{\sum_{i=1}^{n}(x_i-\overline{x})(Y_i-\overline{Y})}{\sum_{i=1}^{n}(x_i-\overline{x})^2}$$

$$=\frac{\sum_{i=1}^{n}(x_i-\overline{x})\{\beta_1(x_i-\overline{x})+\varepsilon_i-\overline{\varepsilon}\}}{\sum_{i=1}^{n}(x_i-\overline{x})^2}$$

$$=\beta_1+\frac{\sum_{i=1}^{n}(x_i-\overline{x})(\varepsilon_i-\overline{\varepsilon})}{\sum_{i=1}^{n}(x_i-\overline{x})^2}=\beta_1+\frac{\sum_{i=1}^{n}(x_i-\overline{x})\varepsilon_i}{\sum_{i=1}^{n}(x_i-\overline{x})^2}$$

とかける. また, $\widehat{\beta}_0$については,

$\widehat{\beta}_0=\overline{Y}-\widehat{\beta}_1\overline{x}=\beta_0-(\widehat{\beta}_1-\beta_1)\overline{x}+\overline{\varepsilon}$ となる.

39 ε_i, $i=1,2,\ldots,n$には次の仮定がおかれていたことを思い出す.

- ε_i, $i=1,2,\ldots,n$は, 独立同分布確率変数で, $E[\varepsilon_i]=0$, $V(\varepsilon_i)=\sigma^2$, $\forall i$なるものとする.

$\widehat{\beta}_1$の期待値を計算すると,

$$E[\widehat{\beta}_1]=E\left[\beta_1+\frac{\sum_{i=1}^{n}(X_i-\overline{X})\varepsilon_i}{\sum_{i=1}^{n}(X_i-\overline{X})^2}\right]$$

$$=\beta_1+\frac{\sum_{i=1}^{n}(X_i-\overline{X})E[\varepsilon_i]}{\sum_{i=1}^{n}(X_i-\overline{X})^2}=\beta_1,$$

$E[\widehat{\beta}_0]=E[\beta_0-(\widehat{\beta}_1-\beta_1)\overline{x}+\overline{\varepsilon}]=\beta_0-(E[\widehat{\beta}_1]-\beta_1)\overline{x}+E[\overline{\varepsilon}]=\beta_0$

40 (1) $V(\widehat{\beta}_1)=V\left(\beta_1+\dfrac{\sum_{i=1}^{n}(x_i-\overline{x})\varepsilon_i}{\sum_{i=1}^{n}(x_i-\overline{x})^2}\right)$

$$=V\left(\frac{\sum_{i=1}^{n}(x_i-\overline{x})\varepsilon_i}{\sum_{i=1}^{n}(x_i-\overline{x})^2}\right)$$

$$=\left(\frac{1}{\sum_{i=1}^{n}(x_i-\overline{x})^2}\right)^2 V\left(\sum_{i=1}^{n}(x_i-\overline{x})\varepsilon_i\right)$$

$$=\left(\frac{1}{\sum_{i=1}^{n}(x_i-\overline{x})^2}\right)^2 \sum_{i=1}^{n}V\left((x_i-\overline{x})\varepsilon_i\right)$$

$$=\left(\frac{1}{\sum_{i=1}^{n}(x_i-\overline{x})^2}\right)^2 \sum_{i=1}^{n}(x_i-\overline{x})^2V(\varepsilon_i)$$

$$=\frac{\sigma^2}{\sum_{i=1}^{n}(x_i-\overline{x})^2}$$

(2) $V(\widehat{\beta_0})=E[(\widehat{\beta}_0-\beta_0)^2]=E[(-(\widehat{\beta}_1-\beta_1)\overline{x}+\overline{\varepsilon})^2]=E[(\widehat{\beta}_1-\beta_1)^2]\overline{x}^2-2\overline{x}E[(\widehat{\beta}_1-\beta_1)\overline{\varepsilon}]+E[\overline{\varepsilon}^2]$

ここで，$i=1, 2, \ldots, n$について，

$E[\varepsilon_i\overline{\varepsilon}]=\dfrac{1}{n}\sum_{j=1}^{n}E[\varepsilon_i\varepsilon_j]=\dfrac{1}{n}E[\varepsilon_i^2]=\dfrac{\sigma^2}{n}$ より，

$$E[(\widehat{\beta}_1-\beta_1)\overline{\varepsilon}]=E\left[\frac{\sum_{i=1}^{n}(x_i-\overline{x})\varepsilon_i\overline{\varepsilon}}{\sum_{i=1}^{n}(x_i-\overline{x})^2}\right]$$

$$=\frac{\sum_{i=1}^{n}(x_i-\overline{x})E[\varepsilon_i\overline{\varepsilon}]}{\sum_{i=1}^{n}(x_i-\overline{x})^2}=\frac{\sigma^2}{n}\frac{\sum_{i=1}^{n}(x_i-\overline{x})}{\sum_{i=1}^{n}(x_i-\overline{x})^2}=0$$

よって，

$$V(\widehat{\beta_0})=E[(\widehat{\beta}_1-\beta_1)^2]\overline{x}^2-2\overline{x}E[(\widehat{\beta}_1-\beta_1)\overline{\varepsilon}]+E[\overline{\varepsilon}^2]$$

$$=V(\widehat{\beta}_1)\overline{x}^2-0+V(\overline{\varepsilon}^2)=\frac{\sigma^2\overline{x}^2}{\sum_{i=1}^{n}(x_i-\overline{x})^2}+\frac{\sigma^2}{n}$$

$$=\frac{\sigma^2(n\overline{x}^2+\sum_{i=1}^{n}(x_i-\overline{x})^2)}{n\sum_{i=1}^{n}(x_i-\overline{x})^2}=\frac{\sigma^2\sum_{i=1}^{n}x_i^2}{n\sum_{i=1}^{n}(x_i-\overline{x})^2}$$

$$=\frac{\sum_{i=1}^{n}x_i^2}{n}V(\widehat{\beta}_1)$$

(3) $Cov(\widehat{\beta}_0, \widehat{\beta}_1)=E[(\widehat{\beta}_0-\beta_0)(\widehat{\beta}_1-\beta_1)]$

$=E[(-(\widehat{\beta}_1-\beta_1)\overline{x}+\overline{\varepsilon})(\widehat{\beta}_1-\beta_1)]$

$=E[-(\widehat{\beta}_1-\beta_1)^2\overline{x}+\overline{\varepsilon}(\widehat{\beta}_1-\beta_1)]=-E[(\widehat{\beta}_1-\beta_1)^2]\overline{x}+E[\overline{\varepsilon}(\widehat{\beta}_1-\beta_1)]=-V(\widehat{\beta}_1)\overline{x}+0=-V(\widehat{\beta}_1)\overline{x}$

(4) $Cov(\widehat{\beta}_0+\widehat{\beta}_1\overline{x}, \widehat{\beta}_1)=Cov(\widehat{\beta}_0, \widehat{\beta}_1)+V(\widehat{\beta}_1)\overline{x}=-V(\widehat{\beta}_1)\overline{x}+V(\widehat{\beta}_1)\overline{x}=0$

41 $i=1, 2, \ldots, n$について，

$\varepsilon_i-\widehat{e}_i=(y_i-\beta_0-\beta_1x_i)-(y_i-\widehat{\beta}_0-\widehat{\beta}_1x_i)$

$\varepsilon_i=\widehat{e}_i+(\widehat{\beta}_0-\beta_0)+(\widehat{\beta}_1-\beta_1)x_i$

$\varepsilon_i^2=\widehat{e}_i^2+(\widehat{\beta}_0-\beta_0)^2+(\widehat{\beta}_1-\beta_1)^2x_i^2+2(\widehat{\beta}_0-\beta_0)\widehat{e}_i+2(\widehat{\beta}_1-\beta_1)x_i\widehat{e}_i+2(\widehat{\beta}_0-\beta_0)(\widehat{\beta}_1-\beta_1)x_i$

iについて和をとると，$\sum_{i=1}^{n}\widehat{e}_i=0$，$\sum_{i=1}^{n}x_i\widehat{e}_i=0$ より，

$\sum_{i=1}^{n}\varepsilon_i^2=\sum_{i=1}^{n}\widehat{e}_i^2+n(\widehat{\beta}_0-\beta_0)^2+(\widehat{\beta}_1-\beta_1)^2\sum_{i=1}^{n}x_i^2+2(\widehat{\beta}_0-\beta_0)(\widehat{\beta}_1-\beta_1)n\overline{x}$

両辺と期待値をとると，

$E[\sum_{i=1}^{n}\varepsilon_i^2]=E[\sum_{i=1}^{n}\widehat{e}_i^2]+nE[(\widehat{\beta}_0-\beta_0)^2]+E[(\widehat{\beta}_1-\beta_1)^2]\sum_{i=1}^{n}x_i^2+2E[(\widehat{\beta}_0-\beta_0)(\widehat{\beta}_1-\beta_1)]n\overline{x}$

$$n\sigma^2=E[\sum_{i=1}^{n}\widehat{e}_i^2]+nV(\widehat{\beta}_0)+V(\widehat{\beta}_1)\sum_{i=1}^{n}x_i^2+2Cov(\widehat{\beta}_0, \widehat{\beta}_1)n\overline{x}$$

$$=E[\sum_{i=1}^{n}\widehat{e}_i^2]+n\frac{\sum_{i=1}^{n}x_i^2}{n}V(\widehat{\beta}_1)+V(\widehat{\beta}_1)\sum_{i=1}^{n}x_i^2-2V(\widehat{\beta}_1)n\overline{x}^2$$

$$=E[\sum_{i=1}^{n}\widehat{e}_i^2]+2V(\widehat{\beta}_1)(\sum_{i=1}^{n}x_i^2-n\overline{x}^2)$$

$$=E[\sum_{i=1}^{n}\widehat{e}_i^2]+2V(\widehat{\beta}_1)\sum_{i=1}^{n}(x_i-\overline{x})^2$$

$$=E[\sum_{i=1}^{n}\widehat{e}_i^2]+2\sigma^2$$

よって $E[\sum_{i=1}^{n}\widehat{e}_i^2]=(n-2)\sigma^2$

したがって，$E[s_e^2]=\dfrac{1}{n-2}E[\sum_{i=1}^{n}\widehat{e}_i^2]=\sigma^2$

42 ε_i，$i=1, 2, \ldots, n$が独立に$\mathrm{N}(0, \sigma^2)$に従うので，その定数倍と和でできている$\widehat{\beta}_1$も正規分布に従う．期待値と分散はわかっているので，$\widehat{\beta}_1 \sim \mathrm{N}(\beta_1, V(\widehat{\beta}_1))$であることがわかる．よって，標準

化すると，$\dfrac{\widehat{\beta}_1-\beta_1}{\sqrt{V(\widehat{\beta}_1)}}\sim \mathrm{N}(0, 1)$ である．

すると，

$$\frac{\widehat{\beta}_1-\beta_1}{\sqrt{s^2_{\widehat{\beta}_1}}}=\frac{\widehat{\beta}_1-\beta_1}{\sqrt{\dfrac{s_e^2}{\sigma^2}V(\widehat{\beta}_1)}}=\frac{\dfrac{\widehat{\beta}_1-\beta_1}{\sqrt{V(\widehat{\beta}_1)}}}{\sqrt{\dfrac{(n-2)s_e^2}{\sigma^2}/(n-2)}}$$

は分子が$\mathrm{N}(0, 1)$に従い，分母が$\chi^2(n-2)$に従うものを自由度$(n-2)$で割り平方根をとったもので，分子は$\widehat{\beta}_1$のみ分母はs_e^2のみでできているので分母と分子は独立なので，t 分布の定義より，これは$t(n-2)$に従う．

43 (1) $Y_0=\beta_0+\beta_1x_0+\varepsilon_0$　より，

$\widehat{Y}_0-Y_0=(\widehat{\beta}_0-\beta_0)+(\widehat{\beta}_1-\beta_1)x_0-\varepsilon_0$

よって，

$E[\widehat{Y}_0-Y_0]=E[\widehat{\beta}_0-\beta_0]+E[\widehat{\beta}_1-\beta_1]x_0-E[\varepsilon_0]=0$

(2) $V(\widehat{Y}_0-Y_0)=E[(\widehat{Y}_0-Y_0)^2]=E[(\widehat{\beta}_0-\beta_0)^2]+E[(\widehat{\beta}_1-\beta_1)^2]x_0^2+E[\varepsilon_0^2]+2E[(\widehat{\beta}_0-\beta_0)(\widehat{\beta}_1-\beta_1)]x_0-2E[(\widehat{\beta}_0-\beta_0)\varepsilon_0]-2E[(\widehat{\beta}_1-\beta_1)\varepsilon_0]x_0$

ここで，$\widehat{\beta}_0$, $\widehat{\beta}_1$ はその確率表現からわかるとおり ε_i, $i=1, 2, \ldots, n$ のみでできる確率変数だから ε_0 とは独立である．よって，

$E[(\widehat{\beta}_0-\beta_0)\varepsilon_0]E[\widehat{\beta}_0-\beta_0]E[\varepsilon_0]=0$

$E[(\widehat{\beta}_1-\beta_1)\varepsilon_0]E[\widehat{\beta}_1-\beta_1]E[\varepsilon_0]=0$

がわかる．したがって，

$V(\widehat{Y}_0-Y_0)$

$=V(\widehat{\beta}_0)+V(\widehat{\beta}_1)x_0^2+\sigma^2+2Cov(\widehat{\beta}_0, \widehat{\beta}_1)x_0$

$=\dfrac{\sum_{i=1}^{n}x_i^2}{n}V(\widehat{\beta}_1)+V(\widehat{\beta}_1)x_0^2+V(\widehat{\beta}_1)\sum_{i=1}^{n}(x_i-\overline{x})^2-2V(\widehat{\beta}_1)\overline{x}x_0$

$=V(\widehat{\beta}_1)(\dfrac{\sum_{i=1}^{n}x_i^2}{n}+x_0^2+\sum_{i=1}^{n}(x_i-\overline{x})^2-2\overline{x}x_0)$

$=V(\widehat{\beta}_1)$

$(\dfrac{\sum_{i=1}^{n}x_i^2-n\overline{x}^2}{n}+\sum_{i=1}^{n}(x_i-\overline{x})^2+x_0^2-2\overline{x}x_0+\overline{x}^2)$

$=\dfrac{\sigma^2}{\sum_{i=1}^{n}(x_i-\overline{x})^2}$

$(\dfrac{\sum_{i=1}^{n}(x_i-\overline{x})^2}{n}+\sum_{i=1}^{n}(x_i-\overline{x})^2+(x_0-\overline{x})^2)$

$=\sigma^2(\dfrac{1}{n}+1+\dfrac{(x_0-\overline{x})^2}{\sum_{i=1}^{n}(x_i-\overline{x})^2})$

44 $\widehat{Y}_0-Y_0=\widehat{\beta}_0-\beta_0+(\widehat{\beta}_1-\beta_1)x_0-\varepsilon_0=-(\widehat{\beta}_1-\beta_1)\overline{x}+\overline{\varepsilon}+(\widehat{\beta}_1-\beta_1)x_0-\varepsilon_0$

は ε_i, $i=1, 2, \ldots, n$ と ε_0 の定数倍と和でできているので，$\widehat{Y}_0-Y_0$ は正規分布に従うことがわかる．よって $\widehat{Y}_0-Y_0\sim\mathrm{N}(0, V(\widehat{Y}_0-Y_0))$ である．

標準化すると，$\dfrac{\widehat{Y}_0-Y_0}{\sqrt{V(\widehat{Y}_0-Y_0)}}\sim\mathrm{N}(0, 1)$

よって，

$$\frac{\widehat{Y}_0-Y_0}{\sqrt{\widehat{V}(\widehat{Y}_0-Y_0)}}=\frac{\widehat{Y}_0-Y_0}{\sqrt{\dfrac{s_e^2}{\sigma^2}V(\widehat{Y}_0-Y_0)}}$$

$$=\frac{\dfrac{\widehat{Y}_0-Y_0}{\sqrt{V(\widehat{Y}_0-Y_0)}}}{\sqrt{\dfrac{(n-2)s_e^2}{\sigma^2}/(n-2)}}$$

であり，$\dfrac{\widehat{Y}_0-Y_0}{\sqrt{V(\widehat{Y}_0-Y_0)}}\sim\mathrm{N}(0, 1)$ と $\dfrac{(n-2)s_e^2}{\sigma^2}\sim\chi^2(n-2)$ および，分母と分子が独立であることより，t 分布の定義から，$\dfrac{\widehat{Y}_0-Y_0}{\sqrt{\widehat{V}(\widehat{Y}_0-Y_0)}}\sim\mathrm{t}(n-2)$ がわかる．

参考文献

[1] 藤田岳彦，『弱点克服 大学生の確率・統計』，東京図書，2010

[2] 森真，藤田岳彦，『確率・統計入門 第2版』，講談社，2008

[3] 藤田岳彦監修，黒住英司，『穴埋め式 統計数理らくらくワークブック』，講談社，2003

[4] 田中勝人，『統計学』，新世社，1998

[5] 山本拓，『計量経済学』，新世社，1995

[6] 小寺平治，『明解演習 数理統計』，共立出版，1986

[7] 尾畑伸明，『数理統計学の基礎』，共立出版，2014

[8] 久保川達也，『現代数理統計学の基礎』，共立出版，2017

[9] 国沢清典編，『確率統計演習2 統計』，培風館，1966

[10] 河田敬義，丸山文行，鍋谷清治，『大学演習 数理統計 第11版』，裳華房，1980

[11] S. M. Ross, *A First Course in Probability* (*9th Edition*), Pearson, 2014a

[12] S. M. Ross, *Introduction to Probability Models* (*11th Edition*), Elsevier, 2014b

[13] S. M. Ross, *Probability Models for Computer Science*, Elsevier, 2001

[14] G. R. Grimmett and D. R. Stirzaker, *One Thousand Exercises in Probability*, Oxford University Press, 2001

付表 1　標準正規分布表

この表は，$Z \sim \mathrm{N}(0, 1)$ のときの $P(Z \leq z)$ の値を表している．つまり，図の斜線部分の面積．ただし，z が

$z =$（表の一番左の列の値）＋（表の一番上の行の値）

という，小数点以下 2 桁の小数の場合．

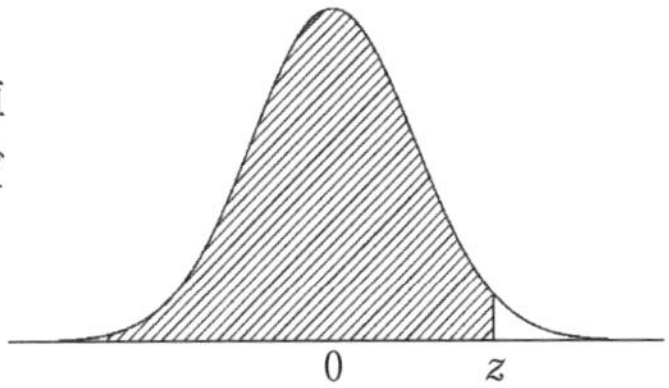

	0.00	0.01	0.02	0.03	0.04	0.05	0.06	0.07	0.08	0.09
1.0	0.8413	0.8438	0.8461	0.8485	0.8508	0.8531	0.8554	0.8577	0.8599	0.8621
1.1	0.8643	0.8665	0.8686	0.8708	0.8729	0.8749	0.8770	0.8790	0.8810	0.8830
1.2	0.8849	0.8869	0.8888	0.8907	0.8925	0.8944	0.8962	0.8980	0.8997	0.9015
1.3	0.9032	0.9049	0.9066	0.9082	0.9099	0.9115	0.9131	0.9147	0.9162	0.9177
1.4	0.9192	0.9207	0.9222	0.9236	0.9251	0.9265	0.9279	0.9292	0.9306	0.9319
1.5	0.9332	0.9345	0.9357	0.9370	0.9382	0.9394	0.9406	0.9418	0.9429	0.9441
1.6	0.9452	0.9463	0.9474	0.9484	0.9495	0.9505	0.9515	0.9525	0.9535	0.9545
1.7	0.9554	0.9564	0.9573	0.9582	0.9591	0.9599	0.9608	0.9616	0.9625	0.9633
1.8	0.9641	0.9649	0.9656	0.9664	0.9671	0.9678	0.9686	0.9693	0.9699	0.9706
1.9	0.9713	0.9719	0.9726	0.9732	0.9738	0.9744	0.9750	0.9756	0.9761	0.9767
2.0	0.9772	0.9778	0.9783	0.9788	0.9793	0.9798	0.9803	0.9808	0.9812	0.9817
2.1	0.9821	0.9826	0.9830	0.9834	0.9838	0.9842	0.9846	0.9850	0.9854	0.9857
2.2	0.9861	0.9864	0.9868	0.9871	0.9875	0.9878	0.9881	0.9884	0.9887	0.9890
2.3	0.9893	0.9896	0.9898	0.9901	0.9904	0.9906	0.9909	0.9911	0.9913	0.9916
2.4	0.9918	0.9920	0.9922	0.9925	0.9927	0.9929	0.9931	0.9932	0.9934	0.9936
2.5	0.9938	0.9940	0.9941	0.9943	0.9945	0.9946	0.9948	0.9949	0.9951	0.9952
2.6	0.9953	0.9955	0.9956	0.9957	0.9959	0.9960	0.9961	0.9962	0.9963	0.9964
2.7	0.9965	0.9966	0.9967	0.9968	0.9969	0.9970	0.9971	0.9972	0.9973	0.9974
2.8	0.9974	0.9975	0.9976	0.9977	0.9977	0.9978	0.9979	0.9979	0.9980	0.9981
2.9	0.9981	0.9982	0.9982	0.9983	0.9984	0.9984	0.9985	0.9985	0.9986	0.9986
3.0	0.9987	0.9987	0.9987	0.9988	0.9988	0.9989	0.9989	0.9989	0.9990	0.9990

付表2　χ^2 分布表

$X \sim \chi^2(n)$ のときに，$P(X > x) = \alpha$ となる x の値を表す数表．ただし，自由度 n は表の一番左の列の値で，確率 α は表の一番上の行の値であり，これは図の斜線部分の面積．x は図の値．

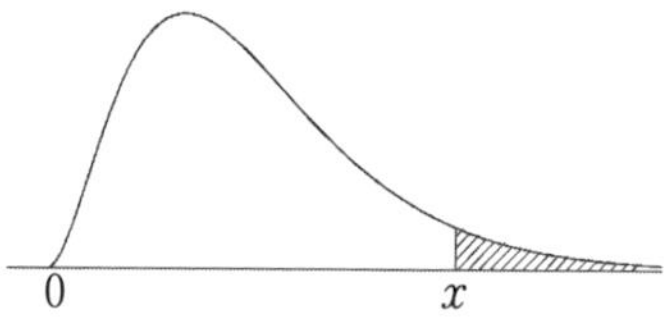

自由度 n	確率 α							
	0.995	0.99	0.975	0.95	0.05	0.025	0.01	0.005
1	0.0000	0.0002	0.0010	0.0039	3.8415	5.0239	6.6349	7.8794
2	0.0100	0.0201	0.0506	0.1026	5.9915	7.3778	9.2103	10.5966
3	0.0717	0.1148	0.2158	0.3518	7.8147	9.3484	11.3449	12.8382
4	0.2070	0.2971	0.4844	0.7107	9.4877	11.1433	13.2767	14.8603
5	0.4117	0.5543	0.8312	1.1455	11.0705	12.8325	15.0863	16.7496
6	0.6757	0.8721	1.2373	1.6354	12.5916	14.4494	16.8119	18.5476
7	0.9893	1.2390	1.6899	2.1673	14.0671	16.0128	18.4753	20.2777
8	1.3444	1.6465	2.1797	2.7326	15.5073	17.5345	20.0902	21.9550
9	1.7349	2.0879	2.7004	3.3251	16.9190	19.0228	21.6660	23.5894
10	2.1559	2.5582	3.2470	3.9403	18.3070	20.4832	23.2093	25.1882
11	2.6032	3.0535	3.8157	4.5748	19.6751	21.9200	24.7250	26.7568
12	3.0738	3.5706	4.4038	5.2260	21.0261	23.3367	26.2170	28.2995
13	3.5650	4.1069	5.0088	5.8919	22.3620	24.7356	27.6882	29.8195
14	4.0747	4.6604	5.6287	6.5706	23.6848	26.1189	29.1412	31.3193
15	4.6009	5.2293	6.2621	7.2609	24.9958	27.4884	30.5779	32.8013
16	5.1422	5.8122	6.9077	7.9616	26.2962	28.8454	31.9999	34.2672
17	5.6972	6.4078	7.5642	8.6718	27.5871	30.1910	33.4087	35.7185
18	6.2648	7.0149	8.2307	9.3905	28.8693	31.5264	34.8053	37.1565
19	6.8440	7.6327	8.9065	10.1170	30.1435	32.8523	36.1909	38.5823
20	7.4338	8.2604	9.5908	10.8508	31.4104	34.1696	37.5662	39.9968
21	8.0337	8.8972	10.2829	11.5913	32.6706	35.4789	38.9322	41.4011
22	8.6427	9.5425	10.9823	12.3380	33.9244	36.7807	40.2894	42.7957
23	9.2604	10.1957	11.6886	13.0905	35.1725	38.0756	41.6384	44.1813
24	9.8862	10.8564	12.4012	13.8484	36.4150	39.3641	42.9798	45.5585
25	10.5197	11.5240	13.1197	14.6114	37.6525	40.6465	44.3141	46.9279
26	11.1602	12.1981	13.8439	15.3792	38.8851	41.9232	45.6417	48.2899
27	11.8076	12.8785	14.5734	16.1514	40.1133	43.1945	46.9629	49.6449
28	12.4613	13.5647	15.3079	16.9279	41.3371	44.4608	48.2782	50.9934
29	13.1211	14.2565	16.0471	17.7084	42.5570	45.7223	49.5879	52.3356
30	13.7867	14.9535	16.7908	18.4927	43.7730	46.9792	50.8922	53.6720

付表3　t 分布表

$X \sim \mathrm{t}(n)$ のときに，$P(X > x) = \alpha$ となる x の値を表す数表．ただし，自由度 n は表の一番左の列の値で，確率 α は表の一番上の行の値であり，これは図の斜線部分の面積．x は図の値．

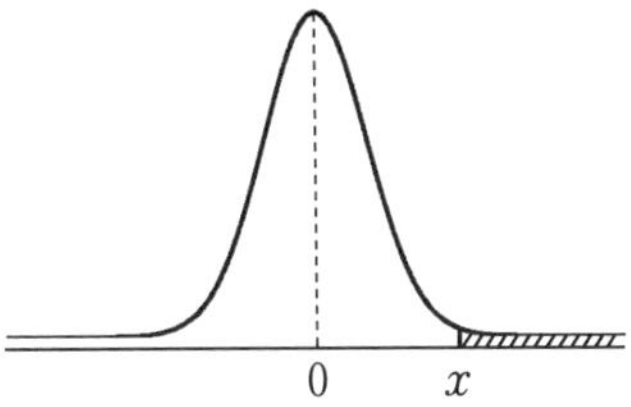

自由度 n	確率 α						
	0.15	0.1	0.05	0.025	0.01	0.005	0.001
1	1.9626	3.0777	6.3138	12.7062	31.8205	63.6567	318.3088
2	1.3862	1.8856	2.9200	4.3027	6.9646	9.9248	22.3271
3	1.2498	1.6377	2.3534	3.1824	4.5407	5.8409	10.2145
4	1.1896	1.5332	2.1318	2.7764	3.7469	4.6041	7.1732
5	1.1558	1.4759	2.0150	2.5706	3.3649	4.0321	5.8934
6	1.1342	1.4398	1.9432	2.4469	3.1427	3.7074	5.2076
7	1.1192	1.4149	1.8946	2.3646	2.9980	3.4995	4.7853
8	1.1081	1.3968	1.8595	2.3060	2.8965	3.3554	4.5008
9	1.0997	1.3830	1.8331	2.2622	2.8214	3.2498	4.2968
10	1.0931	1.3722	1.8125	2.2281	2.7638	3.1693	4.1437
11	1.0877	1.3634	1.7959	2.2010	2.7181	3.1058	4.0247
12	1.0832	1.3562	1.7823	2.1788	2.6810	3.0545	3.9296
13	1.0795	1.3502	1.7709	2.1604	2.6503	3.0123	3.8520
14	1.0763	1.3450	1.7613	2.1448	2.6245	2.9768	3.7874
15	1.0735	1.3406	1.7531	2.1314	2.6025	2.9467	3.7328
16	1.0711	1.3368	1.7459	2.1199	2.5835	2.9208	3.6862
17	1.0690	1.3334	1.7396	2.1098	2.5669	2.8982	3.6458
18	1.0672	1.3304	1.7341	2.1009	2.5524	2.8784	3.6105
19	1.0655	1.3277	1.7291	2.0930	2.5395	2.8609	3.5794
20	1.0640	1.3253	1.7247	2.0860	2.5280	2.8453	3.5518
21	1.0627	1.3232	1.7207	2.0796	2.5176	2.8314	3.5272
22	1.0614	1.3212	1.7171	2.0739	2.5083	2.8188	3.5050
23	1.0603	1.3195	1.7139	2.0687	2.4999	2.8073	3.4850
24	1.0593	1.3178	1.7109	2.0639	2.4922	2.7969	3.4668
25	1.0584	1.3163	1.7081	2.0595	2.4851	2.7874	3.4502
26	1.0575	1.3150	1.7056	2.0555	2.4786	2.7787	3.4350
27	1.0567	1.3137	1.7033	2.0518	2.4727	2.7707	3.4210
28	1.0560	1.3125	1.7011	2.0484	2.4671	2.7633	3.4082
29	1.0553	1.3114	1.6991	2.0452	2.4620	2.7564	3.3962
30	1.0547	1.3104	1.6973	2.0423	2.4573	2.7500	3.3852

付表4　F 分布表

$X \sim \mathrm{F}(m, n)$ のときに，$P(X > x) = 0.05$ となる x の値を表す数表．ただし，一つ目の自由度 m は表の一番上の行の値で，二つ目の自由度 n は表の一番左の列の値．x は図の値．

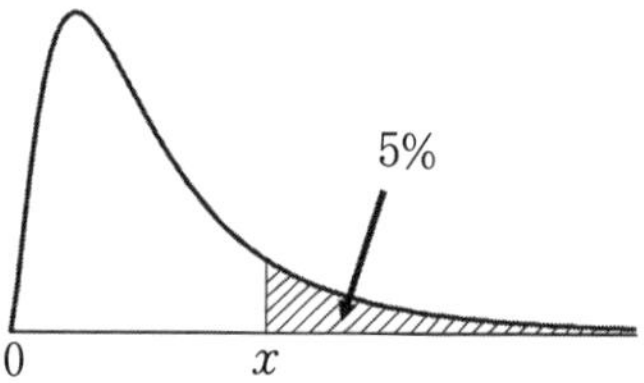

自由度 m（分子）

自由度 n（分母）	1	2	3	4	5	6	7	8	9	10
1	161.45	199.50	215.71	224.58	230.16	233.99	236.77	238.88	240.54	241.88
2	18.51	19.00	19.16	19.25	19.30	19.33	19.35	19.37	19.38	19.40
3	10.13	9.55	9.28	9.12	9.01	8.94	8.89	8.85	8.81	8.79
4	7.71	6.94	6.59	6.39	6.26	6.16	6.09	6.04	6.00	5.96
5	6.61	5.79	5.41	5.19	5.05	4.95	4.88	4.82	4.77	4.74
6	5.99	5.14	4.76	4.53	4.39	4.28	4.21	4.15	4.10	4.06
7	5.59	4.74	4.35	4.12	3.97	3.87	3.79	3.73	3.68	3.64
8	5.32	4.46	4.07	3.84	3.69	3.58	3.50	3.44	3.39	3.35
9	5.12	4.26	3.86	3.63	3.48	3.37	3.29	3.23	3.18	3.14
10	4.96	4.10	3.71	3.48	3.33	3.22	3.14	3.07	3.02	2.98

$X \sim \mathrm{F}(m, n)$ のときに，$P(X > x) = 0.025$ となる x の値を表す数表．ただし，一つ目の自由度 m は表の一番上の行の値で，二つ目の自由度 n は表の一番左の列の値．x は図の値．

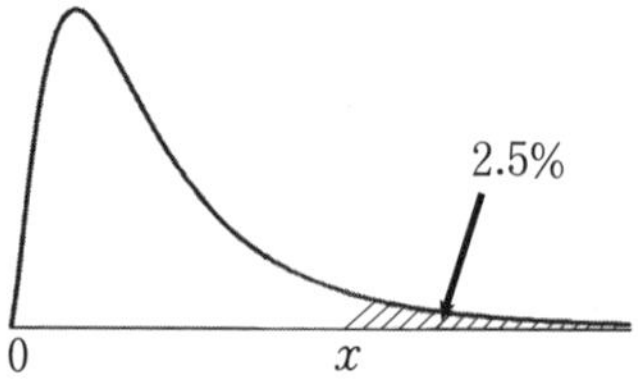

自由度 m（分子）

自由度 n（分母）	1	2	3	4	5	6	7	8	9	10
1	647.79	799.50	864.16	899.58	921.85	937.11	948.22	956.66	963.28	968.63
2	38.51	39.00	39.17	39.25	39.30	39.33	39.36	39.37	39.39	39.40
3	17.44	16.04	15.44	15.10	14.88	14.73	14.62	14.54	14.47	14.42
4	12.22	10.65	9.98	9.60	9.36	9.20	9.07	8.98	8.90	8.84
5	10.01	8.43	7.76	7.39	7.15	6.98	6.85	6.76	6.68	6.62
6	8.81	7.26	6.60	6.23	5.99	5.82	5.70	5.60	5.52	5.46
7	8.07	6.54	5.89	5.52	5.29	5.12	4.99	4.90	4.82	4.76
8	7.57	6.06	5.42	5.05	4.82	4.65	4.53	4.43	4.36	4.30
9	7.21	5.71	5.08	4.72	4.48	4.32	4.20	4.10	4.03	3.96
10	6.94	5.46	4.83	4.47	4.24	4.07	3.95	3.85	3.78	3.72

$X \sim \mathrm{F}(m, n)$ のときに，$P(X > x) = 0.01$ となる x の値を表す数表．ただし，一つ目の自由度 m は表の一番上の行の値で，二つ目の自由度 n は表の一番左の列の値．x は図の値．

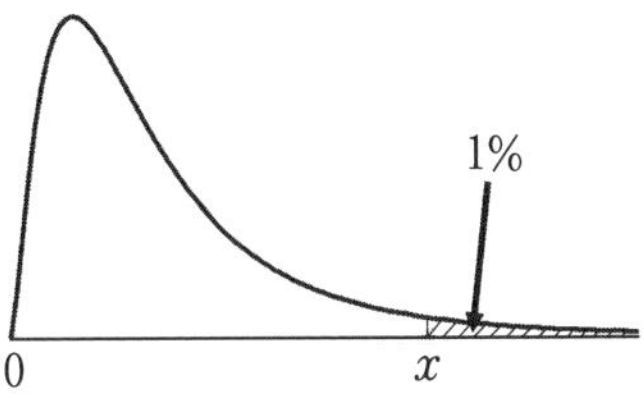

自由度 m（分子）

自由度 n（分母）	1	2	3	4	5	6	7	8	9	10
1	4052.18	4999.50	5403.35	5624.58	5763.65	5858.99	5928.36	5981.07	6022.47	6055.85
2	98.50	99.00	99.17	99.25	99.30	99.33	99.36	99.37	99.39	99.40
3	34.12	30.82	29.46	28.71	28.24	27.91	27.67	27.49	27.35	27.23
4	21.20	18.00	16.69	15.98	15.52	15.21	14.98	14.80	14.66	14.55
5	16.26	13.27	12.06	11.39	10.97	10.67	10.46	10.29	10.16	10.05
6	13.75	10.92	9.78	9.15	8.75	8.47	8.26	8.10	7.98	7.87
7	12.25	9.55	8.45	7.85	7.46	7.19	6.99	6.84	6.72	6.62
8	11.26	8.65	7.59	7.01	6.63	6.37	6.18	6.03	5.91	5.81
9	10.56	8.02	6.99	6.42	6.06	5.80	5.61	5.47	5.35	5.26
10	10.04	7.56	6.55	5.99	5.64	5.39	5.20	5.06	4.94	4.85

$X \sim \mathrm{F}(m, n)$ のときに，$P(X > x) = 0.005$ となる x の値を表す数表．ただし，一つ目の自由度 m は表の一番上の行の値で，二つ目の自由度 n は表の一番左の列の値．x は図の値．

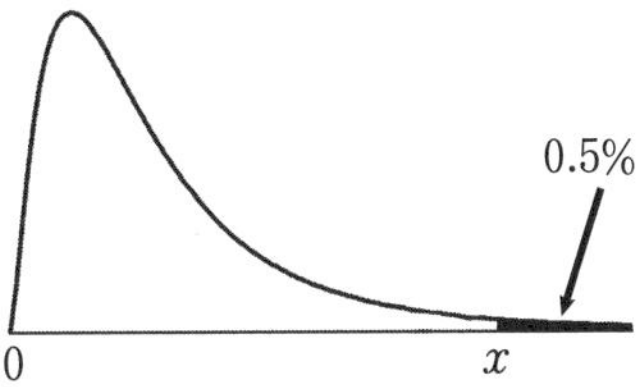

自由度 m（分子）

自由度 n（分母）	1	2	3	4	5	6	7	8	9	10
1	16210.72	19999.50	21614.74	22499.58	23055.80	23437.11	23714.57	23925.41	24091.00	24224.49
2	198.50	199.00	199.17	199.25	199.30	199.33	199.36	199.37	199.39	199.40
3	55.55	49.80	47.47	46.19	45.39	44.84	44.43	44.13	43.88	43.69
4	31.33	26.28	24.26	23.15	22.46	21.97	21.62	21.35	21.14	20.97
5	22.78	18.31	16.53	15.56	14.94	14.51	14.20	13.96	13.77	13.62
6	18.63	14.54	12.92	12.03	11.46	11.07	10.79	10.57	10.39	10.25
7	16.24	12.40	10.88	10.05	9.52	9.16	8.89	8.68	8.51	8.38
8	14.69	11.04	9.60	8.81	8.30	7.95	7.69	7.50	7.34	7.21
9	13.61	10.11	8.72	7.96	7.47	7.13	6.88	6.69	6.54	6.42
10	12.83	9.43	8.08	7.34	6.87	6.54	6.30	6.12	5.97	5.85

索　引

■著者紹介

藤田《ふじた》　岳彦《たかひこ》

1955年　兵庫県生まれ

1978年　京都大学理学部卒業

1981年　京都大学理学部数学教室助手，その後，一橋大学大学院商学研究科教授，
京都大学数理解析研究所伊藤清博士ガウス賞受賞記念（野村グループ）数理
解析寄付研究部門客員教授などを兼任して，

現在，中央大学理工学部経営システム工学科教授，
理学博士，
財団法人 数学オリンピック専務理事，日本数学オリンピック実行委員長

主な著書

『弱点克服 大学生の確率・統計』（東京図書）
『難問克服 解いてわかるガロア理論』（東京図書）
『新版 ファイナンスの確率解析入門』（講談社）
『ランダムウォークと確率解析――ギャンブルから数理ファイナンスまで』
（日本評論社）

吉田《よしだ》　直広《なおひろ》

1989年　広島県生まれ

2012年　一橋大学経済学部卒業

2017年　一橋大学大学院経済学研究科博士後期課程修了

現在，日本学術振興会特別研究員PD，一橋大学非常勤講師，芝浦工業大学非常勤講師，
博士（経済学）

大学1《だいがくいち》・2年生《にねんせい》のためのすぐわかる統計学《とうけいがく》

2020年10月25日　第1刷発行　　Printed in Japan

著者　藤田岳彦・吉田直広

発行所　**東京図書株式会社**

〒102-0072 東京都千代田区飯田橋3-11-19
振替00140-4-13803 電話03(3288)9461
http://www.tokyo-tosho.co.jp

ISBN 978-4-489-02343-9